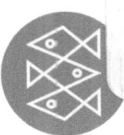

Die Natur der Dunklen Materie gehört zu den spannendsten Fragen der Kosmologie. Die Bestsellerautorin und Harvard-Professorin Lisa Randall nimmt uns mit auf eine Reise in die Welt der Physik und hilft uns zu verstehen, welche Rolle die Dunkle Materie bei der Entstehung unserer Galaxie, unseres Sonnensystems und sogar des Lebens selbst gespielt hat. Eindrucksvoll zeigt sie, wie die Wissenschaft neue Konzepte und Erklärungen für dieses weithin unbekannte Phänomen entwickelt, und verwebt geschickt die Geschichte des Kosmos mit unserer eigenen. Ein Buch, das ein völlig neues Licht auf die tiefen Verbindungen wirft, die unsere Welt so maßgeblich mitgeprägt haben, und uns die außerordentliche Schönheit zeigt, die selbst den alltäglichsten Dingen innewohnt.

Lisa Randall ist führende theoretische Physikerin und Expertin für Teilchenphysik, Stringtheorie und Kosmologie. Sie arbeitet an einem der zwei konkurrierenden Modelle der Stringtheorie und versucht, damit das Gefüge der Realität zu erklären. Sie war die erste Frau in der Fakultät für Physik von Princeton und die erste theoretische Physikerin am MIT sowie in Harvard. Ihre Arbeiten finden enorme Beachtung und zählen in ihrem Fachgebiet weltweit zu den am meisten zitierten wissenschaftlichen Veröffentlichungen.

Weitere Informationen finden Sie auf www.fischerverlage.de

Lisa Randall

DUNKLE MATERIE
UND
DINOSAURIER

Die erstaunlichen Zusammenhänge
des Universums

Aus dem Englischen
von Sebastian Vogel

FISCHER Taschenbuch

Erschienen bei FISCHER Taschenbuch
Frankfurt am Main, Februar 2018

Die Originalausgabe erschien unter dem Titel »Dark Matter and the Dinosaurs:
The Astounding Interconnectedness of the Universe« im Verlag Ecco,
einem Imprint von HarperCollins, New York
© Lisa Randall 2015

Für die deutschsprachige Ausgabe:
© 2016 S. Fischer Verlag GmbH, Hedderichstr. 114,
D-60596 Frankfurt am Main

Druck und Bindung: CPI books GmbH, Leck
Printed in Germany
ISBN 978-3-596-03052-1

Inhalt

Einleitung

»Dunkle Materie« und »Dinosaurier« – diese Wörter hört man kaum einmal in einem Atemzug, außer vielleicht auf dem Spielplatz, in einem Club für Fantasyspiele oder in einem noch nicht erschienenen Spielberg-Film. Dunkle Materie ist ein schwer fassbarer Stoff im Universum, der wie gewöhnliche Materie durch Gravitation interagiert, aber Licht weder aussendet noch absorbiert. Astronomen können den Einfluss ihrer Schwerkraft nachweisen, aber sehen können sie sie nicht. Dinosaurier dagegen ... Ich glaube nicht, dass ich die Dinosaurier erklären muss. Sie waren in der Zeit vor 231 bis 66 Millionen Jahren die Herrscher unter den landlebenden Wirbeltieren.

Zwar sind sowohl dunkle Materie als auch Dinosaurier unabhängig voneinander faszinierend, aber man könnte mit Fug und Recht annehmen, dass die noch nie gesehene physikalische Substanz und das beliebte biologische Sinnbild nicht das Geringste miteinander zu tun haben. Das wäre auch durchaus denkbar. Aber das Universum ist definitionsgemäß ein Ganzes, und im Prinzip stehen alle seine Bestandteile untereinander in Wechselbeziehung. Das vorliegende Buch untersucht ein spekulatives Szenario: Meine Mitarbeiter und ich vermuten, dass die dunkle Materie letztlich (und indirekt) die Ursache für das Aussterben der Dinosaurier war.

Paläontologen, Geologen und Physiker konnten nachweisen, dass vor 66 Millionen Jahren ein Himmelskörper mit einem Durchmesser von mindestens zehn Kilometern aus dem Weltraum auf die Erde stürzte und sowohl die landlebenden Dinosaurier als auch drei Viertel aller anderen biologischen Arten auslöschte. Bei dem Himmelskörper dürfte es sich um einen Kometen aus den Außenbezirken des Sonnensystems gehandelt haben, aber warum er von seiner nur schwach an die Sonne gebundenen und dennoch stabilen Umlaufbahn abwich, weiß niemand.

Irgendwann durchlief die Sonne die mittlere Ebene der Milchstraße, jenes Streifens aus Sternen und hellem Staub, den man in klaren Nächten am Himmel beobachten kann. Dabei traf das Sonnensystem nach unserer Vermutung auf eine Scheibe aus dunkler Materie, die einen weit entfernten Himmelskörper aus seiner Bahn warf und damit den katastrophalen Einschlag in Gang setzte. In unserer galaktischen Nachbarschaft umgibt uns eine Riesenmenge an dunkler Materie als riesige, glatte, diffuse Wolke.

Die dunkle Materie des Typs, der den Untergang der Dinosaurier einleitete, wäre dann ganz anders verteilt gewesen als der größte Teil der schwer fassbaren dunklen Materie im Universum. Diese besondere dunkle Materie hätte die Wolke unversehrt gelassen, aber ihre ganz andersartigen Interaktionen hätten dazu geführt, dass sie zu einer Scheibe kondensierte – und zwar genau in der Mittelebene der Milchstraße. Diese schmale Region könnte so dicht sein, dass sie einen ungewöhnlich starken Gravitationseffekt ausübt, wenn die Sonne auf ihrer Umlaufbahn in der Galaxis auf und ab schwankt, während sie die Region durchquert. Ihre Gravitation könnte so stark sein, dass sie Kometen an den Rändern des Sonnensystem aus der Bahn wirft; die konkurrierende Schwerkraft der Sonne würde dann nicht ausreichen, um sie zurückzuholen. Solche vagabundierenden Kometen werden aus dem Sonnensystem ausgestoßen oder – folgenschwerer – in die inneren Bereiche des Sonnensystems umgeleitet. Dort besteht die Möglichkeit, dass sie die Erde treffen.

Eines möchte ich von vornherein klarstellen: Ich weiß nicht, ob die Idee stimmt. Nur dunkle Materie eines unerwarteten Typs könnte einen messbaren Einfluss auf Lebewesen ausüben (die, hm, genau genommen nicht mehr am Leben sind). Das vorliegende Buch erzählt die Geschichte unserer unkonventionellen Vermutungen über genau eine solche überraschend einflussreiche dunkle Materie.

Aber so provokativ unsere spekulativen Gedanken auch sein mögen, sie stehen nicht allein im Mittelpunkt des Buches. Mindestens ebenso wichtig wie die Geschichte des dinosauriertötenden Kometen sind die Zusammenhänge und wissenschaftlichen Befunde, zu denen sie gehört. Das schließt auch den weit besser gefestigten kosmologischen Rahmen und die Erforschung des Sonnensystems ein. Ich empfinde es als großes Glück, dass die Themen, mit denen ich mich beschäftige, meine Gedanken häufig in Richtung der großen Fragen lenken: Woraus besteht die Materie? Was ist das Wesen von Raum und Zeit? Und wie hat sich alles im Universum zu der Welt entwickelt, die wir heute sehen? Auch darüber möchte ich in diesem Buch eine Menge mitteilen.

Der Weg, auf den mich die hier beschriebenen Forschungsarbeiten führten, wurde für mich zum Anlass, umfassender über Kosmologie, Astrophysik, Geologie und sogar Biologie nachzudenken. Das Schwergewicht lag immer noch auf den Grundlagen der Physik. Aber nachdem ich mich während meines ganzen Lebens mit eher konventioneller Teilchenphysik beschäftigt hatte – das heißt mit der Erforschung der Bausteine vertrauter Materie, beispielsweise des Papiers oder Bildschirms, auf dem man dies lesen kann –, war es eine willkommene Abwechslung, zu dem vorzustoßen, was man über die dunkle Welt weiß – oder bald wissen wird; außerdem interessierte mich, welche Folgerungen sich aus den grundlegenden physikalischen Prozessen für das Sonnensystem und die Erde ergeben.

Dunkle Materie und Dinosaurier: Die erstaunlichen Zusammenhänge des Universums beschreibt, was wir heute über das Universum, die Milchstraße und das Sonnensystem wissen, und welche Voraussetzungen für eine bewohnbare Zone und das Leben auf der Erde gegeben sein müssen. Ich werde nicht nur die dunkle Materie und den Kosmos erklären, sondern mich auch mit Kometen, Asteroiden und dem Leben – seiner Entstehung und seinem Verschwinden – beschäftigen. Besonders werde ich mich dabei auf den Himmelskörper konzentrieren, der auf die Erde stürzte und die landlebenden Dinosaurier auslöschte – und auch eine Menge anderer Lebensformen. Ich will etwas über die vielen unglaublichen Zusammenhänge mitteilen, die uns überhaupt erst so weit gebracht haben, dass wir begreifen können, was sich heute abspielt. Wenn wir über unseren Planeten nachdenken, möchten wir auch besser verstehen, in welchem Zusammenhang er sich entwickelt hat.

Als ich mich erstmals näher mit den Konzepten beschäftigte, die den Gedanken in diesem Buch zugrunde liegen, war ich von Ehrfurcht ergriffen und bezaubert – und zwar nicht nur wegen unserer derzeitigen Kenntnisse über unsere lokale, solare, galaktische und universelle Umwelt, sondern weil wir von unserem zufälligen kleinen Ausguck hier auf der Erde aus noch so viel mehr verstehen wollen. Ebenso war ich überwältigt von den vielen Zusammenhängen zwischen Phänomenen, die letztlich unser Dasein möglich machen. Damit kein Missverständnis aufkommt: Ich vertrete keine religiöse Sichtweise. Ich empfinde keine Notwendigkeit, all dem Sinn oder Bedeutung beizulegen. Aber wenn wir allmählich die ungeheure Weite des Universums und die Vergangenheit verstehen und letztlich begreifen, wie alles zusammenpasst, kann ich mich dennoch nicht eines Gefühls erwehren, das man oft als religiös bezeichnet. Das bietet uns allen eine gewisse Perspektive, wenn wir es mit den Torheiten des Alltagslebens zu tun haben.

Diese neueren Forschungsarbeiten haben sogar dazu geführt, dass ich die Welt und die vielen Teile des Universums, die die Erde einschließlich unserer selbst hervorgebracht haben, mit anderen Augen sehe. Ich bin in Queens aufgewachsen und habe die beeindruckenden Bauten von New York gesehen, aber über die Natur wusste ich nicht viel. Das wenige, was ich von ihr zu sehen bekam, waren angelegte Parks und Rasenflächen; von der Form, die sie hatte, bevor die Menschen kamen, war kaum noch etwas erhalten. Wenn man aber an einem Strand entlanggeht, spaziert man über kleingemahlene Lebewesen – oder zumindest über ihre Schutzgehäuse. Auch die Bestandteile der Kalksteinklippen, die man am Meer oder in ländlichen Gebieten vielleicht sieht, waren einstmals – vor Jahrmillionen – lebende Organismen. Berge steigen durch die Kollision tektonischer Platten in die Höhe, und das geschmolzene Magma, das ihre Bewegungen antreibt, entsteht durch radioaktives Material, das in der Nähe des Erdkerns begraben liegt. Unsere Energie stammt aus den nuklearen Prozessen in der Sonne – aber seit diese urtümlichen Kernreaktionen stattgefunden haben, wurde sie umgewandelt und auf andere Weise gespeichert. Viele Ressourcen, die wir nutzen, sind schwere Elemente; sie kamen aus dem Weltraum und wurden von Asteroiden oder Kometen auf der Erdoberfläche abgelagert. Auch manche Aminosäuren stammen von Meteoroiden, die damit vielleicht das Leben – oder den Keim des Lebens – auf die Erde brachten. Und bevor all das geschah, stürzte die dunkle Materie zusammen und bildete Klumpen, deren Gravitation immer mehr Materie anzog, bis sie sich am Ende in Galaxien, Galaxienhaufen und Sterne wie unsere Sonne verwandelte. Die gewöhnliche Materie, so wichtig sie für uns auch ist, erzählt uns nicht die ganze Geschichte.

Wir erleben zwar vielleicht die Illusion einer in sich geschlossenen Umwelt, aber jeden Tag bei Sonnenaufgang und jede Nacht, wenn der Mond und die viel weiter entfernten Sterne ins Blickfeld rücken, werden wir daran erinnert, dass unser Planet nicht allein ist. Sterne und Sternennebel sind ein weiterer Beleg dafür, dass wir in einer Galaxis zu Hause sind, die sich in einem noch weitaus größeren Universum befindet. Wir kreisen in einem Sonnensystem, und auch hier erinnern uns die Jahreszeiten an unsere Orientierung und unseren Ort darin. Schon unsere Zeitmessung in Tagen und Jahren macht deutlich, wie wichtig unsere Umgebung ist.

Unter den Forschungsergebnissen und der Lektüre, die zu diesem Buch geführt haben, ragen vor allem vier faszinierende Erkenntnisse heraus, die ich mitteilen möchte. Am meisten liegt mir die befriedigende Erkenntnis am Herzen, dass die Einzelteile des Universums auf so bemerkenswerte, ganz unterschiedliche Weise in Verbindung stehen. Auf der grundsätzlichsten Ebene lautet die große Lektion: Die Physik der Elementarteilchen, die Physik des Kosmos und die Biologie des Lebendigen sind miteinander verknüpft – und zwar nicht in irgendeinem esoterischen Sinn, sondern auf eine bemerkenswerte Weise, die zu verstehen sich lohnt.

Die Erde wird ständig von Material aus dem Weltraum getroffen. Und doch ist unser Planet mit seiner Umgebung durch eine Hassliebe verbunden. Von einem Teil dessen, was um ihn herum vorgeht, profitiert er, vieles kann aber auch tödlich sein. Die Position der Erde macht die richtige Temperatur möglich; die äußeren Planeten lenken die meisten ankommenden Asteroiden und Kometen ab, bevor sie die Erde treffen können; die Entfernung zwischen Mond und Erde stabilisiert unsere Umlaufbahn so weit, dass größere Temperaturschwankungen vermieden werden; und das äußere Sonnensystem schirmt uns gegen gefährliche kosmische Strahlung ab. Meteoroide, die auf unseren Planeten gestürzt sind, dürften Ressourcen mitgebracht haben, die für das Leben unentbehrlich sind, sie hatten auf die Wege des Lebendigen aber auch schädliche Auswirkungen. Ein solcher Himmelskörper verursachte vor 66 Millionen Jahren ein verheerendes Massenaussterben. Er fegte die landbewohnenden Dinosaurier hinweg, ebnete aber auch den Weg für die Entwicklung der größeren Säugetiere einschließlich unserer selbst.

Ebenso eindrucksvoll ist der zweite Punkt: Viele wissenschaftliche Entwicklungen, von denen hier die Rede sein wird, sind noch ganz neu. Diese Aussage hätten die Menschen vielleicht zu jedem Zeitpunkt der Menschheitsgeschichte machen können, aber das mindert ihren Wahrheitsgehalt nicht: Wir haben unsere Kenntnisse in den letzten [setzen Sie hier eine vom Zusammenhang abhängige Zahl hin] Jahren ungeheuer erweitert. Für die Forschungsarbeiten, die ich beschreiben möchte, liegt die Zahl bei unter 50. Als ich selbst forschte und von den Arbeiten anderer las, war ich immer wieder verblüfft darüber, wie neu und zutiefst revolutionär viele Entdeckungen der jüngeren Zeit waren. Immer wieder zeigten sich Erfindungsreichtum und Hartnäckigkeit der Menschen: Wissenschaftler bemühten sich darum, sich mit den oftmals überraschenden, immer aber unterhaltsamen und manchmal auch beängstigenden Dingen anzufreunden, die wir über die Welt in Erfahrung gebracht haben. Die in diesem Buch präsentierten wissenschaftlichen Erkenntnisse sind Teil einer größeren Geschichte – sie ist 13,8 oder 4,6 Milliarden Jahre lang, je nachdem, ob man sich auf das Universum oder das Sonnensystem konzentriert. Und doch ist die Geschichte der Menschen, die solche Ideen ans Licht gebracht haben, kaum mehr als ein Jahrhundert alt.

Die Dinosaurier starben vor 66 Millionen Jahren aus, aber wie das geschah, fanden Paläontologen und Geologen erst in den 1970er und 1980er Jahren heraus. Nachdem die entscheidenden Gedanken auf dem Tisch lagen, dauerte es noch einige Jahrzehnte, bis die Gemeinde der Wissenschaftler sie vollständig bewertet hatte. Dieser zeitliche Ablauf war kein reiner Zufall. Der Zusammenhang zwischen dem Aussterben und einem Objekt aus dem Weltraum wurde glaubwürdiger, als Astronauten auf dem Mond gelandet waren und Krater aus der Nähe gesehen hatten – denn nun verfügten sie über detaillierte Belege für die Dynamik des Sonnensystems.

In den letzten 50 Jahren haben bedeutende Fortschritte in Teilchenphysik und Kosmologie zum Standardmodell geführt, das die Grundbausteine der Materie so beschreibt, wie wir sie heute verstehen. Auch die Menge dunkler Materie und dunkler Energie im Universum wurde erst in den letzten Jahrzehnten des 20. Jahrhunderts dingfest gemacht. Unsere Kenntnisse über das Sonnensystem haben sich in dem gleichen Zeitraum ebenfalls verändert. Und erst in den 1990er Jahren entdeckten Wissenschaftler die Objekte des Kuiper-Gürtels in der Nachbarschaft des Pluto, womit gezeigt war, dass der Pluto die Sonne nicht allein umkreist. Die Zahl der Planeten wurde vermindert – aber nur, weil die wissenschaftlichen Kenntnisse, die manch einer vielleicht auf der Oberschule erworben hat, heute reichhaltiger und komplexer sind.

Im Mittelpunkt der dritten wichtigen Lektion steht die Geschwindigkeit des Wandels. Natürliche Selektion ermöglicht Anpassung, wenn die Arten genügend Zeit für die Evolution haben. Aber eine solche Anpassung kommt mit radikalen Veränderungen nicht zurecht – dazu ist sie viel zu langsam. Die Dinosaurier waren nicht in der Lage, sich darauf vorzubereiten, dass ein zehn Kilometer großer Meteoroid die Erde trifft. Sie konnten sich nicht anpassen. Für diejenigen unter ihnen, die an Land festsaßen und so groß waren, dass sie sich nicht eingraben konnten, gab es keinen Ausweg.

Wenn neue Gedanken oder technische Möglichkeiten aufkommen, spielen auch Diskussionen über katastrophale oder allmähliche Veränderungen eine große Rolle. Der Schlüssel zum Verständnis der meisten neuen Überlegungen – ob in der Wissenschaft oder anderswo – ist das Tempo der von ihnen beschriebenen Prozesse. Ich höre häufig, bestimmte Entwicklungen, zum Beispiel die Genforschung oder die Fortschritte, die aus dem Internet erwachsen, seien von beispielloser Dramatik. Aber das stimmt nicht ganz. Die verbesserten Kenntnisse über Krankheiten oder über den Blutkreislauf reichen Jahrhunderte weit zurück und brachten einen mindestens ebenso tiefgreifenden Wandel mit sich wie heute die Genetik. Die Einführung der Schriftsprache und später der Druckerpresse hatte großen Einfluss darauf, wie Menschen ihr Wissen erwarben und wie sie dachten – und dieser Wandel war mindestens ebenso bedeutsam wie der, den das Internet ausgelöst hat.

Wie bei diesen Entwicklungen, so ist die Geschwindigkeit auch für den derzeitigen Wandel ein wichtiger Faktor – und dieses Thema ist nicht nur für wissenschaftliche Prozesse von Bedeutung, sondern ebenso für den Wandel in Umwelt und Gesellschaft. Der Tod durch einen Meteoroiden braucht uns zwar heute wahrscheinlich keine größeren Sorgen zu machen, aber der ständig beschleunigte Wandel in der Umwelt und beim Artensterben ist durchaus besorgniserregend – und seine Auswirkungen könnten in vielerlei Hinsicht vergleichbar sein. Es ist das vielleicht gar nicht so versteckte Ziel dieses Buches, die verblüffende Geschichte darüber, wie wir bis hierher gekommen sind, besser zu verstehen; und sie soll uns ermutigen, diese Erkenntnisse klug zu nutzen.

Dennoch gibt es eine vierte wichtige Lektion: Wir besitzen bemerkenswerte wissenschaftliche Erkenntnisse über die oftmals verborgenen Elemente unserer Welt und ihre Entwicklung – und darüber, inwieweit wir überhaupt darauf hoffen können, das Universum zu verstehen. Viele Menschen sind von der Idee eines Multiversums fasziniert – von anderen Universen, die außerhalb unserer Reichweite liegen. Mindestens ebenso faszinierend sind aber die vielen – sowohl biologischen als auch physikalischen – verborgenen Welten, bei denen wir eine Chance haben, sie zu erkunden und mehr über sie in Erfahrung zu bringen. In *Dunkle Materie und Dinosaurier: Die erstaunlichen Zusammenhänge des Universums* möchte ich vermitteln, wie anregend es sein kann, über das nachzudenken, was wir wissen – und über die Dinge, die wir voraussichtlich oder möglicherweise in Zukunft wissen werden.

Dieses Buch beginnt mit der Kosmologie – der Wissenschaft vom Universum und seiner Entwicklung bis zum gegenwärtigen Zustand. Im ersten Teil präsentiere ich die Urknalltheorie, die kosmologische Inflation und die Zusammensetzung des Universums. In diesem Abschnitt wird auch erläutert, was dunkle Materie ist, warum wir so genau wissen, dass es sie gibt, und warum sie für den Aufbau des Universums von so großer Bedeutung ist.

Dunkle Materie macht 85 Prozent der Materie im Universum aus; die gewöhnliche Materie – wie sie beispielsweise in Sternen, Gasen und Menschen enthalten ist – stellt dagegen nur 15 Prozent. Dennoch beschäftigen sich die Menschen vor allem mit der Existenz und Bedeutung der gewöhnlichen Materie – die, das muss man gerechterweise sagen –, viel stärkere Wechselbeziehungen eingeht.

Aber wie bei den Menschen, so ist es auch hier nicht sinnvoll, unsere Aufmerksamkeit ausschließlich auf den kleinen Bruchteil zu konzentrieren, der überproportional viel Einfluss hat. Die beherrschenden 15 Prozent der Materie – der Anteil, den wir sehen und fühlen können – sind nur ein Teil der Geschichte. Ich werde die unentbehrliche Funktion der dunklen Materie im Universum erläutern: Unentbehrlich war sie für die Entstehung der Galaxien und Galaxienhaufen, die in der Frühzeit des Universums aus dem formlosen kosmischen Plasma hervorgegangen sind, und unentbehrlich ist sie auch heute für die Aufrechterhaltung der Stabilität dieser Strukturen.

Im zweiten Teil des Buches konzentrieren wir uns auf das Sonnensystem. Dieses allein könnte natürlich das Thema für ein ganzes Buch abgeben, wenn nicht sogar für eine Enzyklopädie. Deshalb beschränke ich mich auf die Bestandteile, die für die Dinosaurier von Bedeutung gewesen sein könnten – auf Meteoroiden, Asteroiden und Kometen. In diesem Teil wird erläutert, welche Objekte bekanntermaßen die Erde getroffen haben und mit was für Treffern wir für die Zukunft rechnen können. Außerdem wird von den spärlichen, aber nicht von vornherein haltlosen Belegen für Aussterbeereignisse und Meteoroideneinschläge die Rede sein, die in regelmäßigen Abständen von rund 30 Millionen Jahren stattgefunden haben. Dieser Abschnitt behandelt auch die Entstehung des Lebens sowie seine Zerstörung – wir verschaffen uns einen Überblick darüber, was über die fünf großen Ereignisse des Massenaussterbens bekannt ist, darunter auch das verheerende Ereignis, das die Dinosaurier hinwegfegte.

Der dritte und letzte Teil des Buches führt die Gedanken aus den ersten beiden Teilen zusammen und beginnt mit den Modellen für dunkle Materie. Er erläutert die eher vertrauten Überlegungen zu der Frage, was dunkle Materie sein könnte, und neuere Vermutungen über ihre Wechselwirkungen, die ich zuvor bereits erwähnt habe.

Vorerst brauchen wir nur zu wissen, dass dunkle und gewöhnliche Materie durch Gravitation in Wechselwirkung treten. Im Allgemeinen ist die Gravitation so schwach, dass wir ihren Einfluss nur wahrnehmen, wenn es sich um gewaltige Massen handelt – beispielsweise die von Erde und Sonne; und selbst diese Effekte sind nicht sonderlich stark: Wir können eine Büronadel mit einem winzigen Magneten hochheben, womit wir erfolgreich gegen den Gravitationseinfluss der ganzen Erde antreten.

Die dunkle Materie dürfte aber auch noch anderen Kräften unterworfen sein. Unser neues Modell stellt die Annahme – und das Vorurteil – in Frage, wonach die uns vertraute Materie wegen der Kräfte, durch die sie interagiert – Elektromagnetismus, schwache und starke Kernkraft –, etwas Besonderes ist. Diese Kräfte der herkömmlichen Materie sind weitaus stärker als die Gravitation und bilden die Grundlage für viele interessante Eigenschaften unserer Welt. Aber was wäre, wenn auch ein Teil der dunklen Materie neben der Gravitation anderen einflussreichen Interaktionen unterläge? Wenn es so ist, könnten die Kräfte der dunklen Materie zu dramatischen Indizien für Zusammenhänge zwischen der elementaren Materie und makroskopischen Phänomenen werden, die noch tiefer gehen als die vielen, die wir bereits kennen.

Im Prinzip könnten zwar alle Dinge im Universum untereinander in Wechselbeziehung treten, die meisten derartigen Interaktionen sind aber so klein, dass man sie nicht ohne weiteres wahrnehmen kann. Beobachten können wir nur Dinge, die uns auf nachweisbare Weise betreffen. Wenn wir es mit etwas zu tun haben, das nur winzige Effekte ausübt oder erlebt, kann es unmittelbar vor unserer Nase liegen und doch unserer Aufmerksamkeit entgehen. Das ist vermutlich der Grund, warum die einzelnen Teilchen der dunklen Materie sich bisher einer Entdeckung entzogen haben – und das, obwohl sie uns vermutlich überall umgeben.

Der dritte Teil des Buches zeigt, wie weiter gefasste Gedanken über die dunkle Materie – die Frage, warum das dunkle Universum so einfach sein soll, wo unseres doch so kompliziert ist – uns dazu veranlassen, über neue Möglichkeiten nachzudenken. Vielleicht erlebt ein Teil der dunklen Materie ihre eigene Kraft – ein dunkles Licht, wenn man so will. Wenn der größte Teil der dunklen Materie in der Regel in die relativ einflusslosen 85 Prozent abgeschoben wird, könnte man auf den Gedanken kommen, dass der neu vorgeschlagene Typ der dunklen Materie eine aufwärts orientierte mittlere Kategorie darstellt – mit Interaktionen, die denen der bekannten Materie ähneln. Die zusätzlichen Wechselwirkungen könnten Auswirkungen auf den Aufbau der Galaxis haben und die Möglichkeit schaffen, dass dieser Teil der dunklen Materie die Bewegungen der Sterne und anderer Objekte im Bereich der gewöhnlichen Materie beeinflusst.

In den kommenden fünf Jahren wird man mit Satelliten die Form, die Zusammensetzung und die Eigenschaften unserer Galaxis detaillierter vermessen als je zuvor. Daraus werden wir viel über unsere galaktische Umgebung erfahren, und wir können prüfen, ob unsere Vermutung stimmt. Solche Folgerungen, die sich beobachten lassen, machen die dunkle Materie und unser Modell zu legitimen wissenschaftlichen Überlegungen, die weiterzuverfolgen sich lohnt – und das, obwohl die dunkle Materie kein Baustein von dir und mir ist. Zu den Folgen könnten auch die Einschläge von Meteoroiden gehören – und einer davon könnte das Bindeglied zwischen der dunklen Materie und dem Verschwinden der Dinosaurier sein, auf das der Titel des Buches anspielt.

Die Hintergründe und Konzepte, die solche Phänomene verbinden, verschaffen uns ein weit gefasstes, dreidimensionales Bild des Universums. Mit diesem Buch verfolge ich das Ziel, solche Ideen weiterzugeben und jeden dazu zu ermutigen, selbst den bemerkenswerten Reichtum unserer Welt zu erkunden, wertzuschätzen und zu stärken.

TEIL I

DIE ENTWICKLUNG
DES UNIVERSUMS

1

Die Dunkle-Materie-Geheimgesellschaft

Dinge, mit denen wir nicht rechnen, bemerken wir oftmals nicht. In einer mondlosen Nacht schießen Meteore über den Himmel; wenn wir durch den Wald wandern, verfolgen uns unbekannte Tiere, auf einem Spaziergang durch eine Stadt sind wir von großartigen architektonischen Details umgeben. Solche bemerkenswerten Bilder übersehen wir häufig – und das selbst dann, wenn sie unmittelbar in unserem Blickfeld liegen. Unser eigener Organismus beherbergt Bakterienkolonien. Die Bakterien sind zehnmal zahlreicher als unsere eigenen Zellen und helfen uns beim Überleben. Und doch sind wir uns dieser mikroskopisch kleinen Lebewesen kaum bewusst, die Nährstoffe verbrauchen und unser Verdauungssystem unterstützen. Nur wenn Bakterien unartig sind und uns krank machen, nehmen die meisten von uns sie überhaupt zur Kenntnis.

Um etwas zu sehen, muss man hinschauen. Und man muss wissen, wohin man schauen muss. Aber die Phänomene, die ich gerade erwähnt habe, kann man im Prinzip wenigstens sehen. Stellen wir uns einmal vor, wie viel schwieriger es ist, etwas zu verstehen, das wir buchstäblich nicht sehen können. So ist es mit der dunklen Materie, jenem schwer fassbaren Stoff im Universum, der mit der Materie, die wir kennen, nur in winzigsten Wechselwirkungen steht. Im nächsten Kapitel werde ich erklären, wie Astronomen und Physiker mit einer Vielzahl von Messungen nachgewiesen haben, dass es dunkle Materie gibt. In diesem möchte ich die schwer fassbare Materie erst einmal vorstellen und darlegen, was sie ist, warum sie unter Umständen so verwirrend zu sein scheint und warum sie das – unter einigen wichtigen Gesichtspunkten – überhaupt nicht ist.

Das Ungesehene in unserer Mitte

Das Internet ist zwar ein einziges riesiges Netzwerk, in dem Milliarden Menschen sich online begegnen, aber von den vielen, die in sozialen Netzwerken kommunizieren, interagieren nur die wenigsten direkt oder auch nur indirekt miteinander. Die Beteiligten freunden sich in der Regel mit Gleichgesinnten an, folgen anderen mit ähnlichen Interessen und halten sich an Nachrichtenquellen, in denen sich ihre eigene besondere Sicht auf die Welt widerspiegelt. Mit derart eingeschränkten Interaktionen zerfallen die vielen Menschen, die online gehen, in ganz verschiedene Gruppen, die nicht miteinander in Wechselbeziehung treten, und innerhalb ihrer Gruppe treffen sie nur selten auf unangenehme Ansichten. Selbst die Freunde der Freunde setzen sich meist nicht mit den gegensätzlichen Meinungen anderer Gruppen auseinander; deshalb vergessen die meisten Internetnutzer, dass es unbekannte Communities mit ganz anderen, unvereinbaren Ideen gibt.

Nicht alle Menschen sind von Welten, die außerhalb ihrer eigenen liegen, so abgeschnitten. Aber wenn es um dunkle Materie geht, sind wir alle der gerade erwähnten Versäumnisse schuldig. Die dunkle Materie gehört einfach nicht zum sozialen Netzwerk der gewöhnlichen Materie. Sie lebt in einem Internet-Chatroom, von dem wir bisher noch nicht wissen, wie wir ihn betreten sollen. Sie befindet sich in demselben Universum und besetzt sogar die gleichen Raumregionen wie die sichtbare Materie, und doch können ihre Teilchen nur unmerklich mit der gewöhnlichen Materie, die wir kennen, in Wechselbeziehung treten. Es ist wie mit den Internet-Communities, an die wir nicht denken: Solange man uns nichts über dunkle Materie erzählt, würden wir in unserem täglichen Leben überhaupt nicht bemerken, dass sie existiert.

Wie die Bakterien in uns, so ist auch die dunkle Materie eines der vielen anderen »Universen«, die unmittelbar vor unserer Nase liegen. Und wie die mikroskopisch kleinen Lebewesen, so ist auch sie überall um uns herum. Dunkle Materie durchquert geradewegs unseren Körper – und ist auch in der Außenwelt zu Hause. Ihre Auswirkungen bemerken wir nicht, weil sie ungeheuer schwach interagiert – so schwach, dass sie eine eigene Population bildet. Sie ist eine vollkommen von der bekannten Materie getrennte Gesellschaft.

Aber eine wichtige. Während Bakterienzellen zwar zahlreich sind, aber nur ungefähr ein bis zwei Prozent unseres Gewichtes ausmachen, hat die dunkle Materie – auch wenn sie nur ein unbedeutender Teil unseres Körpers ist – an der gesamten Materie im Universum einen Anteil von rund 85 Prozent. Jeder Kubikzentimeter um uns herum enthält ungefähr Materie von der Masse eines Protons. Das hört sich nach viel oder nach wenig an, je nachdem, wie man es betrachtet. Was es aber bedeutet: Wenn die dunkle Materie aus Teilchen besteht, die in ihrer Masse mit den uns bekannten Teilchen vergleichbar sind, und wenn diese Teilchen mit einer Geschwindigkeit wandern, mit der wir aufgrund der gut bekannten Dynamik rechnen, dringen in jeder Sekunde Milliarden Teilchen der dunklen Materie durch jeden Menschen hindurch. Und doch bemerkt niemand, dass sie da sind. Selbst Milliarden Teilchen der dunklen Materie haben auf uns nur winzigste Auswirkungen.

Der Grund: Wir spüren die dunkle Materie nicht. Dunkle Materie interagiert nicht mit Licht – jedenfalls soweit man es bisher untersuchen konnte. Dunkle Materie besteht nicht aus dem gleichen Material wie gewöhnliche Materie – sie setzt sich nicht aus Atomen oder den vertrauten Elementarteilchen zusammen, die mit Licht interagieren – was für alles, was wir sehen können, unabdingbar ist. Das Rätsel, das meine Kollegen und ich zu lösen hoffen, lautet: Woraus besteht dunkle Materie eigentlich? Besteht sie aus Teilchen eines neuen Typs? Und wenn ja, welche Eigenschaften haben sie? Beteiligen sie sich neben ihren gravitationsbedingten Wechselwirkungen überhaupt an irgendwelchen Interaktionen? Wenn wir mit unseren derzeitigen Experimenten Glück haben, könnte sich herausstellen, dass die Teilchen der dunklen Materie ganz geringe elektromagnetische Interaktionen erleben, die so klein sind, dass man sie bisher nicht nachweisen konnte. Sonden suchen gezielt danach – wie das geschieht, werde ich im dritten Teil des Buches erläutern. Bisher jedoch bleibt die dunkle Materie unsichtbar. Selbst auf die empfindlichsten heutigen Detektoren hat sie keinen Einfluss.

Wenn aber große Mengen dunkler Materie sich in bestimmten Regionen zusammenballen, üben sie unter dem Strich einen beträchtlichen Gravitationseinfluss aus, was bei den Sternen und nahe gelegenen Galaxien zu messbaren Effekten führt. Dunkle Materie hat Auswirkungen auf die Ausdehnung des Universums, den Weg der Lichtstrahlen, die von weit entfernten Himmelskörpern zu uns gelangen, die Umlaufbahnen der Sterne um die Zentren der Galaxien und viele andere messbare Phänomene – deshalb sind wir überzeugt davon, dass es sie gibt. Dass wir etwas über dunkle Materie wissen – und dass wir überhaupt wissen, dass sie existiert –, liegt an diesen messbaren Gravitationseffekten.

Darüber hinaus hat die dunkle Materie, obwohl unsichtbar und unfühlbar, für die Ausbildung der Struktur des Universums eine entscheidende Rolle gespielt. Man kann sie mit den unterschätzten »Menschen wie du und ich« in einer Gesellschaft vergleichen. Die vielen Arbeiter, die Pyramiden bauten, Autobahnen asphaltierten oder elektronische Geräte zusammensetzten, waren für die Entscheidungsträger in der Elite unsichtbar und doch für die Entwicklung ihrer Kulturen unentbehrlich. Wie andere unbemerkte Gruppen in unserer Mitte, so war auch die dunkle Materie für unsere Welt von entscheidender Bedeutung.

Wäre die dunkle Materie nicht in der Frühzeit des Universums vorhanden gewesen, gäbe es uns nicht einmal, und wir könnten keine Kommentare darüber abgeben, vom Aufbau eines zusammenhängenden Bildes von der Evolution des Universums ganz zu schweigen. Ohne dunkle Materie hätte nicht genug Zeit zur Verfügung gestanden, in der sich die Struktur, die wir heute beobachten, bilden konnte. Klumpen aus dunkler Materie waren die Samen unserer Milchstraße wie auch anderer Galaxien und Galaxienhaufen. Hätten sich die Galaxien nicht gebildet, gäbe es auch keine Sterne, kein Sonnensystem, kein Leben, wie wir es kennen. Auch heute sorgt die kollektive Wirkung der dunklen Materie dafür, dass Galaxien und Galaxienhaufen intakt bleiben. Und wenn die dunkle Scheibe existiert, auf die ich in der Einleitung angespielt habe, könnte die dunkle Materie sogar für den Weg des Sonnensystems von Bedeutung sein.

Und doch beobachten wir die dunkle Materie nicht direkt. Wissenschaftler haben viele Formen von Materie studiert, aber alle, deren Zusammensetzung wir kennen, wurden mit irgendeiner Form von Licht beobachtet – oder allgemeiner gesagt, mit elektromagnetischer Strahlung. Diese hat bei sichtbaren Frequenzen die Form von Licht, kann aber auch beispielsweise als Radiowellen oder Ultraviolettstrahlung auftreten, wenn sie außerhalb des begrenzten Frequenzbereichs liegt, den wir sehen können. Die Effekte kann man mit einem Mikroskop, mit Radargeräten oder als Bild auf einem Foto betrachten, aber immer handelt es sich um elektromagnetische Strahlen. Nicht immer sind es unmittelbare Wechselwirkungen – am direktesten interagieren geladene Elemente mit Licht. Aber die Elemente aus dem Standardmodell der Teilchenphysik – die grundlegendsten Elemente der Materie, die wir kennen – interagieren auch untereinander so stark, dass Licht zwar vielleicht nicht gerade ein Freund, aber zumindest der Freund eines Freundes aller Formen von Materie ist, die wir sehen können.

Nicht nur unser Sehvermögen, sondern auch unsere anderen Sinne – Berührung, Geruch, Geschmack und Hören – beruhen auf den Wechselwirkungen von Atomen, die ihrerseits aus den Wechselwirkungen elektrisch geladener Teilchen erwachsen. Der Tastsinn bedient sich aus komplizierteren Gründen auch elektromagnetischer Schwingungen und Wechselwirkungen. Da alle Sinne des Menschen in irgendeiner Form auf elektromagnetischen Interaktionen basieren, lässt sich die dunkle Materie auf den üblichen Wegen nicht unmittelbar nachweisen. Wenn Licht auf dunkle Materie fällt, geschieht nichts. Das Licht wandert einfach hindurch.

Angesichts der Tatsache, dass sie die dunkle Materie nie gesehen (oder gefühlt oder gerochen) haben, sind viele Menschen, mit denen ich gesprochen habe, ausgesprochen überrascht, dass es sie überhaupt gibt. Sie finden die dunkle Materie sehr geheimnisvoll oder vermuten sogar, es müsse sich um eine Art Irrtum handeln. Man fragt, wie es überhaupt sein kann, dass der größte Teil der Materie mit herkömmlichen Teleskopen nicht nachzuweisen ist. Ich persönlich würde genau das Gegenteil erwarten (aber zugegebenermaßen sieht nicht jeder die Sache so). Für mich wäre es noch rätselhafter, wenn die Materie, die wir mit unseren Augen sehen können, alle Materie wäre, die es gibt. Warum sollten wir perfekte Sinnesorgane haben, die alles unmittelbar wahrnehmen können? Die große Lektion der Physik im Laufe der Jahrhunderte lautete: Vieles bleibt unserem Blick verborgen. So betrachtet, lautet die eigentliche Frage: Warum hat der Stoff, den wir kennen, einen so großen Anteil an der Energiedichte des Universums?

Die Vorstellung von dunkler Materie mag sich für manch einen exotisch anhören, aber ihre Existenz zu postulieren ist weit weniger revolutionär, als wenn man die Gesetze der Gravitation umstürzen würde – was Dunkle-Materie-Skeptiker vielleicht lieber täten. Die dunkle Materie ist uns zwar tatsächlich nicht vertraut, aber wahrscheinlich gibt es für sie eine mehr oder weniger konventionelle Erklärung, die völlig im Einklang mit allen bekannten Gesetzen der Physik steht. Aber warum sollte alle Materie, deren Verhalten im Einklang mit den bekannten Gesetzen der Gravitation steht, sich genau wie die herkömmliche Materie verhalten? Oder, um es noch prägnanter zu formulieren: Warum sollte alle Materie mit Licht interagieren? Dunkle Materie könnte einfach Materie sein, die eine andere oder überhaupt keine grundsätzliche Ladung hat. Ohne elektrische Ladung oder Interaktionen mit geladenen Teilchen kann dunkle Materie schlicht kein Licht absorbieren oder aussenden.

Dennoch habe ich mit einem Aspekt der dunklen Materie ein kleines Problem, nämlich mit ihrem Namen. Gegen die »Materie« habe ich keine Einwände. Dunkle Materie ist tatsächlich eine Form der Materie, das heißt, sie ist eine Substanz, die Klumpen bildet, ihren eigenen Gravitationseinfluss ausübt und wie alle sonstige Materie durch Gravitation interagiert. Physiker und Astronomen weisen sie auf verschiedenen Wegen nach, aber die Grundlage ist immer diese Wechselwirkung.

Unglücklich gewählt ist aber das Attribut »dunkel«: Einerseits sehen wir dunkle Dinge, die Licht absorbieren, und andererseits hört sich der unheilvoll klingende Name machtvoller und negativer an, als es der Wirklichkeit entspricht. Dunkle Materie ist nicht dunkel – sie ist durchsichtig. Dunkle Substanzen absorbieren Licht. Durchsichtige dagegen nehmen es nicht zur Kenntnis. Licht kann auf dunkle Materie treffen, aber dadurch verändert sich weder die Materie noch das Licht.

Auf einer Tagung, auf der sich kürzlich Menschen aus den verschiedensten Fachgebieten trafen, lernte ich Massimo kennen, einen Marketing-Profi, der sich auf Markennamen spezialisiert hat. Als ich ihm von meinen Forschungsarbeiten erzählte, sah er mich ungläubig an und fragte: »Warum nennt man sie dunkle Materie?« Sein Einwand betraf nicht die wissenschaftliche Aussage, sondern die unnötig negativen Nebenbedeutungen des Namens. Eigentlich stimmt es nicht ganz, dass »dunkel« in allen Fällen eine negative Bedeutung hat. Der »Dark Knight« gehörte zu den Guten, das war allerdings kompliziert. Aber im Vergleich zu seiner Verwendung in *Dark Shadows*, *His Dark Materials*, *Transformers: Die dunkle Seite des Mondes* oder Darth Vaders »dunkler Seite der Macht« – ganz zu schweigen von dem vergnügten *dark*-Song aus dem Lego-Film – ist das »dunkel« in »dunkler Materie« ziemlich zahm. Trotz der offenkundigen Faszination, die dunkle Dinge auf uns ausüben, wird die dunkle Materie ihrem Namen eigentlich nicht gerecht.

Eine Eigenschaft hat dunkle Materie allerdings mit dem Stoff des Bösen gemeinsam: Sie bleibt den Blicken verborgen, weil sie kein Licht aussendet. In diesem Sinn ist sie wirklich dunkel – nicht weil sie undurchsichtig wäre, sondern weil sie das Gegenteil von Licht aussendender oder auch nur Licht reflektierender Materie ist. Und wie den vielen boshaften Geistern in Filmen und Literatur, so dient auch hier die Unsichtbarkeit als Schutz.

Massimo war wie ich der Meinung, dass »transparente Materie« ein besserer Name gewesen wäre – oder zumindest wäre er weniger beängstigend. Aus physikalischer Sicht stimmt er auch, aber ich bin mir nicht sicher, ob er richtig wäre. »Dunkle Materie« ist zwar nicht mein Lieblingsbegriff, offensichtlich erregt er aber eine ganze Menge Aufmerksamkeit. Andererseits ist die dunkle Materie weder unheilvoll noch mächtig – es sei denn, es handelt sich um eine große Menge von ihr.

Schwarze Löcher und dunkle Energie

Der Name »dunkle Materie« ist auch über die zuvor genannten, unheilvoll klingenden Folgerungen hinaus ein Anlass zur Verwirrung. Viele Menschen, mit denen ich über meine Forschung spreche, können beispielsweise dunkle Materie nicht von schwarzen Löchern unterscheiden. Um den Unterschied zu verdeutlichen, möchte ich einen kurzen Umweg machen und schwarze Löcher erörtern, Objekte, die entstehen, wenn zu viel Materie sich in einer zu kleinen Raumregion aufhält. Dem Einfluss ihrer gewaltigen Gravitation entkommt nichts – nicht einmal das Licht.

Schwarze Löcher und dunkle Materie haben nicht mehr gemeinsam als schwarze Tinte und *film noir*. Dunkle Materie interagiert nicht mit Licht. Schwarze Löcher absorbieren Licht – und auch alles andere, was ihnen zu nahe kommt. Schwarze Löcher sind schwarz, weil alles Licht, das in sie hineinfällt, dort bleibt. Es wird nicht abgestrahlt und nicht zurückgeworfen. Dunkle Materie könnte für die Entstehung schwarzer Löcher von Bedeutung gewesen sein*, denn jede Form der Materie kann zusammenbrechen und zu einem schwarzen Loch werden. Aber schwarze Löcher und dunkle Materie sind mit Sicherheit nicht das Gleiche. Man sollte sie auf keinen Fall verwechseln. Ein weiteres Missverständnis ist auf den unglückseligen Namen der dunklen Materie zurückzuführen. Da ein anderer Bestandteil des Universums »dunkle Energie« heißt – auch das eine problematische Bezeichnung –, wird diese ebenfalls häufig mit der dunklen Materie verwechselt. Also schweifen wir ein weiteres Mal von unserem Hauptthema ab: Dunkle Energie ist heute ein unverzichtbarer Teil der Kosmologie. Deshalb möchte ich auch diesen Begriff klären, um sicherzustellen, dass meine aufgeklärten Leser den Unterschied stets im Gedächtnis behalten.

Dunkle Energie ist keine Materie, sondern eben Energie. Sie existiert selbst dann, wenn kein echtes Teilchen oder irgendeine andere Form von Substanz vorhanden ist. Sie durchzieht das Universum, bildet aber im Gegensatz zu gewöhnlicher Materie keine Klumpen. Dunkle Energie hat überall die gleiche Dichte – sie kann in einer Region nicht dichter sein als in einer anderen. Auch darin unterscheidet sie sich stark von der dunklen Materie, die sich zu Objekten sammelt und an manchen Stellen eine größere Dichte hat als an anderen. Dunkle Materie verhält sich wie die Materie, die uns vertraut ist und in Objekten wie Sternen, Galaxien und Galaxienhaufen gebunden wird. Die dunkle Energie dagegen ist immer gleichmäßig verteilt.

Dunkle Energie bleibt außerdem im Laufe der Zeit konstant. Im Gegensatz zu Materie oder Strahlung wird sie mit der Ausdehnung des Universums nicht stärker verdünnt. Das ist in gewisser Hinsicht ihre definierende Eigenschaft. Die Dichte der dunklen Energie – Energie, die nicht von Teilchen oder Materie getragen wird – bleibt über die Zeit hinweg gleich. Deshalb bezeichnen Physiker diese Form von Energie häufig auch als eine *kosmologische Konstante*.

---

* Um genau zu sein, wurden schwarze Löcher als mögliche Kandidaten für dunkle Materie vorgeschlagen – auf dieses Thema werden wir später zurückkommen. Die Einschränkungen der Beobachtungsmöglichkeiten und theoretische Überlegungen machen ein solches Szenario aber heute sehr unwahrscheinlich.

In der Frühzeit des Universums wurde die Energie zum größten Teil durch Strahlung getragen. Aber Strahlung wird schneller verdünnt als Materie, und deshalb übernahm diese irgendwann die Rolle als größter Energieträger. Viel später in der Geschichte des Universums übernahm die dunkle Energie – die sich ja im Gegensatz zu Strahlung und Materie nie verdünnt – die beherrschende Rolle, und heute macht sie im Universum rund 70 Prozent der Energiedichte aus.

Bevor Einstein seine Relativitätstheorie formulierte, dachte man nur an relative Energie – an den Energieunterschied zwischen verschiedenen Anordnungen. Mit Einsteins Theorie ausgerüstet, lernten wir dann, dass die absolute Energiemenge als solche von Bedeutung ist und eine Gravitationskraft entstehen lässt, die das Universum zusammenziehen oder ausdehnen kann. Das große Rätsel im Zusammenhang mit der dunklen Energie ist nicht die Frage, warum sie existiert – die Quantenmechanik wie auch die Gravitationstheorie legen die Vermutung nahe, dass es sie gibt, und Einsteins Theorie sagt uns, dass sie physikalische Auswirkungen hat –, sondern warum ihre Dichte so gering ist. Angesichts ihrer beherrschenden Stellung mag das nicht als wichtige Frage erscheinen. Aber obwohl die dunkle Energie heute im Universum den größten Teil der Energie ausmacht, trat ihr Einfluss erst in jüngster Zeit – nachdem Materie und Strahlung durch die Ausdehnung des Universums ungeheuer stark verdünnt waren – in Konkurrenz zum Einfluss anderer Energietypen. Früher war die Dichte der dunklen Energie winzig klein im Vergleich zu den viel größeren Beiträgen von Strahlung und Materie. Ohne die Antwort im Voraus zu wissen, schätzten Physiker, die Dichte der dunklen Energie müsse verblüffende 120 Zehnerpotenzen größer sein. Die Frage, warum die kosmologische Konstante so klein ist, beschäftigt die Physiker schon seit Jahren.

Nach Ansicht vieler Astronomen erleben wir heute eine Renaissance der Kosmologie: Theorien und Beobachtungen sind so weit fortgeschritten, dass präzise vorbereitete Untersuchungen bei der Beantwortung der Frage helfen können, welche Ideen im Universum tatsächlich verwirklicht sind. Aber da dunkle Energie und dunkle Materie eine so beherrschende Stellung einnehmen, während rätselhafterweise gleichzeitig so viel gewöhnliche Materie bis heute überlebt hat, sagen Physiker auch im Scherz, wir würden in einem dunklen Zeitalter leben.

Aber gerade diese Rätsel machen unsere Zeit für alle, die sich mit dem Kosmos beschäftigen, so spannend. Was den Gewinn von Kenntnissen über den dunklen Sektor angeht, hat man in der Wissenschaft große Fortschritte gemacht, aber es bleiben auch wichtige Fragen, deren Aufklärung nahe bevorsteht. Für eine Wissenschaftlerin wie mich ist das eine optimale Situation.

Vielleicht kann man sagen: Physiker, die »das Dunkle« studieren, sind in einer abstrakteren Form an einer kopernikanischen Revolution beteiligt. Die Erde ist nicht nur kein physikalisches Zentrum des Universums mehr, sondern unsere physikalische Zusammensetzung ist noch nicht einmal ein zentraler Bestandteil seines Energiebudgets – oder auch des größten Teils seiner Materie. Und genau wie die Erde das erste Objekt im Kosmos war, das von Menschen erforscht wurde – das Objekt, das ihnen am vertrautesten ist –, so konzentrierten sich die Physiker anfangs auch auf die Materie, aus der wir bestehen, denn sie ist am einfachsten zugänglich, am leichtesten zu erkennen und unentbehrlich für unser Leben. Das geographisch vielgestaltige, schwierige Gelände auf der Erde zu erkunden war nicht immer einfach. Aber so anspruchsvoll es auch war, die Erde vollständig zu verstehen, so war sie doch zugänglicher und einfacher zu erforschen als ihre weiter entfernten Gegenstücke – die abgelegenen Regionen des Sonnensystems und der Weltraum dahinter.

Eine ähnliche Herausforderung war es auch, die Grundbausteine unserer gewöhnlichen Materie kennenzulernen, und doch war ihre Erforschung weitaus einfacher als die Erkundung der »durchsichtigen« dunklen Materie, die unsichtbar ist – und uns doch überall umgibt.

Heute jedoch ändert sich die Lage. Mittlerweile ist die dunkle Materie ein vielversprechender Forschungsgegenstand, denn es sollte möglich sein, sie mit den Prinzipien der herkömmlichen Teilchenphysik zu erklären, und außerdem kann man sie wahrscheinlich einem breiten Spektrum derzeit gebräuchlicher experimenteller Methoden unterwerfen. Trotz ihrer schwachen Wechselwirkungen haben die Wissenschaftler in den kommenden zehn Jahren eine echte Chance, das Wesen der dunklen Materie aufzuklären und abzuleiten. Und da die dunkle Materie sich auch zu Galaxien und anderen Strukturen zusammenballt, wird die Beobachtung unserer Galaxis und des Universums für Physiker und Astronomen die Möglichkeit schaffen, sie auf neuartige Weise zu vermessen. Wie wir außerdem noch genauer erfahren

werden, dürfte die dunkle Materie sogar eine Erklärung für einige Beson-
derheiten in unserem Sonnensystem liefern, die mit Meteoroideneinschlägen
und dem Entwicklungsweg des Lebendigen auf der Erde zu tun haben.
Dunkle Materie ist nicht räumlich abgetrennt (und sie ist real), das heißt, das
Raumschiff Enterprise wird uns nicht zu ihr bringen. Aber mit den Ideen
und technischen Möglichkeiten, die derzeit in Arbeit sind, steht die dunkle
Materie im Begriff, zum letzten – oder zumindest zum nächsten spannenden – Neuland zu werden.

2

Die Entdeckung der dunklen Materie

Wenn man durch die Straßen von Manhattan schlendert oder durch Hollywood fährt, hat man manchmal das Gefühl, als sei eine berühmte Person in der Nähe. Selbst wenn wir George Clooney nicht unmittelbar sehen, reicht der Verkehrsstau, der durch die wartende, mit Handys und Kameras ausgerüstete Menge entsteht, um uns auf die Anwesenheit eines Prominenten aufmerksam zu machen. Wir spüren zwar seine Gegenwart nur indirekt, aber George hat beträchtlichen Einfluss auf alle um ihn herum, und deshalb können wir trotz allem sicher sein, dass in der Nähe etwas Besonderes vorgeht.

Auch die dunkle Materie sehen wir nicht, aber wie der Prominente hat sie Einfluss auf ihre Umgebung. Anhand dieser indirekten Einflüsse haben die Astronomen auf ihre Gegenwart geschlossen. Heute geben uns Messungen mit ständig wachsender Präzision Auskunft über den Energiebeitrag der dunklen Materie. Auch wenn die Gravitation eine schwache Kraft ist, haben ausreichend große Mengen an dunkler Materie einen messbaren Einfluss – und ihre Menge im Universum ist wahrlich groß. Das wahre Wesen der dunklen Materie kennen wir noch nicht, aber die Messungen, die ich jetzt beschreiben werde, machen eines deutlich: Sie ist ein realer, unentbehrlicher Bestandteil unserer Welt. Die dunkle Materie ist zwar bisher für unsere Augen und direkte Beobachtungen unsichtbar, aber ganz verstecken kann sie sich nicht.

Eine kurze Geschichte über die Entdeckung der dunklen Materie

Fritz Zwicky war ein unabhängiger Geist, der einige eindrucksvolle Ideen und auch manche unsinnigen Gedanken hatte. Er war sich seiner Stellung als Querkopf genau bewusst und wollte sogar eine Autobiographie mit dem Titel *Operation einsamer Wolf* schreiben. Sein Ruf ist vielleicht zum Teil die Erklärung dafür, warum man ihn 40 weitere Jahre lang nicht ernst nahm, nachdem er 1933 eine der spektakulärsten Entdeckungen des 20. Jahrhunderts gemacht hatte.

Was Zwicky 1933 schlussfolgerte, war tatsächlich bemerkenswert. Er beobachtete die Geschwindigkeiten der Galaxien im Coma-Haufen (ein *Haufen* ist eine große Ansammlung von Galaxien, die durch die Gravitation aneinander gebunden sind). Die Gravitationsanziehung der Materie in einem Galaxienhaufen steht in Konkurrenz zur kinetischen Energie der darin enthaltenen Sterne; beide gemeinsam schaffen ein stabiles System. Bei einer zu geringen Masse kann die Gravitationsanziehung in dem Haufen nicht verhindern, dass die kinetische Energie die Sterne wegtreibt. Aufgrund seiner Messungen der Geschwindigkeit von Sternen berechnete Zwicky, dass die Masse, die dem Haufen eine ausreichende Gravitationsanziehung verleihen würde, 400-mal größer war als die gemessene leuchtende Masse – die Masse der Materie, die Licht aussendet. Um die zusätzlichen Mengen zu erklären, äußerte Zwicky die Vorstellung, es müsse *dunkle Materie* geben, wie er sie auf Deutsch nannte – und das hörte sich entweder unheilvoll oder verrückt an, je nachdem, wie man es aussprach.

Schon ein Jahr vor Zwicky war der brillante, produktive niederländische Astronom Jan Oort zu ähnlichen Schlussfolgerungen über die dunkle Materie gelangt. Wie er erkannte, haben die Sterne in unserer galaktischen Nachbarschaft eine so hohe Geschwindigkeit, dass man ihre Bewegung nicht ausschließlich auf den Gravitationseinfluss der lichtaussendenden Materie zurückführen kann. Auch Oort schloss daraus, dass irgendetwas fehlen muss. Er stellte sich aber nicht eine neue Form der Materie vor, sondern nur nicht leuchtende, ansonsten aber normale Substanzen – eine Vermutung, die seither aus mehreren Gründen verworfen wurde; von ihnen wird später noch die Rede sein.

Aber auch Oort dürfte mit seiner Entdeckung nicht der Erste gewesen sein. Auf einer Tagung über Kosmologie, an der ich kürzlich in Stockholm teilnahm, erzählte mir mein schwedischer Kollege Lars Bergström von den relativ unbekannten Arbeiten des schwedischen Astronomen Knut Lundmark. Dieser hatte bereits zwei Jahre vor Oort beobachtet, dass Materie in den Galaxien fehlte. Zwar hatte Lundmark ebenso wenig wie Oort die gewagte Vermutung geäußert, es gebe eine völlig neue Form von Materie, aber seine Messungen zum Verhältnis der dunklen zur sichtbaren Materie kamen sehr dicht an den tatsächlichen Wert heran – dieser liegt, wie wir heute wissen, bei ungefähr fünf zu eins.

Aber trotz solcher frühen Beobachtungen wurde die dunkle Materie lange Zeit mehr oder weniger ignoriert. Die Idee rückte erst in den 1970er Jahren wieder ins Blickfeld, als Astronomen beobachteten, dass man die Bewegung der Satellitengalaxien – kleiner Galaxien in der Nachbarschaft größerer – nur mit einer zusätzlich vorhandenen, unsichtbaren Materie erklären konnte. Aufgrund dieser und anderer Beobachtungen wurde die dunkle Materie allmählich zum Gegenstand ernsthafter Forschungsarbeiten.

Auf ein festes Fundament wurde ihre Stellung aber erst durch die Arbeiten der Astronomin Vera Rubin gestellt, die an der Carnegie Institution in Washington mit dem Astronomen Kent Ford zusammenarbeitete. Nachdem Rubin an der Georgetown University ihr Examen gemacht hatte, entschloss sie sich, die Winkelbewegungen der Sterne in Galaxien zu messen und dabei mit der Andromedagalaxie zu beginnen – unter anderem wollte sie damit vermeiden, allzu weit in die Lieblingsreviere anderer Wissenschaftler einzudringen. Sie änderte ihre Forschungsrichtung, nachdem ihre Doktorarbeit – in der sie die Geschwindigkeiten von Galaxien gemessen und die Existenz von Galaxienhaufen bestätigt hatte – von großen Teilen der Wissenschaftlergemeinde abgelehnt worden war, und das unter anderem aus dem unhöflichen Grund, dass sie sich in die Forschungsreviere anderer vorgewagt hatte. Nach der Promotion entschloss sich Rubin, sich auf ein weniger bevölkertes Forschungsgebiet zu begeben und die Umlaufgeschwindigkeiten von Sternen zu studieren.

Rubins Entscheidung führte zu der vielleicht spannendsten Entdeckung ihrer Zeit. In den 1970er Jahren fand sie in Zusammenarbeit mit Kent Ford heraus, dass die Umlaufgeschwindigkeit von Sternen immer mehr oder weniger gleich ist, unabhängig davon, wie weit sie vom Zentrum der Galaxie entfernt sind. Das heißt, Sterne bewegen sich mit konstanter Geschwindigkeit, und das noch weit außerhalb der Region, die leuchtende Materie enthält. Dafür gab es nur eine Erklärung eine bisher nicht beschriebene Materie, die dazu beiträgt, die weiter entfernten Sterne, die sich weit schneller als erwartet bewegen, im Zaum zu halten. Ohne diesen zusätzlichen Effekt würden die Sterne mit den Geschwindigkeiten, die Rubin und Ford gemessen hatten, aus der Galaxie herausfliegen. Daraus zogen die beiden Wissenschaftler den bemerkenswerten Schluss, dass die gewöhnliche Materie nur ungefähr ein Sechstel der Masse ausmacht, die notwendig ist, um die Sterne in ihren Umlaufbahnen festzuhalten. Rubins und Fords Beobachtungen lieferten zu ihrer Zeit den stichhaltigsten Beleg dafür, dass es dunkle Materie gibt, und die Rotationsbahnen der Galaxien sind bis heute ein wichtiger Anhaltspunkt geblieben.

Seit den 1970er Jahren sind die Indizien für dunkle Materie und ihren Anteil an der Gesamt-Energiedichte des Universums durch neue Beobachtungen immer stichhaltiger geworden. Zu den dynamischen Effekten, mit deren Hilfe wir etwas über dunkle Materie erfahren können, gehört auch die gerade beschriebene Rotation der Sterne in den Galaxien. Solche Messungen gelten allerdings nur für Spiralgalaxien, in denen die sichtbare Materie wie in unserer Milchstraße in einer Scheibe liegt, von der sich Spiralarme nach außen erstrecken. Eine andere wichtige Kategorie sind die elliptischen Galaxien, in denen die leuchtende Materie eher zwiebelförmig aussieht. In elliptischen Galaxien kann man wie in den von Zwicky vermessenen Galaxienhaufen die *Geschwindigkeitsverteilung* messen – man kann also feststellen, wie stark sich die Geschwindigkeiten der einzelnen Sterne in den Galaxien unterscheiden. Da diese Geschwindigkeiten von der Masse im Inneren einer Galaxie abhängen, kann man aus ihnen auf die Masse der Galaxie schließen. Auch bei der Vermessung elliptischer Galaxien wurde nachgewiesen, dass die leuchtende Materie als Erklärung für die gemessene Dynamik ihrer Sterne nicht ausreicht. Obendrein waren auch Messungen zur Dynamik des interstellaren Gases – Gas, das nicht zu Sternen gehört – nur mit dunkler Materie zu erklären. Da diese besonderen Messungen einen Bereich betrafen, der zehnmal weiter vom Zentrum der Galaxien entfernt war als die Ränder der sichtbaren Materie, war mit ihnen gezeigt, dass dunkle Materie nicht nur existiert, sondern dass sie sich auch weit über den sichtbaren Teil einer Galaxie hinaus erstreckt. Bestätigt wurde der Befund durch die Messung von Temperatur und Dichte des Gases mit Hilfe von Röntgenstrahlen.

Gravitationslinsen

Die Masse von Galaxienhaufen kann man auch anhand ihrer *Gravitationslinsenwirkung* auf das Licht messen (siehe Abb. 1). Denken wir noch einmal daran, dass niemand die dunkle Materie als solche sehen kann. Durch ihre Gravitationsanziehung kann sie aber Einfluss auf die sie umgebende Materie und sogar auf das Licht ausüben. Schon Zwicky beobachtete am Coma-Haufen, wie sich dunkle Materie auf die Bewegung der Galaxien auswirkt.

Hinter dem Gedanken über die Gravitationslinsen, den der vielseitige Fritz Zwicky als Erster äußerte, stand eine einfache Idee: Durch die Gravitationswirkung der dunklen Materie müsste sich auch der Weg des Lichtes verändern, das von einem leuchtenden Objekt an einer anderen Stelle ausgesandt wird. Ein massereiches Objekt, beispielsweise ein Galaxienhaufen, lenkt mit seiner Gravitation die Lichtstrahlen ab, die von dem leuchtenden Objekt ausgehen. Ist die Masse des Haufens groß genug, kann man die Biegung der Lichtstrahlen beobachten.

Die Richtung der Abweichung hängt dabei von der ursprünglichen Richtung des Lichtes ab: Fällt es über den oberen Rand des Haufens, wird es nach unten gebogen, und Licht von der rechten Seite biegt sich nach links. Wenn man die Strahlen so zurückverfolgt, als seien sie in gerader Linie verlaufen, gelangt man mit den Beobachtungen zu mehreren Bildern des Objektes, das das Licht ursprünglich abgegeben hat. Zwicky erkannte, dass man die dunkle Materie in Galaxienhaufen mit Hilfe der beobachteten Ablenkung der Lichtstrahlen und der scheinbaren Mehrfachbilder nachweisen kann, denn diese hängen von der Gesamtmasse in dem dazwischenliegenden Galaxienhaufen ab. Eine *starke Gravitationslinsenwirkung* liefert die Mehrfachbilder des lichtaussendenden Objekts. Eine *schwache Gravitationslinsenwirkung*, bei der die Formen verzerrt, aber nicht verdoppelt sind, kann man am Rand des Haufens finden, wo der Einfluss nicht derart stark ausgeprägt ist.

Für das von den Linsen abgelenkte Licht gilt das Gleiche wie für die Ge-

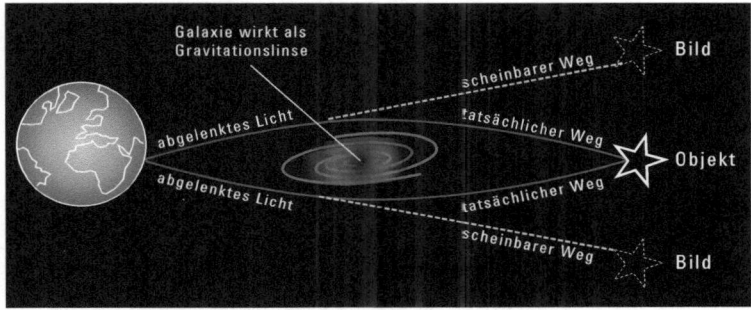

Abb. 1 Das Licht, das von einem hellen Objekt wie einem Stern oder einer Galaxie ausgeht, biegt sich rund um ein massereiches Objekt wie beispielsweise einen Galaxienhaufen. Der Beobachter auf der Erde sieht dann mehrere Bilder der ursprünglichen Lichtquelle.

schwindigkeit der Galaxien in einem Haufen, die Zwicky erstmals zu seiner radikalen Schlussfolgerung veranlasst hatte: Es steht unter dem sichtbaren Einfluss der Gesamtmasse des Haufens, obwohl die dunkle Materie selbst unsichtbar ist. Diesen dramatischen Effekt konnte man tatsächlich beobachten – allerdings erst viele Jahre nachdem die Vermutung erstmals aufgekommen war.

Heute gehören Messungen des Linseneffekts zu den wichtigsten Beobachtungen im Zusammenhang mit der dunklen Materie. Die Gravitationslinsen sind so spannend, weil sie (in einem gewissen Sinn) einen Weg bieten, um die dunkle Materie unmittelbar sichtbar zu machen. Die dunkle Materie zwischen einem leuchtenden Objekt und dem Beobachter lenkt das Licht ab. Das geschieht unabhängig von Annahmen über eine Dynamik, wie man sie bei der Geschwindigkeitsmessung von Sternen oder Galaxien angestellt hatte. Anhand des Linseneffekts kann man die Masse zwischen der Lichtquelle und uns unmittelbar messen. Irgendetwas hinter einem Galaxienhaufen (oder einem anderen Objekt, das dunkle Materie enthält) sendet Licht entlang unserer Blickrichtung aus, und dieses Licht wird von dem Galaxienhaufen gebogen. Mit Hilfe des Linseneffekts hat man auch die dunkle Materie in Galaxien vermessen: Licht eines Quasars, das hinter der Galaxie seinen

Ursprung hat, wird in Form von Mehrfachbildern sichtbar, und das liegt an der Verzerrung, die auf den Gravitationseffekt der Materie in der Galaxie zurückzuführen ist – und dazu gehört auch die dunkle, nicht leuchtende Materie.

Der Bullet-Haufen

Messungen des Gravitationslinseneffekts sind auch von Bedeutung für den vielleicht überzeugendsten Beleg, dass es dunkle Materie gibt. Er stammt von Galaxienhaufen, die miteinander verschmolzen sind – wie es mit dem mittlerweile (zumindest unter Physikern) berühmten Bullet-Haufen geschehen ist (siehe Abb. 2). Der Bullet-Haufen entstand durch die Verschmelzung von mindestens zwei Galaxienhaufen. Diese Vorläufer enthielten neben

Abb. 2 Galaxienhaufen verschmelzen zum Bullet-Haufen. Dabei wird Gas in der zentralen Region der Verschmelzung festgehalten; die dunkle Materie wandert hindurch und befindet sich jetzt in den ausgebeulten Außenbereichen.

dunkler auch gewöhnliche Materie, nämlich Gas, das Röntgenstrahlen aus-
sandte. Gas unterliegt elektromagnetischen Wechselwirkungen, und die reichen aus, damit das Gas der beiden Haufen sich nicht weiter aneinander vor-
beibewegt; das wiederum hat zur Folge, dass das Gas, das sich anfangs
zusammen mit den Haufen bewegte, in der Mitte festgehalten wird. Die
dunkle Materie dagegen interagiert sowohl mit dem Gas als auch, wie der
Bullet-Haufen zeigt, mit sich selbst nur sehr schwach. Sie kann deshalb ungehindert weiterströmen, und das führt zu den ausgebeulten Mickymausoh-
renformen in den äußeren Regionen des verschmolzenen Galaxienhaufens.
Das Gas verhält sich wie die Autos in einem Verkehrsstau, nachdem sich zwei
Fahrspuren zu einer verengt haben; die dunkle Materie dagegen ähnelt den
wendigen Mopeds, die sich ungehindert weiterbewegen können.

Mit Hilfe von Gravitationslinsenmessungen haben Astronomen herausge-
funden, dass die dunkle Materie in den äußeren Regionen angesiedelt ist,
und mit Röntgenmessungen konnten sie nachweisen, dass das Gas in der
Mitte verbleibt. Das ist vielleicht der derzeit stichhaltigste Beleg, dass dunkle
Materie genau das ist, was ihr Name sagt. Zwar wird auch weiter über Gra-
vitationsabweichungen spekuliert, aber die charakteristische Struktur des
Bullet-Haufens und andere, ähnliche Beobachtungen lassen sich kaum erklären, wenn nicht Materie, die keine Wechselwirkungen eingeht, die Ursache der seltsamen Form ist.

Dunkle Materie und die kosmische
Hintergrund-Mikrowellenstrahlung

Mit den gerade geschilderten Beobachtungen wurde die Existenz der dunklen Materie nachgewiesen. Damit bleibt aber immer noch die Frage, wie groß
die gesamte Energiedichte der dunklen Materie im Universum ist. Selbst
wenn wir wissen, wie viel dunkle Materie in Galaxien und Galaxienhaufen
enthalten ist, kennen wir nicht zwangsläufig ihre Gesamtmenge. Zwar stimmt
es, dass der größte Teil der dunklen Materie in Galaxienhaufen gebunden
sein müsste, denn alle Materie hat die typische Eigenschaft, sich zusammen-
zuballen. Deshalb sollte man dunkle Materie in Strukturen finden, die von
der Gravitation zusammengehalten werden; sie sollte nicht diffus über das

ganze Universum verteilt sein, das heißt, die in den Galaxienhaufen enthaltene dunkle Materie sollte nahezu die gesamte Menge ausmachen. Dennoch wäre es schön, wenn man die von der dunklen Materie transportierte Energiedichte messen könnte, ohne solche Annahmen machen zu müssen.

Tatsächlich gibt es eine noch zuverlässigere Methode, die Gesamtmenge der dunklen Materie zu messen. Diese Menge hat die kosmische Mikrowellen-Hintergrundstrahlung beeinflusst – die übriggebliebene Strahlung aus den allerersten Augenblicken des Universums. Die Eigenschaften dieser Strahlung wurden mit großer Genauigkeit gemessen und sind heute von entscheidender Bedeutung, wenn man eine zutreffende kosmologische Theorie aufstellen will. Analysen der kosmischen Hintergrundstrahlung liefern den besten Maßstab für die Menge der dunklen Materie, denn sie erlaubt heute den klarsten Blick in das Frühstadium des Universums.

Hier muss ich im Voraus eine Warnung aussprechen: Die Berechnungen sind selbst für Physiker kompliziert. Aber einige wesentliche Konzepte, die in die Analyse einfließen, sind weitaus einfacher. Wichtig ist unter anderem die Information, dass Atome – elektrisch neutrale, gebundene Zustände positiv geladener Kerne und negativ geladene Elektronen – ganz am Anfang nicht existierten. Elektronen und Atomkerne konnten sich erst dann zu stabilen Atomen zusammenfinden, als die Temperatur unter die Bindungsenergie der Atome gesunken war. Bei höheren Temperaturen würde Strahlung die Protonen und Elektronen trennen und damit die Atome zerschlagen. Ganz zu Anfang konnte sich Strahlung, die das Universum durchzog, nicht frei bewegen. Sie prallte vielmehr von den vielen geladenen Teilchen ab, die im frühen Universum vorhanden waren.

Als das Universum sich dann aber abkühlte, lagerten sich die geladenen Teilchen bei der sogenannten Rekombinationstemperatur zu neutralen Atomen zusammen. Als nun keine ungebundenen, geladenen Teilchen mehr im Weg waren, hatten die Photonen freie Bahn und konnten ungehindert wandern. Entsprechend bewegten sich die geladenen Teilchen von dieser Zeit an nicht mehr unabhängig, sondern sie wurden in Atomen gebunden. Die Photonen, die nach der Rekombination ausgesandt und nicht mehr von geladenen Teilchen gestreut wurden, konnten geradewegs in unsere Teleskope gelangen. Wenn wir also die kosmische Hintergrundstrahlung betrachten, blicken wir in eine relativ frühe Zeit des Universums zurück.

Unter dem Gesichtspunkt der Messungen ist das großartig. Die beschriebenen Ereignisse fanden ungefähr 380 000 Jahre nach dem Urknall und damit so früh im Leben des Universums statt, dass sich noch keine Strukturen gebildet hatten. Das Universum hatte mehr oder weniger die einfache Form, auf die unser ursprüngliches kosmologisches Bild schließen lässt. Es war vorwiegend homogen und isotrop, das heißt, die Temperatur war überall nahezu gleich, unabhängig davon, welchen Teil des Himmels man untersucht oder in welche Richtung man blickt. Gestört wurde die Gleichförmigkeit nur durch winzige Temperaturschwankungen in der Größenordnung von 1 zu 10 000. Die Messung dieser Schwankungen liefert eine ungeheure Menge an Informationen über den Inhalt des Universums und seine weitere Evolution. Anhand der Ergebnisse können wir die Geschichte der Ausdehnung des Universums und andere Eigenschaften ableiten, aus denen wir etwas über die Menge der damals und heute vorhandenen Strahlung, Materie und Energie erfahren; damit liefern diese detaillierte Einblicke in die Eigenschaften und den Inhalt des Universums.

Um zu verstehen, warum diese uralte Strahlung so reichhaltige Informationen liefert, muss man noch etwas Zweites über das frühe Universum wissen: Zur Zeit der Rekombination, als sich erstmals neutrale Atome bilden konnten, begannen Materie und Strahlung im Universum zu schwingen. Bei der sogenannten *akustischen Oszillation* zog die Gravitation der Materie diese zusammen, während der Druck der Strahlung sie auseinandertrieb. Die beiden Kräfte standen in Konkurrenz zueinander, sorgten dafür, dass die Materie sich zusammenzog und wieder ausdehnte, und erzeugten so eine Schwingung. Über die Stärke der Gravitation, die den Stoff nach innen zog und der nach außen gerichteten Kraft der Strahlung entgegenwirkte, bestimmte die dunkle Materie. Ihr Einfluss trug dazu bei, die Schwingungen zu formen, und auf dieser Grundlage konnten Astronomen die gesamte Energiedichte der zu jener Zeit vorhandenen dunklen Materie messen. Noch subtiler war ein anderer Effekt: Die dunkle Materie hatte auch Einfluss darauf, wie viel Zeit zwischen dem Zusammenbruch der Materie (zu dem es kommt, wenn die Energiedichte in der Materie größer ist als in der Strahlung) und dem Zeitpunkt der Rekombination, zu dem die Materie zu schwingen begann, verstrich.

Der kosmische Kuchen

Das sind viele Informationen. Aber auch ohne die Einzelheiten zu kennen, können wir verstehen, dass solche Messungen außerordentlich präzise sind und dass wir mit ihrer Hilfe sehr genaue Werte für viele kosmologische Parameter ermitteln können – auch die Gesamt-Energiedichte, die in der dunklen Materie enthalten ist. Die Messungen bestätigen nicht nur, dass es dunkle Energie und dunkle Materie gibt, sondern sie geben auch Grenzen für den Anteil der Gesamtenergie des Universums an, die in ihnen enthalten ist. Der Anteil der Energie in der dunklen Materie liegt bei ungefähr 26 Prozent, die gewöhnliche Materie macht fünf Prozent aus, die dunkle Energie ungefähr 69 Prozent (siehe Abb. 3). Die Energie der gewöhnlichen Materie ist zum größten Teil in Atomen enthalten; das ist der Grund, warum das kosmische Tortendiagramm die Worte »Atome« und »gewöhnliche Materie« mit der gleichen Bedeutung verwendet. Wie schon gesagt: Die dunkle Materie trägt fünfmal mehr Energie in sich als die gewöhnliche Materie, das sind 85 Prozent der Energiegehalts der Materie im Universum. Es war beruhigend, dass der Beitrag der dunklen Materie, den wir aus den Messungen der Hintergrundstrahlung abgeleitet hatten, im Einklang mit den früheren Messungen

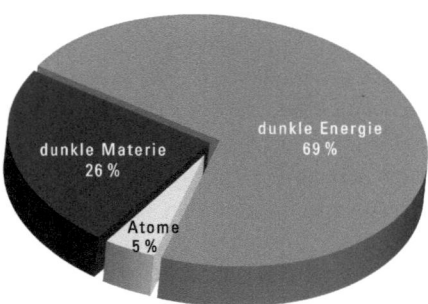

Abb. 3 Die Anteile von gewöhnlicher Materie (Atome), dunkler Materie und dunkler Energie an der Gesamtenergie. Die dunkle Materie macht 26 Prozent der gesamten Energiedichte aus, hat aber an der in Materie gebundenen Energie einen Anteil von 85 Prozent, denn zur Materie gehören nur die Atome und die dunkle Materie, nicht aber die dunkle Energie.

an den Galaxienhaufen stand; damit waren die Ergebnisse der Messungen an der kosmischen Hintergrundstrahlung noch einmal bestätigt.

Durch die Messungen an der kosmischen Mikrowellen-Hintergrundstrahlung bestätigte sich auch, dass es dunkle Energie gibt. Da dunkle und gewöhnliche Materie sich auf die Störungen in der Hintergrundstrahlung – der Strahlung, die seit der Zeit des Urknalls bis heute »überlebt« hat – unterschiedlich auswirken, bewies die Hintergrundstrahlung, dass es dunkle Materie gibt, und gleichzeitig konnte man damit ihre Menge ermitteln. Die dunkle Energie jedoch beeinflusst diese Schwankungen ebenfalls.

Entdeckt wurde die dunkle Energie aber von zwei Physikerteams, die unabhängig voneinander Messungen an Supernovae vorgenommen hatten. Die eine Gruppe wurde von Saul Perlmutter geleitet, die andere von Adam Riess und Brian Schmidt. Auch ihre Entdeckung ist eine kleine Abschweifung, denn eigentlich geht es uns hier um die dunkle Materie. Aber die dunkle Energie ist ebenfalls interessant und so wichtig, dass sich ein kurzer Umweg lohnt.

Supernovae des Typs 1a
und die Entdeckung der dunklen Energie

Für die Entdeckung der dunklen Energie spielten Supernovae des Typs 1a eine besonders wichtige Rolle. Solche Supernovae entstehen durch die nukleare Explosion *Weißer Zwerge*, scheinbar harmloser Sterne, die sich im Endstadium ihrer Evolution befinden und sowohl den gesamten Wasserstoff als auch das Helium in ihrem Kern durch Kernfusion verbraucht haben. Oberhalb einer bestimmten Masse wird ein Weißer Zwerg instabil und explodiert. Wie ein Ölstaat, der seine gesamten Ressourcen exportiert hat und nun mit einer großen, unzufriedenen Bevölkerung am Rand einer Revolution steht, so absorbieren auch Weiße Sterne nur eine gewisse Menge an Material, bevor sie mit ihrer Masse an den Rand der Explosion geraten.* Da die

---

* Zugegeben: Diese Analogie hat ihre Grenzen. Im Gegensatz zu verärgerten Bürgern begünstigen schwere Elemente keine weitere Instabilität, nachdem sie sich einmal im Universum verteilt haben. Noch besser ist, dass sie darüber hinaus zur Bildung von Sternsystemen und sogar von Leben beitragen.

Weißen Zwerge, die durch ihre Explosion eine Supernova entstehen lassen, stets die gleiche Masse haben, leuchten Supernovae des Typs 1a immer ungefähr mit der gleichen Helligkeit. Damit werden sie zu *Standardkerzen*, wie man sie in der Astrophysik nennt.*

Supernovae des Typs 1a liefern besonders nützliche Hinweise auf die Ausdehnungsgeschwindigkeit des Universums: Das liegt einerseits an der beschriebenen Einheitlichkeit, andererseits aber auch daran, dass sie hell und selbst aus großer Entfernung relativ einfach zu sehen sind. Obendrein sind sie Standardkerzen, das heißt, sie scheinen nur deshalb unterschiedlich hell zu sein, weil sie unterschiedlich weit von uns entfernt sind.

Wenn Astronomen also messen, mit welcher Geschwindigkeit sich eine Galaxie von uns entfernt und wie groß ihre Leuchtkraft ist, können sie daraus einerseits die Ausdehnungsgeschwindigkeit des Universums ablesen, in dem die Galaxie enthalten ist, andererseits aber auch die Entfernung der Galaxie von uns. Mit dieser Information ausgestattet, können sie die Ausdehnung des Universums in Abhängigkeit von der Zeit berechnen.

Mit Hilfe dieser Erkenntnis entdeckten zwei Teams von Supernovaforschern 1998 die dunkle Energie, als sie die Rotverschiebung der Galaxien maßen, in denen die Supernovae des Typs 1a liegen. Als Rotverschiebung bezeichnet man die Verschiebung der Frequenz des Lichtes, das ein Objekt aussendet, wenn es sich von uns entfernt; ganz ähnlich wie die tiefer werdende Tonlage einer Polizeisirene, die an uns vorüberrast, sagt sie etwas darüber aus, wie schnell sich eine Licht- oder Schallquelle von uns wegbewegt. Da die Wissenschaftler sowohl die Rotverschiebung als auch die Helligkeit der Su-

---

* In Wirklichkeit wird dieses Bild, das früher allgemein anerkannt war, mittlerweile von Experten in Frage gestellt. Einerseits passen die Voraussagen für die Spektren und Lichtkurven explodierender Weißer Zwerge gut zu den Beobachtungen. Andererseits hat noch nie jemand den erwarteten zweiten Begleitstern von Weißen Zwergen gesehen. Deshalb vermuten Astronomen, in Wirklichkeit könne die Verschmelzung zweier Weißer Zwerge zur Explosion führen. Manche Daten stützen diese Schlussfolgerung – die meisten davon stehen im Zusammenhang mit der Messung des Zeitunterschiedes zwischen der Entstehung des Doppelsterns und seiner Explosion –, aber im Einzelnen sind auch die Voraussagen über das Szenario, in dem ein einzelner Weißer Zwerg explodiert, noch nicht bestätigt. Die Frage ist also bisher nicht geklärt.

pernovae kannten, konnten sie die Ausdehnungsgeschwindigkeit des Universums ermitteln.

Zu ihrer großen Überraschung stellten sie fest, dass Supernovae unerwartet schwach leuchteten – ein Hinweis, dass sie weiter entfernt waren, als man es nach den damals üblichen Annahmen über die Ausdehnungsgeschwindigkeit des Universums berechnet hatte. Die Beobachtungen führten zu der bemerkenswerten Schlussfolgerung, dass eine unbekannte Energiequelle die Ausdehnung des Universums beschleunigt. Hier passte die dunkle Energie ins Bild, denn ihr Einfluss auf die Gravitation sorgt dafür, dass das Universum immer schneller expandiert. Zusammen mit Messungen der kosmischen Mikrowellen-Hintergrundstrahlung bewiesen die Untersuchungen an den Supernovae, dass dunkle Energie existiert.

Dunkle Materie zum Letzten

Heute stimmen alle Messungen so gut überein, dass die Kosmologen von einem ΛCDM-Paradigma sprechen. Dabei ist Λ der griechische Buchstabe »Lambda«, und CDM ist eine Abkürzung für *cold dark matter* (»kalte dunkle Materie«). Als Lambda bezeichnet man manchmal die dunkle Energie, von der wir heute wissen, dass sie vorhanden ist. Wenn dunkle Energie, dunkle Materie und gewöhnliche Materie so verteilt sind, wie es die kosmische Torte zeigt, stimmen bisher alle Messungen mit den Vorhersagen überein.

Die genau vermessene kosmische Mikrowellen-Hintergrundstrahlung mit ihren winzigen, aber reichhaltigen Dichtestörungen erlaubt Aussagen über viele kosmologische Parameter, so auch über die Energiedichte der gewöhnlichen Materie, der dunklen Materie und der dunklen Energie – aber auch über Alter und Form des Universums. Die hervorragende Übereinstimmung mit neueren Daten der Satelliten WMAP und Planck, die wir in Kapitel 5 genauer betrachten werden, und mit den Daten aus anderen Beobachtungen wie denen an den Supernovae des Typs 1a sind eine wichtige Bestätigung des kosmologischen Modells.

Darüber hinaus muss ich aber noch einen weiteren, sehr wichtigen Beleg für die Existenz der dunklen Materie erwähnen. Er ist der für uns vermutlich wichtigste: die Tatsache, dass es Gebilde wie die Galaxien überhaupt gibt.

Ohne dunkle Materie hätten solche Strukturen nicht die Zeit gehabt, zu entstehen.

Um einschätzen zu können, welch entscheidende Rolle die dunkle Materie bei diesem wichtigen Prozess spielt, muss man ein wenig mehr über die ersten Stadien in der Geschichte des Universums wissen. Bevor wir uns also der Bildung von Strukturen zuwenden, wollen wir uns mit der Kosmologie beschäftigen, einer Wissenschaft, die der Frage nachgeht, wie sich das Universum im Laufe der Zeit verändert hat.

3

Die großen Fragen

Einige Male habe ich etwas Lustiges erlebt: Ich sagte, ich sei Kosmologin, und man hielt mich fälschlich für eine Kosmetikerin. Das fand ich ausgesprochen witzig, denn für diesen Beruf wäre ich in Wirklichkeit sehr schlecht geeignet. Aber ich nahm den Fehler zum Anlass, die Wörter nachzuschlagen, die so erstaunlich ähnlich klingen, wenn man nicht genau hinhört. Nach Auskunft des Online Etymology Dictionary haben beide ihren Ursprung in einer lateinischen Version des griechischen *kosmos*, und so erfuhr ich, dass der Fehler fast verzeihlich ist. Als Erster wandte möglicherweise Pythagoras von Samos im 6. Jahrhundert v. Chr. den Begriff *kosmos* auf das Universum an. Ungefähr seit 1200 n. Chr. bedeutete *cosmos* so viel wie »Ordnung« oder »geordnete Anordnung«. Größere Verbreitung fand das Wort aber erst Mitte des 19. Jahrhunderts, als der deutsche Wissenschaftler und Entdecker Alexander von Humboldt eine Reihe von Vorlesungen hielt, die er in einem Buch mit dem Titel *Kosmos* schriftlich festhielt. Seine Abhandlung hatte großen Einfluss auf viele Leser, darunter die Schriftsteller Emerson, Thoreau, Poe und Whitman. Im Scherz könnte man sagen, dass Carl Sagan eigentlich nur eine Neuauflage der berühmten *Kosmos*-Serie startete.

Das Wort *Kosmetik* dagegen geht auf die 1640er Jahre zurück; es leitet sich von dem französischen *cosmétique* ab, das seinerseits von dem griechischen *kosmetikos* stammt, was so viel wie »geschickt in Verzierungen oder Anordnungen« bedeutet. Das Online-Wörterbuch nennt eine Doppelbedeutung; es erklärt: »Demnach hatte *kosmos* neben ›das Universum, die Welt‹ eine wichtige zweite Bedeutung von ›Verzierungen, die Kleidung einer Frau, Schmuck‹.« Jedenfalls war die Ähnlichkeit – und die peinliche Verwechslung –, die ich erlebt hatte, kein reiner Zufall. Sowohl »Kosmologie« als auch »Kosmetik« stammen von *kosmos* ab. Wie ein Gesicht, so ist auch das Universum sowohl durch Schönheit als auch durch eine grundlegende Ordnung gekennzeichnet.

Die Kosmologie – die Wissenschaft von der Evolution des Universums – ist mittlerweile wirklich erwachsen geworden. Vor kurzer Zeit ist sie in ein Zeitalter eingetreten, in dem revolutionäre Fortschritte – experimentelle ebenso wie theoretische – umfassendere und detailliertere Kenntnisse geliefert haben, als die meisten Menschen es noch vor 30 Jahren für möglich gehalten hätten. Verbesserte Technologie in Verbindung mit Theorien, deren Wurzeln in der Allgemeinen Relativitätstheorie und der Teilchenphysik liegen, haben uns ein genaues Bild von den früheren Stadien des Universums geliefert und uns gezeigt, wie es sich zu dem entwickelt hat, was wir heute sehen. Das nächste Kapitel erklärt, wie weit wir im 20. Jahrhundert mit unseren Kenntnissen über die Geschichte des Universums vorangekommen sind. Bevor ich aber diese bemerkenswerten Errungenschaften genauer betrachte, möchte ich ein wenig philosophisch werden und klarmachen, welche Antworten die Wissenschaft auf einige der ältesten und grundsätzlichsten Fragen der Menschheit gibt – und welche nicht.

Fragen ohne Antworten

In der Kosmologie geht es um große Fragestellungen – um nichts Geringeres als die Anfänge des Universums und seine spätere Entwicklung bis hin zu seinem heutigen Zustand. Vor der naturwissenschaftlichen Revolution versuchten die Menschen, solche Fragen mit den einzigen Methoden zu beantworten, die ihnen zur Verfügung standen, nämlich mit Philosophie und begrenzten Beobachtungen. Manche Ideen, die ihnen dabei kamen, erwiesen sich als richtig, aber wie nicht anders zu erwarten, waren viele andere falsch.

Auch heute bleibt uns trotz der vielen Fortschritte häufig nichts anderes übrig, als auf die Philosophie zurückzugreifen, wenn wir über das Universum und die bisher nicht beantworteten Fragen nachdenken wollen – womit wir letztlich auch gezwungen sind, uns mit der Unterscheidung zwischen Philosophie und Naturwissenschaft auseinanderzusetzen. Naturwissenschaft beschäftigt sich mit Gedanken, die wir zumindest prinzipiell durch Experimente und Beobachtungen bestätigen oder widerlegen können. Gegenstand der Philosophie sind zumindest aus Sicht des Naturwissenschaftlers die Fragen, bei denen wir damit rechnen, dass wir sie nie zuverlässig beantworten werden. Die Technologie hinkt manchmal hinterher, aber wir stellen uns vor, dass wissenschaftliche Aussagen zumindest im Prinzip irgendwann verifiziert oder verworfen werden.

Damit stehen Naturwissenschaftler vor einem Dilemma. Das Universum dehnt sich mit ziemlicher Sicherheit über den Bereich hinaus aus, den wir beobachten können. Wenn die Lichtgeschwindigkeit tatsächlich endlich ist und unser Universum nur seit einem bestimmten Zeitpunkt existiert, wird nur ein begrenzter Teil des Raumes für uns zugänglich, ganz gleich, wie weit die Technik vielleicht noch fortschreitet. Wir können nur Dinge sehen, die während der Lebensdauer des Universums von Lichtstrahlen – oder von etwas anderem, was sich mit Lichtgeschwindigkeit bewegt – erreicht werden. Nur aus diesen Regionen kann ein Signal uns überhaupt innerhalb der Zeit erreichen, seit der es das Universum gibt. Alles, was weiter entfernt ist – was hinter dem *kosmischen Horizont* liegt, wie Physiker ihn nennen – ist für jegliche Beobachtungen, die wir heute anstellen können, unzugänglich.

Demnach ist Naturwissenschaft in ihrer eigentlichen Form über diesen Bereich hinaus nicht anwendbar. Niemand kann Vermutungen, die für den Teil des Universums jenseits des Horizonts gelten, experimentell belegen oder ausschließen. Nach unserer Definition von Naturwissenschaft übernimmt für diese weit entfernten Regionen die Philosophie die Vorherrschaft. Das heißt nicht, dass neugierige Wissenschaftler nie über die großen Fragen nach den physikalischen Prinzipien oder Prozessen nachdenken würden, die dort gelten. Das tun sogar viele. Ich möchte solche Überlegungen nicht abtun – häufig sind sie tiefgründig und faszinierend. Aber angesichts der Beschränkungen kann man den Antworten der Naturwissenschaftler im Zusammenhang mit diesem Bereich nicht trauen – zumindest nicht mehr als den Aussagen jedes anderen Menschen. Aber da ich so häufig danach gefragt werde, möchte ich dieses Kapitel nutzen, um meine Standpunkte zu einigen der großen Fragen darzulegen, von denen Menschen so häufig fordern, dass man sich um sie kümmert.

Eine Frage, die ich häufig höre, lautet: Warum gibt es etwas und nicht nichts? Den wahren Grund kennt niemand, aber ich möchte meine beiden Antworten geben. Die erste ist nicht zu leugnen: Wenn es nichts gäbe, wären Sie nicht hier, um diese Frage zu stellen, und ich wäre nicht hier, um sie zu beantworten. Aber meine zweite Antwort lautet: Ich bin einfach überzeugt, dass das Etwas wahrscheinlicher ist. Schließlich ist das Nichts etwas ganz Besonderes. Wenn man eine Zahlenreihe hat, ist die Null nur ein infinitesimal kleiner Punkt innerhalb der Unendlichkeit möglicher Zahlen, aus denen wir wählen können. »Nichts« ist etwas so Spezielles, dass man ohne triftigen Grund nicht erwarten würde, dass es den Zustand des Universums beschreibt. Und selbst ein spezieller Grund ist etwas. Man braucht zumindest physikalische Gesetze, um ein nichtzufälliges Phänomen zu beschreiben. Eine Ursache setzt voraus, dass es etwas gibt. Das mag sich wie ein Scherz anhören, aber ich glaube es wirklich. Man sucht vielleicht nicht immer, was man findet, aber man findet nicht zufällig nichts.

Eine naturwissenschaftliche – nicht aber philosophische – Frage stellt sich aber auch, wenn Physiker die Materie betrachten, aus der wir bestehen – den Stoff, den wir angeblich verstehen. Warum haben wir in unserem Universum gerade so viel Materie – Protonen, Neutronen, Elektronen – und nicht mehr oder weniger? Über die gewöhnliche Materie wissen wir zwar viel, aber eigentlich verstehen wir nicht ganz, warum noch so viel von ihr da ist. Der Energiegehalt der gewöhnlichen Materie ist ein ungelöstes Problem. Wir wissen noch nicht, warum sie in so großer Menge bis heute erhalten geblieben ist.

Letztlich reduziert sich das Problem auf die Frage, warum es nicht immer gleiche Mengen von Materie und *Antimaterie* gegeben hat. Antimaterie ist der Stoff, der im Vergleich zur gewöhnlichen Materie die gleiche Masse, aber entgegengesetzte Ladungen trägt. Die physikalische Theorie sagt uns, dass für jedes Materieteilchen auch ein Antimaterieteilchen existieren muss. Wenn wir beispielsweise wissen, dass ein Elektron die Ladung -1 hat, muss es auch ein Antiteilchen mit der gleichen Masse, aber der entgegengesetzten Ladung $+1$ geben – es heißt Positron. Um Verwirrung zu vermeiden, möchte ich ausdrücklich feststellen, dass Antimaterie keine dunkle Materie ist. Antimaterie trägt Ladungen des gleichen Typs wie gewöhnliche Materie und interagiert deshalb mit Licht. Der einzige Unterschied besteht darin, dass die Ladungen in der Antimaterie denen der zugehörigen Materie entgegengesetzt sind.

Da Antimaterie die zur gewöhnlichen Materie entgegengesetzten Ladungen trägt, ist die gesamte Ladung von Materie und Antimaterie unter dem Strich gleich null. Deshalb wissen wir aufgrund der Ladungserhaltung und Einsteins berühmter Formel $E = mc^2$, dass Materie und Antimaterie, die aufeinandertreffen, in Form reiner Energie verschwinden können – denn die hat ebenfalls keine Ladung.

Man hätte damit rechnen können, dass sich im Universum während der Abkühlung praktisch alle bekannte Materie mit Antimaterie ausgelöscht hätte, das heißt, Materie und Antimaterie hätten sich zusammengefunden und in reine Energie verwandelt; damit wären sie verschwunden. Aber da wir existieren und über die Frage diskutieren können, war es offensichtlich nicht so. Es ist Materie übriggeblieben – jene fünf Prozent der Energie im Universum, die man in Abb. 3 erkennt; die Menge der Materie im Universum muss also größer gewesen sein als die der Antimaterie. Es ist ein entscheidendes Merkmal unseres Universums – und unserer selbst –, dass gewöhnliche Materie unerwarteterweise in so großen Mengen überlebt hat, dass daraus Tiere und Städte und Sterne entstehen konnten. Das ist nur möglich, weil die Materie gegenüber der Antimaterie die Oberhand hat – zwischen beiden besteht eine Asymmetrie. Wären die Mengen immer genau gleich gewesen, hätten Materie und Antimaterie sich gegenseitig gefunden; sie hätten sich vernichtet und wären verschwunden.

Damit Materie bis heute erhalten bleiben konnte, musste sich irgendwann in der Frühzeit des Universums eine Asymmetrie zwischen Materie und Antimaterie ausbilden. Physiker haben viele plausible Szenarien vorgeschlagen, in denen dieses Ungleichgewicht entstanden sein könnte, aber welche der verschiedenen Vorstellungen stimmt, wissen wir nicht. Der Ursprung der Asymmetrie bleibt eine der wichtigsten ungelösten Fragen in der Kosmologie. Das heißt, dass wir nicht nur die Bestandteile der dunklen Materie nicht kennen, sondern wir verstehen noch nicht einmal die gewöhnliche Materie völlig – jenes kleine Stück der kosmischen Torte, das die bekannte Materie repräsentiert. In der Evolution des Universums muss schon frühzeitig etwas Besonderes geschehen sein, mit dem man erklären kann, warum dieses Stück des Kuchens erhalten geblieben ist.

Eine zweite Frage, die sich derzeit nicht beantworten lässt, lautet: Was ist eigentlich im Einzelnen während des Urknalls geschehen? Wissenschaftler und die Laienpresse erwähnen häufig die Urknallexplosion, die sich ereignete, als das Universum weniger als 10^{-43} Sekunden alt und 10^{-33} Zentimeter groß war, und sie »illustrieren« die Explosion sogar mit großartigen, vielfarbigen Bildern. Aber der Begriff »Urknall« ist, wie ich in den nachfolgenden Kapiteln noch genauer darlegen werde, irreführend. Der Astronom Fred Hoyle, der ein statisches Universum bevorzugte, erfand den Begriff »Big Bang« 1949 für seine BBC-Radiosendung als abwertende Bezeichnung für eine Theorie, an die er nicht glaubte.

Unabhängig von unserer Einstellung gegenüber der Urknall-Kosmologie, die sehr erfolgreich die Evolution des Universums einen Sekundenbruchteil nach dem Anbeginn des heute bekannten Universums beschreibt, weiß niemand, was in jenem ersten Augenblick wirklich geschah. Eine zuverlässige Beschreibung des Urknalls – und dessen, was möglicherweise davor geschah – setzt eine Theorie der Quantengravitation voraus. In den winzigen Entfernungsmaßstäben, die für diese allererste Zeit von Bedeutung sind, müssen wir sowohl die Quantenmechanik als auch die Gravitation einbeziehen, und bisher hat niemand eine widerspruchsfreie Theorie gefunden, die sich auf diese infinitesimal kleinen Entfernungen anwenden lässt. Neue Erkenntnisse über die ersten Anfänge des Universums werden wir erst gewinnen können, wenn wir mehr über die physikalischen Prozesse bei diesen winzigen Entfernungen wissen. Und selbst dann werden Beobachtungen, mit denen sich die Schlussfolgerungen bestätigen lassen, höchstwahrscheinlich unmöglich bleiben.

Noch unmöglicher zu beantworten ist eine andere Frage, die ich häufig höre: »Was war vor dem Urknall?« Um darauf etwas zu erwidern, braucht man vermutlich Kenntnisse, die über das Verständnis für den Urknall als solchen hinausgehen. Wir wissen nicht, was zur Zeit des Urknalls geschah, und weder ich noch irgendjemand anderes hat eine Ahnung, was davor war. Aber bevor diese Wissenslücke zu viel Enttäuschung hervorruft, möchte ich versichern, dass wir vermutlich jede Antwort auf die Frage unbefriedigend finden würden. Entweder gab es das Universum schon seit unendlich langer Zeit, oder es begann zu einem bestimmten Zeitpunkt. Beide Antworten wirken vielleicht verwirrend, aber mehr Möglichkeiten gibt es nicht.

Treiben wir das Ganze einmal noch einen Schritt weiter: Wenn das Universum schon immer existierte und der Urknall ein Teil davon war, war unser

Universum entweder das einzige, das es gab, oder auch andere Universen entstanden durch ihre eigenen Urknalle. Einen Kosmos, in dem neben unserem eigenen Universum noch viele andere existieren, nennt man *Multiversum*. In einem solchen Szenario gibt es verschiedene Regionen, die sich ausdehnen und von denen jede ein eigenes Universum darstellt.

Solche Überlegungen lassen uns drei Alternativen. Entweder unser Universum nahm mit dem Urknall seinen Anfang, oder das Universum war schon immer da, ging aber irgendwann in den von der Urknalltheorie vorhergesagten Zustand der Ausdehnung über, oder wir sind eines von vielen Universen, die aus einem schon immer existierenden Universum/Multiversum hervorgegangen sind. Mehr Möglichkeiten gibt es nicht. Die letzte Möglichkeit scheint mir am wahrscheinlichsten zu sein, denn sie geht nicht davon aus, dass unsere Welt oder auch nur unser Universum etwas Besonderes ist, ein Gedanke, der seit Kopernikus' Zeit immer im Raum stand. Aus dieser Alternative folgt auch, dass das Universum – jedenfalls nach meinem Dafürhalten – räumlich nicht nur mit größerer Wahrscheinlichkeit unendlich und nicht endlich ist, sondern dass seine Evolution auch in der Zeit weder einen Anfang noch ein Ende hat – auch wenn dies für unser spezielles Universum vielleicht der Fall ist. Die Vorstellung, dass es viele Universen gibt, die auftauchen und wieder verschwinden, ist vielleicht die am wenigsten unbefriedigende von drei nicht vollständig begreiflichen Möglichkeiten.

Damit bin ich bei der letzten philosophischen Frage. Sie ergibt sich aus der zuvor genannten und lautet: Existiert ein solches Multiversum? Die vorhandenen physikalischen Theorien legen die Vermutung nahe, dass Multiversen sehr wahrscheinlich sind; das liegt insbesondere an den vielen möglichen Lösungen für Theorien der Quantengravitation, wie sie derzeit formuliert werden. Aber ob solche Berechnungen der Überprüfung standhalten oder nicht, ich würde wetten, dass es andere, unzugängliche Universen gibt. Warum sollte es sie nicht geben? Angesichts der bekannten Beschränkungen der physikalischen Gesetze und der derzeitigen Technologie wäre es sowohl buchstäblich als auch im übertragenen Sinn kurzsichtig, zu behaupten, es gäbe sie nicht. Nichts in unserer Welt wäre mit der Existenz eines Multiversums unvereinbar.

Aber das heißt nicht, dass wir es jemals wissen werden. Wenn nichts schneller ist als das Licht, bleibt jede Region, die zu weit entfernt ist und hinter dem kosmischen Horizont liegt, der Beobachtung verschlossen. Und doch könnten diese fernen Regionen im Prinzip andere Universen enthalten, die von unserem eigenen völlig getrennt sind. Anhaltspunkte für ihre Existenz könnte man möglicherweise in Fällen finden, in denen getrennte Universen in Kontakt kommen. Aber das ist höchst unwahrscheinlich; generell bleiben andere Universen unzugänglich.

Für meine treuen Stammleser möchte ich nebenbei klarmachen, dass ich mit meiner Beschreibung der Multiversen nicht die multidimensionalen Szenarien meine, die ich in meinem Buch *Verborgene Universen* beschrieben habe. Es könnte auch Universen geben, die uns näher sind als der Horizont, von uns aber durch eine andere Raumdimension getrennt sind, eine Dimension jenseits der drei – links/rechts, oben/unten, vorne/hinten –, die wir beobachten können. Zwar hat noch nie jemand eine solche Dimension gesehen, sie könnte aber existieren, und im Prinzip könnte es auch ein Universum geben, das entlang dieser Dimension von uns getrennt ist. Ein solches Universum bezeichnet man als *Branenwelt*. Wie die Leser meines ersten Buches wissen, könnte man Wirkungen der Branenwelten, die mich am meisten interessieren, möglicherweise beobachten, denn sie müssen nicht zwangsläufig weit entfernt sein. Aber Branenwelten sind in der Regel nicht gemeint, wenn man allgemeiner über das Szenario des Multiversums mit vielen getrennten Universen spricht, die nicht einmal über die Gravitation interagieren. Multiversen sind so weit weg, dass selbst etwas, was mit Lichtgeschwindigkeit von einem dieser anderen Universen kommt, während der Lebensdauer unseres Universums nicht genügend Zeit hat, um uns zu erreichen.

Dennoch besteht in der Phantasie der Öffentlichkeit großes Interesse an der Vorstellung von einem Multiversum. Kürzlich sprach ich mit einem Bekannten, der die Idee eines Multiversums sehr spannend fand; er verstand überhaupt nicht, warum ich es nicht unbedingt so interessant fand wie er. Meinen ersten Grund dafür habe ich bereits genannt: Aller Wahrscheinlichkeit nach werden wir nie mit Sicherheit wissen, ob wir in einem Multiversum leben oder nicht. Selbst wenn es andere Universen gibt, werden sie sich wahrscheinlich nicht nachweisen lassen. Mein Freund fand das nur mäßig enttäuschend, und sein Interesse blieb bestehen. Ich habe den Verdacht, dass ihm – genau wie vielen anderen – die Idee gefiel, weil er glaubt, in jenen weit entfernten Bereichen würde eine Kopie seiner selbst leben. Nur für das Protokoll: Ich bin nicht dieser Ansicht. Wenn andere Universen existieren, gleichen sie wahrscheinlich in nichts dem unseren. Sie enthalten vermutlich noch nicht einmal die Formen von Materie oder Kräften, die wir kennen. Wenn es dort Leben gäbe, würden wir es wahrscheinlich nicht erkennen, und wir könnten es überhaupt erst nicht nachweisen – selbst wenn es nicht so weit weg wäre. Und noch viel weniger wahrscheinlich wären die unendlich vielen Einflüsse, durch deren Zusammenfließen auch nur ein einziger Mensch entsteht. Nachdem ich ihm erklärt hatte, warum es selbst angesichts vieler anderer Universen ein noch wesentlich größeres Universum der Möglichkeiten gibt, begriff mein Bekannter allmählich, was ich sagen wollte.

Und selbst wenn das Multiversum-Szenario zutrifft, werden die meisten anderen Universen instabil sein und entweder zusammenbrechen oder explodieren; in beiden Fällen werden sie fast augenblicklich zu nahezu nichts verdünnt. Nur wenige dürften wie das unsere von so langer Dauer sein, dass sich in ihnen Strukturen und vielleicht sogar Leben entwickeln können. Kopernikus' weitsichtiger Vorstellung zum Trotz scheint unser Universum einige besondere Eigenschaften zu haben – Eigenschaften, die Galaxien, das Sonnensystem und das Leben erlauben. Manche Autoren wollen die besonderen Eigenschaften unseres Universums damit erklären, dass sie die Existenz zahlreicher Universen unterstellen, von denen mindestens eines die Eigenschaften hat, die für unsere Existenz notwendig sind. Viele, die so denken, bedienen sich des *anthropischen Prinzips*: Sie wollen besondere Eigenschaften unseres Universums damit rechtfertigen, dass sie für das Leben unentbehrlich sind – oder zumindest für Galaxien, die Leben möglich machen. Dabei stellt sich das Problem, dass wir nicht wissen, welche Eigenschaften anthropisch festgelegt sind und welche auf grundlegenden physikalischen Gesetzen basieren oder welche Eigenschaften für Leben generell unentbehrlich sind und welche nur für das Leben gebraucht werden, das wir beobachten. Anthropische Überlegungen könnten in manchen Fällen richtig sein, aber wie üblich haben wir das Problem, dass wir nicht wissen, wie wir sie überprüfen sollen. Aller Wahrscheinlichkeit nach werden wir solche Ideen nur dann ausschließen können, wenn eine neue Idee mit größerer Vorhersagekraft an ihre Stelle tritt.

Ideen, wie ich sie hier erörtert habe, sind Spekulationen. Sie sind faszinierend, aber wir werden darauf keine Antwort finden – jedenfalls nicht in absehbarer Zukunft. In meiner Forschung denke ich lieber über das »Multiversum« der Materiegemeinschaften nach, das hier bei uns ist und von dem wir hoffen können, dass wir es eines Tages verstehen werden. Ich gebrauche den Begriff im übertragenen Sinn, aber er ist nicht weit von der Wahrheit entfernt. Ein Universum aus dunkler Materie liegt unmittelbar vor unserer Nase. Und doch treten wir in der Regel nicht mit ihm in Wechselbeziehung, und bisher wissen wir nicht, worum es sich dabei eigentlich handelt. Aber theoretische und experimentelle Physiker bringen derzeit unsere Erkenntnisse über das »dunkle Universum« weiter voran. Wahrscheinlich werden wir in nicht allzu ferner Zukunft die Antwort kennen. Eine solche Entdeckung würde das Warten wirklich lohnen.

4

Fast ganz am Anfang:
ein sehr guter Ausgangspunkt

Kürzlich versetzte ein recht witziger, redseliger theoretischer Physiker aus Russland beim Kaffeetrinken alle in Erstaunen, als er von einem Kolloquium berichtete, das er für die folgende Woche plante. Unter einem Kolloquium versteht man in der Physik einen allgemeinen Vortrag, der sich an Studierende, Postdocs und Professoren richtet – alle Zuhörer haben also eine Ausbildung in Physik, deren Schwerpunkt aber nicht zwangsläufig auf dem enger eingegrenzten Arbeitsgebiet des Vortragenden liegt. Der erwähnte Physiker sagte über sein Kolloquium: »Ich werde über Kosmologie sprechen.« Als man ihn darauf hinwies, dies sei doch vielleicht ein etwas weit gefasstes Thema – immerhin ist Kosmologie ein ganzes Fachgebiet –, vertrat er die Ansicht, es gebe in der Kosmologie nur wenige Ideen und Größen, die zu messen sich lohne, und die könne er alle – zusammen mit seinen eigenen Beiträgen – in einem einstündigen Vortrag abhandeln.

Das Urteil, ob diese extreme Ansicht über die Kosmologie tatsächlich zutrifft, überlasse ich meinen Lesern – nur fürs Protokoll: Ich habe daran meine Zweifel. Viele Themen bleiben noch zu erforschen und zu verstehen. Aber tatsächlich hat die Frühphase des Universums eine schöne Eigenschaft: Sie ist in vielerlei Hinsicht erstaunlich einfach. Wenn wir den Himmel betrachten, den Astronomen und Physiker heute beobachten und studieren können, lassen sich daraus Erkenntnisse über die Zusammensetzung und Aktivität des Universums vor Jahrmilliarden gewinnen. In diesem Kapitel wollen wir uns ansehen, welchen erstaunlichen Fortschritt unsere Kenntnisse über die Geschichte des Universums im Laufe der letzten 100 Jahre durch wunderschöne Theorien und Messungen gemacht haben.

Die Urknalltheorie

Wir verfügen nicht über die Hilfsmittel, mit denen wir den allerersten Anfang zuverlässig charakterisieren könnten. Aber nur weil nicht klar ist, wie das Universum begann, heißt das nicht, dass wir nicht eine Menge wüssten. Im Gegensatz zum ersten Anfang, den keine bekannte Theorie beschreiben kann, folgte die Evolution des Universums schon einen winzigen Sekundenbruchteil später den bekannten Gesetzen der Physik. Wenn man die Gleichungen der Relativitätstheorie anwendet und von vereinfachenden Annahmen über den Inhalt des Universums ausgeht, kann man viel darüber herausfinden, wie es sich einen winzigen Zeitraum – vielleicht 10^{-36} Sekunden – nach dem Anfang verhielt; für diese Zeit gilt die Urknalltheorie, die die Ausdehnung des Universums beschreibt. In seinem Frühstadium war das Universum mit einheitlicher, isotroper Materie und Strahlung gefüllt – sie war an allen Orten und in alle Richtungen gleich, so dass wenige quantitative Angaben ausreichen, um seine anfänglichen physikalischen Eigenschaften zu beschreiben. Diese Charakterisierung macht das Frühstadium des Universums einfach, vorhersagbar und verständlich.

Dreh- und Angelpunkt der Urknalltheorie ist die Expansion des Universums. In den 1920er und 1930er Jahren lösten der russische Meteorologe Alexander Friedmann, der belgische Geistliche und Physiker Georges Lemaître, der amerikanische Mathematiker und Physiker Howard Percy Robertson und der britische Mathematiker Arthur Geoffrey Walker – die beiden zuletzt Genannten arbeiteten zusammen – die Gleichungen aus Einsteins Allgemeiner Relativitätstheorie und zogen daraus den Schluss, dass das Universum sich im Laufe der Zeit ausdehnen (oder zusammenziehen) muss. Außerdem berechneten sie, wie die Expansionsgeschwindigkeit des Raumes auf den Gravitationseinfluss von Materie und Strahlung reagiert, deren Energiedichte sich mit der Entwicklung des Universums ebenfalls verändert.

Die Vorstellung von einer Expansion des Universums mag vielleicht seltsam erscheinen angesichts der Tatsache, dass das Universum höchstwahrscheinlich schon immer unendlich war. Aber was sich ausdehnt, ist der Raum selbst, das heißt, die Abstände zwischen Galaxien und anderen Objekten nehmen im Laufe der Zeit zu. Häufig werde ich gefragt: »Wenn das

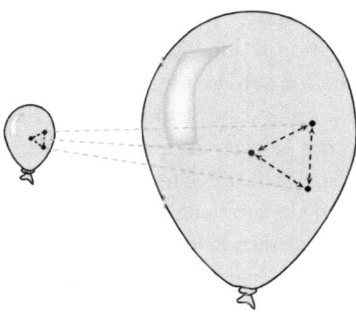

Abb. 4 Wegen der Expansion des Universums weichen Galaxien auseinander wie die Punkte auf einem Luftballon, der aufgeblasen wird.

Universum sich ausdehnt, wohin dehnt es sich denn dann aus?« Die Antwort: Es dehnt sich nirgendwohin aus. Der Raum selbst wächst. Wenn man sich das Universum als Oberfläche eines Luftballons vorstellt, dehnt sich der Ballon als solcher (siehe Abb. 4). Drei Punkte, die wir auf die Oberfläche des Ballons gemalt haben, entfernen sich immer weiter voneinander, genau wie die Galaxien in einem expandierenden Universum auseinanderweichen. Unsere Analogie stimmt nicht ganz, denn die Oberfläche des Ballons ist nur zweidimensional und dehnt sich tatsächlich in den dreidimensionalen Raum hinein aus. Der Vergleich funktioniert nur dann, wenn man sich vorstellt, dass die Ballonoberfläche das Einzige ist, was es gibt – sie ist der Raum selbst. Würde das stimmen – selbst wenn nichts anderes da ist, in das hinein sie sich ausdehnen könnte –, würden sich die markierten Punkte dennoch voneinander entfernen.

Das Balloniversum

Noch besser wäre die Analogie, wenn sich nicht die Punkte selbst ausdehnen, sondern nur der Raum zwischen ihnen. Auch in einem expandierenden Universum erleben Sterne, Planeten und sonst alles, was durch andere Kräfte oder stärkere Gravitationswirkungen ausreichend eng gebunden ist, nicht die Ausdehnung, die Galaxien auseinandertreibt. Atome, in denen der Atomkern und die Elektronen durch die elektromagnetische Kraft in enger Nachbarschaft festgehalten werden, vergrößern sich nicht. Das Gleiche gilt für relativ dichte, stark gebundene Strukturen wie die Galaxien – übrigens auch für unseren eigenen Körper, dessen Dichte mehr als eine Billion Mal größer ist als die mittlere Dichte des Universums. Die Antriebskraft der Ausdehnung wirkt auch auf alle diese eng gebundenen Systeme, aber da andere Kräfte in ihnen einen so starken Beitrag leisten, wachsen unser Körper und die Galaxien mit der Expansion des Universums nicht – oder wenn sie es tun, dann nur um einen so geringen Betrag, dass wir es nie bemerken würden und den Effekt nicht messen könnten. Materie, in der die Bindungskraft stärker ist als die Kraft, die die Expansion antreibt, behält ihre Größe bei. Größer wird nur der Abstand zwischen solchen Objekten, weil der wachsende Raum sie auseinandertreibt.

Als Erster leitete Einstein die Ausdehnung des Universums aus seinen berühmten Relativitätsgleichungen ab. Zu seiner Zeit hatte man aber die Expansion noch nicht gemessen, und deshalb erkannte er sein eigenes Ergebnis weder an, noch setzte er sich dafür ein. In dem Versuch, die Voraussagen seiner Theorie mit einem unbeweglichen Universum zu vereinbaren, führte Einstein eine neue Energiequelle ein, die für ihn so aussah, als könne sie die vorausgesagte Expansion zunichtemachen. Edwin Hubble bewies 1929, dass dieser Kunstgriff falsch war: Er entdeckte, dass das Universum sich tatsächlich ausdehnt und dass die Galaxien sich immer weiter voneinander entfernen. (Unglaublich, aber wahr: Als Beobachter, der an keine besondere Theorie glaubte, erkannte er seine eigene Interpretation der Befunde nicht an.) Einstein trennte sich leichten Herzens von dem Murks, den er angerichtet hatte, und soll ihn (was nicht belegt ist) als seinen »größten Blödsinn« bezeichnet haben.

Die Abwandlung war allerdings nicht ganz falsch, denn Energie des Typs, den Einstein postulierte, gibt es tatsächlich. Wie sich in späteren Messungen zeigte, ist die von ihm vorhergesagte Energie – heute sprechen wir von »dunkler Energie« – tatsächlich nötig, wenn wir den später beobachteten, genau gegenteiligen Effekt erklären wollen: die beschleunigte Ausdehnung des Universums. Die Energie muss dazu allerdings weder den von ihm postulierten Betrag haben noch so beschaffen sein, dass sie die Ausdehnung des Universums unterbinden kann. Aber nach meiner Überzeugung lag der Blödsinn – wenn er ihn tatsächlich so bezeichnete – nach Einsteins eigener Einschätzung an einer anderen Stelle: Er hatte nicht von vornherein erkannt, dass seine ursprüngliche Voraussage einer Ausdehnung richtig und von großer Bedeutung war – eigentlich hätte man sie als wichtigste Vorhersage betrachten können, die aus seiner Theorie hervorging.

Der Gerechtigkeit halber muss man allerdings sagen: Bevor Hubble seine Ergebnisse präsentierte, wusste man über das Universum sehr wenig. Harlow Shapley hatte den Durchmesser der Milchstraße mit 300 000 Lichtjahren ermittelt, aber er war überzeugt, die Milchstraße sei alles, was im Universum enthalten ist. In den 1920er Jahren erkannte Hubble, dass das nicht stimmte: Wie er entdeckte, sind viele Nebel – die Shapley für Staubwolken gehalten hatte, die diesen wenig anregenden Namen verdienten – in Wirklichkeit andere, viele Millionen Lichtjahre entfernte Galaxien. Gegen Ende des Jahrzehnts machte Hubble eine noch berühmtere Entdeckung: Er stieß auf die *Rotverschiebung der Galaxien* – eine Verschiebung der Lichtfrequenz, an der man ablesen konnte, dass das Universum sich ausdehnt. Sie entsteht durch den gleichen Effekt, durch den auch die Tonhöhe einer Polizeisirene sinkt, wenn sich der Wagen von uns wegbewegt. Nun war gezeigt, dass andere Galaxien sich von uns entfernen – und dass wir demnach in einem Universum leben, in dem die Abstände zwischen allen Galaxien immer größer werden.

Heute sprechen wir manchmal von der Hubble-Konstante; damit meinen wir die Geschwindigkeit, mit der das Universum sich derzeit ausdehnt. Eine Konstante ist sie in dem Sinn, dass ihr Wert heute überall im Weltall der gleiche ist. Eigentlich ist der Hubble-Parameter allerdings nicht konstant. Er verändert sich im Laufe der Zeit. In der Frühzeit des Universums, als die Dinge dichter und die Gravitationseffekte stärker waren, dehnte sich das Universum weit schneller aus als heute.

Bis vor recht kurzer Zeit gab es ein recht breites Spektrum von »Messwerten« für den Hubble-Parameter, der etwas über die heutige Expansionsgeschwindigkeit aussagt; deshalb konnten wir das Alter des Universums nicht genau dingfest machen. Wie lange es schon existiert, hängt von dem umgekehrten Hubble-Parameter ab – wenn dessen Messung also einen Unsicherheitsfaktor von 2 enthält, gilt das Gleiche auch für das Alter.

Ich weiß noch, wie ich als Kind in der Zeitung las, man habe aufgrund irgendwelcher neuen Messungen das Alter des Universums um diesen Betrag neu bestimmt. Ich wusste nicht, dass damit Messungen der Ausdehnungsgeschwindigkeit gemeint waren, und wunderte mich über eine solche radikale Neubewertung. Wie konnte sich etwas so Wichtiges wie das Alter des Universums nach Belieben verändern? Wie sich herausgestellt hat, wissen wir auf qualitativer Ebene eine Menge über die Evolution des Universums, auch ohne dass wir sein genaues Alter kennen. Aber bessere Kenntnisse über sein Alter ermöglichen auch bessere Kenntnisse über den Inhalt des Universums und die dahinterstehenden physikalischen Prozesse.

In jedem Fall ist diese Unsicherheit heute viel besser unter Kontrolle. Wendy Freedman, die damals an den Carnegie Observatories arbeitete, vermaß zusammen mit ihren Kollegen die Expansionsgeschwindigkeit und legte die Diskussion schließlich bei. Da der Wert des Hubble-Parameters für die Kosmologie so wichtig ist, unternahm man sogar eine gemeinsame Anstrengung, um eine möglichst große Genauigkeit zu gewährleisten. Mit dem Hubble-Weltraumteleskop maßen die Astronomen (was angesichts des Namens nur recht und billig ist) einen Wert von 72 km/sec/Mpc (was bedeutet, dass ein Objekt in einer Entfernung von einem Megaparsec sich mit 72 km/sec entfernt) mit einer Genauigkeit von 11 Prozent – weit entfernt von Hubbles ursprünglicher, sehr ungenauer Messung von 500 km/sec/Mpc.

Ein Megaparsec (Mpc) ist eine Million Parsec, und ein Parsec ist, wie viele astronomische Einheiten, ein historisches Relikt aus einer Zeit, als man Entfernungen mit ganz anderen Methoden maß. Das Wort ist die Kurzform von »Parallaxensekunde« und hat mit dem Winkel zu tun, den ein Objekt am Himmel durchläuft – deshalb enthält sie eine Winkeleinheit. Viele Astronomen benutzen die Einheiten noch heute ebenso wie viele andere nicht gerade intuitive, historisch motivierte Maße, aber die meisten Fachleute denken lieber nicht in Parsecs. Um sie in eine vielleicht geringfügig vertrautere Entfernungseinheit umzurechnen: Ein Parsec entspricht ungefähr 3,3 Lichtjahren. Es ist ein glücklicher Zufall, dass diese exotische Maßeinheit ungefähr der einfacher zu interpretierenden Größe entspricht.

Die genauere Messung des Hubble-Parameters durch das Hubble-Teleskop mag noch mit einer Unsicherheit von 10 bis 15 Prozent behaftet sein, aber der Unsicherheitsfaktor lag nicht mehr bei 2. Noch bessere Ergebnisse lieferten in jüngster Zeit Messungen der kosmischen Mikrowellen-Hintergrundstrahlung. Heute kennen wir das Alter des Universums auf ein paar hundert Millionen Jahre genau, und die Messungen verbessern sich weiterhin. Als ich mein erstes Buch schrieb, lag es nach allgemeiner Einschätzung bei 13,7 Milliarden Jahren, heute halten wir das Universum aber für ein wenig älter – wahrscheinlich sind seit dem Urknall 13,8 Milliarden Jahre vergangen. Was dabei interessant ist: Zu diesem verfeinerten Ergebnis führte nicht nur eine Veränderung des Hubble-Parameters, sondern auch die Entdeckung der in Kapitel 1 erwähnten dunklen Energie – das Alter des Universums hängt von beiden ab.

Vorhersagen über die Entwicklung nach dem Urknall

Nach der Urknalltheorie nahm das Universum seinen Anfang vor 13,8 Milliarden Jahren als heißer, dichter Feuerball, der aus vielen interagierenden Teilchen bestand. Seine Temperatur lag höher als eine Billion Billionen Grad. Alle bekannten (und vermutlich auch viele noch unbekannte) Teilchen rasten überall nahezu mit Lichtgeschwindigkeit durcheinander, traten ständig in Wechselwirkungen, vernichteten sich gegenseitig und wurden aus Energie in Übereinstimmung mit Einsteins Theorie neu erschaffen. Alle Typen von Materie, die ausreichend stark miteinander interagierten, hatten die gleiche Temperatur.

Das heiße, dichte Gas, das im Frühstadium das Universum ausfüllte, bezeichnen die Physiker als *Strahlung*. In der Kosmologie definiert man alles als Strahlung, was sich mit relativistischer Geschwindigkeit bewegt, das heißt mit voller oder annähernder Lichtgeschwindigkeit. Damit Objekte als Strahlung bezeichnet werden, müssen sie einen so großen Impuls besitzen, dass ihre Energie weitaus größer ist als jene, die in ihrer Masse gespeichert ist. Das frühe Universum war so ungeheuer heiß und energiereich, dass das Gas aus Elementarteilchen, das es ausfüllte, diesem Kriterium ohne weiteres entsprach.

In diesem Universum gab es nur Elementarteilchen, aber beispielsweise keine Atome, die aus Atomkernen und daran gebundenen Elektronen bestehen, und auch keine Protonen, die ihrerseits aus noch fundamentaleren Teilchen, den Quarks, zusammengesetzt sind. Angesichts von so viel Wärme und Energie konnte nichts in einem Objekt gebunden sein.

Als der Raum sich ausdehnte, verdünnten sich die Strahlung und die Teilchen, die das Universum durchzogen, immer weiter und kühlten sich ab. Sie verhielten sich wie heiße, in einem Ballon eingeschlossene Luft, die immer weniger dicht und immer kühler wird, wenn der Ballon sich ausdehnt. Da der Gravitationseinfluss jedes Energiebestandteils andere Auswirkungen auf die Expansion hat, schafft deren Erforschung für die Astronomen die Möglichkeit, die verschiedenen Beiträge von Strahlung, Materie und dunkler Energie zu entwirren. Materie und Strahlung werden mit der Ausdehnung immer stärker verdünnt, aber die Verdünnung der Strahlung, die mit der Rotverschiebung immer energieärmer wird, verläuft noch schneller als die der Materie. Die dunkle Energie dagegen wird überhaupt nicht verdünnt.

Bemerkenswerte Ereignisse spielten sich während der Abkühlung des Universums ab, als seine Temperatur und Energiedichte nicht mehr ausreichten, um bestimmte Teilchen hervorzubringen. So weit war es, als die kinetische Energie eines Teilchens nicht mehr höher war als mc^2, wobei m die Masse des jeweiligen Teilchens und c die Lichtgeschwindigkeit ist. Ein massereiches Teilchen nach dem anderen wurde für das abkühlende Universum zu schwer. Beim Zusammentreffen mit Antiteilchen wurden solche schweren Teilchen vernichtet und verwandelten sich in Energie, die dazu beitrug, die verbliebenen leichten Teilchen aufzuheizen. Auf diese Weise wurden die schweren Teilchen abgekoppelt, und im Großen und Ganzen verschwanden sie.

Aber auch wenn der Inhalt des Universums sich veränderte, geschah in den ersten Minuten nach dem Urknall nichts, was man hätte beobachten können. Also springen wir ein Stück weiter in eine Zeit, als der Inhalt des Universums sich nennenswert wandelte – und das auf nachvollziehbare Weise. Die bereits erwähnte, von Hubble entdeckte Expansion bestätigte die Urknalltheorie. Gefestigt wurde das Zutrauen der Physiker in ihren Wahrheitsgehalt durch zwei andere Messungen, die beide den Inhalt des Universums betrafen. Zuerst wollen wir uns mit der Voraussage über die relativen Anteile der verschiedenen Atomkerntypen beschäftigen, die sich im sehr frühen Universum bildeten: Sie passen sehr gut zu den beobachteten Werten für die Dichte.

Einige Minuten nach dem Urknall flogen Protonen und Neutronen nicht mehr isoliert herum. Die Temperatur war so weit abgesunken, dass die Teilchen sich zu Atomkernen zusammenfinden konnten, in denen sie von den starken Kernkräften aneinandergebunden wurden. Zur gleichen Zeit waren die Wechselwirkungen in der Materie, die anfangs für eine gleiche Zahl von Protonen und Neutronen gesorgt hatten, nicht mehr wirksam. Da Neutronen wegen der schwachen Kernkraft zu Protonen zerfallen können, veränderten sich die Zahlenverhältnisse.

Der Neutronenzerfall läuft allerdings recht langsam ab, und so konnte ein nennenswerter Anteil der Neutronen lange genug überleben und zusammen mit den vorhandenen Protonen in Atomkerne aufgenommen werden. Helium-, Deuterium- und Lithiumkerne bildeten sich, und die im Kosmos vorhandenen Mengen dieser Elemente wie auch die des Wasserstoffs – dessen Dichte durch die Entstehung des Heliums zurückging – bildeten sich aus. In welchen Mengen andere Elemente zurückblieben, hing ebenfalls von den Zahlenverhältnissen der Protonen und Neutronen ab, aber auch von der Geschwindigkeit der erforderlichen physikalischen Prozesse im Verhältnis zur Ausdehnungsgeschwindigkeit des Universums. Die Voraussagen über die *Nucleosynthese* (wie man den Prozess nennt) stellen also eine Prüfung für die Theorie der Kernphysik wie auch für die Details der vom Urknall ausgehenden Ausdehnung dar. Tatsächlich wurden sowohl die Urknalltheorie als auch die Theorie der Kernphysik bestätigt: Die Beobachtungen stimmen mit den Voraussagen hervorragend überein.

Die Messungen bestätigten aber nicht nur die vorhandenen Theorien, sondern sie legen neuen Überlegungen auch Beschränkungen auf. Der Grund: Die Expansionsgeschwindigkeit, bei der die Mengenverhältnisse der Atomkerne sich herausbildeten, lässt sich vor allem mit der Energie erklären, die in den bekannten Typen der Materie enthalten ist. Neue Materie, die zu jener Zeit vorhanden war, kann nicht allzu viel Energie beigetragen haben, sonst wäre die Ausdehnung zu schnell verlaufen. Diese Einschränkung ist für meine Kollegen und mich wichtig, wenn wir spekulative Überlegungen zu der Frage anstellen, was im Universum existieren kann. Neuartige Formen der Materie konnten nur in geringen Mengen im Gleichgewicht stehen und hatten zur Zeit der Nucleosynthese die gleiche Temperatur wie die bekannte Materie.

Aus solchen erfolgreichen Voraussagen können wir auch ablesen, dass die Menge der gewöhnlichen Materie selbst heute nicht viel größer sein kann, als es den Beobachtungen entspricht. Zu viel normale Materie, und die Voraussagen der Kernphysik würden nicht zur beobachteten Menge der schweren Elemente im Universum passen. In Verbindung mit den im vorherigen Kapitel beschriebenen Messungen, wonach die leuchtende Materie zur Erklärung von Beobachtungen nicht ausreicht, besagen die erfolgreichen Voraussagen über die Nucleosynthese, dass gewöhnliche Materie nicht die gesamte beobachtete Materie im Universum ausmachen kann – womit die Hoffnung, sie sei nur deshalb unsichtbar, weil sie nicht brennt oder nicht ausreichend reflektiert, zunichtegemacht war. Wenn es mehr gewöhnliche Materie gäbe, als es der beobachteten leuchtenden Materiemenge entspricht, würden die erfolgreichen Voraussagen der Kernphysik nicht mehr zutreffen, es sei denn, es gibt einen neuen Bestandteil. Wenn die gewöhnliche Materie sich nicht auf irgendeine Weise während der Nucleosynthese verstecken konnte, müssen wir zu dem Schluss gelangen, dass es dunkle Materie gibt.

Aber den vielleicht wichtigsten Meilenstein in seiner Evolution erlebte das Universum, zumindest was die detaillierte Überprüfung kosmologischer Voraussagen angeht, ein wenig später, nämlich etwa 380 000 Jahre nach dem Urknall. Ursprünglich war das Universum sowohl mit geladenen als auch mit ungeladenen Teilchen gefüllt. Zu diesem späteren Zeitpunkt hatte es sich aber bereits so weit abgekühlt, dass positiv geladene Atomkerne sich mit negativ geladenen Elektronen zu neutralen Atomen zusammenfinden konnten. Von jener Zeit an bestand das Universum aus neutraler Materie, das heißt aus Materie, die keine elektrische Ladung trägt.

Für die *Photonen* – die Teilchen, die die Kraft des Elektromagnetismus übermitteln – bedeutete diese Bindung der geladenen Teilchen in Atomen eine beträchtliche Veränderung. Da sie nun nicht mehr von geladener Materie abgelenkt wurden, konnten sie ungehindert das Universum durchqueren. Demnach konnten Strahlung und Licht aus dem frühen Universum uns auf direktem Weg erreichen und waren mehr oder weniger unabhängig von allen komplizierten Entwicklungsereignissen, die sich im Universum später möglicherweise noch abspielten. Die Hintergrundstrahlung, die wir heute beobachten, ist jene Strahlung, die schon 380 000 Jahre nach dem Beginn des Universums existierte.

Es handelt sich dabei um die gleiche Strahlung, die auch schon unmittelbar nach dem Urknall und dem Beginn der Expansion vorhanden war, aber heute hat sie eine viel niedrigere Temperatur. Die Photonen kühlten sich ab, aber sie verschwanden nicht. Die Temperatur der Strahlung liegt jetzt bei 2,73 Kelvin*, das heißt, sie ist äußerst kalt. Sie liegt nur wenige Grad über 0 Kelvin, dem absoluten Nullpunkt – kälter kann nichts sein.

Der Nachweis dieser Strahlung war in einem gewissen Sinn der entscheidende Beweis für die Urknalltheorie und der vielleicht überzeugendste Beleg, dass die Gleichungen stimmten. Entdeckt wurde die Strahlung 1963 durch einen Zufall: Der deutschstämmige Astronom Arno Penzias und der Amerikaner Robert Wilson arbeiteten an einem Radioteleskop der Bell Labs in New Jersey. Eigentlich suchten sie nicht nach kosmologischen Überbleibseln, sondern sie interessierten sich für Funkantennen als Hilfsmittel der Astronomie. Und natürlich interessierte man sich auch im Institut der Bell Labs, das mit einem Telefonkonzern verbunden war, für Radiowellen.

Als Penzias und Wilson aber ihr Teleskop eichen wollten, zeichneten sie ein einheitliches Hintergrundrauschen auf, das sich wie statisches Rauschen anhörte. Es kam aus allen Richtungen und änderte sich mit den Jahreszeiten nicht. Es verschwand auch nicht, das heißt, sie konnten es nicht außer Acht lassen. Da es keine bevorzugte Richtung hatte, konnte es weder aus dem nahe gelegenen New York noch von der Sonne oder von einem Atomwaffentest aus dem Vorjahr stammen. Nachdem sie die Exkremente der Tauben entfernt hatten, die in dem Teleskop nisteten, gelangten sie zu dem Schluss, das Rauschen könne auch nicht auf das »weiße dielektrische Material« der Vögel, wie Penzias es vornehm nannte, zurückzuführen sein.

Einmal erzählte mir Robert Wilson, welches Glück sie mit dem Zeitpunkt ihrer Entdeckung hatten. Die beiden hatten keine Ahnung vom Urknall, aber an der benachbarten Princeton University wussten die theoretischen Physiker Robert Dicke und Jim Peebles darüber Bescheid. Die Physiker waren an der Universität gerade mit der Planung eines Experiments beschäftigt, mit dem sie die Reststrahlung messen wollten, die es, wie sie wussten, nach der

---

* Temperaturunterschiede in Kelvin sind mit denen in Grad Celsius identisch, aber die tiefstmögliche Temperatur der Kelvin-Skala ist 0, während sie auf der Celsius-Skala bei −273,15 Grad liegt.

Urknalltheorie geben musste. Da merkten sie, dass ihnen andere zuvorgekommen waren – nämlich die Wissenschaftler aus dem Bell Lab, denen aber noch nicht klar war, was sie gefunden hatten. Penzias und Wilson hatten Glück: Der Astronom Bernie Burke, den Robert Wilson mir gegenüber einmal als sein persönliches frühes Internet bezeichnete, kannte sowohl die Forschungsarbeiten an der Princeton University als auch die rätselhaften Befunde von Penzias und Wilson. Burke zählte zwei und zwei zusammen, brachte die Beteiligten miteinander in Kontakt und klopfte so den Zusammenhang fest. Nach ihren Gesprächen mit den theoretischen Physikern wurde Robert Dicke, Penzias und Wilson klar, was sie da entdeckt hatten. Die Entdeckung der Hintergrundstrahlung brachte den beiden Physikern des Bell Lab 1978 den Nobelpreis ein. In Verbindung mit der viel älteren Entdeckung der Ausdehnung durch Hubble bestätigte sie die Urknalltheorie mit einem kälter werdenden, expandierenden Universum.

Das war ein hübsches Beispiel dafür, wie Naturwissenschaft funktioniert. Die Forschungsarbeiten galten einem ganz bestimmten wissenschaftlichen Zweck, brachten aber nebenbei technischen und wissenschaftlichen Nutzen. Die Astronomen hatten nicht nach dem gesucht, was sie fanden, aber weil sie technisch und wissenschaftlich hochqualifiziert waren, taten sie ihren Befund nicht einfach ab. Ihre Forschung – eigentlich eine Suche nach relativ kleinen Ergebnissen – führte zu einer Entdeckung, aus der sich ungeheuer weitreichende Folgerungen ergaben, und gemacht wurde sie nur, weil andere zur gleichen Zeit über das große Bild nachdachten. Die Entdeckung durch die Wissenschaftler des Bell Lab war ein Zufall, aber sie veränderte die Wissenschaft der Kosmologie für alle Zeiten.

Innerhalb weniger Jahrzehnte nach ihrer Entdeckung trug diese Strahlung dazu bei, dass es in der Kosmologie wichtige neue Erkenntnisse gab. Durch detaillierte Messungen der Strahlung wurde eine spektakuläre Leistung möglich: Man konnte die Voraussagen über die *kosmologische Inflation* bestätigen, ein Stadium der explosiven Ausdehnung ganz zu Beginn des Universums.

Kosmologische Inflation

Viele wichtige wissenschaftliche Erkenntnisse erwuchsen aus einer Grundsatzdebatte um die Frage, ob Veränderungen sich allmählich oder plötzlich oder überhaupt abspielen, ja, ob es sie überhaupt gibt – anfangs wussten wir nichts über die Expansion des Universums. Die Bedeutung dieses wichtigen Faktors wird zwar häufig übersehen, aber die Geschwindigkeit des Wandels in der heutigen Welt in Rechnung zu stellen kann sehr nützlich sein, wenn wir über die Folgen der Technologie nachdenken oder wenn wir beispielsweise die Veränderungen der Umwelt bewerten wollen.

Diskussionen über das Tempo der Veränderungen waren im 19. Jahrhundert auch ein wichtiger Aspekt vieler Konflikte im Umfeld der darwinistischen Evolution. Wie wir in Kapitel 11 genauer erfahren werden, standen sich in der Debatte zwei Positionen gegenüber: auf der einen Seite der von dem Geologen Charles Lyell und seinem Jünger Charles Darwin vertretene Gradualismus, auf der anderen die Vorstellung von plötzlichen geologischen Veränderungen, wie sie der Franzose Georges Cuvier postuliert hatte. Cuvier kannte auch eine andere Form des radikalen Wandels: Er äußerte die umstrittene Vermutung, biologische Arten würden nicht nur neu entstehen, wie Darwin auf so denkwürdige Weise gezeigt hatte, sondern auch durch Aussterben wieder verschwinden.

Auch für die Entwicklung unserer Kenntnisse über die Entwicklung des Kosmos waren Diskussionen über das Tempo des Wandels ein zentraler Aspekt. Was das Universum angeht, bestand die erste Überraschung schon darin, dass es überhaupt eine Entwicklung durchmacht. Als die Urknalltheorie Anfang des 20. Jahrhunderts erstmals postuliert wurde, ergaben sich daraus ganz andere Folgerungen als aus den theologisch begründeten Vorstellungen von einem unbeweglichen Universum, die damals von den meisten Menschen anerkannt waren. Später folgte die überraschende Erkenntnis, dass unser Universum ganz zu Beginn eine Phase der explosiven Ausdehnung durchmachte – die kosmologische Inflation. Und wie für das Leben auf der Erde, so spielten auch für die Geschichte des Universums sowohl allmähliche als auch katastrophale Prozesse eine Rolle. Die »Katastrophe« im Universum war die Inflation. Mit »Katastrophe« meine ich dabei nur, dass diese Phase plötzlich und schnell eintrat. Die Inflation zerstörte den ursprünglich vorhandenen Inhalt des Universums, schuf aber gleichzeitig auch die Materie, die das Universum füllte, als die explosive Phase zu Ende war.

Wie ich die Geschichte bisher dargestellt habe, entspricht sie der Standard-Urknalltheorie mit einem expandierenden, sich abkühlenden, alternden Universum. Diese Theorie ist bemerkenswert erfolgreich, aber sie ist nicht alles. Die kosmologische Inflation spielte sich ab, bevor die normale Urknall-Evolution einsetzte. Ich kann zwar nichts darüber sagen, was ganz zum Beginn des Universums geschah, eines aber kann ich einigermaßen sicher feststellen: Irgendwann sehr früh in seiner Evolution – vielleicht schon nach 10^{-36} Sekunden – fand dieses sensationelle Ereignis namens Inflation statt (siehe Abb. 5). Während der Inflation dehnte sich das Universum erheblich schneller aus als während seiner normalen Entwicklung; die Expansion lief höchstwahrscheinlich exponentiell ab, so dass sich die Größe des Universums während der Inflationsphase immer wieder vervielfachte. Exponentielle Ausdehnung bedeutet beispielsweise, dass das Universum sich zu einer Zeit, als es 60-mal älter war als zu Beginn der Inflation, sich bereits um mehr als eine Billion Billionen-fach vergrößert hatte, während es ohne Inflation nur um den Faktor 8 gewachsen wäre.

Nachdem die Inflation zu Ende war – also ebenfalls nur einen Sekundenbruchteil nach Beginn der Evolution des Universums –, hinterließ sie ein großes, gleichförmiges, flach-homogenes Universum, dessen spätere Evolution durch die herkömmliche Urknalltheorie vorausgesagt wird. Die inflationäre Explosion war in einem gewissen Sinne der »Knall«, der die Evolution des Kosmos in die gerade beschriebenen glatteren, langsameren Bahnen lenkte. Durch die Inflation wurde die ursprünglich vorhandene Materie und Strahlung verdünnt, und durch die schnelle Abkühlung sank die Temperatur bis nahe an den absoluten Nullpunkt. Heiße Materie bildete sich erst wieder, als die Evolution zu Ende war und die Energie, die die explosionsartige Ausdehnung angetrieben hatte, sich in eine gewaltige Zahl von Elementarteilchen verwandelte. Die allgemein bekannte, langsamere Expansion begann erst, nachdem die Inflation zu Ende war. Von diesem Stadium an gilt die alte Urknalltheorie.

Die Theorie der Inflation entwickelte der Physiker Alan Guth, weil die Urknalltheorie, so erfolgreich sie auch ist, mehrere Fragen unbeantwortet ließ. Zum Beispiel diese: Wenn das Universum aus einer infinitesimal kleinen Re-

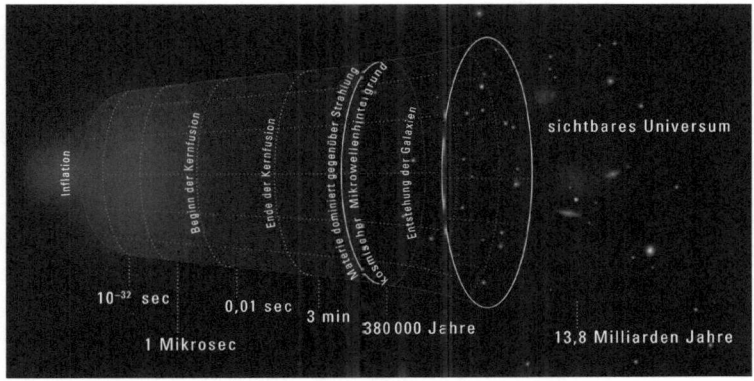

Abb. 5 Die Geschichte des Universums mit Inflation, Urknall-Evolution, Entstehung der Atomkerne, Strukturentstehung, der Entstehung der kosmischen Mikrowellen-Hintergrundstrahlung und dem heutigen Universum, in dem sich Galaxien und Galaxienhaufen gebildet haben.

gion heranwuchs, warum enthält es dann so viel Substanz? Und warum hat das Universum so lange überlebt? Nach der Gravitationstheorie hätte man damit gerechnet, dass ein Universum, das so viel Stoff enthält, sich entweder ausgedehnt und ins Nichts verflüchtigt hätte oder sehr schnell zusammengebrochen wäre. Aber trotz der ungeheuren in ihm enthaltenen Materie- und Energiemenge sind die drei unendlichen Raumdimensionen des Universums nahezu flach, und seine Evolution ist so langsam verlaufen, dass wir heute seine 13,8 Milliarden Jahre währende Existenz feiern können.

Eine weitere große Lücke in der ursprünglichen Urknalltheorie betraf die Frage, warum das Universum so einheitlich ist. Als die kosmische Strahlung, die wir heute beobachten, ausgesandt wurde, hatte das Universum nur ungefähr ein Tausendstel seiner derzeitigen Größe, das heißt, das Licht konnte nur über wesentlich geringere Entfernungen wandern. Wenn wir aber die Strahlung aus jener Zeit beobachten, die von verschiedenen Abschnitten des Himmels ausgeht, scheint sie überall gleich zu sein, das heißt, es bestehen nur geringfügige Abweichungen in Temperatur und Dichte. Das ist rätselhaft: Nach dem ursprünglichen Urknall-Szenario war das Alter des Universums zu der Zeit, als die kosmische Strahlung von der geladenen Materie entkoppelt wurde, viel zu gering – das Licht hätte nicht genügend Zeit gehabt, um auch nur ein Prozent seines Weges über den Himmel zurückzulegen. Mit anderen Worten: Wenn wir uns in die Vergangenheit begeben und fragen, ob die Strahlung, die am Ende an den einzelnen Abschnitten des Himmels auftaucht, jemals Signale zwischen ihnen hätte aussenden oder empfangen können, lautet die Antwort nein. Wenn die einzelnen Regionen aber nie untereinander kommuniziert haben, warum sehen sie dann alle gleich aus? Es ist, als würden wir und tausend Fremde, die von verschiedenen Orten kommen und ihre Anregung aus verschiedenen Geschäften sowie verschiedenen Zeitschriften bezogen haben, in der gleichen Kleidung ein Theater betreten. Wenn sie nie Kontakt miteinander hatten und nicht die gleichen Medien konsultieren, wäre es ein bemerkenswerter Zufall, dass alle am Ende genau gleich gekleidet sind. Die Einheitlichkeit des Himmels ist noch bemerkenswerter, denn sie hat eine Genauigkeit von 1 zu 10 000. Und es sieht so aus, als hätte das Universum anfangs mehr als 100 000 Regionen gehabt, die alle nicht untereinander kommunizierten.

Angesichts solcher Mängel wirkte die Idee, die Guth 1980 formulierte, sehr attraktiv. Er ging von einer frühen Epoche aus, in der das Universum sich außerordentlich schnell ausdehnte. Während es in dem üblichen Urknall-Szenario ruhig und stetig wuchs, machte das Universum nach der Inflationstheorie eine Phase der explosiven Expansion durch. Es wuchs während einer sehr frühen Phase in äußerst kurzer Zeit von einem winzigen Gebilde zu einer exponentiell viel größeren Region heran. Die Größe der Region, den ein Lichtstrahl durchqueren konnte, wuchs demnach um einen Faktor von einer Billion Billionen. Je nachdem, wann die Inflation einsetzte und wie lange sie dauerte, betrug die Größe der ursprünglichen Region, die ein Lichtstrahl durchqueren konnte, ungefähr 10^{-29} Meter, aber während der Inflation wuchs sie auf mindestens einen Millimeter – ein wenig größer als ein Sandkorn. Mit der Inflation hat man gewissermaßen das Universum in einem Sandkorn – oder zumindest mit der Größe eines Sandkorns, wie William Blake uns glauben machte –, wenn man seine Größe als die der zu jener Zeit zu beobachtenden Region misst.

Die extrem schnelle Ausdehnung des inflationären Universums ist eine Erklärung für seine ungeheure Größe, Einheitlichkeit und Flachheit. Das

Universum ist ungeheuer groß, weil es exponentiell wuchs – in sehr kurzer Zeit wurde es sehr umfangreich. Ein exponentiell expandierendes Universum nimmt viel mehr Raum in Anspruch als eines, das sich mit der viel geringeren Geschwindigkeit des ursprünglichen Urknall-Szenarios ausdehnt. Einheitlich ist das Universum, weil die ungeheure Expansion während der Inflation die Falten im Gewebe der Raumzeit glättete, ganz ähnlich wie die Unebenheiten im Gewebe geglättet werden, wenn man den Jackenärmel herunterzieht. Während der Inflation wuchs eine einzelne, sehr kleine Region, in der alle Dinge sich so nahe waren, dass sie über Strahlung kommunizieren konnten, zu dem Universum heran, das wir heute sehen.

Die Inflation ist auch eine Erklärung für die Flachheit. Aus dynamischer Sicht bedeutet die Aussage, das Universum sei flach, dass die Dichte des Universums als Ganzes an einer Grenze liegt, an der sie sehr lange Bestand haben kann. Jede größere Energiedichte würde für eine positive Krümmung des Raumes sorgen – eine Krümmung wie die einer Kugel –, und das würde dazu führen, dass das Universum sehr schnell zusammenbricht. Jede geringere Dichte hätte für eine so schnelle Expansion des Universums gesorgt, dass Strukturen sich nie hätten zusammenfinden können. Genau genommen übertreibe ich ein wenig. Mit einer sehr geringfügigen Krümmung hätte das Universum so lange bestehen bleiben können, wie es wirklich Bestand hatte. Aber wenn sich der Betrag dieser Krümmung nicht mit Inflation rechtfertigen ließe, wären die Gründe, warum er so klein ist, rätselhaft.

Nach dem Inflationsszenario ist das Universum heute so groß und flach, weil es ganz zu Beginn so stark gewachsen ist. Stellen wir uns einmal vor, wir könnten einen Ballon so groß aufblasen, wie wir wollen. Wenn wir uns auf einen bestimmten Teil des Ballons konzentrieren, würden wir erkennen, dass er mit zunehmender Größe des Ballons immer flacher wird. Aus ganz ähnlichen Gründen glaubten auch die Menschen früher, die Erde sei flach: Sie sahen nur einen kleinen Ausschnitt aus der Oberfläche einer viel größeren Kugel. Für das Universum gilt das Gleiche. Als es expandierte, wurde es flacher. Der Unterschied liegt nur darin, dass es sich um einen Faktor ausdehnte, der bei mehr als einer Billion Billionen lag.

Die extrem flache Form des Universums war die wichtigste Bestätigung für die Inflationstheorie. Das war keine Überraschung, denn die Flachheit war eines der Probleme, die mit der Inflation gelöst werden sollten. Als man sich die Inflationstheorie ausdachte, wusste man, dass das Universum flacher ist, als es der naiven Erwartung entsprechen würde, aber die Kenntnisse waren nicht annähernd so präzise, dass man damit die extreme Voraussage der Inflationstheorie hätte überprüfen können. Heute wissen wir aufgrund unserer Messungen mit einer Genauigkeit von einem Prozent, dass das Universum flach ist. Wäre es anders, hätte man die Inflation ausschließen können.

Als ich in den 1980er Jahren promovierte, galt die Inflation als interessante Idee, aber die meisten Teilchenphysiker nahmen sie nicht sonderlich ernst. Aus Sicht der Teilchenphysik erschien es sehr unwahrscheinlich, dass die erforderlichen Voraussetzungen für eine langfristige exponentielle Ausdehnung gegeben sein könnten. Eigentlich ist es heute immer noch so. Gegenstand der Inflationstheorie sollte die Frage sein, ob die Anfangsbedingungen für die Expansion des Universums etwas Natürliches waren. Aber wenn die Inflation selbst unnatürlich ist, wird das Problem damit eigentlich nicht gelöst. Die Frage, wie es zur Inflation kam – welches physikalische Modell ihr zugrunde liegt –, ist nach wie vor Gegenstand von Spekulationen. Die Probleme bei der Konstruktion von Modellen, mit denen wir uns in den 1980er Jahren herumschlugen, sind bis heute nicht vollständig gelöst. Auf der anderen Seite gab es aber Fachleute wie den in Russland geborenen Physiker Andrei Linde, der heute in Stanford arbeitet und sich als einer der Ersten mit der Inflation beschäftigte. Er hielt den Gedanken schon zu einer Zeit für richtig, als er zum ersten Mal aufkam, und zwar einfach deshalb, weil niemand eine andere Lösung für die Rätsel der Größe, der Flachheit und der Homogenität des Universums gefunden hatte – die Inflationstheorie löste sie alle mit einem Schlag.

Vor dem Hintergrund der detaillierten Messungen der kosmischen Mikrowellen-Hintergrundstrahlung sind heute die meisten Physiker der gleichen Ansicht. Obwohl wir die theoretischen Grundlagen der Inflation noch dingfest machen müssen und obwohl sie sich schon vor so langer Zeit abspielte, führt die Theorie zu überprüfbaren Voraussagen. Deshalb sind die meisten von uns überzeugt, dass die Inflation oder etwas sehr Ähnliches tatsächlich stattgefunden hat. Die genauesten derartigen Beobachtungen betreffen Details im Zusammenhang mit der 2,73 Grad kalten Hintergrundstrahlung, die Penzias und Wilson entdeckt hatten. Der NASA-Satellit COBE (*Cosmic Background Explorer*) vermaß die Strahlung ebenfalls, allerdings viel umfassender und über ein breiteres Frequenzspektrum hinweg; damit wurde nachgewiesen, dass sie am ganzen Himmel ein äußerst hohes Maß an Einheitlichkeit besitzt.

Die spektakulärste Entdeckung von COBE jedoch überzeugte schließlich nahezu alle, die der Inflation noch skeptisch gegenüberstanden: In seiner Frühzeit war das Universum nicht ganz einheitlich. Insgesamt wurde es durch die Inflation sehr homogen. Die Inflation brachte aber auch winzige *Inhomogenitäten* mit sich, Abweichungen von der vollkommenen Einheitlichkeit. Aus der Quantenmechanik wissen wir, dass der genaue Zeitpunkt, zu dem die Inflation endete, unsicher ist – das heißt, sie endete in verschiedenen Regionen des Himmels zu geringfügig unterschiedlichen Zeiten. Diese winzigen Quanteneffekte machten sich in der Strahlung in Form geringfügiger Abweichungen von der vollkommenen Einheitlichkeit bemerkbar. Auch wenn sie viel kleiner sind, ähneln sie den Wellen, die im Wasser entstehen, wenn wir einen Kieselstein in einen Teich werfen.

Damit machte COBE sicher eine der überwältigendsten Entdeckungen der letzten Jahrzehnte: Der Satellit wies die Quantenschwankungen nach, die entstanden, als das Universum ungefähr die Größe eines Sandkorns hatte, und diese Schwankungen sind letztlich dein und mein Ursprung, der Ursprung der Galaxien und aller Strukturen im Universum. Die allerersten kosmologischen Inhomogenitäten entstanden, als die Inflation zu Ende ging. Sie hatten anfangs nur eine sehr geringe Größe, aber dann wurden sie durch die Expansion des Universums gedehnt und erreichten Ausmaße, mit denen sie Galaxien und alle anderen messbaren Strukturen hervorbringen konnten – Näheres darüber werden wir im nächsten Kapitel erfahren.

Nachdem man die Dichtestörungen – so nennt man solche kleinen Abweichungen von Temperatur und Dichte der Materie – entdeckt hatte, war es nur eine Frage der Zeit, bevor man sie eingehend erforschte. Seit 2001 maß die amerikanische Raumsonde WMAP (*Wilkinson Microwave Anisotropy Probe*) die Dichtestörungen noch genauer und in kleineren Winkelbereichen. WMAP und auch Teleskope am Südpol beobachteten die Wellen – Störungen – in der Dichte der Strahlung, in der sich die gerade erst entstandene Komplexität widerspiegelt. Die Details dieser Messungen bestätigten, dass das Universum flach ist, gaben Auskunft über die Gesamtmenge der dunklen Materie und bestätigten die Voraussagen über eine frühzeitige exponentielle Ausdehnung. Die experimentelle Bestätigung der Vorstellungen von der Inflation war eines der großartigsten Ergebnisse, die WMAP lieferte.

Im Mai 2009 startete auch die Europäische Weltraumagentur einen eigenen Satelliten: Das Weltraumteleskop Planck sollte die Störungen in noch genaueren Einzelheiten untersuchen. Tatsächlich führten die Beobachtungen des Satelliten dazu, dass wir die meisten kosmologischen Größen heute noch präziser angeben können, und sie trugen dazu bei, unsere Kenntnisse über das frühe Universum zu festigen. Eine der wichtigsten Leistungen des Planck-Satelliten bestand darin, dass er eine weitere Größe dingfest machen konnte und damit einen Hinweis auf die Dynamik lieferte, die die inflationäre Ausdehnung antrieb. Das Universum ist nicht nur größtenteils homogen, wobei diese Homogenität aber durch kleine Störungen unterbrochen wird, sondern die Amplitude der Störungen am Himmel ist auch größtenteils von ihren räumlichen Ausmaßen unabhängig, zeigt aber doch eine geringfügige Abhängigkeit vom Größenmaßstab. Diese Größenabhängigkeit spiegelt die wechselnde Energiedichte des Universums am Ende der Inflation wider. WMAP und noch genauer das Planck-Weltraumteleskop bestätigten die Dynamik der Inflation auf beeindruckende Weise: Sie maßen die Größenabhängigkeit, bestätigten damit, dass ein frühes Stadium der schnellen Ausdehnung allmählich zu Ende ging, und ermittelten einen Wert, der für die Dynamik der Inflation eine Einschränkung bedeutet.

Unsere Kenntnisse sind zwar noch bei weitem nicht vollständig, in der Kosmologie hat sich aber die Ansicht durchgesetzt, dass sowohl die Inflation als auch die nachfolgende Urknall-Ausdehnung zur Geschichte unseres Universums gehören. Wir können diese Theorien im Detail formulieren, weil das frühe Universum sich mit seinem hohen Maß an Einheitlichkeit relativ einfach studieren lässt. Man kann Gleichungen lösen und die Daten ohne weiteres bewerten.

Als sich dann aber vor Jahrmilliarden die Strukturen bildeten, verwandelte sich das Universum von einem relativ einfachen zu einem viel komplexeren System. Deshalb steht die Kosmologie vor wesentlich größeren Herausforderungen, wenn sie sich mit der späteren Evolution des Universums beschäftigt. Die Verteilung seines Inhalts vorauszusagen und zu interpretieren wurde schwieriger, als sich Sterne, Galaxien, Galaxienhaufen und andere Strukturen bildeten.

Dennoch verbirgt sich in der Struktur des Universums, die sich in ständiger Entwicklung befindet, eine gewaltige Menge an Information – und die kann Beobachtungen, Modelle und Computerleistung letztlich offenlegen. Wie wir im weiteren Verlauf des Buches noch erfahren werden, können wir damit rechnen, dass wir durch Messung dieser Struktur und mit Vorhersagen über sie eine Menge lernen können – auch über die Bedeutung der dunklen Materie für unsere Welt. Vorerst wollen wir uns aber ansehen, wie die Struktur des Universums überhaupt entstanden ist.

5

Eine Galaxie wird geboren

Erinnern wir uns noch einmal an mein Tischgespräch in München, bei dem der Markenexperte Massimo Einwände gegen die Bezeichnung »dunkle Materie« erhob. Bei dem gleichen Abendessen erkundigte sich Matt – ein anderer Konferenzteilnehmer, mit dem Massimo mich bekannt gemacht hatte –, inwieweit es möglich sei, sich die Kraft dieser schwer fassbaren Materie zunutze zu machen. Für ihn, einen Spieledesigner, war das eine verständliche Frage. Das Gleiche fragte mich wenig später auch eine Bekannte, die Drehbücher schrieb – auch das nicht verwunderlich angesichts ihrer Vorliebe für Science-Fiction.

Aber in solchen Fragen spiegelt sich ein starkes Wunschdenken wider, das ich ebenfalls auf die schlechte Namenswahl zurückführe. Dunkle Materie ist in unserer unmittelbaren Nachbarschaft keine geheimnisvolle Quelle für nutzbare Energie – und erst recht ist sie nicht reichhaltig. Da die gewöhnliche Materie nach bisheriger Kenntnis nur einen außerordentlich schwachen Einfluss auf die dunkle Materie ausüben kann, lässt diese sich nicht in einem Keller oder einer Garage lagern. Mit unseren Händen und Werkzeugen, die aus gewöhnlicher Materie bestehen, können wir keine Geschosse aus dunkler Materie herstellen, und wir können mit dunkler Materie keine Fallen stellen. Schon sie zu finden ist schwierig genug. Sie nutzbar zu machen wäre noch einmal etwas ganz anderes. Selbst wenn wir einen Weg finden können, um dunkle Materie aufzubewahren, hätte sie für uns keine merklichen Wirkungen: Sie interagiert nur auf dem Weg über die Gravitation oder durch Kräfte, die so schwach sind, dass wir sie bisher nicht nachweisen konnten – nicht einmal mit den empfindlichsten Mitteln. Solange die dunkle Materie keine riesengroßen Objekte von astronomischen Ausmaßen bildet, ist ihr Einfluss auf die Erde so schwach, dass wir uns nicht darum zu kümmern brauchen. Das ist auch der Grund, warum sie so schwer zu finden ist.

Aber mit der Riesenmenge an dunkler Materie, die sich im Universum insgesamt angesammelt hat, sieht die Sache völlig anders aus. Diese Materie, die über das ganze Universum verbreitet war, kollabierte und sammelte sich zu Galaxienhaufen und Galaxien, die ihrerseits die Bildung von Sternen möglich machten. Auch wenn die dunkle Materie (bisher) keinen unmittelbaren, erkennbaren Einfluss auf Menschen oder Laborexperimente hatte, war ihre Gravitationswirkung von entscheidender Bedeutung, als sich die Struktur des Universums ausbildete. Und da sich in den riesigen, kollabierten Regionen, in denen die Materie sich befindet, so große Mengen von ihr konzentrieren, beeinflusst sie auch heute noch die Bewegung der Sterne und die Bahnen der Galaxien. Wie wir in Kürze erfahren werden, könnte man sich sogar vorstellen, dass ein eher unkonventioneller Typ der dunklen Materie, der bei seinem Zusammenbruch noch dichter wurde, auch die Bahn des Sonnensystems beeinflusst. Auch wenn Menschen also die Kraft der dunklen Materie nicht nutzbar machen können, ist das weitaus leistungsfähigere Universum durchaus dazu in der Lage. In diesem Kapitel möchte ich erklären, welch entscheidende Rolle die dunkle Materie für die Evolution des Universums und im Laufe seiner bekannten, endlichen Lebensdauer auch für die Bildung der Galaxien gespielt hat.

Das Ei und das Huhn

Wie wir aus der Theorie der Strukturbildung wissen, entwickelten sich Sterne und Galaxien aus dem äußerst – aber nicht vollständig – langweiligen, einheitlichen Himmel, der die endgültige Hinterlassenschaft der Inflation bildete. Dieses zusammenhängende Bild der Strukturbildung ist wie so vieles, was in diesem Buch erläutert wird, eine relativ neue Erkenntnis. Die Theorie basiert heute aber auf soliden kosmologischen Befunden wie der durch die Inflation ergänzten Urknalltheorie und auf der immer besseren Vermessung von Bestandteilen wie der dunklen Materie. Ausgehend von solchen Grundlagen, können wir erklären, wie die heiße, ungeordnete, undifferenzierte Region, die das Universum in seiner Anfangszeit war, sich zu den Galaxien und Sternen entwickelte, die wir heute sehen.

Zu Beginn war das Universum heiß, dicht und vorwiegend *einheitlich* – es sah an jedem Punkt im Raum gleich aus. Außerdem war es *isotrop* – das heißt, es war auch in allen Richtungen gleich. Teilchen traten in Wechselwirkungen, tauchten auf und verschwanden, aber ihre Dichte und ihr Verhalten waren überall gleich. Das ist natürlich ganz etwas anderes als das, was wir heute auf Bildern des Universums erkennen oder was wir auch sehen, wenn wir den Blick einfach nach oben wenden und die Schönheit des Nachthimmels bewundern.

Unser heutiges Universum ist nicht mehr einheitlich. Galaxien, Galaxienhaufen und Sterne setzen Akzente in der Weite des Raumes und zeigen uns ihre ungleiche Verteilung quer über das Firmament. Solche Strukturen sind heute die Kernstücke von allem, was unsere Welt enthält; sie hätten aber nicht ohne die dichten Sternsysteme entstehen können, die für die Bildung der schweren Elemente und aller anderen verblüffenden Substanzen einschließlich des Lebens unentbehrlich waren – Substanzen, die sich in mindestens einem derart konzentrierten Sternenumfeld entwickelten.

Die sichtbaren Strukturen des Universums bestehen aus Gas und *Sternsystemen*. Solche Ansammlungen von Sternen gibt es in den verschiedensten Größen und mehreren Formen. Doppelsterne, in denen ein Stern um den anderen kreist, stellen ebenso Sternsysteme dar wie die Galaxien, deren Größe zwischen 100 000 und einer Billion Sternen liegt. Auch die Galaxienhaufen mit nochmals tausendmal mehr Sternen sind Sternsysteme.

Um uns einen Eindruck davon zu verschaffen, was für Typen von Objekten hier eine Rolle spielen, können wir die typischen Massen und Größen der Objekte betrachten, die unser Kosmos enthält. Astronomische Größen misst man in der Regel in Parsec oder Lichtjahren, astronomische Massen im Vergleich zur Sonnenmasse – man gibt an, wie viele Sonnen notwendig wären, um eine entsprechende Masse zu erreichen. Das Größenspektrum der Galaxien reicht von solchen, die mit ungefähr 10 Millionen Sonnenmassen noch kleiner sind als Zwerggalaxien, bis hin zu den größten Galaxien mit rund 100 Billionen Sonnenmassen. Unsere Milchstraße hat eine geringere, eher typische Größe von ungefähr einer Billion Sonnenmassen – dieser Wert entspricht ihrer Gesamtmasse einschließlich ihres beherrschenden Bestandteils, der dunklen Materie. Der Durchmesser der meisten Galaxien liegt zwischen einigen tausend und einigen hunderttausend Lichtjahren. Galaxienhaufen dagegen enthalten zwischen 100 Billionen und 1000 Billionen Sonnenmassen und haben im typischen Fall einen Durchmesser in der Größenordnung von 5 bis 50 Millionen Lichtjahren. Ein solcher Haufen kann bis zu 1000 Galaxien enthalten, in Superhaufen sind es zehnmal so viele.

Alle diese Objekte gibt es heute, im Universum der Frühzeit waren sie aber nicht enthalten. Das frühe Universum war sehr dicht und enthielt weder Sterne noch Galaxien, denn deren Dichte ist wesentlich geringer. Sternsysteme konnten sich erst bilden, nachdem sich das Universum bis auf eine Temperatur abgekühlt hatte, bei der es eine niedrigere durchschnittliche Dichte hatte als die Objekte, die am Ende entstanden. Auch die Entstehung von Struktur musste warten, bis die Materie im Universum mehr Energie als Strahlung enthielt. Hier gilt es zu beachten, dass ich mich der kosmologischen Definition von Strahlung bediene: Sie bezeichnet alles, auch Photonen und andere Teilchen, die mit Lichtgeschwindigkeit oder nahezu Lichtgeschwindigkeit wandern. In dem heißen Universum der Frühzeit erfüllte wegen der hohen Temperatur fast alles dieses Kriterium, so dass Strahlung den beherrschenden Anteil der Energie im Universum darstellte.

Als sich das Universum ausdehnte, wurden sowohl die Strahlung als auch die Materie verdünnt, und ebenso verdünnte sich auch ihre Energiedichte. Da die Energie in der Strahlung, die sich durch Rotverschiebung in Richtung der niedrigeren Energie verschiebt, schneller verschwindet, erlangte die Materie – die 100 000 Jahre warten musste, bis sie ins Rampenlicht geriet – schließlich in der Energie des Universums die Vorherrschaft. In dieser entscheidenden Epoche überflügelte Materie die Strahlung als führenden Beitrag zur Energie des Universums.

Diese Zeit, als die Evolution des Universums bereits 100 000 Jahre lief und die Materie allmählich die Vorherrschaft übernahm, ist ein guter Ausgangspunkt, wenn man verfolgen will, wie die ersten Strukturen heranwuchsen. Es ist eine relativ späte Epoche im Vergleich zu der Zeit, als die ersten Störungen heranwuchsen, aber sie liegt nicht allzu lange vor der Zeit, in der die Hintergrundstrahlung, die wir heute beobachten, geprägt wurde. Die dominierende Stellung der Materie war für die Kosmologie von großer Bedeutung, denn langsam bewegte Materie transportiert einen wesentlich geringeren

Druck als die Strahlung und hat deshalb auch einen anderen Einfluss auf die Ausdehnung des Universums. Wenn Materie die Vorherrschaft übernimmt, ändert sich die Ausdehnungsgeschwindigkeit. Für die Ausbildung der Strukturen ist aber noch wichtiger, dass nun kleine, kompakte Strukturen heranwachsen konnten. Die Strahlung, die sich mit (nahezu) Lichtgeschwindigkeit bewegt, wird nicht so stark verlangsamt, dass sie von kleinen, durch Gravitation gebundenen Systemen eingefangen werden könnte. Strahlung spült Störungen hinweg wie Wind, der die an einem Strand eingeprägten Sandrippen ausradiert. Materie jedoch kann langsamer werden und verklumpen. Nur Materie, die sich langsam bewegt, bricht ausreichend stark zusammen und bildet Strukturen. Deshalb bezeichnen Kosmologen die dunkle Materie manchmal als *kalt*, das heißt, sie ist nicht heiß und relativistisch, und sie verhält sich nicht wie Strahlung.

Nachdem Materie für die Energiedichte im Universum die beherrschende Stellung übernommen hatte, setzten Dichtestörungen – Regionen, die am Ende der Inflation entstanden waren und eine geringfügig geringere oder höhere Dichte hatten als andere – den Zusammenbruch der Materie in Gang, der zum Ausgangspunkt für das Wachstum von Strukturen wurde. Im weiteren Verlauf wuchsen die Störungen und verwandelten das anfangs homogene Universum in die Himmelsregionen, die sich letzlich durch Verstärkung differenzierten. Die winzigen Dichteschwankungen in der Größenordnung von weniger als 1 zu 10 000 reichten aus, um aus einem nahezu homogenen Universum Strukturen zu schaffen; das liegt daran, dass es flach ist, das heißt, es besitzt die kritische Energiedichte, die genau an der Grenze zwischen schnellem Zusammenbruch und schneller Ausdehnung liegt. Die kritische Energie schafft den optimalen Punkt, an dem das Universum sich langsam ausdehnt und so lange erhalten bleibt, dass sich Strukturen bilden können. In einer solchen genau ausbalancierten Umgebung können schon kleine Dichtestörungen dafür sorgen, dass Regionen aus Materie zusammenbrechen und damit die Voraussetzung für die Strukturbildung schaffen.

Zu diesem Zusammenbruch, mit dem die Strukturbildung begann, trugen zwei konkurrierende Kräfte bei. Die Gravitation zog die Materie nach innen, während Strahlung – die aber nicht die beherrschende Energieform war – sie nach außen drängte. Die Grenze, jenseits deren dieses Gleichgewicht zerstört würde, nennt man *Jeans-Masse*. In der Region, in der die Strahlung mit ihrem nach außen gerichteten Druck den nach innen gerichteten Zug der Gravitation nicht ausgleichen konnte, brach das Gas zusammen, und die Materie sowie die Objekte, die aus ihrem Anziehungspotential hervorgingen, wurden zu den Samen der leuchtenden Galaxien und zu Ausgangspunkten für die Bildung von Sternen.

Regionen mit größerer Dichte übten eine stärkere Gravitationsanziehung aus als solche, in denen die Dichte geringer war; damit entstanden immer dichtere Regionen, während die umliegenden, ohnehin bereits diffusen Bereiche weiter verarmten. Das Universum wurde klumpiger: (materie)reiche Regionen wurden reichhaltiger, und die (materie)ärmeren Regionen wurden ärmer. Die Anhäufung von Materie setzte sich fort – wodurch Objekte entstanden, die durch Gravitation gebunden waren –, und die Materie brach weiter zusammen – ein Prozess der positiven Rückkopplung. Zu jener Zeit entstanden Sterne, Galaxien und Galaxienhaufen durch die Wirkung der Gravitation auf die anfangs winzigen, quantenmechanischen Schwankungen, die am Ende der Inflationsphase aufgetreten waren.

Wegen ihrer Unempfindlichkeit gegenüber der Strahlung und ihrer größeren Menge handelte es sich bei dem Hauptteil der Materie, die anziehende Potentialtöpfe bildete und die Materie in den Zusammenbruch zog, anfangs nicht um gewöhnliche, sondern um dunkle Materie. Zwar sehen wir Sterne und Galaxien, weil sie Licht aussenden, die sichtbare Materie wurde aber von dunkler Materie in diese dichteren Regionen hineingezogen, in denen sich Galaxien und später auch Sterne bilden konnten. Wenn eine Region von ausreichender Größe zusammenbrach, bildete die dunkle Materie einen ungefähr kugelförmigen Halo, in dessen Innerem das Gas aus gewöhnlicher Materie abkühlen, in der Mitte kondensieren und schließlich zu Sternen zerfallen konnte.

In Gegenwart der dunklen Materie brachen die Regionen schneller zusammen, als es mit gewöhnlicher Materie allein möglich gewesen wäre, denn wegen der größeren Energiedichte ihrer Gesamtmenge konnte die Materie schneller die Oberhand gegenüber der Strahlung gewinnen. Die dunkle Materie war aber auch deshalb wichtig, weil elektromagnetische Strahlung ursprünglich verhinderte, dass die gewöhnliche Materie Strukturen in einem Größenmaßstab ausbildete, der ungefähr unter dem Hundertfachen der Größe einer Galaxie lag. Nur weil sie auf der dunklen Materie »huckepack«

fuhren, hatten Objekte von der Größe einer Galaxie und die Samen der Sterne in unserem Universum genügend Zeit, um sich auszubilden. Hätte dunkle Materie nicht den Kollaps in Gang gesetzt, die Sterne hätten ihre heutige Zahl und Verteilung nicht erreichen können.

Der Zusammenbruch zu Strukturen wurde also von der dunklen Materie ausgelöst. Ihre Menge ist nicht nur größer, sondern dunkle Materie ist auch praktisch immun gegenüber dem Einfluss von Licht; deshalb konnte elektromagnetische Strahlung sie nicht so aus dem Weg räumen wie die gewöhnliche Materie. Entsprechend sorgte dunkle Materie für die Schwankungen in der Materieverteilung, auf die gewöhnliche Materie reagierte, als die Strahlung sich von ihr entkoppelte. Die dunkle Materie verschaffte letztlich der gewöhnlichen Materie einen Vorsprung und ebnete damit den Weg für die Bildung von Galaxien und Sternensystemen. Da sie gegenüber Strahlung immun ist, konnte sie auch dann zusammenbrechen, wenn es der gewöhnlichen Materie nicht möglich war; damit bildete sie einen Nährboden, auf dem Protonen und Elektronen in die kollabierenden Regionen einbezogen werden konnten.

Der gleichzeitige Zusammenbruch von dunkler und gewöhnlicher Materie zu Galaxien, Sternen und anderen sichtbaren Objekten ist nicht nur für die Entstehung von Strukturen wichtig, sondern auch für Beobachtungen. Auf direktem Wege sehen wir zwar nur die gewöhnliche Materie, wir können aber recht sicher sein, dass dunkle und gewöhnliche Materie in den gleichen Galaxien existieren. Der Grund: Gewöhnliche Materie konnte nur mit Hilfe der dunklen Materie den Samen für Strukturen legen – gewöhnliche Materie, die dabei mitgenommen wurde, liegt vorwiegend in Strukturen, die auch eine beträchtliche Menge an dunkler Materie enthalten. In einem gewissen Sinn ist es also richtig, rund um den Laternenpfahl nach dunkler Materie zu suchen.

Außerdem sollte man anmerken, dass die dunkle Materie auch heute eine wichtige Rolle spielt. Sie trägt nicht nur zu der Gravitationsanziehung bei, die dafür sorgt, dass Sterne nicht davonfliegen, sondern sie zieht auch einen Teil der Materie, die von Supernovae ausgestoßen wird, in die Galaxien zurück. Damit hilft die dunkle Materie, schwere Elemente zurückzuhalten, die für die Bildung weiterer Sterne und letztlich auch für das Leben unentbehrlich sind.

Aber auch wenn Physiker auf der Grundlage von Theorien die Ausbildung der ersten Strukturen beschreiben können, wird heute kein Beobachter unmittelbar Zeuge, wie der Übergang des Universums während der Bildung der ersten Strukturen im Einzelnen ablief. Teleskope fangen Licht auf, das in späterer Zeit ausgesandt wurde, und mit ihrer Hilfe können wir sogar die ersten Galaxien untersuchen, die vor Jahrmilliarden entstanden sind. Die beobachtete kosmische Mikrowellen-Hintergrundstrahlung dagegen kommt aus einer Zeit zu uns, in der das Universum voller Strahlung war, während sich die zusammengebrochenen, durch Gravitation gebundenen Objekte noch nicht gebildet hatten. 380 000 Jahre nachdem die Evolution des Universums begonnen hatte, hielt die Hintergrundstrahlung die ersten Dichteschwankungen für die Nachwelt fest, aber es sollte noch einmal eine halbe Milliarde Jahre dauern, bevor Sterne oder Galaxien existierten und sichtbares Licht aussenden konnten.

Die Zeit unmittelbar nach der Neukombination, in der sich neutrale Atome bildeten und die kosmische Mikrowellenstrahlung geprägt wurde, während es noch keine leuchtenden Objekte gab, war eine sehr dunkle Epoche, zu der wir mit unseren heutigen Beobachtungsinstrumenten keinen Zugang finden. Die Objekte sandten kein Licht aus, weil sich die Sterne noch nicht gebildet hatten, und auch die Mikrowellen-Hintergrundstrahlung, die zuvor mit der allgegenwärtigen elektrisch geladenen Materie interagiert hatte, beleuchtete den Himmel nicht mehr. Diese Zeit ist für konventionelle Teleskope unsichtbar (siehe Abb. 6). Andererseits ist dies aber genau die Epoche, in der die Ursuppe sich in die Vorläuferstrukturen des reichhaltigen, komplexen Universums verwandelte, das wir heute beobachten können.

Der Astrophysiker Avi Loeb von der Harvard University vergleicht die Unmöglichkeit, mit heutiger Technologie die Entstehung der ersten Sterne zu beobachten, mit der Unmöglichkeit, die Entstehung eines Huhns aus einem Ei zu verfolgen. Ein Ei enthält eine glibberige, suppenähnliche Struktur. Aber das Huhn muss nur lange genug darauf sitzen, dann schlüpft aus dem Ei schließlich ein vollständiges Küken, das sich im weiteren Verlauf zu einem ausgewachsenen Huhn entwickelt. Eidotter und Eiklar, die wir aus aufgeschlagenen Eiern kennen, ähneln in nichts dem endgültigen Produkt, und doch enthalten sie alle Samen für das Küken, das eines Tages schlüpfen wird.

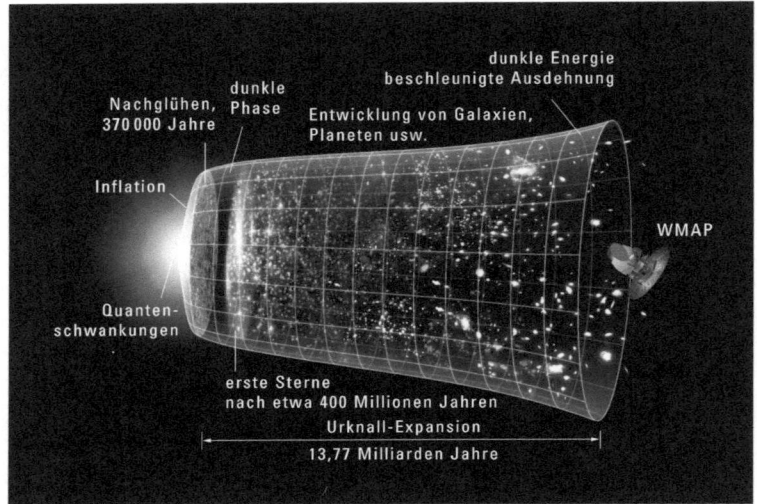

Abb. 6 Nach der Zeit, die wir anhand der kosmischen Mikrowellen-Hintergrundstrahlung beobachten können, folgt eine dunkle Ära, in der sich Strukturen bilden; dann folgen die Entstehung (und Auflösung) der ersten Sterne sowie die Entstehung der Galaxien und anderer Strukturen; jetzt bestimmt dunkle Energie über die Ausdehnung des Universums. (NASA)

Die Verwandlung findet aber innerhalb der Eierschale statt, und deshalb kann man sie nicht ohne besondere Hilfsmittel verfolgen.

Ganz ähnlich verhält es sich auch mit der Entstehung der allerersten Strukturen: Um sie beobachten zu können, brauchen wir eine neue Technologie. Heute kann niemand die dunkle Periode in der Evolution des Universums beobachten – aber Vorschläge befinden sich in der Entwicklung. Wir wissen, dass Dichtestörungen wie ein Ei die Samen der späteren Strukturen in sich tragen. Aber im Gegensatz zu dem Huhn – Ei-Dilemma wissen wir, was zuerst da war.

Hierarchische Strukturen

Das bis hierher gezeichnete Bild der Strukturentstehung – durch einen Prozess einzelner Störungen als Samen einzelner Galaxien, die sich dann unabhängig voneinander weiterentwickeln – bezieht die einschlägigen physikalischen Gesetzmäßigkeiten des Zusammenbruchs zu einem großen Teil mit ein. Bei weiterer Untersuchung zeigt sich, dass zuerst riesige Sterne entstanden – aber die explodierten entweder schnell und bildeten Supernovae, wobei die ersten schwereren Elemente ins Universum entlassen wurden, oder sie brachen zusammen und entwickelten sich zu schwarzen Löchern. Die schweren Elemente spielten für die weitere Entwicklung des Universums eine wichtige Rolle. Erst nachdem Metalle – diese werden von den Astronomen als schwere Elemente bezeichnet – vorhanden waren, konnten sich in kühleren, dichteren Regionen kleinere Sterne (wie unsere Sonne) bilden, und die Strukturen, die wir heute beobachten, konnten entstehen.

Aber bevor sich diese Sterne bilden konnten, mussten sich die Galaxien entwickeln. Sie waren die ersten komplexen Strukturen, die es überhaupt gab. Galaxien – jede von ihnen scheint ein abgeschlossenes Gebilde zu sein, und doch stehen sie, wie wir noch genauer erfahren werden, alle miteinander in Verbindung – waren in vielerlei Hinsicht die Bausteine des Universums. Nachdem es sie gab, konnten sie zu größeren Strukturen wie den Galaxienhaufen verschmelzen. Und nach einem ausreichend umfangreichen Zusammenbruch konnten sich in ihren dichtesten Regionen die Sterne bilden. Aber die Entstehung der Struktur, die wir heute beobachten, begann mit den Galaxien.

Allerdings ist das Bild von den Galaxien, die sich einzeln bildeten, stark vereinfacht. In Wirklichkeit sind Galaxien keine isolierten Inseln im Universum, wie man es aufgrund dieses Bildes glauben würde. Für ihre Entwicklung sind Begegnungen und Verschmelzungen mit anderen Galaxien unentbehrlich. Die Galaxienbildung ist ein hierarchischer Prozess: Zuerst entstehen kleinere Galaxien, dann folgen größere Strukturen. Selbst Galaxien, die scheinbar allein stehen, sind von größeren dunklen Halos umgeben, die in die Halos anderer Galaxien übergehen. Da die Galaxien einen recht großen Anteil des Raumes – ungefähr ein Tausendstel – einnehmen, kollidieren sie viel häufiger als Sterne, deren Anteil am Volumen eher 1 zu 10 Millionen Billionen beträgt. Durch Verschmelzung und andere gravitationsbedingte Wechselwirkungen üben Galaxien auch heute noch Einfluss aufeinander aus. Da sie nach wie vor Gas, Sterne und dunkle Materie in ihren Einflussbereich ziehen, entwickeln sie sich immer noch weiter.

Gehen wir nun vor dem Hintergrund dieser weiterführenden Kenntnisse noch einmal der Frage nach, was sich bei der Strukturbildung abspielt. Wenn man den Prozess besser verstehen will, eignet sich der Vergleich mit den Reichen, die immer reicher werden, und den Armen, die immer ärmer werden, erstaunlich gut. Wie in der heutigen Welt zunehmend häufiger und dringender diskutiert wird, werden die Armen nicht nur ärmer, sondern auch zahlreicher. Manche heftig umstrittenen apokalyptischen Szenarien für die Zukunft der Menschheit, von denen ich manchmal höre, sagen sogar voraus, dass die Reichen sich eines Tages in kleinen Regionen zusammendrängen werden, in Domänen am Rand der immer größeren, weitaus bevölkerungsreicheren armen Gesellschaften. In diesem nicht gerade angenehmen Szenario wohnen die Reichen an den Stadträndern, wie ich es erlebte, als ich die weißen Wohnviertel in den Außenbezirken der südafrikanischen Stadt Durban besuchte. Dann aber werden auch benachbarte Städte – womit sich die Analogie fortsetzt – ähnliche Phänomene erleben. Wenn die Wohnviertel sich ausreichend weit ausgebreitet haben, stoßen sie zusammen, und den Reichen bleiben nur noch die Grenzgebiete. Die reiche, abgeschottete Bevölkerung investiert dann vielleicht in Unternehmen und Sicherheitssysteme, die ganze Entwicklung und das schnelle Wachstum bleiben jedoch den Knotenpunkten vorbehalten, an denen die privilegierten gesellschaftlichen Schichten aufeinandergestoßen sind.

Ein attraktives Bild einer Gesellschaft ist das nicht, aber es ähnelt bemerkenswert stark dem Ablauf der Strukturentstehung im Universum. Regionen mit geringerer Dichte dehnen sich schneller aus als das Universum als Ganzes, und in solchen mit höherer Dichte verläuft die Expansion langsamer. Deshalb überflügeln die weniger dichten Regionen solche mit größerer Dichte, so dass diese nur an den Rändern der ursprünglich expandierenden, weniger dichten Regionen verbleiben. Die diffuseren Regionen verarmen und entwickeln sich zu leeren Räumen, gleichzeitig aber wachsen sie – und die Materie sammelt sich an der Grenze in Schichten mit hoher Dichte.

Wenn solche Schichten sich überschneiden, bilden sich fadenförmige Regionen mit hoher Dichte. Die von diesen Regionen ausgehende Gravitationsanziehung sammelt den verbliebenen »Reichtum« an Materie. Die wachsenden Materiemengen bleiben auf ein kosmisches Geflecht aus dünnen, dichten Schichten beschränkt, die leere Räume umschließen. Das kosmische Geflecht wird zu einem Netzwerk aus Fäden, und an den Knoten, an denen sich die Fäden begegnen, liegt die dichteste Materie. Anstelle eines einfachen, kugelförmigen Zusammenbruchs stürzt das Material also zunächst entlang der dünnen Schichten in Filamente, die an den Knoten aufeinandertreffen (siehe Abb. 7). Die Knoten werden dann zu Samen der Galaxienbildung. Der ganze Prozess setzt sich ständig fort. Struktur bildet sich, und Muster wiederholen sich in immer größerem Maßstab. Damit entsteht ein hierarchisches, von unten nach oben organisiertes Modell, in dem kleinere Strukturen früher entstehen als größere und in dem sich demnach auch zuerst kleinere Galaxien bilden.

Numerische Simulationen bestätigen solche Voraussagen im größten Maßstab: Hier liefert die dunkle Materie eine korrekte Erklärung für die Dichte und Form der Struktur im Universum. Abweichungen, die im kleineren Maßstab auftreten, könnten Anhaltspunkte für weitere Verfeinerungen der Theorie sein, aber die Erörterung dieser weniger gut begründeten Voraussagen und Beobachtungen sowie der Modelle, mit denen man sie erklären könnte, heben wir uns für später auf.

Da gewöhnliche und dunkle Materie gleichzeitig zusammenbrechen, liefert die von den Galaxien ausgehende Strahlung auch Hinweise auf Regionen mit dichter dunkler Materie. Genau wie die Lichtkegel über dem Globus, die ein Abbild der Großstädte sind, liefern auch die hellsten Regionen im Universum eine Landkarte der dichtesten galaktischen Regionen mit der größten Zahl von Sternen. Das Licht spiegelt die Gesamtdichte der Masse wider wie die Lichtlandkarte der Welt, an der man die Bevölkerungsdichte ablesen kann.

Dabei sollte man allerdings nicht vergessen, dass wir genau wie beim Licht unter Umständen einen wechselnden Anteil der Gesamtbevölkerung sehen. Das Verhältnis von dunkler zu heller Materie hängt beispielsweise davon ab, ob es sich bei dem Objekt um eine Zwerggalaxie, eine Galaxie oder einen Galaxienhaufen handelt. Aber auch wenn die Verhältnisse

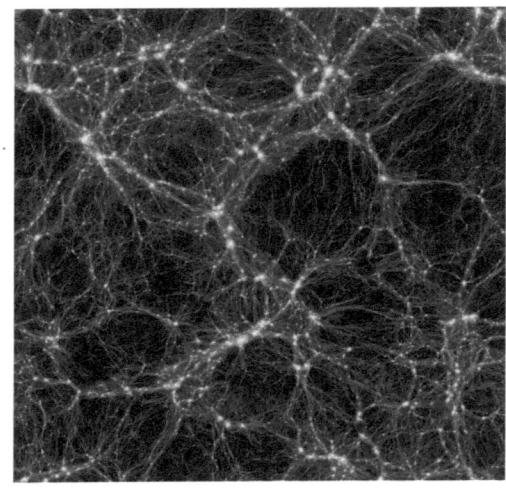

Abb. 7 Das »kosmische Materienetz« in der Simulation: Fäden aus dunkler Materie überkreuzen sich an den Knoten und umschließen dunkle, relativ leere Hohlräume. An den Knoten bilden sich Galaxienhaufen (hier als sehr helle Regionen zu erkennen). (Bild der projizierten Dichte der dunklen Materie in einer 18 Mpc dicken Scheibe mit einer Seitenlänge von 179 Mpc; hergestellt von Benedikt Diemer und Philip Mansfield mit dem Visualisierungsalgorithmus von Kaehler, Hahn und Abell 2012.)

schwanken, gilt: Wo Licht ist, ist auch Dunkelheit. Das ist eine wertvolle Erkenntnis, wenn man die Theorie der Strukturbildung mit Beobachtungen verifizieren will.

Unsere Nachbarschaft

Bevor wir dieses Kapitel – und den ersten Teil des Buches – verlassen, wollen wir uns noch einmal der Verteilung und dem Einfluss der gewöhnlichen Materie in der Galaxis zuwenden, die wir am besten kennen, nämlich der Milchstraße, und hier insbesondere unserem Lieblingsstern in ihr, der Sonne. Unsere Galaxis trägt ihren Namen, weil sie in klaren, trockenen Nächten als milchig weißes Lichtband am Himmel zu sehen ist. Das Licht stammt von der Gesamtheit der unzähligen Sterne, die in der Ebene der Milchstraße liegen. Der »Milky Way«-Schokoriegel (den ich gern mag und von dem ich viel zu viele Exemplare gegessen habe) trägt seinen Namen trotz der vielsagenden Verpackung seiner Zartbitter-Version wegen des malzhaltigen Milchshakes, dessen köstlicher Geschmack sich angeblich auch in der industriell gefertigten Süßigkeit wiederfinden soll.

Die Milchstraße gehört zu einer Gruppe von Galaxien, die unter dem Namen »Lokale Gruppe« bekannt ist. Sie ist ein System von Galaxien, die durch Gravitation aneinander gebunden sind und eine überdurchschnittlich hohe Dichte haben. Die beherrschenden Elemente in der Masse dieser Gruppe sind die Milchstraße und die Andromeda-Galaxie, auch M31 genannt, aber darüber hinaus gehören ihr auch Dutzende von kleineren Galaxien an, die in ihrer Mehrzahl Satelliten der beiden großen sind. Die Gravitation verhindert als Bindungskraft der lokalen Gruppe, dass die Milchstraße und die Andromeda-Galaxie sich mit der Hubble-Expansion voneinander entfernen. Sie bewegen sich im Gegenteil sogar aufeinander zu; in rund vier Milliarden Jahren werden sie zusammenstoßen und verschmelzen.

Die Milchstraße

Die Milchstraße, ein scheibenförmiges Gebilde aus Gas und Sternen, hat mit einem Durchmesser von rund 130 000 Lichtjahren und einer Höhe von etwa 2000 Lichtjahren die charakteristische Form einer abgeflachten Schüssel. Neben Sternen enthält die Scheibe auch Wasserstoffgas und Staub aus kleinen, festen Teilchen, das sogenannte interstellare Medium, das insgesamt ungefähr ein Zehntel der Masse der Sterne hat. Das stärkere Licht aus dem Zentrum der Galaxis, in dem die meisten Sterne liegen, sehen wir nicht, weil der interstellare Staub es abschirmt. Astronomen können das Zentrum der Galaxis aber im Infrarotbereich erkennen, denn Licht mit solchen Frequenzen wird von dem Staub nicht absorbiert. Das Zentrum der Milchstraße enthält auch ein schwarzes Loch von ungefähr 4 Millionen Sonnenmassen, das manchmal Sagittarius A* genannt wird.

Das schwarze Loch in der Mitte und die dunkle Materie sind zwei völlig verschiedene Dinge. Dunkle Materie existiert aber ebenfalls, und zwar in Form eines großen, kugelförmigen Halo mit einem Durchmesser von etwa 650 000 Lichtjahren. Dieser im Hinblick auf Größe und Masse größte Bestandteil unserer Galaxis bildet mit ungefähr einer Billion Sonnenmassen eine mehr oder weniger kugelförmige Region, in der die Scheibe der Milchstraße eingeschlossen ist. Wie in allen Galaxien, so kondensierte die dunkle Materie auch hier als Erstes und zog dann die gewöhnliche Materie an, aus der alles besteht, was wir sehen (siehe Abb. 8).

Ich muss aber noch erläutern, wie und warum sich eine Scheibe bildete; das ist wichtig, wenn man den Gedanken von einer Scheibe aus dunkler Materie und ihre Auswirkungen auf die Meteoroiden verstehen will, die ich später im Einzelnen beschreiben werde. Interessanterweise kann gewöhnliche Materie innerhalb einer Galaxie ganz anders verteilt sein als dunkle Materie. Diese bildet einen diffusen, kugelförmigen Halo, gewöhnliche Materie dagegen kann sich zu einer Scheibe zusammenfinden und in Form von Sternen die vertraute Gestalt unserer Milchstraße annehmen.

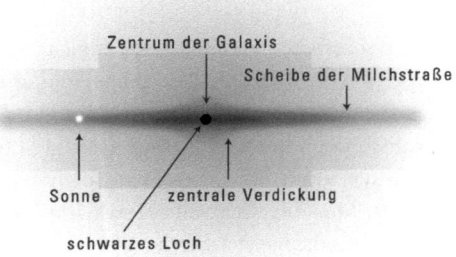

Abb. 8 Die Scheibe der Milchstraße mit ihrer zentralen Verdickung, dem schwarzen Loch und einem umgebenden Halo aus dunkler Materie. Der weiße Punkt zeigt die Position der Sonne (Größe nicht maßstabsgerecht).

Die Ursache des Zusammenbruchs sind die Wechselwirkungen zwischen der gewöhnlichen Materie und der elektromagnetischen Strahlung. Ein wichtiger Unterschied zwischen gewöhnlicher und dunkler Materie besteht darin, dass die gewöhnliche Materie Strahlung aussenden kann. Ohne die Strahlung, die zur Abkühlung führt, würde die gewöhnliche Materie ebenso diffus bleiben wie die dunkle. Sie wäre sogar noch weniger dicht, weil ihr Energiebudget nur ungefähr ein Fünftel der Größe hat. Wegen ihrer Wechselwirkungen mit den Photonen kann die gewöhnliche Materie aber Energie abstrahlen, abkühlen und dann zu einer konzentrierten Region – der Scheibe – zusammenbrechen. Der durch die Abstrahlung von Photonen bedingte Energieverlust ähnelt der Verdunstung von Schweiß, bei der sich Wasser in Dampf verwandelt, wobei Energie von der Haut abtransportiert wird. Aber im Gegensatz zu Materie, die sich verteilt, brechen wir in der Regel nicht zusammen, wenn wir schwitzen und unser Körper sich abkühlt. Da aber die gewöhnliche Materie ihre Energie abgeben kann, bricht Gas zusammen und reichert sich in einer kleineren Region an, in der es dann eine größere Dichte hat als die dunkle Materie.

Dass gewöhnliche Materie die Form einer Scheibe hat und keine kleine Kugel bildet, liegt an ihrer Rotation; diese hat sie von den Gaswolken geerbt, die bei ihrer Entstehung einen Winkelimpuls (Drehimpuls) mitbekommen haben. Bei der Abkühlung vermindert sich in einer Richtung der Widerstand gegen den Zusammenbruch, in den beiden anderen Richtungen jedoch wird er durch die Zentrifugalkraft des rotierenden Gases verhindert oder zumindest abgeschwächt. Ohne Reibung oder eine andere Kraft, die auf sie einwirkt, wird eine Murmel, die wir einmal auf einer ringförmigen Spur in Bewegung gesetzt haben, für alle Zeiten weiterrollen. Ähnlich auch die Materie: Wenn sie rotiert, behält sie ihren Winkelimpuls bei, bis irgendein Drehmoment auf sie einwirkt oder bis sie den Winkelimpuls in Form von Energie abstrahlen kann.

Da der Winkelimpuls erhalten bleibt, können gasförmige Regionen in der radialen Richtung (die durch die Rotation definiert ist) nicht so stark zusammenbrechen wie vertikal. Materie bricht also in der Richtung zusammen, die zur Rotationsachse parallel ist, nicht aber in radialer Richtung, es sei denn, der Winkelimpuls würde aus irgendeinem Grund verschwinden. Dieser unterschiedlich starke Zusammenbruch ist der Grund, warum die

Milchstraße ihre relativ flache Scheibenform hat, die wir am Himmel beobachten. Ebenso verleiht sie auch den meisten anderen scheibenförmigen Spiralgalaxien ihre Gestalt.

Die Sonne und das Sonnensystem

Den größten Teil der Gesamtmasse unserer Galaxis macht die dunkle Materie aus, aber die gewöhnliche Materie, die sich in der Scheibe der Milchstraße konzentriert, beherrscht dort die physikalischen Prozesse. Für die Entstehung der Struktur spielt die gewöhnliche Materie zwar nur eine begrenzte Rolle, mit ihrer erhöhten Dichte, ihren atomaren Kräften und ihren elektromagnetischen Interaktionen ist sie aber für viele wichtige physikalische Prozesse von entscheidender Bedeutung – auch für die Entstehung der Sterne.

Sterne sind heiße, dichte Gaskugeln, die durch Gravitation zusammengehalten und durch Kernfusion befeuert werden. Sie entstehen in den dichten, gashaltigen Regionen einer Galaxie. Während das Gas in der Scheibe um das Zentrum der Galaxie kreist, zerfällt es zu Wolken, die eine größere Dichte haben und dann weiter zusammenbrechen können. Aus dem Gas, das in solchen Halos eine sehr hohe Dichte erreichte, entstanden die Sterne.

Eine solche Gaskugel ist auch unsere Sonne. Anfangs, vor 4,56 Milliarden Jahren, war sie ein Energiesystem, in dem Gravitation, Gasdruck, Magnetfelder und Rotation eine Rolle spielten. In Meteoriten hat man Material gefunden, das fast so alt ist wie das Sonnensystem – Beispiele findet man in vielen Museen. Die Sonne liegt dicht an der Mittelebene der Milchstraße und ist rund 27 000 Lichtjahre vom Zentrum entfernt, weiter als mindestens drei Viertel der übrigen Sterne.

Wie die übrigen 100 Milliarden Sterne der Milchstraße, so kreist auch unsere Sonne in der Galaxie mit einer Geschwindigkeit von rund 220 Kilometern in der Sekunde. Damit braucht sie rund 240 Millionen Jahre, um das Zentrum der Galaxis einmal zu umrunden. Da die Scheibe unserer Galaxis weniger als 10 Milliarden Jahre alt ist, haben ihre Sterne bisher noch nicht einmal 50 Umläufe vollzogen. Diese Zeit reichte aus, damit das System in seinen groben Eigenschaften homogen werden konnte, aber viele Umläufe sind das eigentlich nicht.

Das Sonnensystem und seine Entstehung gehören zu den vielen Themen, bei denen die wissenschaftlichen Kenntnisse in den letzten Jahrzehnten einen großen Aufschwung genommen haben. Wie die meisten Sterne, so gingen auch die Sonne und das Sonnensystem aus einer riesigen Gaswolke hervor. Bevor die Sonne geboren wurde, bewegte sich alles in ihrem Umfeld sehr schnell, und es kam häufig zu Kollisionen. Nach ungefähr 100 000 Jahren brach das System zusammen und bildete einen *Protostern*, in dem noch keine Kernfusion stattfand; gleichzeitig entstand eine *Protoplanetenscheibe*, die sich am Ende in Planeten und die anderen Himmelskörper im Sonnensystem verwandelte. Ungefähr 50 Millionen Jahre später begann die Verschmelzung von Wasserstoffatomen, und der Stern, den wir heute als unsere Sonne bezeichnen, trat ins Dasein. Er zog den größten Teil der Masse aus der nebelförmigen Wolke in sich hinein, eine gewisse Materialmenge blieb aber zurück und sammelte sich rund um die Sonne in einer Scheibe, aus der die Planeten und die anderen Objekte wie Kometen und Asteroiden entstanden. Als schließlich die von der Sonne erzeugte Energie der gravitationsbedingten Kontraktion entgegenwirkte, war das Sonnensystem geboren.

Dabei gab es für meine Kollegen und mich eine wirklich überraschende Erkenntnis: Moleküle und schwere Elemente wirkten entscheidend daran mit, dass das Gas sich ausreichend stark abkühlen und die Entstehung der meisten Sterne möglich machen konnte. Schwere Elemente sind nicht nur für die energieliefernden nuklearen Vorgänge von Bedeutung. Unentbehrlich sind sie auch, damit Materie sich durch feine Verteilung so weit abkühlen kann, dass die nukleare Verbrennung überhaupt möglich wird. Damit Sterne von der Größe der Sonne entstehen können, sind sehr niedrige Temperaturen von einigen Dutzend Kelvin erforderlich. Übermäßig heißes Gas kann sich nie so weit anreichern, dass die Kernverschmelzung in Gang kommt. Darüber hinaus besteht zwischen solchen grundlegenden Prozessen und der Natur des Universums noch ein anderer verblüffender Zusammenhang: Ohne die schweren Elemente und die molekulare Abkühlung der gewöhnlichen Materie hätte auch das Gas, aus dem die Sonne hervorging, sich nie ausreichend stark abkühlen können.

Erst nachdem ich meine aktuellen Forschungsarbeiten in Angriff genommen hatte – sie konzentrieren sich stärker auf die Details astronomischer Systeme und weniger auf die Teilchenphysik, mit der ich mich zuvor beschäftigt hatte –, konnte ich die wahre Schönheit und Einheitlichkeit der dynamischen Systeme im Universum richtig einschätzen. Galaxien bilden sich, Sterne werden geboren, und die von diesen Sternen geschaffenen schweren Elemente sowie das von ihnen ausgestoßene Gas tragen zur Bildung weiterer Sterne bei. Auch wenn es nach den Zeitmaßstäben der Menschen so aussieht, sind das Universum und alles, was darin ist, alles andere als unbeweglich. Nicht nur Sterne, auch Galaxien machen eine Evolution durch.

Im nächsten Teil des Buches konzentriere ich mich auf das Sonnensystem mit seinen Asteroiden, Kometen und Einschlägen sowie auf die Entstehung und das Verschwinden von Leben. Wie wir dabei erfahren werden, gelten die gleichen Gesetzmäßigkeiten der Wechselwirkungen und Veränderungen auch in unserer unmittelbaren Umgebung.

TEIL II

EIN AKTIVES
SONNENSYSTEM

6

Meteoroiden, Meteore und Meteoriten

Als ich kürzlich in der Nähe von Grand Junction in Colorado in der Wüste war, lieh mir jemand zu meiner Begeisterung eine Nachtsichtbrille. Diese speziell konstruierten Brillen sind so leistungsfähig, dass ihr Export aus den Vereinigten Staaten derzeit gesetzlich verboten ist; sie verstärken das Licht, so dass vieles von dem, was für das menschliche Auge normalerweise zu dunkel ist, sichtbar wird. Beim Militär dienen sie zur Suche nach feindlichen Kämpfern, und Gebirgsbewohner setzen sie häufig ein, um nachtaktive Tiere zu finden.

Keine dieser beiden Anwendungsmöglichkeiten interessierte mich, aber ich nutzte die Gelegenheit, um hinauf zum Himmel zu blicken; dort konnte ich Objekte ausmachen, die so schwach leuchteten, dass sie mir ohne Hilfsmittel niemals aufgefallen wären. Was mich am Himmel über mir in der klaren, trockenen Luft am meisten überraschte, war die große Häufigkeit von »Sternschnuppen« – kleinen Meteoroiden, die in der Atmosphäre verglühen. Innerhalb weniger Minuten waren vielleicht fünf oder zehn von ihnen durch mein Blickfeld geschossen. Damit hatte ich Glück: Ich hatte gerade während eines Meteorschauers zum Himmel geblickt, und deshalb waren die Lichtstreifen häufiger als sonst. Aber auch ohne dass ihre Zahl in einem Meteorschauer ansteigt, verglühen ständig sandkorngroße Objekte in der Atmosphäre.

Die Meteore, zu denen diese Staubkörner werden, sind zumindest spannend. Die großartigen Lichterscheinungen über unseren Köpfen, entstanden durch Staub oder Kiesel, die im Weltraum vorüberfliegen, strahlen Romantik und Geheimnis aus – jedenfalls dann, wenn sie nicht Gedanken an Zerstörung wecken. Niemand möchte von einem rasenden Stein getroffen werden, ganz gleich, wie klein er ist. Und mit Sicherheit wollen wir nicht, dass ein großer Felsbrocken die Erde trifft. Glücklicherweise sind Objekte, die ausreichend groß waren, um Schäden anzurichten, nur in sehr seltenen Fällen eingeschlagen oder in unsere Nähe gekommen; das meiste von dem, was es bis zu uns schafft, ist kein Anlass zur Besorgnis. Zwar treten jeden Tag rund 50 Tonnen an außerirdischem Material in Form von Millionen kleiner Meteoroide in die Erdatmosphäre ein, aber niemand von uns ist davon auf merkliche Weise betroffen.

Im ersten Teil dieses Buches habe ich mich auf die dunkle Materie und das Universum als Ganzes konzentriert, und ein kurzer Ausflug hat uns am Ende in die Milchstraße und das Sonnensystem geführt. Der nun folgende Teil handelt von unserem Sonnensystem und insbesondere von Objekten, die in Gegenwart einer dunklen Scheibe von Bedeutung sein könnten. Er beschäftigt sich mit der Frage, was aus dem Weltraum auf die Erde oder in unsere Nachbarschaft gelangen könnte, und es wird davon die Rede sein, wie astronomische Einflüsse sich bereits auf das Leben auf unserem Planeten ausgewirkt haben. Dieses Kapitel handelt von Planeten, Asteroiden, Meteoren, Meteoroiden und Meteoriten – und von der verwirrenden, sich häufig wandelnden Fachsprache, deren sich die Astronomie bedient. Im nächsten Kapitel wenden wir uns dann einer anderen Kategorie kreisender Objekte zu: den Kometen; außerdem wird von den weiter entfernten Regionen des Sonnensystems die Rede sein, in denen ihre Vorläufer zu Hause sind.

Verschwommene Grenzen

Meine Kollegen und ich sind vor allem theoretische Teilchenphysiker. Das heißt, wir beschäftigen uns mit den Eigenschaften der Elementarteilchen – der Grundbausteine der Materie. Astronomen dagegen konzentrieren sich mit ihren Untersuchungen auf die größten Objekte am Himmel. Sie gehen der Frage nach, worum es sich bei diesen Objekten handelt und wie sie sich aus den Grundbestandteilen der Materie zusammengefunden und zu dem entwickelt haben, was wir heute sehen. Teilchenphysiker sind bekannt dafür, dass sie phantasievolle Begriffe erfinden oder die Namen von Menschen mit

Beschlag belegen, wenn sie noch unentdeckte – und manchmal rein hypothetische – Objekte benennen sollen, beispielsweise die »Quarks«, das »Higgs-Boson« oder die »Axionen«. Aber selbst unsere Nomenklatur wirkt regelrecht trocken im Vergleich zu den meisten Namen aus der Astronomie, die unter Teilchenphysikern häufig zur Zielscheibe von Witzen werden. Sie erwuchsen nicht aus einer wissenschaftlich begründeten Interpretation, wie sie uns heute möglich ist, sondern aus dem historischen Zusammenhang, und deshalb wirken die Benennungskonventionen und Maßeinheiten der Astronomie auf uns heute an den Haaren herbeigezogen, und sie scheinen der Intuition auf verwirrende Weise zu widersprechen. Häufig haben die Begriffe nichts mit unseren heutigen Kenntnissen zu tun, sondern mit dem, was man wusste oder auch nur vermutete, als etwas entdeckt wurde.

So könnte man beispielsweise meinen, »Population I« sei vielleicht eine gute Bezeichnung für die ersten Sterne im Universum. Aber als Pop I bezeichnete man bereits eine spätere Gruppe von Sternen, und eine weitere hieß Pop II. Als man deshalb Hypothesen über die schwer fassbare Gruppe der allerersten Sterne aufstellte, nannte man sie Pop III. Ähnlich verwirrend ist auch der Begriff *planetarischer Nebel*, der das Endstadium eines Roten Riesensterns bezeichnet und nichts mit Planeten zu tun hat. Der verblüffende Name geht darauf zurück, dass der Astronom William Herschel ein solches Objekt falsch einordnete, als er es Ende des 18. Jahrhunderts erstmals in seinem Teleskop beobachtete.

Einen besonders verwirrenden Wortschatz hat die Astrophysik. Der Grund: Menschen bemühen sich schon seit Jahrhunderten um astronomische Beobachtungen, und ihre Schlussfolgerungen zogen sie lange bevor irgendeine Theorie das, was die Begriffe bezeichnen, zutreffend erklären konnte. Zur Zeit der Entdeckung hatte nur in seltenen Fällen jemand einen Begriff von dem größeren Bild – dieses kristallisierte sich in der Regel erst später heraus. Aber mangels besserer Kenntnisse konnten die Namen auch nicht aus einem zutreffenden Organisationsprinzip erwachsen.

Die Terminologie für Planeten, Asteroiden und Meteore macht da keine Ausnahme. Ursprünglich waren die Kategorien übermäßig weit gefasst und schlossen Objekte ganz unterschiedlichen Typs ein. Das stellte sich aber erst heraus, nachdem sich durch die Entdeckung neuer Objekte gezeigt hatte, dass die ursprünglichen Bezeichnungen ungeeignet waren. Dennoch blieben die Namen in der Regel erhalten, und nur die Definitionen änderten sich im Laufe der Zeit. Ich bin ganz allgemein misstrauisch gegenüber Namensänderungen, denn in Wirtschaft oder Politik dienen sie nur allzu oft dazu, die Aufmerksamkeit von den wichtigen Fragen abzulenken. In der Astronomie jedoch spiegeln sich in der Weiterentwicklung der Terminologie meist echte wissenschaftliche Fortschritte wider. Durch die derzeitige Vermehrung der Begriffe wird ein spannendes Phänomen deutlich: der spektakuläre Fortschritt, den wir mit den Erkenntnissen über unser Sonnensystem gemacht haben.

Planeten

Ein solches freigebig verwendetes Wort war ursprünglich auch der Begriff *Planet*. Als die alten Griechen erstmals das Wort prägten, aus dem später »Planet« wurde, wussten sie so gut wie nichts über die Unterschiede zwischen den Himmelskörpern. Um zu erkennen, dass die gleich aussehenden Lichtpunkte am Himmel nicht immer gleich waren, hätten die Wissenschaftler raffiniertere Messinstrumente gebraucht. Eines aber konnten schon die griechischen Astronomen beobachten: Manche Objekte bewegten sich, und für diese schufen sie den eigenständigen Begriff *asters planetai* oder »Wandelsterne«. Er umfasste in seiner ursprünglichen Definition nicht nur die Planeten, sondern auch die Sonne und den Mond.

Später machten neue Entdeckungen eine Verfeinerung der Terminologie notwendig. Der Begriff *Planet*, der anfangs sehr vieles einschloss, wurde zunehmend in einem engeren Sinn gebraucht. Zunächst bezeichnete er nun die fünf Planeten, die (neben der Erde, die in einem geozentrischen Modell kein Planet war) mit bloßem Auge sichtbar sind, und später auch die anderen, die man mit Teleskopen entdeckte.

Planeten – in dem Sinn, in dem wir den Begriff heute gebrauchen – entstanden nach der Geburt der Sonne, als sich Staubkörner zu immer größeren Materialmengen sammelten, die dann kollidierten und mehr oder weniger bis zu ihrem heutigen Zustand heranwuchsen – und zwar innerhalb einiger Millionen oder einiger Dutzend Millionen Jahre, einem aus astronomischer Sicht sehr kurzen Zeitraum.

Zusammensetzung und Zustand eines Planeten hängen von seiner Temperatur ab – und die übt auch auf Asteroiden und Kometen einen wichtigen Einfluss aus. Wie nicht anders zu erwarten, war das Material, das sich in der Nähe der Sonne zu Planeten sammelte, viel heißer als die Substanzen, aus denen sich die weiter entfernten Planeten bildeten. Durch die höhere Temperatur blieben Wasser und Methan in einer Region, die sich von der Sonne bis zum Vierfachen der heutigen Entfernung der Erde erstreckte, in einem gasförmigen Zustand, so dass dort anfangs nur wenig Material kondensierte. Außerdem sandte die Sonne geladene Teilchen aus, die Wasserstoff und Helium in ihrer näheren Nachbarschaft hinwegfegten. Deshalb konnte nur robusteres Material, das bei solchen Temperaturen nicht schmilzt – Eisen, Nickel, Aluminium und Silikate –, zu den inneren Planeten kondensieren.

Tatsächlich sind die vier inneren Planeten – Merkur, Venus, Erde und Mars – aus solchem Material zusammengesetzt. Die betreffenden Elemente sind relativ selten, das heißt, die inneren Planeten wuchsen langsam. Nur durch Kollisionen und Verschmelzungen konnten sie ihre heutige Größe erreichen, aber im Vergleich zu den äußeren Planeten sind sie immer noch klein (siehe Abb. 9).

Weiter von der Sonne entfernt, zwischen den Umlaufbahnen von Mars und Jupiter, liegt die Grenze, hinter der flüchtige Verbindungen wie Wasser und Methan als Eis vorliegen. Die Planeten in diesem Außenbereich konnten schneller wachsen, denn sie bestehen aus Material, das in weit größerer Menge vorhanden ist als die Bausteine der sonnennahen Planeten. Unter anderem handelt es sich dabei um Wasserstoff – er konnte sich in großen Mengen ansammeln, während sich die Planeten schnell herausbildeten. Die vier Gasriesen, wie sie auch genannt werden – Jupiter, Saturn, Uranus und Neptun – enthalten zusammen 99 Prozent der gesamten Masse im Sonnensystem (abgesehen von der Sonne selbst); den größten Teil davon macht der Jupiter aus, und er liegt am nächsten an der Grenzlinie, hinter der sich solches Material sammeln kann.

Während der letzten 20 Jahre hat man im Außenbereich des Sonnensystems weitere planetenähnliche Objekte entdeckt – ganz zu schweigen von den vielen anderen, die sich in Umlaufbahnen um andere Sterne befinden. »Planet« war jetzt keine ausreichend einfache Kategorie mehr: Die Mitglieder der Gruppe schwankten in ihrer Größe von solchen, die kleiner sind als

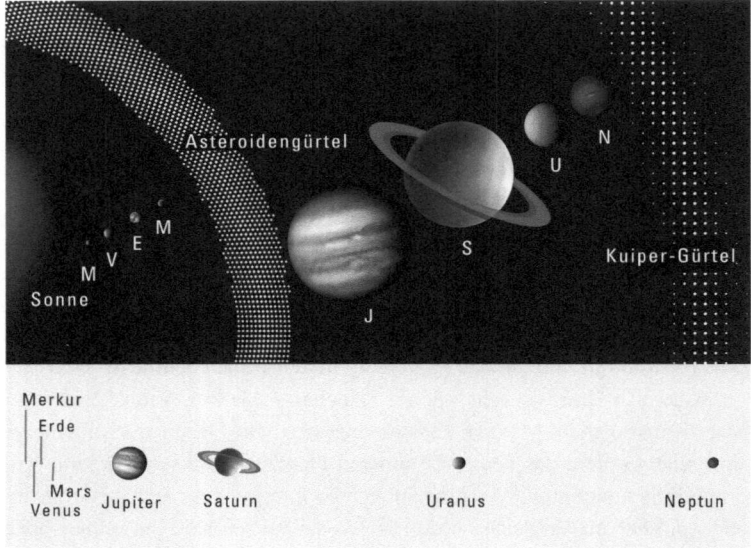

Abb. 9 Die vier inneren Gesteinsplaneten und die äußeren Gasriesen mit ihren Größenverhältnissen. Das Bild zeigt außerdem den Asteroiden- und den Kuiper-Gürtel. Im unteren Teil erkennt man die Namen der Planeten und ihre relativen Abstände im Sonnensystem.

der Mond, bis hin zu denen, die mit ihrer Größe fast die nuklearen Verbrennungsvorgänge eines Sterns in Gang setzen können. Solche Neubeurteilungen, die eine genauere Definition erfordern, hatte es zwar auch zuvor schon viele Male gegeben – Ceres war nach seiner Entdeckung 50 Jahre lang ein Planet, dann wurde er als Asteroid eingeordnet –, die größte Diskussion entspann sich aber erst vor so kurzer Zeit, dass viele von uns unmittelbare Zeugen der Kontroverse wurden.

Manch einer erinnert sich vielleicht noch an die Pressemeldungen, in denen gefragt wurde, ob Pluto seinen Status als Planet behalten sollte. Informell streiten die Astronomen immer noch darüber, und manchmal gibt es sogar Abstimmungen zur Wiedereinsetzung in die frühere Stellung. Die ursprüngliche Debatte war hitzig, aber auch ein wenig willkürlich; den Anlass gaben einige relativ neue wissenschaftliche Entdeckungen. Ganz unerwartet kam sie nicht, denn dass Pluto ein wenig seltsam ist, wusste man schon seit den 1920er Jahren, als er entdeckt wurde. Seine Umlaufbahn ist viel stärker exzentrisch und länglicher als die der anderen Planeten. Und ihre Neigung – der Winkel relativ zur Ebene des Sonnensystems – ist ebenfalls größer. Außerdem ist Pluto im Vergleich zu den anderen sonnenfernen Planeten, den sogenannten Gas- und Eisriesen, sehr klein. Im Reich der Planeten stellte er sicher eine Kuriosität dar.

Aber erst 70 Jahre später entdeckte man in benachbarten Umlaufbahnen mehrere ähnliche Objekte, die zeigten, dass der exzentrische Pluto eigentlich gar nicht so etwas Besonderes war und dass man ihn ursprünglich nicht unbedingt hätte herausgreifen müssen, um ihm den Status eines Planeten zuzubilligen. Kurz gesagt, wurde für die Neueinstufung von Pluto das gleiche Argument angeführt wie immer, wenn man willkürliche Regeln formuliert: »Wenn wir dich zulassen, müssen wir auch alle anderen zulassen.« Ein solches Argument kann aus Faulheit geboren werden und dazu dienen, sich um genauere Abgrenzungen zu drücken, und nur in seltenen Fällen ist es befriedigend oder überzeugend. Aber man hatte tatsächlich Objekte gefunden, die in ihrer Größe und in der Lage ihrer Umlaufbahnen dem Pluto ähnelten. Hätte man ihn weiter als Planeten geführt, hätte man das Gleiche auch mit einem ganz ähnlichen Objekt namens Eris tun müssen, das 2005 entdeckt wurde – und wahrscheinlich noch mit einigen weiteren. Eris war vor allem deshalb beunruhigend, weil Messungen ergeben hatten, dass seine Masse um etwa 27 Prozent größer ist als die des Pluto. Da die Aussicht auf weitere derartige Entdeckungen bestand, musste irgendjemand (oder eine Organisation) entscheiden, welche Masse ein Objekt mindestens besitzen muss, damit es den Status als Planet erlangen kann. Oder aber man degradierte den Pluto, und das Problem war gelöst. Genau zu diesem Schritt entschloss sich die Internationale Astronomische Union (IAU) 2006 bei ihrer Generalversammlung in Prag. Sie folgte dem Drehbuch, das auch Menschen in ähnlichen Situationen befolgen. Man änderte die Zutrittskriterien.

Als *Planet* bezeichnet man demnach heute ein Objekt, das aufgrund seiner eigenen Gravitation rund ist und seine Nachbarschaft von kleineren Objekten »gereinigt« hat, die ansonsten dort die Sonne umkreisen würden.

Pluto und Eris gehören zu Gürteln benachbarter Objekte, die unabhängig voneinander kreisen, und werden demnach nicht mehr als Planeten eingestuft. Objekte wie Merkur und Jupiter dagegen sind ungefähr kugelförmig und in ihren Umlaufbahnen allein. Obwohl sie sich stark voneinander unterscheiden, erfüllen sie beide die Kriterien.

Viele von uns wurden also in ein Sonnensystem mit neun Planeten hineingeboren, und jetzt leben wir in einer Welt, in der es nur noch acht sind. Manch einer findet das vielleicht frustrierend, aber vermutlich nicht in dem Maße wie diejenigen, die in den Vereinigten Staaten 1984 aufs College gingen und am 17. Juli jenes Jahres durch eine Gesetzesänderung von einem Alter, in dem sie legal Alkohol trinken durften, zurückgestuft wurden. Auf ähnliche Weise wurde Pluto 2006 zurückgestuft, weil die IAU die Definition für Planeten geändert hatte.

Interessanterweise erwiesen sich die ursprünglichen Schätzungen für die Größenverhältnisse von Eris und Pluto als falsch. Man hatte Eris für größer gehalten, aber die Fehlerspanne der Schätzung war so groß, dass die Astronomen auf detailliertere Befunde warten mussten, um ihre Behauptung zu belegen. Das Raumschiff *New Horizons*, das im Juli 2015 am Pluto vorüberflog, lieferte spektakuläre Bilder und detailliertere Informationen; dabei stellte sich heraus, dass Pluto tatsächlich größer ist (allerdings keine größere Masse hat). Wäre diese Zweideutigkeit von Anfang an klar gewesen, Pluto würde vielleicht noch heute zur Elite gehören.

Es gab aber auch noch einen Trostpreis: Auf der gleichen Tagung, auf der »Planeten« neu definiert wurden, erfand die IAU den Begriff *Zwergplanet* für Objekte wie Pluto, die (im übertragenen Sinn) in die Ritze zwischen Asteroiden und Planeten fallen. Pluto wurde zum ersten Mitglied und Musterbeispiel dieses neuen Clubs. Der Begriff »Zwergplanet« war und ist allerdings umstritten, denn im Gegensatz zu den Zwergen unter den Sternen, die tatsächlich Sterne sind, handelt es sich bei Zwergplaneten eigentlich nicht um Planeten. Natürlich wählte man den Namen, weil die Unterscheidung anfangs nicht klar war. Die anderen vorgeschlagenen Bezeichnungen sind vielleicht noch lächerlicher wie beispielsweise »Planetoid« oder »Subplanet«.

Zwergplaneten kreisen definitionsgemäß wie Planeten um die Sonne und nicht wie Monde um andere Planeten. Im Gegensatz zu Asteroiden sind sie auch nicht nur willkürlich geformte Felsbrocken. Nach der Definition sind

Zwergplaneten größer als Asteroiden und so massereich, dass sie unter dem Einfluss ihrer eigenen Gravitation ungefähr kugelförmig werden. Aber im Gegensatz zu echten Planeten haben Zwergplaneten keine einsamen Umlaufbahnen. In ihrer Nähe kreisen vielmehr auch viele andere Objekte. Wegen dieser mangelnden Alleinstellung – sie haben in ihrer Nachbarschaft nicht aufgeräumt – gesteht man ihnen nicht den Status als Planeten zu. Ein Kollege aus der Astrophysik sagte scherzhaft, Planeten seien wie langjährige Professoren: Sie fegen die Umlaufbahnen in ihrer Nähe leer. Zwergplaneten würden demnach eher den Postdocs ähneln: Sie arbeiten selbständig, haben aber ihre Büros in der Nähe der Doktoranden, die wie Asteroiden weniger gut geformt sind.

Bisher ist »Zwergplanet« eine recht eingeschränkte Kategorie. Ihre einzigen bestätigten Mitglieder sind Pluto und Ceres, das größte Objekt im Asteroidengürtel und gleichzeitig der kleinste bekannte Zwergplanet. Ceres ist außerdem auch der einzige Zwergplanet im inneren Sonnensystem. Die weiter draußen kreisenden Objekte Haumea, Makemake und Eris sind ebenfalls offiziell anerkannt, denn sie sind ausreichend groß und deshalb mit ziemlicher Sicherheit mehr oder weniger kugelförmig, ihre Form wurde aber bisher nicht zuverlässig beobachtet. Auch andere Kandidaten werden wahrscheinlich die Kriterien erfüllen, darunter das rätselhafte Objekt Sedna, aber genau werden wir es erst wissen, wenn bessere Messungen abgeschlossen sind. Viele Astronomen sind allerdings überzeugt, dass es noch viel mehr Zwergplaneten gibt – der weit entfernte Kuiper-Gürtel, auf den ich noch zu sprechen kommen werde, könnte 100 bis 200 von ihnen enthalten. Im Kuiper-Gürtel haben wohl auch die zuvor erwähnten Objekte ihren Ursprung, und wahrscheinlich ist er die Quelle vieler anderer, die ihnen ähnlich sind und noch nicht entdeckt wurden.

Asteroiden

Anders als »Planet« und »Zwergplanet« bleibt der Begriff »Asteroid« ein wenig vage und umgangssprachlich, denn er wurde von den astronomischen Gesellschaften nie offiziell definiert. Bis zur Mitte des 19. Jahrhunderts wurden die Wörter »Asteroid« und »Planet« sogar mehr oder weniger synonym verwendet. Wenn wir heute von einem Asteroiden sprechen, meinen wir damit in der Regel ein Objekt, das größer als ein Meteoroid und kleiner als ein Planet ist – der Begriff gilt also für Objekte im inneren Sonnensystem, deren Größen zwischen einigen Dutzend Metern und fast 1000 Kilometern liegen. Jonathan Blitzer wurde seinem Namen gerecht, als er im *New Yorker* schrieb: »Asteroiden sind die ältesten Ausgestoßenen des Sonnensystems: Felsbrocken in Umlaufbahnen um die Sonne, übrig geblieben aus der Entstehungszeit des Sonnensystems. Zu klein, um Planeten zu sein, und zu groß, als dass man sie ignorieren könnte, sagen sie viel über die Frühzeit unserer Geschichte aus.«

Asteroiden sind im Gegensatz zu Zwergplaneten meist unregelmäßig geformt (siehe Abb. 10). Da es für ihre beobachtete Rotationsgeschwindigkeit eine Obergrenze gibt, vermuten Wissenschaftler, dass die meisten von ihnen keine dicht gepackten Objekte sind, sondern bloße Ansammlungen von Gesteinstrümmern, die bei schnellerer Drehung auseinanderfliegen würden. Gestützt wird diese Vermutung durch Raumsonden, die Asteroiden besucht haben, und durch einige Beobachtungen an Asteroidenmonden; beides spricht dafür, dass Asteroiden eine geringe Dichte haben.

Asteroiden sind alles andere als selten. Vermutlich gibt es Milliarden von ihnen, und ihre Zusammensetzung schwankt stark. Die meisten sind entweder Steinasteroiden des Typs S, die aus gewöhnlichem Silikatgestein bestehen und vor allem in der Nähe des Mars anzutreffen sind, oder sie gehören zum kohlenstoffreichen Typ C, der vor allem in der Nähe des Jupiter vorkommt. Die zuletzt genannte Gruppe steht besonders dann im Mittelpunkt der Aufmerksamkeit, wenn man sich Gedanken über die Ursprünge des Lebens im Sonnensystem macht: Für Leben, wie wir es kennen, ist Kohlenstoff unentbehrlich. Interessanterweise stellte sich in Laboranalysen an Meteoriten heraus, dass manche Asteroiden auch winzige Mengen von Aminosäuren enthalten, was sie aus biologischer Sicht noch interessanter macht. Wie wir im nächsten Kapitel noch genauer erfahren werden, gilt das Gleiche auch für Kometen, und damit sind sie ebenfalls ein wichtiges Thema, wenn es um die Ursprünge des Lebens geht – später mehr darüber. Ein weiterer unentbehrlicher Bestandteil des Lebendigen ist Wasser, das in manchen Asteroiden ebenfalls enthalten ist – in Kometen ist seine Menge aber meist größer. Darüber hinaus gibt es Asteroiden, die sich vor allem aus Eisen und Nickel zu-

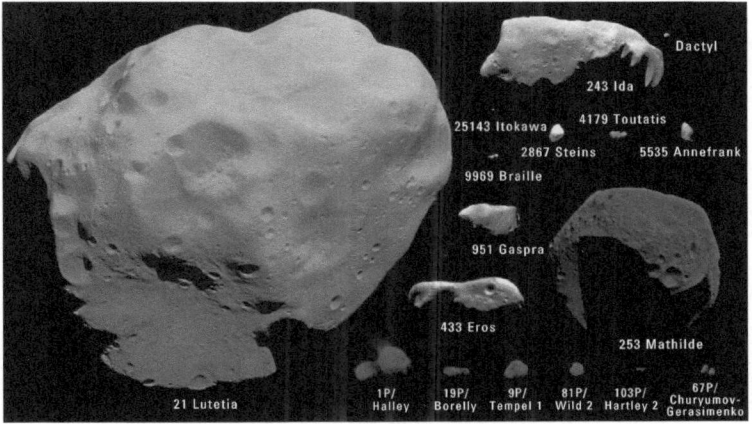

Abb. 10 Asteroiden und Kometen, die bis zum August 2014 Besuch von Raumsonden erhalten haben. Das Größenspektrum reicht von 100 Kilometern bis zu Bruchteilen eines Kilometers. (Zusammengestelltes Bild von Emily Lakdawalla. Daten von NASA/JPL/JHUAPL/UMD/JAXA/ESA/OSIRIS-Team/Russische Akademie der Wissenschaften/China National Space Agency. Bearbeitet von Emily Lakdawalla, Daniel Machacek, Ted Stryk, Gordan Ugarkovic.)

sammensetzen; sie sind seltener und machen nur wenige Prozent der Asteroidenpopulation aus, zumindest ein relativ gut untersuchter Asteroid besitzt aber einen Nickel-Eisen-Kern und eine Kruste aus Basalt.

Im Gegensatz zu Planeten sind Asteroiden selten allein. Sie kreisen in bestimmten Regionen des Sonnensystems in Begleitung vieler Artgenossen. Die meisten finden sich im *Asteroidengürtel*, der sich vom Mars bis in die Region der Jupiter-Umlaufbahn erstreckt, das heißt vom äußeren Rand der Region mit erdähnlichen Gesteinsplaneten bis hinaus in den Bereich der Objekte aus gefrorenem Gas (siehe Abb. 11). Der Gürtel erstreckt sich im Bereich von ungefähr zwei bis vier astronomischen Einheiten, das heißt von rund 250 Millionen bis 600 Millionen Kilometern Entfernung von der Sonne. Außerhalb des Hauptgürtels sind die Umlaufbahnen der *Trojaner*, einer weiteren Kategorie von Asteroiden, an die eines größeren Planeten oder eines Mondes gebunden – was ihre Stabilität über längere Zeit sichert.

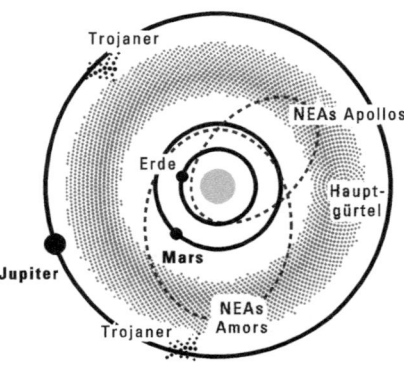

Abb. 11 Der Hauptasteroidengürtel zwischen Mars und Jupiter, die Trojaner-Asteroiden, ein Apollo- und ein Amnor-Asteroid.

Die Verteilung der Asteroiden

Was die Frage nach der Entstehung des Asteroidengürtels angeht, hat die Wissenschaft seit den 2000er Jahren große Fortschritte gemacht. Seither verstanden die Astronomen ein wenig besser, wie die Planeten in der Frühzeit des Sonnensystems gewandert sind. Heute wissen wir, dass geladene, von der Sonne ausgestoßene Teilchen einige Millionen Jahre nach Beginn der Planetenentstehung den größten Teil des verbliebenen Gases und Staubes aus der Scheibe beseitigten. Anschließend ging die Entstehung der Planeten zu Ende, nicht aber die des Sonnensystems. Auch später bewegten sich Planeten noch manchmal sehr abrupt, wobei Material aus dem Sonnensystem hinausgeschleudert oder in Form kleinerer Objekte auf neue Bahnen gebracht wurde. Es gehört in der Planetenforschung der letzten Jahrzehnte zu den bedeutendsten wissenschaftlichen Fortschritten, dass wir heute besser einschätzen und verstehen können, welche Rolle diese Wanderung der Planeten für die Entstehung des Sonnensystems in seiner heutigen Form spielte. Insbesondere die Bewegungen der Gasplaneten wirkten sich auf die Entwicklung von Asteroiden und Kometen aus. Die inneren Planeten wanderten ebenfalls – allerdings nur geringfügig – weiter nach innen und hatten deshalb vermutlich weniger Einfluss. Eine große Zahl von Asteroiden setzte sich wahrscheinlich in Richtung des inneren Sonnensystems in Bewegung, nachdem einige äußere Planeten weiter nach außen und der Jupiter weiter nach innen gerückt waren. Damit begann ein Ereignis, das als spätes schweres Bombardement bezeichnet wird. Es spielte sich vor rund 4 Milliarden Jahren ab, das heißt 500 Millionen Jahre nach der Entstehung des Sonnensystems. Seine Spuren sind noch heute in Form der großen Krater zu erkennen, die die Asteroideneinschläge auf Mond und Merkur hinterlassen haben.

Nach heutiger Kenntnis sind Asteroiden die Überreste der Materiescheibe, die vor der Entstehung der Planeten vorhanden war. Der Asteroidengürtel hatte anfangs wahrscheinlich eine weitaus größere Masse, aber der größte Teil davon ging in der dynamischen Frühzeit des Sonnensystems verloren. Viele Objekte, die ursprünglich in der fraglichen Region existierten, wurden vom Jupiter zerschmettert, bevor sie sich endgültig zusammenballen konnten – das ist vermutlich eine Erklärung dafür, warum es dort heute keine Planeten gibt. Der Gürtel besteht zwar noch heute aus vielen hunderttausend Objekten, die größer als einen Kilometer sind, aber da er so viel Material verloren hat, liegt seine Gesamtmasse heute nur bei einem Fünfundzwanzigstel der Masse des Mondes, und ein Drittel der Gesamtmenge entfällt auf ein einziges Objekt, den Ceres. Nimmt man die Masse von Ceres und die der nächsten drei Asteroiden auf der Größenskala zusammen, hat man bereits die Hälfte der Gesamtmenge; der Rest verteilt sich auf Millionen kleinere Objekte. Neben den Hunderttausenden oder vielleicht auch eine Million Asteroiden, die mehr als einen Kilometer groß sind, enthält der Gürtel viele noch wesentlich kleinere Brocken. Sie sind zwar schwieriger zu erkennen, ihre Zahl nimmt aber mit abnehmender Größe stark zu; eine Faustregel besagt, dass die Zahl der Objekte mit einem Zehntel der Größe hundertmal höher liegt.

Als Jupiter viele kleine Planetesimale aus dem Asteroidengürtel hinausstieß, könnten auch einige mit Wasser beladene Objekte zur Erde gelangt sein. Woher das Wasser auf der Erde ursprünglich stammt, ist noch kaum geklärt, aber diese vom Jupiter verursachten Einschläge könnten in der Frühzeit der Erde dazu beigetragen haben, dass unser Planet seine reichlichen Wasservorräte erhielt; anfangs konnte sich Wasser nämlich in den äußeren, kühleren Teilen des Sonnensystems leichter in ausreichenden Mengen ansammeln. Interessanterweise begann die Entstehung des Lebens schon »kurze Zeit« (nach geologischen Maßstäben) nachdem die Episode des frühen Bombardements vorüber war, nämlich vor 3,8 Milliarden Jahren. Kleinere, seltene Einschläge gibt es zwar bis heute, aber zum Glück für den Fortbestand des Lebens regnen Asteroiden und Kometen nicht mehr mit der gefährlichen Häufigkeit der Frühzeit auf unseren Planeten herab.

Wie den Planeten, so gab man auch den ersten Asteroiden, die man entdeckte, unterschiedliche Bezeichnungen. Bis 1855 kannte man einige Dutzend von ihnen. Die Namen waren vielfach mythologischen Ursprungs, in jüngerer Zeit legte man neu entdeckten Objekten aber auch phantasievolle Namen bei, darunter solche aus der Pop-Kultur wie »James Bond« oder »Cheshire Cat«, und auch die Namen von Angehörigen der Entdecker sind vertreten. Wenn ich mir die Symbole für die einzelnen Asteroiden ansehe, erinnert mich der Anblick an eine Schrifttafel mit Hieroglyphen (siehe Abb. 12). Oder, wie mein Kollege sagte: Sie erinnern an den Namen des »früher als Prince bekannten Künstlers«. Der Vergleich trifft insbesondere deshalb gut zu, weil diese Objekte wie ehemals Prince heute Namen tragen, die sich leichter aussprechen lassen.

In früheren Zeiten hatten Wissenschaftler vermutlich gegenüber ihren Entdeckungen eine eher mystisch geprägte Einstellung, die sich nicht sonderlich von der Haltung der alten Ägypter unterschied. Damit möchte ich nicht sagen, dass man sich früher nicht darum bemüht hätte, eine Ordnung zu finden. Aber das Universum ist komplex; nur mit Zeit, Engagement und den erforderlichen technischen Mitteln gelingt es, das Wesen der darin enthaltenen Objekte zu klären. Wenn man nur über begrenzte Beobachtungsmöglichkeiten verfügt, kann man nicht ohne weiteres feststellen, ob ein Objekt wegen seiner Größe, seiner Zusammensetzung oder seiner Lokalisierung dunkler oder heller, größer oder kleiner aussieht. Zu wahren wissenschaftlichen Erkenntnissen gelangt man nur mit der Zeit – und mit besseren Messwerkzeugen.

Als man die ursprünglichen »Planeten« entdeckte, wusste man noch nichts von Asteroiden. Diese senden wie Planeten selbst kein Licht aus. Beleuchtet werden Planeten, Asteroiden und Meteoroiden ausschließlich durch das Sonnenlicht, das sie reflektieren. Asteroiden zu finden ist wesentlich schwieriger, weil sie viel kleiner sind, entsprechend schwächer leuchten und

Asteroiden	Symbole		Jahr
1 Ceres	 ⚳	Sense der Ceres, umgekehrt als Buchstabe C	1801
2 Pallas	 ⚴	Speer der Pallas Athene	1801
3 Juno	 ⚵	Stern auf dem Zepter der Himmelskönigin Juno	1804
4 Vesta	 ⚶	Altar und heiliges Feuer der Vesta	1807
5 Astraea	 ⚷	Waage und umgekehrter Anker, Zeichen der Gerechtigkeit	1845
6 Hebe	⚕	Becher der Hebe	1847
7 Iris	 🌈	Regenbogen (Iris) und Stern	1847
8 Flora	⚘	Blume (flora), insbesondere die Rose von England	1847
9 Metis	👁	Auge der Weisheit und Stern	1848
10 Hygiea	 ⚚	Schlange und Stern, Asklepiosstab	1849

Abb. 12   Namen, Symbole und Entdeckungsjahre der ersten zehn Asteroiden.

nicht ohne weiteres sichtbar werden. Kometen ziehen einen hellen Schweif hinter sich her, und Sternschnuppen sind uns relativ nahe und leuchten hell. Asteroiden dagegen haben keine auffälligen Eigenschaften; sie zu entdecken war deshalb eine Herausforderung (und ist es bis heute).

Tatsächlich dauerte es mindestens einige tausend Jahre, bevor den Menschen beim Blick zum Firmament klar wurde, dass dieses voller Asteroiden ist. Ohne sehr empfindliche Hilfsmittel gab es nur einen Weg, derart schwach leuchtende Objekte zu entdecken: Man musste sehr lange zum Himmel blicken – und dabei hilft es auch, wenn man schon im Voraus weiß, wo man suchen muss. Von diesem Prinzip gingen die ersten Versuche aus.

Eigentlich wussten die Astronomen nicht, welche Regionen man am besten im Auge behält, aber sie bedienten sich einer heuristischen Gesetzmäßigkeit, von der sie glaubten, sie könne für ihre Suche ein Leitfaden sein. Diese Gesetzmäßigkeit, das Titius-Bode-Gesetz, schien im Einklang mit der Lage der bekannten Planeten zu stehen, und man sagte damit die Positionen weiterer Objekte voraus. Als man 1781 den Uranus an der Stelle entdeckte, an der er sich dem Gesetz zufolge befinden sollte, glaubte man an einen großen Erfolg. Dennoch wurde das »Gesetz« durch keine echte Theorie gestützt, und auch die Position des Neptun entspricht nicht genau der Vorhersage.

Aber während man über die Positionen willkürliche Vermutungen anstellte, war die Methode zur Suche nach Planeten (wie gesagt: Zu jener Zeit hatte man noch keinen einzigen Asteroiden gefunden) selbst angesichts der Technologie des 18. Jahrhunderts solide begründet. Beobachter verglichen Himmelskarten aus verschiedenen Nächten und suchten nach Objekten, deren Position sich verändert hatte. Nahe gelegene Planeten bewegten sich merklich weiter, weit entfernte Sterne dagegen schienen festzustehen. Mit dieser Methode (und angelehnt an das Titius-Bode-Gesetz) entdeckte Giuseppe Piazzi, Gründer und Leiter der Sternwarte von Palermo in Sizilien und außerdem katholischer Priester, am Neujahrstag 1801 ein Objekt, das zwischen Mars und Jupiter kreiste. In der Folge berechnete der Mathematiker Carl Friedrich Gauss dessen Entfernung von der Erde.

Wie wir heute wissen, handelte es sich bei Ceres – dem Objekt, das man damals entdeckt hatte – nicht um einen Planeten, sondern man hatte den ersten Asteroiden gefunden. Er befindet sich in dem Asteroidengürtel, der sich nach unserer heutigen Kenntnis zwischen Mars und Jupiter erstreckt. Nachdem man in der Folgezeit mehrere weitere, ähnliche Entdeckungen gemacht hatte, schlug der Astronom Sir William Herschel für die neuen Objekte den Begriff *Asteroiden* vor. Der Name leitet sich von dem altgriechischen *asteroidēs* ab, was »sternförmig« bedeutet, denn die Asteroiden sahen eher wie Punkte und nicht wie Planeten aus. Heute wissen wir, dass Ceres annähernd kugelförmig ist und einen Durchmesser von rund 1000 Kilometern hat; im Vergleich zu den anderen Asteroiden nahm er eine Sonderstellung ein – er wurde später, wie gesagt, zum ersten Zwergplaneten.

Die Kenntnisse über Asteroiden blieben aber gering, bis Technik und Raumfahrt so weit fortgeschritten waren, dass man viele derartige Objekte besser beobachten konnte. Seither haben Wissenschaftler auf dem Gebiet bemerkenswerte, bis heute nicht beendete Fortschritte erzielt. So spannend die Entdeckung von Asteroiden auch sein kann, sie zu beobachten und zu erkunden ist noch besser. Im Rahmen des Raumfahrtprogramms wurden in jüngster Zeit mehrere Missionen mit diesem Ziel auf den Weg gebracht. Die dadurch mögliche unmittelbare Erkundung stellt eine gewaltige Verbesserung gegenüber den früheren, weniger detaillierten Beobachtungen dar, die in den 1970er Jahren begannen, als man in Nahaufnahmen erstmals die unregelmäßige Form der Asteroiden erkannte.

Zu den aufsehenerregenden Asteroidenmissionen früherer Zeiten gehörte NEAR Shoemaker, die erste Sonde, die sich gezielt den Asteroiden widmete. Im Jahr 2001 machte sie Fotos des Asteroiden Eros – des ersten erdnahen Asteroiden, den man entdeckt hatte – und landete sogar auf ihm. Die japanische Hayabusa-Mission brachte 2010 einige Gesteinsproben von Asteroiden mit, und kürzlich starteten japanische Wissenschaftler das noch ehrgeizigere Projekt Hayabusa 2: Diese Sonde soll auf einem Asteroiden landen und dort drei Fahrzeuge absetzen, die bis zum Ende des Jahrzehnts weitere Gesteinsproben einsammeln. Die NASA steht im Begriff, OSIRIS-Rex zu starten, die Proben von einem kohlenstoffhaltigen Asteroiden zur Erde bringen soll.

Noch größeren Raum nahm in der Berichterstattung der jüngeren Zeit die europäische Rosetta-Sonde ein: Sie flog an den Asteroiden Lutetia und Steins vorüber, sammelte dort detaillierte Informationen und vollzog dann ihre berühmte Landung auf einem Kometen. Auch die NASA-Sonde »Dawn« macht in jüngerer Zeit Schlagzeilen. Sie hat bereits Vesta besucht und mittlerweile den Zwergplaneten Ceres erreicht.

In Zukunft werden die ehrgeizigen Asteroiden-Grabungsoperationen, die sich derzeit in der Planung befinden – obwohl sie nicht der naheliegendste Weg zu wirtschaftlichen Gewinnen sind –, wahrscheinlich auch zahlreiche weitere Asteroiden erkunden. Das Gleiche gilt für Raumfahrzeuge, die derzeit mit Blick auf die Ablenkung von Asteroiden konstruiert werden, darunter die ehrgeizige, von der NASA entwickelte Asteroid Redirect Mission (ARM). Das US-amerikanische Raumfahrtprogramm konzentriert sich derzeit sogar vorwiegend auf Asteroiden, die weniger glamourösen, häufig aber besser zugänglichen Partner der Planeten, und wir werden daraus höchstwahrscheinlich eine ganze Menge über das Sonnensystem lernen.

Meteore, Meteoroiden und Meteoriten

Wenden wir uns nun nach den Asteroiden den noch kleineren Objekten zu, die unter dem Namen Meteoroide bekannt sind. Das Wissenschaftsgebiet, das sich mit ihrer Erforschung beschäftigt, trägt den seltsamen Namen »Meteoritik« – und nicht »Meteorologie«, eine Bezeichnung, die für die Untersuchung der kleinen, aus Stein bestehenden Himmelskörper wahrscheinlich sinnvoller wäre. Aber bevor die Astronomie diesen Begriff für sich in Anspruch nehmen konnte – er kommt von dem griechischen *meteoreon* (»hoch am Himmel«) und »logos« (»Wissen«) –, hatte ihn bereits die Wetterkunde mit Beschlag belegt. Pech für die heutige Terminologie: Die alten Griechen glaubten, die Erforschung des Wetters sei mit »Meteorologie« – dem Studium von Objekten am Himmel – zutreffend beschrieben.

Die erste Standarddefinition für einen Meteoroiden wurde erst 1961 von der International Astronomical Union entwickelt. Danach ist er ein festes Objekt, das sich im interplanetaren Raum bewegt und beträchtlich kleiner ist als ein Asteroid, aber beträchtlich größer als ein Atom. Das ist aus astronomischer Sicht zwar sinnvoller als die »Meteorologie«, aber ebenfalls noch nicht sehr spezifisch. Zwei Wissenschaftler schlugen 1995 vor, die Größe auf den Bereich zwischen 100 Mikrometern und zehn Metern zu begrenzen. Als man dann aber auch Asteroiden fand, die kleiner als zehn Meter waren, machten Wissenschaftler der Meteoritical Society den Vorschlag, das Größenspektrum mit zehn Mikrometern bis einen Meter festzulegen – das war ungefähr die Größe des kleinsten Asteroiden, den man bis dahin beobachtet hatte. Die Veränderung wurde aber nie offiziell bestätigt. Ich selbst verwende den Begriff »Meteoroid« recht locker für Himmelskörper mittlerer Größe, aber wenn sie noch kleiner sind, nenne ich sie mit ihren zutreffenden Namen *Mikrometeoroide* oder *kosmischer Staub*.

Wie die Asteroiden, so sind auch Meteoroide sehr unterschiedlich aufgebaut. Das liegt wahrscheinlich an ihrer höchst unterschiedlichen Herkunft im Sonnensystem. Manche sind schneeballähnliche Objekte mit einem Viertel der Dichte von Eis, andere bestehen aus dichtem, stark nickel- und eisenhaltigem Gestein, und wieder andere enthalten vor allem Kohlenstoff.

Im umgangssprachlichen Gebrauch schließt der Begriff »Meteor« häufig auch den Meteoroiden oder Mikrometeoroiden ein, aus dem er entstanden ist, der korrekte Gebrauch entspricht aber der griechischen Wurzel des Wortes, die »in der Luft hängend« bedeutet und nur das bezeichnet, was wir am Himmel sehen. Ein *Meteor* ist der sichtbare Lichtstreifen, der entsteht, wenn ein Meteoroid oder Mikrometeoroid in die Erdatmosphäre eintritt. Aber trotz dieser Definition sprechen die meisten Menschen – und auch Journalisten – fälschlich von Meteoren, die auf die Erde stürzen; der gleiche Fehler steckt auch im Namen des 1979 erschienenen, meist schlecht bewerteten Films *Meteor*, über den man der Fairness halber sagen muss, dass er durchaus seine unterhaltsamen Augenblicke hat.

Amüsanterweise stand die Definition des Begriffs »Meteor« genau wie die »Meteorologie« anfangs in Zusammenhang mit dem Wetter: Ursprünglich bezeichnete er jedes Phänomen in der Atmosphäre, beispielsweise Hagel oder einen Taifun. Wind bezeichnete man als »luftige Meteore«, Regen, Schnee und Hagel waren »wässrige Meteore«, Lichtphänomene wie Regenbogen oder Nordlicht nannte man »leuchtende Meteore«, und Blitze oder die Erscheinungen, die wir heute Meteore nennen, hörten auf den Namen »feurige Meteore«. Solche Begriffe sind Überbleibsel aus einer Zeit, als niemand wusste, in welcher Höhe sich etwas abspielt, und als nicht klar war, dass Wettererscheinungen vollkommen andere Ursachen haben als astronomische Phänomene. Der Begriff »Meteorologie« ist vielleicht nicht völlig falsch, denn das Wetter hat tatsächlich mit unserer Position im Sonnensystem zu tun – aber natürlich auf ganz andere Weise, als man es sich ursprünglich vorgestellt hatte. Glücklicherweise wird der Begriff »Meteor« heute trotz der Missverständnisse von »Meteorologen« früherer Zeiten nicht mehr so gebraucht.

Meteore sind so gut zu sehen, weil die Objekte, die sie entstehen lassen, sich beim Eintritt in die Atmosphäre aufheizen und glühendes Material abgeben, das wir als Licht wahrnehmen – und wegen der hohen Geschwindigkeit des Meteoroiden sieht es bogenförmig aus. Viele Meteore treten zwar zufällig auf, mehr oder weniger regelmäßig kommt es aber auch zu Meteorschauern, weil die Erde Wolken aus Kometentrümmern durchquert. Am einfachsten kann man Meteore natürlich nachts beobachten, wenn das Sonnenlicht sie nicht überstrahlt. Die philosophische Frage, ob es sie auch gibt, wenn niemand hinsieht, stellt sich hier nicht. Die Existenz von Meteoren hängt nicht davon ab, dass jemand sie beobachtet. Die Lichtstreifen müssen nur prinzipiell sichtbar sein.

Die meisten Meteore entstehen durch Staub oder kieselsteingroße Objekte, die jeden Tag zu Millionen in unsere Atmosphäre eindringen. Da die meisten Meteoroide in ungefähr 50 Kilometern Höhe zerfallen, treten Meteore meist ungefähr 75 bis 100 Kilometer über dem Meeresspiegel in der sogenannten Mesosphäre auf. Im Einzelnen hängt ihre Geschwindigkeit von den Eigenschaften des jeweiligen Objekts und seiner Bahnrichtung in Relation zur Bewegung der Erde ab, in der Regel haben aber Objekte, die Meteore entstehen lassen, eine Geschwindigkeit in der Größenordnung von einigen Dutzend Kilometern je Sekunde. Die Bahn eines Meteors liefert Anhaltspunkte dafür, woher der Meteoroid, durch den er entstanden ist, stammt; das Spektrum an sichtbarem Licht, das ein Meteor aussendet, und sein Einfluss auf Funksignale liefern den Wissenschaftlern Hinweise auf die Zusammensetzung des betreffenden Meteoroiden.

Meteoroide, die den ganzen Weg durch die Atmosphäre hinter sich bringen und auf der Erde einschlagen, können zu *Meteoriten* werden. Mit diesem Namen bezeichnet man das Gestein, das zurückbleibt, wenn ein extraterrestrisches Objekt auf der Erde eingeschlagen, zerfallen, geschmolzen und teilweise verdampft ist. Meteoriten sind eine weitere greifbare Erinnerung daran, dass die Erde ein untrennbarer Bestandteil ihrer kosmischen Umwelt ist. Wer Glück hat, findet Meteoriten in der Nähe eines Meteoroideneinschlages, mit größerer Wahrscheinlichkeit bekommt man sie aber in Labors, Museen oder den Häusern ausreichend besessener, glücklicher oder reicher Menschen zu sehen. Das Museum der Vatikan-Sternwarte besitzt eine recht hübsche Sammlung, die größte jedoch befindet sich im American Museum of Natural History der Smithsonian Institution. Wie mir ein Dreisternegeneral berichtete, gibt es auch im US-Verteidigungsministerium ein nettes Sortiment. Dort steht die Sammlung in Zusammenhang mit der Raketenabwehr, aber die Daten über Meteoroideneinschläge sind leider immer noch geheim. Aus der Erforschung von Meteoriten, die den Wissenschaftlern zugänglich waren, haben wir viel über das Sonnensystem und seine Ursprünge gelernt.

Meteoriten können auch aus Kometen entstehen, Objekten aus den äußeren Bereichen des Sonnensystems, die den Gegenstand des nächsten Kapitels bilden. Objekte, die im inneren Sonnensystem kreisen, unterscheiden sich von jenen aus den Außenbereichen so stark, dass man nur solche, die sich innerhalb der Jupiter-Umlaufbahn befindet, als Asteroiden oder *kleinere Planeten* bezeichnet – ein Begriff, der im Gegensatz zu »Asteroid« ein wenig abwertend klingt, aber offiziell anerkannt ist. Der Unterschied zwischen Kometen und Asteroiden mag auf der Hand liegen – das auffälligste Merkmal der Kometen ist ihr Schweif –, aber in Wirklichkeit ist die Abgrenzung heikler. Kometen haben in der Regel eine langgestreckte Umlaufbahn, aber auch die Bahnen mancher Asteroiden sind ähnlich exzentrisch – vielleicht weil sie ursprünglich Kometen waren. Außerdem bilden die wasserhaltigen Asteroiden nicht zwangsläufig eine andere Population als die Objekte, aus denen im äußeren Sonnensystem die Kometen entstehen. Auch die ganz unterschiedliche Zusammensetzung der Asteroiden ist ein Zeichen, dass sich die Populationen, die man als Asteroiden und Kometen bezeichnet, in einem gewissen Maße überschneiden.

Die Abgrenzung ist so verschwommen, dass die Internationale Astronomische Union 2006 den Begriff »kleiner Körper im Sonnensystem« prägte, der beide – aber nicht die Zwergplaneten – einschließen soll. Die Zwergplaneten könnte man ebenfalls als kleine Körper im Sonnensystem bezeichnen, aber da sie größer und stärker kugelförmig sind – was auf eine stärkere Gravitation hindeutet, die sie mit größerer Wahrscheinlichkeit zu festen Objekten macht –, entschloss man sich bei der IAU, sie aus dieser Kategorie auszuschließen und ihnen ihren eigenen Namen zu geben. Im Allgemeinen bevorzugt die IAU den Begriff »kleiner Körper im Sonnensystem« gerade deshalb gegenüber »kleiner Planet«, weil Objekte im Asteroidengürtel manchmal auch die Eigenschaften von Kometenkernen haben können. Ein einziger Begriff für beide ist zwar weniger informativ, beugt aber Fehlern vor. Dennoch sind Asteroiden generell eher steinig, und Kometen enthalten in der Regel mehr flüchtige Substanzen; deshalb behalten die meisten Astronomen die Unterscheidung bei.

Für mich wirft die seltsame Terminologie jedoch ein Dilemma auf, wenn ich im weiteren Verlauf dieses Buches große Objekte benennen soll, die auf der Erde einschlagen. Kleine Objekte, die am Himmel verglühen, sind Meteoroide oder Mikrometeoroide. Manchmal finden jedoch auch größere Objekte, die ursprünglich entweder Asteroiden oder Kometen waren, den Weg zur Erde oder in ihre Atmosphäre. Um welchen von beiden es sich dabei handelt, wissen wir aber nur, wenn wir ihre Flugbahn beobachten und damit auf ihren Ursprung schließen können. Wir brauchen einen Begriff, der für beide gilt. Die umständliche Bezeichnung »kleine Körper im Sonnensystem« ist zwar fachlich richtig, wird aber für Objekte, die sich uns aus dem Himmel nähern, nur selten verwendet – insbesondere wenn sie der Erde nahe kommen oder sie sogar treffen. In den Schlagzeilen findet man häufig »Meteor«, »Meteoroid« oder auch »Meteorit«, obwohl alle diese Begriffe fachlich falsch sind, wenn das Objekt mehr als einen Meter misst. Da es aber offensichtlich keinen umgangssprachlichen Begriff gibt, der ausreichend genau ist (manchmal liest man auch »Einschlagkörper« oder »Bolide«), werde ich in diesem Buch von »Meteoroiden« sprechen – und damit hoffentlich die geringste Empörung verursachen –, wenn es um extraterrestrische Objekte geht, die in die Atmosphäre eintreten oder auf der Erde einschlagen. Es ist ein leichter Missbrauch eines Begriffs, der eigentlich nur für kleinere Objekte gilt. Im Zusammenhang sollte aber klar sein, was ich damit meine.

7

Das kurze, prachtvolle Leben der Kometen

Wer einmal die Gelegenheit hat, in die italienische Stadt Padua zu reisen, sollte es nicht versäumen, die Scrovegni-Kapelle zu besichtigen. Dieses gut erhaltene Juwel aus dem frühen 14. Jahrhundert beherbergt einen prächtigen Freskenzyklus des Frührenaissancemalers Giotto. Mein Lieblingsbild – das auch dort von allen meinen Physikerkollegen geschätzt wird – ist *Die Anbetung der Heiligen Drei Könige* (siehe Abb. 13). Darauf erkennt man sehr deutlich, wie ein Komet über die klassische Szene mit dem Neugeborenen hinwegfliegt. Vielleicht hat die Kunsthistorikerin Roberta Olson mit ihrer Vermutung recht, der Komet könne an der Stelle des Sterns David stehen – einem vertrauteren Bildelement –, weil die Menschen nur wenige Jahre vor Vollendung des Freskos ein auffällig helles Objekt am Himmel gesehen hatten. Unabhängig von allen allegorischen Absichten handelt es sich bei dem Lichtblitz über der Krippe unverkennbar um einen Kometen – höchstwahrscheinlich um den Halley-Kometen, den in dieser Region der Welt jeder gesehen hatte. Der riesige Kometenschweif, der sich im September und Oktober 1301 über einen beträchtlichen Teil des Himmels erstreckte, muss insbesondere in einer Zeit, in der es noch kein elektrisches Licht gab, ein spektakulärer Anblick gewesen sein.

Ich male mir gern aus, wie die Italiener zu Beginn des 14. Jahrhunderts zum Himmel blickten und die gleichen Wunder der Astrophysik zu sehen bekamen, über die wir auch heute staunen. Indizien aus den Kulturen im alten Griechenland und China deuten darauf hin, dass die Menschen schon mehr als 2000 Jahre zuvor Kometen beobachteten und einzuschätzen wussten. Aristoteles bemühte sich sogar, das Wesen der Kometen zu verstehen: Er

Abb. 13   Giotto, *Anbetung der Heiligen Drei Könige*. Über der traditionellen Krippe erkennt man einen Kometen.

interpretierte sie als Phänomene in den oberen Atmosphärenschichten, wo trockenes, heißes Material in Brand geriet.

Seit der Zeit der alten Griechen sind wir ein weites Stück vorangekommen. Neuere, auf Mathematik und weitaus besseren Beobachtungen basierende wissenschaftliche Erkenntnisse haben uns gelehrt, dass Kometen kalt sind. Da brennt nichts, und das in ihnen enthaltene, flüchtige Material verwandelt sich leicht in gasförmigen Dampf oder Wasser, sobald sie der Sonne nur nahe genug kommen.

Nachdem wir uns zuvor mit den Asteroiden beschäftigt haben, die im Sonnensystem aus unserer relativen Nachbarschaft stammen, wollen wir uns nun den Kometen zuwenden, die aus weiter entfernten Regionen zu uns kommen: aus der sogenannten *scattered disk*, die sich mit dem Kuiper-Gürtel überlappt, und aus der Oort-Wolke in den Außenbereichen unseres Sonnensystems. Auch in anderen Sternsystemen kommen Kometen vor. Wir wollen uns hier aber auf diejenigen konzentrieren, die wir am besten kennen, weil sie aus unserer eigenen Region des Kosmos stammen.

Vom Wesen der Kometen

Heute wissen wir, dass Kometen aus weit entfernten Regionen stammen und sich nur selten auf Bahnen bewegen, die sie in die Nähe der Erde führen; ein wichtiger Meilenstein in unseren wissenschaftlichen Kenntnissen war im 16. Jahrhundert die Schlussfolgerung von Tycho Brahe, dass Kometen außerhalb der Erdatmosphäre anzusiedeln sind. Er nahm die Beobachtungen von verschiedenen Orten zusammen und ermittelte so die Parallaxe des großen Kometen von 1577; damit stand fest, dass Kometen mindestens viermal so weit von der Erde entfernt sind wie der Mond. Das ist natürlich eine Untertreibung, aber zu jener Zeit war es ein großer Sprung nach vorn.

Eine weitere wichtige Erkenntnis verdanken wir Isaac Newton: Ihm wurde klar, dass Kometen sich auf schrägstehenden Umlaufbahnen bewegen. Mit seinem Gravitationsgesetz der umgekehrten Quadrate – es besagt, dass die Gravitation eines doppelt so weit entfernten Objekts viermal schwächer ist – wies er nach, dass Objekte am Himmel auf elliptischen, parabel- oder hyperbelförmigen Bahnen wandern müssen. Als er die Bahn des großen Kometen von 1680 als Parabel beschrieb, verband er ganz buchstäblich die Punkte: Er zeigte, dass Objekte, die man gesehen hatte und von denen man glaubte, sie seien unterschiedlich, in Wirklichkeit eine einzige Bahn verfolgten – die Bahn eines einzigen Himmelskörpers. In Wirklichkeit ist die Bahn eines Kometen eine langgestreckte Ellipse, sie ähnelte aber in ihrer Form einer Parabel so stark, dass Newton mit seiner Schlussfolgerung, es handele sich um ein einziges bewegtes Objekt, recht behielt.

Anfangs benannte man neu entdeckte Kometen nach dem Jahr, in dem sie aufgetaucht waren. Anfang des 20. Jahrhunderts veränderten sich die Benennungskonventionen: Nun wurden sie zur Namensvettern der Personen, die ihre Umlaufbahnen vorhergesagt hatten, wie der deutsche Astronom Johann Franz Encke oder der deutsch-österreichische Offizier und Amateurastronom Wilhelm von Biela – beide Namen sind heute auch die Namen von Kometen.

Der Halley-Komet wurde zwar schon lange vor dem 20. Jahrhundert identifiziert, aber auch ihn benannte man schließlich nach dem Mann, der seine Bahn so gut verstand, dass er seine Wiederkehr vorhersagen konnte. Im Jahr 1705 prophezeite Newtons Freund, der Verleger Edmond Halley, auf der Grundlage von Newtons Gesetzen und unter Berücksichtigung der Störungen durch Jupiter und Saturn, dass ein Komet, der bereits 1378, 1456, 1531, 1607 und 1682 am Himmel erschienen war, in den Jahren 1758/59 erneut auftauchen würde. Damit vermutete Halley als Erster, dass die Kometenbewegung eine Regelmäßigkeit besitzt, und er sollte recht behalten. Drei französische Mathematiker stellten noch genauere Berechnungen an und prophezeiten das Datum im Jahr 1759 mit einer Genauigkeit von einem Monat. Mit ähnlichen Berechnungen können wir heute voraussagen, dass wir auf der Erde erst 2061 wieder das Auftauchen des Halley-Kometen miterleben werden.

Im weiteren Verlauf des 20. Jahrhunderts änderten sich die Konventionen erneut; jetzt benannte man Kometen nach den Personen, die sie entdeckt hatten. Und nachdem die Entdeckung von Kometen zu einem Gemeinschaftsunternehmen geworden war, bei dem hochentwickelte Beobachtungsinstrumente eingesetzt wurden, benannte man die Kometen nach dem Instrument, mit dem man sie gefunden hatte. Derzeit umfasst die Liste ungefähr 5000 Kometen, aber ihre Gesamtzahl ist realistischen Schätzungen zufolge mindestens tausendmal höher, ja vielleicht sogar noch weitaus größer – es könnten bis zu eine Billion sein.

Wenn man das Wesen und die Zusammensetzung der Kometen verstehen will, muss man ein wenig über die Zustände der Materie wissen. Materie kommt in den vertrauten Aggregatzuständen fest, flüssig und gasförmig vor – was für Wasser gleichbedeutend ist mit Eis, Wasser und Dampf. In jedem dieser Zustände sind die Atome anders angeordnet: Das feste Eis ist am stärksten strukturiert, im gasförmigen Dampf sind sie mehr oder weniger zufällig verteilt. Wenn Flüssigkeit sich durch einen Phasenübergang in Gas verwandelt – beispielsweise wenn Wasser siedet – oder wenn die feste in die flüssige Form übergeht – beispielsweise wenn Eiswürfel schmelzen –, bleibt das Material das gleiche, denn nach wie vor besteht es aus den gleichen Atomen und Molekülen. Dennoch verändern sich seine Eigenschaften stark. Welche Form die Materie annimmt, hängt von der Temperatur und ihrer Zusammensetzung ab – sie bestimmt über den Siede- und Schmelzpunkt jeder einzelnen Substanz.

Zu meiner Belustigung hörte ich kürzlich, dass jemand die verschiedenen Aggregatzustände ausgenutzt hatte, um eine Wasserflasche am Flughafen durch die Sicherheitskontrollen zu bringen. Er fror es ein und argumentierte dann, das feste Eis in seiner Flasche verletze keinerlei Verbot von Flüssigkeiten. Leider ließ sich der Sicherheitsdienst davon nicht überzeugen. Hätte dessen Vertreter eine Ausbildung in Physik gehabt, er hätte überzeugend die Ansicht vertreten können, dass nur Substanzen, die bei normaler Temperatur und unter normalem Druck fest sind, mitgenommen werden dürfen. Ich bin mir aber ziemlich sicher, dass eine solche Äußerung nicht fiel. (Dabei ist anzumerken, dass sowohl die Temperatur als auch der Druck eine Rolle spielen, denn Schmelz- und Siedepunkte ändern sich bei unterschiedlichem Luftdruck – das weiß jeder, der in Aspen in Colorado auf mehr als 3000 Metern Meereshöhe schon einmal Nudeln kochen wollte.)

Schmelz- und Siedepunkt sind für jede Struktur von entscheidender Bedeutung, denn sie bestimmen darüber, in welchem Aggregatzustand eine Substanz vorliegt. Manche Elemente, beispielsweise Wasserstoff und Helium, haben äußerst niedrige Siede- und Schmelzpunkte. Helium wird erst vier Grad über dem absoluten Nullpunkt flüssig. Solche Elemente mit einem Schmelzpunkt von weniger als 100 Grad Kelvin bezeichnen die Planetenforscher als Gase, und zwar unabhängig davon, in welchem Zustand sie sich gerade befinden. Solche mit niedrigem Schmelzpunkt, der aber nicht so niedrig liegt wie bei den Gasen, bezeichnet man – wiederum unter Planetenforschern – als Eis, aber ob das Material tatsächlich als Eis vorliegt, hängt wiederum von der Temperatur ab. Das ist der Grund, warum man Jupiter und Saturn als Gasriesen bezeichnet, während Uranus und Neptun manchmal »Eisriesen« genannt werden. In beiden Fällen ist das Innere in Wirklichkeit eine heiße, dichte Flüssigkeit.

Gase (in dem Sinn, in dem Planetenforscher das Wort gebrauchen) sind eine Untergruppe der *flüchtigen Substanzen*, das heißt der Elemente und Verbindungen mit niedrigem Siedepunkt, darunter Stickstoff, Wasserstoff, Kohlendioxid, Ammoniak, Methan, Schwefeldioxid und Wasser. Sie alle können in einem Planeten oder einer Atmosphäre vorhanden sein. Eine Substanz mit niedrigem Schmelzpunkt verwandelt sich leicht in ein Gas. Manch einer hat vielleicht schon gesehen, wie Speiseeis mit Flüssigstickstoff hergestellt wird. (Für die »molekulare Küche« moderner Restaurants ist das eine Standardmethode – und ebenso ist es Standard bei Vorführungen auf Wissenschaftsfestivals. Sie kam auch an einem der Lebensmittelstände vor dem Wissenschaftszentrum der Harvard University vor, aber zum Glück für meine Gesundheit wird dort Speiseeis meist in Geschmacksrichtungen angeboten, die ich nicht mag.) Wer so etwas schon einmal gesehen hat, der weiß, wie schnell sich die Stickstoffmoleküle bei Raumtemperatur als Gas verflüchtigen: Es führt dazu, dass die Apparatur höchst dramatisch (und ein wenig wie eine Karikatur eines Laborexperiments) aussieht.

Der Erdmond enthält nur wenig flüchtige Substanzen; er besteht vorwiegend aus Silikaten, der Anteil von Wasserstoff, Stickstoff und Kohlenstoff ist dagegen gering. In Kometen dagegen sind flüchtige Substanzen in großer Menge enthalten und lassen den auffälligen Schweif entstehen. Ihren Ursprung haben die Kometen weit außerhalb der Jupiterbahn in den äußeren Regionen des Sonnensystems, wo Wasser und Methan dauerhaft kalt und gefroren sind. In diesen sehr kalten, sonnenfernen Regionen verwandelt sich Eis nicht in Gas. Eis bleibt Eis. Erst wenn die Kometen in das innere Sonnensystem vordringen, wo sie der Sonnenwärme näher sind, verdampfen die flüchtigen Substanzen und strömen zusammen mit einer gewissen Menge Staub aus; dabei schaffen sie rund um den Kern des Kometen eine Atmosphäre, die als *Koma* bezeichnet wird. Die Koma ist oftmals viel größer als der Kern – sie kann einen Durchmesser von Tausenden oder sogar Millionen von Kilometern erreichen und wächst manchmal bis zur Größe der Sonne heran. Größere Staubteilchen bleiben in der Koma, leichtere werden durch die Strahlung und die ausgesandten, geladenen Teilchen der Sonne in den Schweif gedrängt. Ein Komet besteht aus der Koma, dem Kern im Inneren und dem Schweif, der vom Kometen wegströmt.

Einen spektakulären Hinweis auf Kometen liefern die Meteorschauer: Sie entstehen aus den festen Trümmern, die Kometen hinter sich zurücklassen. Meteorschauer treten auf, nachdem ein Komet die Erdumlaufbahn gekreuzt hat, so dass ein Teil des abgegebenen Materials auf dem Weg unseres Planeten liegt. Die Erde durchquert die Trümmer dann in regelmäßigen Abständen, und dabei entstehen die wunderschönen, periodisch auftretenden Meteorschauer, die einen so bemerkenswerten Anblick bieten. Die Trümmer des

Kometen Swift-Tuttle lassen Anfang August den Perseiden-Meteorschauer entstehen, den ich einmal unwissentlich am klaren Himmel von Aspen sah, wo ein physikalisches Tagungszentrum sommerliche Workshops anbietet. Ein anderes Beispiel ist der Orion-Meteorschauer, der im Oktober auftritt und auf die verstreuten Bruchstücke des Halley-Kometen zurückzuführen ist.

Kometen gehören zu den spektakulärsten Objekten, die wir über uns mit bloßem Auge erkennen können. Meist leuchten sie nur schwach, aber einige Male pro Jahrzehnt treten auch solche wie der Halley-Komet auf, die ohne Teleskop zu sehen sind. Kometen umkreisen die Sonne mit einem leuchtenden Schweif aus Ionen und einem zweiten aus Staub, der in der Regel in eine andere Richtung weist. Den Schwänzen aus hell leuchtendem Staub und Gas verdanken die Kometen auch ihren Namen: Er leitet sich von einem griechischen Wort ab, das man mit »Haarstern« übersetzen kann. Während der Staubschweif in der Regel der Bahn des Kometen folgt, weist der Ionenschweif von der Sonne weg. Er bildet sich, wenn die Ultraviolettstrahlung der Sonne auf die Koma trifft und dort von manchen Atomen die Elektronen abreißt. Die ionisierten Teilchen lassen ein Magnetfeld in einer sogenannten *Magnetosphäre* entstehen.

Eine wichtige Rolle für diese Erscheinungsform der Kometen spielt der *Sonnenwind*. Die Sonnenstrahlung kennt jeder: Sie besteht aus den Photonen, die wir auf der Erde als Wärme und Licht wahrnehmen. Weniger bekannt sind die geladenen Teilchen – Elektronen und Protonen –, die ebenfalls von der Sonne abgegeben werden und den Sonnenwind bilden. Als der deutsche Wissenschaftler Ludwig Biermann (und unabhängig von ihm auch Paul Ahnert, ebenfalls ein Deutscher) in den 1950er Jahren die außergewöhnliche Beobachtung machten, dass der leuchtende Ionenschweif eines Kometen immer von der Sonne wegweist, äußerte Biermann die Vermutung, die Sonne könne Teilchen aussenden, die auf den Kometenschweif »drücken« und ihn in diese Richtung verschieben. In einem übertragenen Sinn »bläst« der »Sonnenwind« also auf den Ionenschweif. Als Wissenschaftler diesen Prozess erforschten, lernten sie viel über Kometen wie auch über die Sonne – und mir kam die Erleuchtung, was die Herkunft des rätselhaften Namens betrifft.

Der Schweif eines Kometen kann mehrere Dutzend Millionen Kilometer lang sein. Kometenkerne sind natürlich viel kleiner, aber im Vergleich zu einem typischen Asteroiden immer noch recht groß. Die Gravitation eines solchen Kerns reicht nicht aus, um ihm eine kugelförmige Struktur zu geben; deshalb sind Kometenkerne unregelmäßig geformt, und ihre Größe schwankt zwischen einigen hundert Metern und einigen Dutzend Kilometern. Dabei könnte es sich allerdings um eine beobachtungsbedingte Verzerrung handeln, denn größere Kometen sind leichter auszumachen, aber eine Suche, bei der man mit ausreichend empfindlichen Instrumenten auch kleinere Objekte finden wollte, ist bisher ergebnislos geblieben.

Was die Sichtbarkeit angeht, sind Koma und Schweif der Kometen nützlich. Kometenkerne reflektieren kaum und sind deshalb außerordentlich schwer zu sehen, denn Objekte, die nicht selbst brennen (so auch du und ich) werden ausschließlich durch reflektiertes Licht sichtbar. Um ein gut bekanntes Beispiel zu nennen: Der Kern des Halley-Kometen reflektiert nur ungefähr ein Fünfundzwanzigstel des Lichtes, das ihn trifft. Damit lässt sich seine Reflektionsfähigkeit mit der von Asphalt oder Kohle vergleichen, Substanzen, die bekanntermaßen sehr dunkel sind. Andere Kometenkerne reflektieren noch weniger. Offensichtlich gehören Kometenoberflächen zu den dunkelsten Flächen im Sonnensystem.* Der Grund: Die flüchtigen, leichteren Verbindungen werden durch die Sonnenwärme beseitigt, und die dunkleren organischen Verbindungen mit ihren größeren Molekülen bleiben zurück. Das dunkle Material absorbiert Licht, das Eis heizt sich auf und gibt Gase ab, die zum Schweif werden. Dass Kohle und Kometen eine so ähnliche Reflektionsfähigkeit haben, ist kein Zufall – wie bereits erwähnt, besteht auch Teer aus großen organischen Molekülen, die aus dem Erdöl stammen. Stellen wir uns nun einmal einen Asphaltbrocken vor, der Millionen Kilometer von uns entfernt am Himmel steht. Wenn wir nicht gerade großen Aufwand betreiben, um nach ihm zu suchen, bleibt ein solches dunkles Objekt im wahrsten Sinne des Wortes im Dunkeln.

Solange sich Kometen im äußeren Sonnensystem befinden, sind sie dunkel und gefroren; Licht geben sie nur in sehr geringer Menge ab. Die einzige Methode, um Kometen vor ihrer Annäherung an die Sonne zu beobachten, be-

---

* Man sollte anmerken, dass *dunkel* hier die übliche Bedeutung von »Licht absorbierend« hat. Es handelt sich nicht um »dunkle Materie«.

dient sich des von ihnen ausgesandten Infrarotlichts. Erst wenn sie in den inneren Bereich des Sonnensystems eintreten, bilden sich Koma und Schweif, und die Kometen sind leichter zu erkennen. Jetzt reflektiert Staub das Sonnenlicht, und die Ionen lassen die Gase glühen, so dass das leicht sichtbare Licht entsteht. Dennoch sind die meisten Kometen nur mit einem Teleskop zu erkennen.

Noch schwieriger als die Kometen selbst lässt sich ihre chemische Zusammensetzung beobachten. Gewisse Anhaltspunkte liefern Meteoriten, die man auf der Erde gefunden hat, denn sie haben echtes Kometenmaterial in unser Heimatrevier getragen. Den Wissenschaftlern fielen auch die unterschiedlichen Farben der Kometen auf, und man konnte einige Spektrallinien analysieren. Aufgrund dieser und anderer karger Indizien sind Wissenschaftler zu dem Schluss gelangt, dass der Kern eines Kometen aus Wassereis, Staub, kieselsteingroßen Felsbrocken und gefrorenen Gasen besteht, darunter Kohlendioxid, Kohlenmonoxid, Methan und Ammoniak. Die Oberfläche der Kometenkerne scheint aus Gestein zu bestehen, und ein wenig unterhalb der Oberfläche liegt Eis.

Angesichts der begrenzten astronomischen Beobachtungen seiner Zeit lieferte Isaac Newton im 17. Jahrhundert eine bemerkenswert zutreffende Interpretation für die Kometen. Zwar hielt er sie fälschlich für kompakte, dauerhafte Festkörper, aber er erkannte, dass es sich bei dem Schweif um einen dünnen Dampfstrom handelt, der von der Sonne aufgeheizt wird. Was die Aufklärung der Zusammensetzung von Kometen angeht, machte der Philosoph Immanuel Kant es 1755 noch besser: Er vermutete, Kometen müssten aus flüchtigem Material bestehen, das verdampft und den Schweif bildet. In den 1950er Jahren erkannte Fred Whipple vom Astronomischen Institut der Harvard University, der selbst sechs Kometen entdeckt hatte, dass Eis der überwiegende Bestandteil der Kometen ist, während Staub und Gestein erst an zweiter Stelle stehen; so kam es zu dem Modell mit der Bezeichnung »schmutziger Schneeball«, von dem manch einer vielleicht schon gehört hat. In Wirklichkeit ist die Zusammensetzung nicht vollständig geklärt, und manche Kometen sind auch schmutziger als andere; unsere Kenntnisse kommen aber durch bessere Beobachtungen immer weiter voran.

Darüber hinaus hat die Zusammensetzung der Kometen einen weiteren faszinierenden Aspekt: Sie enthalten organische Verbindungen wie Methanol, Blausäure, Formaldehyd, Ethanol und Ethan, aber auch langkettige Kohlenwasserstoffe und Aminosäuren, die Vorstufen des Lebens. In Meteoriten hat man DNA- und RNA-Bausteine gefunden, die vermutlich aus Asteroiden oder Kometen stammen. Objekte, die sowohl Wasser als auch Aminosäuren enthalten und regelmäßig auf der Erde einschlagen, haben sicher unsere Aufmerksamkeit verdient.

Mit ihrer faszinierenden Struktur und ihrer möglichen Bedeutung für die Entstehung des Lebens sind die Kometen zu einem naheliegenden Ziel für eine ganze Reihe von Weltraummissionen geworden. Die ersten Sonden, die Kometen studierten, flogen an ihrem Schweif und an der Oberfläche der Kometenkerne vorüber, um Staubteilchen zu sammeln und zu analysieren, ja vielleicht sogar, um Fotos zu machen; sie kamen aber den Kometen nicht so nahe, dass sie aufschlussreiche Details hätten liefern können. Die erste Sonde, die sich dem Schweif eines Kometen näherte, war 1985 der International Cometary Explorer, eine umgewidmete NASA-Mission mit europäischer Unterstützung, aber sie kam nur bis auf 3000 Kilometer an ihr Untersuchungsobjekt heran. Wenig später folgte die Halley-Armada mit zwei in Russland gestarteten Vega-Sonden, der japanischen Suisei-Sonde und der europäischen Sonde Giotto. Alle bemühten sich, Kern und Koma des Kometen genauer zu analysieren. Besser als den anderen gelang es der Giotto-Robotermission – der Name erinnert an den Maler der zuvor erwähnten *Anbetung der Könige* mit dem Kometen am Himmel. Diese Sonde näherte sich dem Kern des Halley-Kometen bis auf 600 Kilometer.

Noch bessere Ergebnisse lieferten spätere Missionen, mit denen man Kometen und ihre Zusammensetzung unmittelbar erforschen wollte. Die Sonde »Stardust« sammelte und analysierte Anfang 2004 Staubteilchen aus der Koma des Kometen Wild 2 und brachte das Material 2006 zur Untersuchung auf die Erde. Der Komet bestand dabei nicht vorwiegend aus interstellarem Material – was man bei einem Objekt, das in der weit entfernten Oort-Wolke entstanden war, eigentlich erwartet hatte –, sondern es enthielt vor allem Substanzen, die aus den inneren Regionen des Sonnensystems stammten. Wie die Wissenschaftler nachweisen konnten, kamen in dem Kometen verschiedene Eisen- und Kupfersulfidmineralien vor, die sich ohne flüssiges Wasser nicht hätten bilden können; man konnte also den Schluss ziehen, dass der Komet anfangs wärmer war und sich demnach in geringerer Entfernung von der Sonne gebildet haben musste. Außerdem zeigten die Befunde, dass die Zusammensetzung von Kometen und Asteroiden nicht immer so fremdartig ist, wie man geglaubt hatte.

»Deep Impact« ist nicht nur der Titel eines ehrgeizigen (allerdings auch ein wenig verworrenen) Films, sondern auch der Name einer Raumsonde, die 2005 einen Impaktor zur harten Landung auf den Kometen Tempel 1 schickte. Die Sonde war dazu konstruiert, das Innere des Kometen zu studieren und den Einschlagkrater zu fotografieren – die Bilder waren allerdings teilweise durch die Staubwolken verdunkelt, die der Einschlag erzeugt hatte. Das dabei entdeckte kristalline Material kann nur bei Temperaturen entstehen, die viel höher sind als jene, denen Kometen heute ausgesetzt sind; das war ein Hinweis, dass das Material entweder aus den inneren Teilen des Sonnensystems in den Kometen gelangt war oder dass der Komet sich ursprünglich in einer Region gebildet hatte, die weit von seiner heutigen Position entfernt ist.

Noch spannender sind Sonden, die in jüngerer Zeit zu Kometen geflogen sind. Ein bemerkenswertes Projekt startete die Europäische Raumfahrtagentur 2004: Ihre Sonde mit dem Namen »Rosetta« umkreist den Kometen 67P/Tschurjumow-Gerassimenko, und später landete die Sonde »Philae« sogar auf dessen Oberfläche, um die Zusammensetzung des Kometenkerns und seiner inneren Regionen aus der Nähe zu studieren. Philae machte im November 2014 Schlagzeilen, als sie nicht so weich wie vorgesehen landete, abprallte und in einer weniger stabilen Lage zur Ruhe kam. Damit wurde die Mission ganz buchstäblich zur Hängepartie, aber einen beträchtlichen Teil ihrer wissenschaftlichen Ziele erreichte sie dennoch. Eine Bohrung gelang zwar nicht, aber Philae hat – obwohl sie an der falschen Stelle stand und nicht wie beabsichtigt verankert war – die Form und Atmosphäre eines Kometen detaillierter erforscht als je zuvor.

Rosetta umkreist den Planeten immer noch und wird es weiterhin tun, wenn er in den inneren Teil des Sonnensystems eintritt. Die ganze Mission ist schon heute eine spektakuläre Leistung – die vielleicht noch eindrucksvoller wird, wenn man bedenkt, dass ihr Start noch nicht einmal 100 Jahre nach der Zeit erfolgte, in der die Gebrüder Wright erstmals mit einem Flugzeug vom Boden abhoben.

Kurz- und langperiodische Kometen

Trotz aller Fortschritte bleiben im Zusammenhang mit Kometen noch viele faszinierende Fragen offen. Man wüsste nicht nur gern noch genauer, woraus sie bestehen, sondern die Astronomen würden auch gern ihre Kenntnisse über die Umlaufbahnen der Kometen und ihre Entstehung erweitern. Eigentlich kann man nicht unbedingt mit einer einzigen, einheitlichen Erklärung rechnen, denn allen Befunden zufolge gibt es verschiedene Klassen von Kometen. So unterscheidet man je nach der Zeit, den sie für einen Umlauf um die Sonne brauchen, zwischen *kurz-* und *langperiodischen* Kometen. Als Abgrenzung zwischen den beiden Kategorien hat man eine Zeit von 200 Jahren gewählt, ihre Perioden schwanken aber zwischen wenigen Jahren und mehreren Jahrmillionen.

Kometen stammen aus den Regionen jenseits der Neptunbahn. Das Reservoir dieser Trans-Neptun-Objekte liegt in abgegrenzten Streifen von Umlaufbahnen, die unterschiedlich weit von der Sonne entfernt sind. Die inneren Regionen, der Herkunftsort der kurzperiodischen Kometen, werden als *Kuiper-Gürtel* und *scattered disk* bezeichnet; viel weiter von der Sonne entfernt liegt die hypothetische *Oort-Wolke*, der Herkunftsort der langperiodischen Kometen, zu dem ich in Kürze (im übertragenen Sinne) zurückkehren werde. Die Astrophysiker postulieren noch eine weitere Region, auf die wir uns hier aber nicht konzentrieren wollen: Sie liegt zwischen der *scattered disk* und der Oort-Wolke und trägt den herablassend klingenden Namen *detached objects* (»losgelöste Objekte«).

Die Einteilung in innere und äußere Regionen als Herkunftsort der Kometen entspricht in großen Teilen ihrer Umlaufzeit. Am häufigsten sehen wir die kurzperiodischen Kometen, darunter den Halley-Kometen, der in bekannten Abständen wiederkehrt und schon von Generationen von Menschen beobachtet wurde. Kurzperiodische Kometen stammen aus sonnennäheren Regionen, langperiodische aus weiter entfernten Gebieten. Hin und wieder sehen wir auch einen langperiodischen Kometen, aber das geschieht nur dann, wenn er in das innere Sonnensystem eintritt, was durch Störungen in der weit entfernten Oort-Wolke geschehen kann. Die Gravitation der Sonne bindet die Kometen dort nur sehr schwach, so dass die Objekte schon bei kleinen Störungen ihre Umlaufbahnen verlassen können und dann in Richtung der Sonne stürzen. Auch kurzperiodische Kometen wie Halley wurden wahrscheinlich ursprünglich aus einer weiter entfernt gelegenen, langperiodischen Umlaufbahn hinausgestoßen und gelangten dann im Inneren des Sonnensystems auf eine kürzere Bahn.

Die kurzperiodischen Kometen lassen sich wiederum in zwei Untergruppen einteilen: die Kometen der Halley-Familie mit einer Umlaufzeit von mehr als 20 Jahren, und die Familie der Jupiter-Kometen mit kürzeren Perioden. Auf solchen kurzen Umlaufbahnen befinden sich wahrscheinlich auch einige Asteroiden und ruhende/erloschene Kometen, aber vermutlich haben nur sehr wenige Asteroiden eine Umlaufzeit von mehr als 20 Jahren. Die Umlaufbahnen langperiodischer Kometen sind stärker *exzentrisch*, das heißt, sie sind länger gestreckt als die Bahnen kurzperiodischer Kometen. Das erscheint auch plausibel, denn Kometen sind für uns nur dann sichtbar, wenn sie sich in der Nähe der Sonne befinden. Während kurzperiodische Kometen näher an der Sonne kreisen, dürfte die Umlaufbahn eines Kometen, der sichtbar ist und eine lange Periode hat, einerseits nahe an der Sonne verlaufen, sich andererseits aber auch weit nach außen erstrecken, so dass ein Umlauf auf diesem langen Weg auch einen langen Zeitraum erfordert. Außerdem sieht es so aus, als würden die Umlaufbahnen der langperiodischen Kometen näher an der Ebene der *Ekliptik* liegen, in der auch die Planeten kreisen; darüber hinaus scheint ihre allgemeine Umlaufrichtung die gleiche zu sein.

Wie es mit allen diesen Objekten weitergeht, nachdem sie in den inneren Teil des Sonnensystems eingetreten sind, hängt von möglichen weiteren Störungen ab. Der größte relativ nahe gelegene »Störer«, den man kennt, ist der Jupiter: Seine Masse ist mehr als doppelt so groß wie die Masse aller anderen Planeten zusammen. Neue Kometen können im inneren Sonnensystem auf eine neue Umlaufbahn gelangen, oder aber sie tauchen nur einmal auf und werden dann endgültig aus dem Sonnensystem ausgestoßen, oder sie kollidieren mit einem Planeten wie der Komet Shoemaker-Levy, den dieses Schicksal auf berühmte, prachtvolle Weise ereilte, als er vor nicht allzu langer Zeit – 1994 – auf den Jupiter stürzte.

Der Kuiper-Gürtel und die *scattered disk*

Betrachten wir nun einmal die Bereiche mit den vereisten »kleinen Körpern im Sonnensystem«, die sich in Kometen verwandeln, wenn sie nach einer Störung in die inneren Regionen des Sonnensystems vordringen. Zuerst wollen wir uns mit dem Kuiper-Gürtel beschäftigen (siehe Abb. 14). Er ist zwar selbst kein Reservoir für kurzperiodische Kometen, dient aber als wichtiger Wegweiser für die *scattered disk*, die einen solchen Vorrat darstellt.

In meinen Augen ist es einer der interessantesten Aspekte am Kuiper-Gürtel, dass er erst so spät entdeckt wurde: Vorhergesagt wurde er in den 1940er und 1950er Jahren, und erst 1992 fanden die Astronomen heraus, dass wir unsere Kenntnisse über das Sonnensystem, die viele von uns in der Schule erworben haben und die wir für solide begründet hielten, revidieren müssen. Nur so können wir die Entdeckung des Kuiper-Gürtels und einige andere Fortschritte, von denen noch die Rede sein wird, erklären. Selbst wer noch nie vom Kuiper-Gürtel gehört hat, kennt vielleicht einige Objekte, die dort angesiedelt sind oder ihren Ursprung haben. Darunter sind auch drei Zwerg-

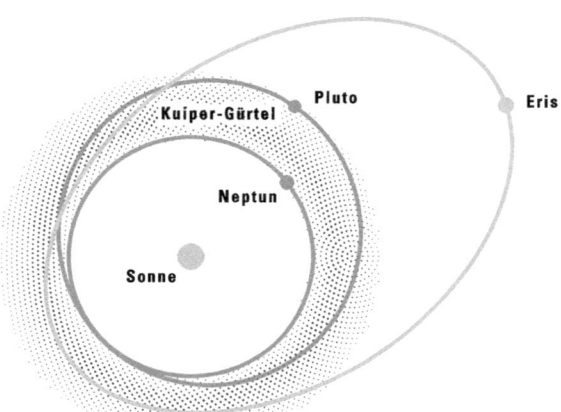

Abb. 14 Der Kuiper-Gürtel erstreckt sich jenseits des Neptun. Sein größtes Objekt ist der Pluto. Die *scattered disk* liegt ein wenig außerhalb des Kuiper-Gürtels; zu ihr gehört das noch massereichere Objekt Eris.

planeten, unter anderem der frühere Planet namens Pluto. Der Neptunmond Triton und der Saturnmond Phoebe sind zwar heute weit vom Kuiper-Gürtel entfernt, ihre Größe und Zusammensetzung lassen aber darauf schließen, dass ihr Dasein ebenfalls dort begann, bevor sie von vorbeikommenden Planeten angezogen wurden.

Eine AE (astronomische Einheit) ist eine Strecke von ungefähr 150 Millionen Kilometern – die ungefähre Entfernung der Erde von der Sonne. Der Kuiper-Gürtel ist mehr als dreißigmal weiter von der Sonne entfernt – er liegt in einem Abstand von 30 bis 55 AE. Dort kreisen zahlreiche kleinere Planeten, die meisten von ihnen im *klassischen Kuiper-Gürtel*, der 42 bis 48 AE von der Sonne entfernt ist. In senkrechter Richtung erstreckt sich diese Region ungefähr zehn Grad außerhalb der Ekliptik, ihre mittlere Position ist aber nur um wenige Grad geneigt. Mit ihrer Dicke ist sie eigentlich kein Gürtel, sondern sie hat eher die Form eines Donuts. Dennoch hat sich ihr ein wenig irreführender Name erhalten.

Auch aus einem anderen Grund ist der Name ein wenig unfair. Frühere Spekulationen über das Wesen des Kuiper-Gürtels waren so zahlreich und vielfältig, dass nicht genau geklärt ist, wem eigentlich das Verdienst gebührt, ihn als Erster postuliert zu haben. Schon bald nachdem man in den 1920er Jahren den Pluto entdeckt hatte, äußerten viele Astronomen die Vermutung, dieser kleine Himmelskörper sei möglicherweise nicht allein. Schon 1930 formulierten Wissenschaftler verschiedene Hypothesen über weitere Trans-Neptun-Objekte, das größte Verdienst gebührt aber wahrscheinlich dem Astronomen Kenneth Edgeworth. Er vertrat 1943 die Ansicht, in der Frühzeit des Sonnensystems sei die Materie in der Region jenseits des Neptun so dünn verteilt gewesen, dass keine Planeten entstehen konnten, sondern nur eine Reihe kleinerer Körper. Im weiteren Verlauf spekulierte er, hin und wieder könne eines dieser Objekte in die inneren Regionen des Sonnensystems gelangen und dort zu einem Kometen werden.

Heute bevorzugen die Wissenschaftler ein ganz ähnliches Szenario wie Edgeworth. Darin kondensierte die Scheibe, die zum Sonnensystem wurde, und es entstanden Objekte, die kleiner waren als Planeten und manchmal als *Planetesimale* bezeichnet werden. Gerard Kuiper, nach dem der Gürtel benannt ist, stellte seine Hypothese erst später – nämlich 1951 – auf und lag mit seinen Vermutungen auch nicht ganz richtig: Er hielt den Gürtel für eine vorübergehende Struktur, die heute nicht mehr existiert; er glaubte nämlich, Pluto sei größer, als er wirklich ist, und habe die Region wie die anderen Planeten von kleinen Objekten gereinigt. In Wirklichkeit ist Pluto aber bedeutend kleiner, als Kuiper angenommen hatte, und deshalb geschah so etwas nicht; stattdessen überlebte der Kuiper-Gürtel mit seinen vielen Objekten in der gleichen großen Region, in der auch die Umlaufbahn des Pluto liegt.

Edgeworth wird wegen seiner Spekulationen manchmal zusammen mit Kuiper durch den Namen *Edgeworth-Kuiper-Gürtel* geehrt. Aber hier ging es wie – zumindest in Amerika – fast immer mit langen Namen: Häufiger wird die kürzere Form verwendet. Der »Preis der Schwedischen Reichsbank in Wirtschaftswissenschaft zur Erinnerung an Alfred Nobel«, der im Nachgang zu den eigentlichen Nobelpreisen geschaffen wurde, heißt heute in der Regel »Nobelpreis für Wirtschaftswissenschaften«, und genauso hört man auch die längere Version dieses astronomischen Begriffs, mit der Edgeworth' Beitrag angemessen gewürdigt wird, nur selten.

Im Anschluss an die Vermutungen von Edgeworth und Kuiper erkannten die Wissenschaftler, dass die Kometen selbst uns einen Hinweis auf die Existenz des Kuiper-Gürtels geben. In den 1970er Jahren entdeckte man so viele kurzperiodische Kometen, dass man sie mit der Oort-Wolke nicht erklären konnte. Kurzperiodische Kometen entstehen in der Nähe der Mittelebene des Sonnensystems, während diejenigen, die ihren Ursprung in der Oort-Wolke haben, sich stärker kugelförmig rund um die Sonne verteilen. Aufgrund dieser Beobachtung vertrat der Astronom Julio Fernandez aus Uruguay die Ansicht, man solle die Kometen lieber mit einem Gürtel erklären, der genau in jener Region liegt, in der nach heutiger Kenntnis der Kuiper-Gürtel angesiedelt ist.

Wie immer erforderte die Entdeckung trotz aller Spekulationen ausreichend empfindliche Beobachtungshilfsmittel. Kleine, weit entfernte, nicht leuchtende Objekte zu finden, ist nicht einfach; deshalb fand man die ersten Himmelskörper, die neben Pluto im Kuiper-Gürtel kreisen, erst 1992 und Anfang 1993. Jane Luu und David Jewitt nahmen die Suche auf, als er Professor am Massachusetts Institute of Technology und sie Studentin war; ihre Beobachtungen machten sie an zwei Sternwarten: dem Kitt Peak National Observatory in Arizona und dem Cerro Tololo Inter-American Observatory in

Chile. Sie setzten ihre Arbeiten auch fort, nachdem Jewitt an die University of Hawaii gegangen war, wo sie das 2,24-Meter-Teleskop der Hochschule auf dem Gipfel des erloschenen Vulkans Mauna Kea benutzen konnten – es steht an einem hervorragenden Aussichtspunkt mit wunderbar klarem Himmel (wenn man auf Big Island ist, lohnt sich eine Besichtigung). Nach fünfjähriger Suche entdeckten sie im Kuiper-Gürtel zwei Objekte, das erste im Sommer 1992, das zweite zu Beginn des nachfolgenden Jahres. Seit jener Zeit hat man viele weitere, ähnliche Objekte entdeckt, sie stellen aber mit ziemlicher Sicherheit nur einen winzigen Bruchteil der Gesamtmenge dar. Heute kennen wir in dem Gürtel mehr als 1000 Himmelskörper, die als Kuiper-Gürtel-Objekte (*Kuiper belt objects*, KBOs) bezeichnet werden; Berechnungen sprechen aber dafür, dass der Gürtel in Wirklichkeit mehr als 100 000 Objekte mit einem Durchmesser von mehr als 100 Kilometern enthält.

Was man hier anmerken sollte: Obwohl Pluto seine Stellung als Planet verloren hat, ist er immer noch etwas Besonderes, und deshalb wurde er auch früher entdeckt als alle anderen Objekte im Kuiper-Gürtel. Nach allem, was wir über die Masse der Objekte in seiner Nachbarschaft wissen, ist Pluto größer, als man erwarten würde. Dieses eine Objekt enthält offensichtlich einige Prozent der Gesamtmasse des Gürtels und ist dort wahrscheinlich der größte einzelne Brocken. Die niedrige Gesamtmasse des Kuiper-Gürtels liefert sogar einen interessanten Hinweis auf seinen Ursprung. Die Schätzungen reichen von vier bis zehn Prozent der Erdmasse, Modelle für die Entstehung des Sonnensystems ordnen dem Kuiper-Gürtel aber ungefähr das Dreißigfache der Erdmasse zu. Wäre seine Masse immer so gering gewesen, kein Objekt von mehr als 100 Kilometern Durchmesser wäre jemals in den Gürtel gelangt – was aber durch die Existenz von Pluto widerlegt wird. Daraus können wir ablesen, dass ein großer Anteil – mehr als 99 Prozent – der vorhergesagten Masse sich nicht mehr dort befindet. Entweder sind die KBOs anderswo – nämlich näher an der Sonne – entstanden, oder der größte Teil der Masse hat sich aus irgendwelchen Gründen zerstreut.

Die vielen anderen Objekte, die auf ähnlichen Umlaufbahnen kreisen wie Pluto, heißen *Plutinos*. Sie sind knapp 40 AE von der Sonne entfernt, der Abstand schwankt aber wegen ihrer stark exzentrischen Bahnen. Die Plutinos sind *resonante Kuiper-Gürtel-Objekte*, das heißt, ihre Bahnen stehen in einem festen Verhältnis zu der des Neptun. So umkreisen sie die Sonne zum Beispiel in der Zeit, die Neptun für drei Umläufe braucht, zweimal. Wegen dieses festen Verhältnisses geraten die Objekte nicht zu nahe an den Neptun, sondern sie entgehen seinem stärkeren Gravitationsfeld, das sie ansonsten aus der Region hinausstoßen würde. Amüsanterweise verlangt die Internationale Astronomische Union (IAU), dass die Plutinos wie Pluto nach antiken Unterweltgottheiten benannt werden. Allerdings kennen wir schon heute mindestens 1000 solche Objekte, und angesichts der begrenzten aktuellen Daten vermuten die Wissenschaftler, dass es – genau wie in den zuvor erörterten anderen Kategorien – in Wirklichkeit noch viel mehr sind.

Zum größten Teil besteht die Population des Kuiper-Gürtels aber nicht aus Plutinos, sondern aus Objekten, die im »klassischen Kuiper-Gürtel« liegen. In Übersichtsuntersuchungen hat man viele solche Objekte gefunden, und das Vermessungsprojekt Pan-STARRS, das mittlerweile ausschließlich nach allen Objekten im Sonnensystem sucht, die sich sichtbar bewegen, wird vermutlich noch viele weitere aufspüren. Die Objekte im klassischen Kuiper-Gürtel haben stabile Umlaufbahnen, die vom Neptun auch ohne »resonante«, von dem großen Planeten in fester Entfernung verlaufende Bahnen nicht gestört werden. Ein großer Anteil dieser stärker rotgefärbten, klassischen Objekte hat nahezu kreisförmige Umlaufbahnen. Die Bahnen einer zweiten Population sind stärker exzentrisch und stärker – bis zu 30 Grad, meist aber weniger – geneigt. Damit bleibt im Kuiper-Gürtel noch eine relativ schwach bevölkerte, instabile Region; dort liegen Objekte, die erst vor recht kurzer Zeit dorthin gelangt sind.

Objekte, die sich früher im Kuiper-Gürtel befanden, sind wahrscheinlich Vorläufer vieler Kometen, die wir heute beobachten, oder zumindest mit ihnen verwandt; deshalb sollte es uns nicht wundern, dass sie praktisch die gleiche Zusammensetzung wie die Kometen haben. Sie bestehen vorwiegend aus vereistem Material wie Methan, Ammoniak und Wasser. Dass sie Eis und kein Gas enthalten, liegt an der Position des Gürtels und der dort herrschenden, niedrigen Temperatur von rund 50 Kelvin – über 200 Grad unter dem Gefrierpunkt von Wasser. Viele neue Erkenntnisse werden wir voraussichtlich gewinnen, wenn Wissenschaftler die Analyse der Daten abgeschlossen haben, die von der Raumsonde »New Horizons« am Pluto und im Kuiper-Gürtel gesammelt werden.

Die Umlaufbahnen in dem Gürtel sind stabil, das heißt, genau genommen stammen die Kometen nicht von dort. Die dauerhaften Bewohner des Kuiper-Gürtels finden nicht den Weg zur Sonne. Kurzperiodische Kometen entstehen vielmehr in der *scattered disk*, einer relativ leeren Region, in der sich vereiste kleine Planeten befinden; sie überschneidet sich mit dem Kuiper-Gürtel, erstreckt sich aber auch in viel sonnenfernere Bereiche von 100 AE oder mehr. Die *scattered disk* enthält Objekte, deren Umlaufbahnen vom Neptun destabilisiert werden können. Von den Objekten des Kuiper-Gürtels unterscheiden sie sich durch ihre stärker exzentrische Form, ihre sehr unterschiedlichen Positionen und ihre Neigung – bis zu 30 Grad – wie auch durch ihre Instabilität. Die Himmelskörper in der *scattered disk* haben mittelmäßig bis stark exzentrische Umlaufbahnen, die nicht kreisförmig, sondern langgestreckt sind. Die Exzentrizität ist so stark, dass selbst Objekte, die an ihrem sonnenfernsten Punkt weit vom Neptun entfernt sind, ihm im Laufe ihres Umlaufs nahe genug kommen und in den Einfluss seines Gravitationsfeldes geraten. Das ist der Grund, warum der Einfluss des Neptun manchmal Objekte aus der *scattered disk* in Richtung des inneren Sonnensystems ablenkt, wo sie sich dann erwärmen, Gas und Staub abgeben und schließlich als Kometen sichtbar werden.

Eris, der einzige bekannte kleinere Planet, der in seiner Größe mit Pluto vergleichbar ist, liegt außerhalb des Kuiper-Gürtels und war dort das erste Objekt, das man nachweisen konnte. Ihn fanden die Astronomen auf dem Mauna Kea mit CCD-Sensoren – einer weiterentwickelten Form der technischen Vorrichtungen, die auch in Digitalkameras verwendet werden – in Verbindung mit einer verbesserten Computerauswertung. Mit solchen Mitteln konnte man weiter entfernte Objekte beobachten, und sie führten recht spät, nämlich 1996, auch zur Entdeckung von Eris. Wenige Jahre später konnten Astronomen in der *scattered disk* drei weitere Objekte aufspüren. Ein anderes, den ganz unpoetisch benannten (48639) 1995 TL$_8$, hatte man schon früher (nämlich 1995) entdeckt, er wurde aber erst später der *scattered disk* zugeordnet. Seit jener Zeit kamen mehrere hundert weitere hinzu. Ihre Gesamtzahl ist vermutlich ähnlich groß wie die der Objekte im Kuiper-Gürtel, aber da sie weiter entfernt sind, ist ihre Beobachtung schwieriger.

Die Objekte im Kuiper-Gürtel und in der *scattered disk* enthalten ähnliche chemische Verbindungen. Wie andere Trans-Neptun-Objekte, so haben auch die in der *scattered disk* eine geringe Dichte; zusammengesetzt sind sie vorwiegend aus gefrorenen flüchtigen Verbindungen wie Wasser und Methan. Nach Ansicht vieler Fachleute stammen die Objekte von Kuiper-Gürtel und *scattered disk* ursprünglich aus der gleichen Region, aber manche von ihnen gelangten durch Gravitationswechselwirkungen – vor allem mit dem Neptun – in stabile Umlaufbahnen im Kuiper-Gürtel, während andere nach innen zwischen die Umlaufbahnen von Jupiter und Neptun in eine Region gezogen wurden, die auch die sogenannten Zentauren enthält. Die restlichen Objekte wurden durch die Gravitation in die instabilen Umlaufbahnen der *scattered disk* befördert.

Mit ziemlicher Sicherheit ist die Struktur des Kuiper-Gürtels und der *scattered disk* auf die Gravitation der äußeren Planeten zurückzuführen. Offensichtlich verlagerte sich der Jupiter irgendwann weiter nach innen in Richtung des Zentrums des Sonnensystems, während Saturn, Uranus und Neptun weiter nach außen wanderten. Jupiter und Saturn stabilisierten gegenseitig ihre Umlaufbahnen – der Jupiter umkreist die Sonne genau doppelt so schnell wie der Saturn. Gleichzeitig destabilisierten die beiden Planeten aber auch Uranus und Neptun – diese verschoben sich in andere Umlaufbahnen, wobei die von Neptun stärker exzentrisch und weiter von der Sonne entfernt ist. Auf dem Weg zu seinem Bestimmungsort schleuderte der Neptun wahrscheinlich auch viele Planetesimale entweder in stärker exzentrische oder in sonnennähere Umlaufbahnen, wo sie sich erneut verteilten oder durch den Einfluss des Jupiter weggestoßen wurden. Demnach wäre nur ein Prozent des Kuiper-Gürtels heute noch intakt, und die große Mehrzahl der Objekte hätte sich in den Weltraum zerstreut.

Einer anderen Theorie zufolge bildete sich zuerst der Kuiper-Gürtel, und aus ihm gelangten die Objekte dann in die *scattered disk*. Nach dieser Vorstellung, die in vielerlei Hinsicht der zuvor beschriebenen ähnelt, sorgten Neptun und die äußeren Planeten dafür, dass manche Objekte in exzentrische, stark geneigte Umlaufbahnen gerieten, die entweder näher an der Sonne oder in größerer Entfernung in den Außenbezirken des Sonnensystems lagen. Einige Objekte, die auf diese Weise aus dem Kuiper-Gürtel geschleudert wurden, wären dann in die *scattered disk* geraten. Andere wurden vielleicht zu Zentauren. Damit wäre die rätselhafte Frage beantwortet, wie die Zentauren, die instabile Umlaufbahnen haben und nur wenige Millionen Jahre in ihrer Position bleiben, bis heute existieren konnten – möglicherweise liefert der Kuiper-Gürtel sie nach. Auch Kometen haben nur ein endliches (aber prachtvolles) Leben. Die Sonnenwärme löst sie allmählich auf, weil ihre flüchtige Oberfläche sich in Gas verwandelt. Ohne ständigen Nachschub an neuen Objekten gäbe es heute keine Kometen mehr.

Die Oort-Wolke

Die kurzperiodischen Kometen stammen aus der *scattered disk*. Der hypothetische Ursprungsort der langperiodischen Variante ist die Oort-Wolke, eine riesige, kugelförmige »Wolke« aus vereisten Planetesimalen, die vielleicht eine Billion kleinerer Planeten enthält (siehe Abb. 15). Benannt ist sie nach dem niederländischen Astronomen Jan Hendrik Oort, der sich mit mehreren bedeutenden Leistungen verdient gemacht hat – mindestens zwei physikalische Begriffe tragen seinen Namen. Eine seiner bemerkenswertesten Errungenschaften bestand darin, dass er 1932 nachwies, wie man mit Beobachtungen die Menge der Materie – einschließlich der dunklen Materie – in der Galaxis messen kann.

Auf Oort gehen auch Spekulationen über die nach ihm benannte Wolke zurück. Als Erster vermutete der estnische Astronom Ernst Julius Öpik in den 1930er Jahren, die langperiodischen Kometen könnten ihren Ursprung in einer solchen Wolke haben. Oort nannte 1950 sowohl theoretische als auch empirische Gründe für die Annahme, dass es eine solche kugelförmige Wolke aus sehr weit entfernten Objekten gibt. Zunächst beobachtete er, dass die langperiodischen Kometen, die aus allen Richtungen kamen, sehr langgestreckte Umlaufbahnen hatten – ein Hinweis, dass ihr Ursprungsort viel weiter entfernt ist als der Kuiper-Gürtel. Wie Oort außerdem erkannte, hätten die Kometen nicht so lange erhalten bleiben können, dass man sie heute beobachten kann, wenn sie sich immer auf ihren derzeitigen Bahnen bewegt hätten. Kometen haben instabile Umlaufbahnen: Störungen durch Planeten können dazu führen, dass sie irgendwann in die Sonne stürzen, mit einem Planeten kollidieren oder ganz aus dem Sonnensystem ausgestoßen werden. Außerdem geht den Kometen »die Luft aus«, wenn sie zu häufig nahe an der Sonne vorbeifliegen – der Gasverlust kann sich nicht ewig fortsetzen, sondern irgendwann verschwinden die Objekte. Nach Oorts Hypothese liefert

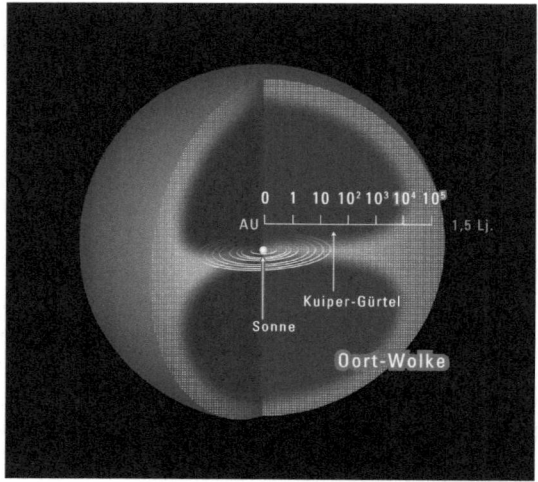

Abb. 15 Die Oort-Wolke liegt am Rand des Sonnensystems außerhalb der Planetenbahnen und des Kuiper-Gürtels. Sie erstreckt sich über eine Sonnenentfernung von 1000 bis vielleicht über 50 000 AE.

die heute nach ihm benannte Wolke immer wieder frische Kometen nach, so dass wir neuere Exemplare auch heute noch beobachten können.

Die mutmaßliche Oort-Wolke ist ungeheuer weit von uns entfernt. Die Entfernung von der Erde zur Sonne beträgt 1 AE, und Neptun – der sonnenfernste Planet – ist 30 AE entfernt. Die Oort-Wolke erstreckt sich nach Ansicht der Astronomen von vielleicht 1000 AE bis zu mehr als 50 000 AE Sonnenentfernung – beträchtlich weiter als alles, was wir bisher betrachtet haben. Damit deckt die Wolke einen beträchtlichen Teil der Entfernung von der Sonne zu Proxima Centauri ab, dem nächstgelegenen Stern, der ungefähr 270 000 AE (4,2 Lichtjahre) entfernt ist. Licht wäre von der Oort-Wolke bis zu uns fast ein Jahr unterwegs.

Die schwache gravitationsbedingte Bindungsenergie von Objekten an den äußersten Rändern des Sonnensystems ist der Grund, warum sie anfällig für kleine Gravitationsstörungen sind, die die von uns beobachteten Kometen entstehen lassen. Schon ein kleiner Stoß kann ein solches Objekt aus seiner Umlaufbahn werfen und auf den Weg ins innere Sonnensystem bringen, wo es als langperiodischer Komet ankommt. Störungen solcher schwach gebundenen Objekte können aber auch zu kurzperiodischen Kometen führen, wenn ein Planet sie auf ihrem Weg in Richtung der Sonne weiter ablenkt. Die Oort-Wolke ist also vermutlich der Herkunftsort aller langperiodischen Kometen – darunter der kürzlich beobachtete Hale-Bopp – und auch einiger Kometen mit kurzer Periode, darunter möglicherweise der Halley-Komet. Und auch wenn die meisten kurzperiodischen Kometen der Jupiter-Familie vermutlich aus der *scattered disk* stammen, weisen manche von ihnen bei Kohlenstoff und Stickstoff ein Isotopenverhältnis auf, das dem der langperiodischen Kometen aus der Oort-Wolke ähnelt; demnach stammen sie vermutlich ebenfalls von dort. Und schließlich gibt es eine letzte, noch beunruhigendere Möglichkeit: Objekte, die durch Störungen aus der Oort-Wolke entfernt wurden, könnten in die inneren Bereiche des Sonnensystems vordringen und mit einem Planeten – möglicherweise der Erde – kollidieren, so dass es zu einem Kometeneinschlag kommt. Auf diese faszinierende Möglichkeit werde ich später zurückkommen.

Langperiodische Kometen liefern uns Hinweise darauf, was für Objekte die Oort-Wolke bevölkern. Wie andere Kometen enthalten sie Wasser, Methan, Ethan und Kohlenmonoxid. Aber manche Bestandteile der Oort-Wolke dürften auch aus Gestein bestehen – womit sie in ihrer Zusammensetzung stärker den Asteroiden ähneln. Man spricht zwar von einer »Wolke«, das Kometenreservoir scheint aber eine Struktur zu haben: Es besteht wahrscheinlich aus einer donutförmigen inneren Region – die manchmal auch als Hills-Wolke bezeichnet wird, weil J. G. Hills sie 1981 erstmals postulierte – und einer kugelförmigen äußeren Wolke aus Kometenkernen, die sich noch viel weiter nach außen erstreckt.

Trotz ihrer gewaltigen Größe dürfte die äußere Oort-Wolke nur eine Gesamtmasse haben, die ungefähr fünfmal so groß ist wie die Masse der Erde. Höchstwahrscheinlich enthält sie aber Milliarden von Objekten mit niedriger Dichte, die einen Durchmesser von mehr als 200 Kilometern haben, und Billionen Objekte von mindestens einem Kilometer. Modelle weisen darauf hin, dass die innere Region, die sich bis in eine Entfernung von 20 000 AE von der Sonne erstreckt, ein Vielfaches dieser Zahl enthält. Objekte aus dieser inneren Wolke treten wahrscheinlich an die Stelle derer, die aus der schwächer gebundenen äußeren Oort-Wolke verlorengehen; ohne sie hätte die Wolke nicht überlebt.

Da die Oort-Wolke so weit entfernt ist, können wir ihre vereisten Körper nicht an Ort und Stelle beobachten. Kleine Objekte sichtbar zu machen, deren Entfernung so groß ist und die in den Außenbezirken des Sonnensystems so wenig Licht reflektieren, ist äußerst schwierig. Eine Beobachtung von Objekten in der gewaltigen Entfernung der Oort-Wolke – sie ist tausendmal weiter von der Sonne entfernt als der Kuiper-Gürtel – ist derzeit unmöglich. Deshalb ist die Oort-Wolke nach wie vor ein hypothetisches Gebilde – niemand hat ihre Struktur oder die in ihr enthaltenen Objekte jemals gesehen. Dennoch gilt sie als recht gut nachgewiesener Bestandteil des Sonnensystems. Die Bahnen der langperiodischen Kometen, die aus allen Richtungen des Himmels kommen, sprechen überzeugend dafür, dass es sie gibt und dass die Kometen in dieser weit entfernten Region ihren Ursprung haben.

Die Oort-Wolke entstand vermutlich aus der protoplanetaren Scheibe, aus der am Ende im Sonnensystem so viele Strukturen hervorgingen. Kometenkollisionen, galaktische Gezeiten und Wechselwirkungen mit anderen Sternen – insbesondere in entfernter Vergangenheit, als solche Interaktionen vermutlich häufiger stattfanden –, all das dürfte zur Entstehung der Oort-Wolke beigetragen haben. Objekte, die sich im dynamischen frühen Sonnensystem in geringerer Entfernung zur Sonne bildeten, könnten unter dem Einfluss der riesigen Gasplaneten nach außen gewandert sein und dann die Oort-Wolke gebildet haben, oder die Population entwickelte sich aus instabilen Objekten in der *scattered disk*.

Wir kennen mit Sicherheit noch nicht alle Antworten. Aber vor dem Hintergrund aktueller Beobachtungen und theoretischer Arbeiten erwerben wir immer neue Kenntnisse über die äußeren Ränder des Sonnensystems. Vielleicht sollte es uns nicht wundern, dass sie eine faszinierende, dynamische Region sind.

8

Der Rand des Sonnensystems

Die Raumsonde Voyager I wurde 1977 von der NASA gestartet und sollte im Laufe von vier Jahren den Saturn und den Jupiter erforschen. Jahrzehnte später hatte sie ihre unglaubliche Langlebigkeit und Robustheit unter Beweis gestellt: Sie war mittlerweile mehr als 125 AE von der Erde entfernt – eine Strecke, zu deren Überwindung ein Lichtsignal mehr als einen halben Tag braucht – und funktionierte immer noch. Die Voyager-Sonde und ihre Messungen verschafften uns unmittelbaren Zugang zu Regionen des Weltraums, in die zuvor noch keine Mission vorgedrungen war. Zwar musste man unterwegs an dem Datensammelsystem herumbasteln, das auf Acht-Spur-Magnetbändern basierte, die Kamera funktionierte nicht mehr, und die Speicherkapazität der Instrumente betrug nur ein Millionstel dessen, was heute jedes Smartphone hat. Aber die Sonde arbeitet noch und ist derzeit weiter als jeder andere von Menschen hergestellte Gegenstand von Erde und Sonne entfernt.

Obwohl Voyager I so veraltet war, wurde die Sonde 2013 in den Nachrichten zu einem aktuellen Thema: Die NASA gab bekannt, sie habe am 25. August 2012 den interstellaren Raum erreicht. Sehr lebhaft wurde die Debatte – in der Wissenschaftlergemeinde ohnehin, aber auch darüber hinaus –, als in Pressemeldungen behauptet wurde, Voyager I habe den Rand des Sonnensystems hinter sich gelassen. Besonders hartnäckig und amüsant waren die Unterhaltungen auf Twitter. Begeisterte Nachrichten, wonach Voyager das Sonnensystem verlassen habe, wechselten sich mit empörten Forderungen ab, man solle nicht behaupten, dass Voyager uns verlassen habe. Ich brauchte eine gewisse Zeit, um es zu begreifen, aber bald wurde mir klar, dass die Menschen sich damit nicht gegen die Wiederholung der Aussage wandten, sondern ihren Wahrheitsgehalt in Frage stellen. Was meinen wir eigentlich mit dem »Ende des Sonnensystems«?

Im Geist sind wir mittlerweile bis in die Oort-Wolke gereist – sie ist ein vernünftiger Kandidat für die Begrenzung des Sonnensystems –, aber weder Voyager noch irgendein anderes Raumfahrzeug ist bisher auch nur in die Nähe dieser weit entfernten Regionen gekommen. Da der Zusammenhang zwischen dunkler Materie und Meteoroiden die Oort-Wolke und ihre Nachbarschaft betrifft, möchte auch ich kurz auf die Frage eingehen, was wir mit der Behauptung, Voyager habe das Sonnensystem verlassen, eigentlich meinen. Wo liegt die Grenze des Sonnensystems, und warum ist es so schwierig, sie zu definieren?

War Voyager drinnen oder draußen?

Das Sonnensystem macht nur einen winzigen Bruchteil der Größe des sichtbaren Universums aus, aber sehr groß ist es dennoch. Nach den meisten plausiblen Messungen schließt es die Oort-Wolke ein, die sich mindestens bis zum Fünfzigtausendfachen der Entfernung zwischen Erde und Sonne (1 AE) erstreckt, sehr wahrscheinlich aber sogar doppelt so weit – über mehr als ein Lichtjahr. Um uns eine Vorstellung davon zu verschaffen, wie groß diese Entfernung ist, können wir uns vorstellen, wie lange eine Raumsonde mit der heutigen Technik brauchen würde, um in diese Außenbezirke vorzudringen. Ein Raumfahrzeug bewegt sich ungefähr so schnell, wie die Erde sich um die Sonne bewegt, das heißt, es legt in einem Jahr ungefähr eine Strecke zurück, die so lang ist wie die Umlaufbahn der Erde. Nach dieser Schätzung würde es ungefähr 8000 bis 9000 Jahre dauern, bis der Bereich von 50 000 AE erreicht wäre – das ist ungefähr ein Fünftel der Entfernung bis zum nächsten Stern außerhalb unseres Sonnensystems. Aber wie viele AE misst das Sonnensystem eigentlich?

Die beiden derzeit üblichen Definitionen geben unterschiedliche Antworten, und auch die zweite liefert für sich schon zweideutige Ergebnisse, je nachdem, wie man sie abgrenzt. Nach der ersten Definition ist das Sonnensystem die Region, in der die Schwerkraft der Sonne gegenüber äußeren Gravitationseinflüssen die Oberhand hat. So betrachtet, befindet sich Voyager nach wie vor im Sonnensystem. Und da sogar die Oort-Wolke als Teil des Sonnensystems gilt, kann man sich kaum der Vorstellung anschließen, dass Voyager, der noch nicht einmal bis zu der Wolke vorgedrungen ist – und das nach derzeitigen Schätzungen auch frühestens in 300 Jahren tun wird, bevor er sie in vielleicht 30 000 Jahren wieder verlässt – sich nicht mehr in unserer stellaren Nachbarschaft befindet.

Andererseits ist aber nicht geklärt, wo die Gravitationsanziehung der Sonne aufhört; deshalb ist diese erste Definition unscharf. Nach einer zweiten entspricht das Ende des Sonnensystems dem Beginn des interstellaren Raumes, und der ist dadurch charakterisiert, dass dort das mit dem Sonnenwind assoziierte Magnetfeld endet – was in einer Entfernung von rund 15 Milliarden Kilometern oder rund 100 AE der Fall ist. Diese Entfernung ist so groß, dass Funksignale, die dort ausgesandt werden, erst nach ungefähr einem Tag bei uns eintreffen. Dennoch ist sie beträchtlich geringer als der Abstand der Oort-Wolke.

Der Sonnenwind, von dem im vorangegangenen Kapitel schon die Rede war, besteht aus geladenen Teilchen – Elektronen und Protonen –, die von der Sonne ausgehen. Diese Teilchen tragen ein Magnetfeld, das mit einer Geschwindigkeit von rund 400 Kilometer pro Sekunde nach außen in Richtung des interstellaren Raumes strömt. Der interstellare Raum ist definitionsgemäß das Gebiet zwischen den Sternen, aber er ist nicht leer. Vielmehr enthält er kaltes Wasserstoffgas, Staub, ionisierte Gase sowie einige weitere Substanzen aus explodierten Sternen und den Sternenwind, der nicht von der Sonne, sondern von anderen Sternen stammt. Irgendwo treffen der Sonnenwind und das interstellare Medium aufeinander. In dieser Region entsteht ein besonderer Bereich, die *Heliosphäre*, und die Grenze zwischen den beiden Regionen bezeichnet man als *Heliopause*. Da das Sonnensystem in Bewegung ist, hat die Grenze nicht die Form einer Kugel, sondern sie ist eher tropfenförmig.

Manche Wissenschaftler bezeichnen die Heliopause als Grenze zwischen dem Sonnensystem und dem interstellaren Raum. Dass Voyager den Rand der Heliosphäre erreicht hat und in den äußeren Weltraum eintritt, würde demnach dadurch signalisiert, dass die Zahl geladener Teilchen aus der Heliosphäre, die auf die Sonde treffen, abnimmt, während die Zahl der Teilchen von außen steigt. Unterscheiden kann man die Teilchen, weil sie einen unterschiedlichen Energiegehalt haben: Energiereiche geladene Teilchen der kosmischen Strahlung stammen aus weit entfernten Supernovae, das heißt von außerhalb des Sonnensystems. Im August 2012 zeigte sich in den Daten von Voyager eine starke Zunahme solcher Teilchen. Gleichzeitig wurden deutlich weniger energiearme Teilchen nachgewiesen. Da solche Teilchen aus dem Sonnensystem stammen, während die energiereichen Partikel ihren Ursprung im interstellaren Medium (ISM) haben, waren die beiden Messungen zusammen ein deutlicher Hinweis, dass die Sonde die Heliosphäre verlassen hatte.

Ursprünglich gehörte zu den Kriterien für die Definition der Heliopause aber auch eine Veränderung von Stärke und Richtung des Magnetfeldes, die nun den Verhältnissen außerhalb der Heliosphäre entsprechen sollten. Diese Definition ist aber nicht über längere Zeit konstant, sondern sie hängt vom Sonnen»wetter« ab, das heißt davon, wie der Sonnenwind sich jeweils verhält. Wie sich herausstellte, sprachen zwar die gemessenen Eigenschaften des geladenen Teilchenplasmas dafür, dass die Sonde das Sonnensystem verlassen hatte, sie erfüllten aber nicht das strengere Kriterium, das sich auf das Magnetfeld stützte. Eine Veränderung des Magnetfeldes wurde nicht beobachtet.

Obwohl die Veränderung der Plasmaumgebung bereits am 20. August 2012 eingetreten war, blieb die Frage, ob Voyager I sich nun im interstellaren Raum befand, noch bis zum März 2013 umstritten. Dennoch gab die NASA am 12. September 2013 bekannt, dies sei der Fall. Die Wissenschaftler hatten entschieden, dass die Veränderung des Magnetfeldes für eine solche Aussage nicht erforderlich war. Sie hatten ein weniger strenges Kriterium angelegt, nämlich eine Zunahme der Elektronendichte um einen Faktor von fast 100, wie man ihn außerhalb der Heliopause erwartet.

Nach der ersten Definition, die sich auf die Gravitationsanziehung der Sonne stützt, befindet sich Voyager also noch im Sonnensystem, und das wird auch für geraume Zeit so bleiben. Nach der zweiten (kürzlich veränderten) Definition dagegen ist die Sonde in den interstellaren Raum eingetreten. Die Antwort auf die Frage, ob sie das Sonnensystem verlassen hat, hängt also davon ab, welche der beiden Definitionen man anwendet.

Dazu noch eine amüsante Ergänzung: Voyager I hat eine goldene Platte mit Ton- und Bildaufzeichnungen über die Gesellschaft der Menschen dabei – nur für den Fall, dass ein Außerirdischer sie zufällig findet. Vermutlich würde ich alles, was man darin mitteilen kann, recht willkürlich finden, aber immerhin sind Grüße auf Englisch von Jimmy Carter dabei, der zur Zeit des Starts Präsident der Vereinigten Staaten war, außerdem Grüße in 49 weiteren Sprachen, Walgesänge und der Song »Johnny B. Goode« von Chuck Berry (der Sänger war sogar beim Start anwesend). Die Vorstellung, eine außerirdische Zivilisation – von unserer eigenen ganz zu schweigen – werde ohne weiteres in der Lage sein, diese Schallplatte in ein paar hundert Jahren abzuspielen, kommt mir ein wenig unwahrscheinlich vor, und das Gleiche gilt für den Gedanken, sie seien in ihrer Größe mit uns vergleichbar oder würden über die erforderlichen Abspielgeräte verfügen – schon auf der Erde hätten die meisten von uns heute wahrscheinlich Schwierigkeiten, sie zu finden. Ich möchte mir nicht einmal nähere Gedanken über die Frage der Übersetzung oder das Spektrum der Geräusche machen, die sie wahrscheinlich beurteilen könnten, sollte eine solche unwahrscheinliche Begegnung tatsächlich stattfinden. Vermutlich ist es aber dennoch gut, vorauszudenken. Die goldene Schallplatte hatte zumindest eine positive Folge. Sie gab den Anlass, dass Annie Druyan, die künstlerische Leiterin der Aufnahmen, mit Carl Sagan zusammenarbeitete. Selbst wenn sie für potentielle fremde Lebensformen höchstwahrscheinlich nicht zu entziffern ist, trug die Platte zu einer wunderschönen Liebesgeschichte bei.

Ich möchte aber fürs Erste die außerirdischen Besucher beiseitelassen und mich auf Begegnungen aus dem Weltraum konzentrieren, deren wir uns sicherer sein können – Begegnungen mit Meteoroiden, die auf der Erde einschlagen oder zumindest in unsere Atmosphäre eintreten. Wenn Mohammed nicht zum Berg kommen kann, muss der Berg zu Mohammed kommen. Womit ich sagen will: Auch wenn in absehbarer Zeit niemand in die Oort-Wolke reisen wird, fallen gelegentlich kleine Körper, die vermutlich von dort stammen, auf die Erde.

9

Ein gefährliches Leben

Kürzlich nutzte ich die Frühlingsferien an der Harvard University, um Freunde in Colorado zu besuchen und dort sowohl ein wenig zu arbeiten als auch Ski zu laufen. Die Rocky Mountains eignen sich außerordentlich gut, wenn man zur Ruhe kommen und nachdenken will, und die Nächte bieten ebenso viele atemberaubende Anregungen wie die Tage. An einem klaren, trockenen Abend ist der Himmel mit glitzernden Lichtpunkten übersät, zwischen denen hin und wieder eine Sternschnuppe hindurchschießt – einer jener winzigen, uralten Meteoroiden, die über unseren Köpfen zerplatzen. Eines Abends stand ich mit einem Bekannten vor dem Haus, in dem ich wohnte. Gebannt blicken wir auf die atemberaubende Fülle leuchtender Objekte, die sich dicht an dicht am Himmel drängten. Ich hatte bereits mehrere Meteore ausgemacht, aber plötzlich bemerkten wir beide einen besonders großen, der mehrere Sekunden lang leuchtete.

Obwohl ich Physikerin bin, gebe ich mich angesichts eines derart großartigen Anblicks häufig damit zufrieden, das bewusste Überlegen einzustellen und mich einfach nur zu freuen. Dieses Mal jedoch dachte ich darüber nach, um was für ein Objekt es sich handeln könnte und was seine Bahn möglicherweise aussagte. Der Meteor – der hier den krönenden Abschluss seiner viereinhalb Milliarden Jahre langen Geschichte erlebte – glühte einige Sekunden lang, das heißt, der sichtbare Meteoroid dürfte eine Strecke zwischen 50 und 100 Kilometern zurückgelegt haben, bevor er verdampfte und verschwand. Ungefähr ebenso viele Kilometer befand er sich vermutlich über uns, und das war der Grund, warum wir ihn als großen Bogen am Himmel wahrnahmen. Er war etwas Schönes, das wir aber gleichzeitig auch zumin-

148

dest teilweise verstehen. Als ich dieses staubkorn- oder kieselsteingroße Objekt mit den Worten kommentierte, es sei doch großartig, es über das Firmament schießen zu sehen, gab mein Bekannter – der kein Wissenschaftler ist – sich überrascht. Er sagte, er habe sich vorgestellt, dass das Objekt mindestens einen Kilometer groß sei.

Nun verlagerte sich das Gespräch schnell von der stillen Bewunderung für den großartigen Himmel auf die Frage, welchen Schaden ein Objekt von einem Kilometer Größe anrichten könnte, wenn es auf die Erde stürzte. Zwar besteht nur eine geringe Wahrscheinlichkeit, dass ein so großes, gefährliches Objekt die Erde trifft, und noch geringer ist die Chance, dass ein Objekt von nennenswerter Größe in einer dichtbevölkerten Region niedergeht, in der es größere Schäden anrichten könnte. Wenn wir aber die Mondoberfläche betrachten (auf der Erde sind zu wenige Krater erhalten geblieben, als dass wir daraus nützliche Schlüsse ziehen könnten), so erkennen wir, dass auch die Erde im Laufe ihres Lebens von Millionen Objekten getroffen wurde, deren Durchmesser zwischen einem und 1000 Kilometern lag. Die meisten dieser Einschläge ereigneten sich allerdings schon vor Jahrmilliarden im Zeitalter des »späten schweren Bombardements«, das trotz seines Namens bereits relativ frühzeitig nach der Entstehung des Sonnensystems stattfand, als dieses noch nicht seinen mehr oder weniger stabilen Zustand erreicht hatte.

Heute ist die Häufigkeit, mit der große Meteoroiden einschlagen, wesentlich geringer – eine unentbehrliche Voraussetzung, damit das Lebendige Bestand haben kann –, und so war es auch, seit die Episode des Bombardements zu Ende ging. Selbst der Himmelskörper, dessen Einschlag in Sibirien kürzlich von Dashcams auf Video festgehalten wurde – der Meteorit von Tscheljabinsk, der hell leuchtend am Himmel und auf YouTube verglühte – hatte nur einen Durchmesser von rund 20 Metern. Die einzige Begegnung mit einem Objekt, das so groß war, wie mein Freund es sich vorgestellt hatte, fand 1994 statt: Damals schlugen die kilometergroßen Fragmente des Kometen Shoemaker-Levy 9 auf dem Jupiter ein. Ursprünglich war das Objekt noch viel größer – es hatte vermutlich einen Durchmesser von mehreren Kilometern, bevor es in Stücke zerbrach. Einen Hinweis darauf, welche Schäden solche großen Fragmente anrichten können, lieferte eine dunkle Wolke, die wir auf der Oberfläche des Jupiter beobachten konnten: Sie war so groß wie die Erde. 20 Meter sind viel, aber ein Durchmesser von einem Kilometer ist noch einmal etwas ganz anderes.

Man sollte aber nicht vergessen, dass die Geschichte der Meteoroiden nicht nur von Zerstörung handelt. Die vielen kleinen und größeren Objekte, die auf die Erde herabgeregnet sind, hatten auch ihr Gutes. Meteoriten – die übriggebliebenen Bruchstücke von Meteoroiden auf der Erde – könnten eine Quelle von Aminosäuren gewesen sein, die für das Leben unentbehrlich sind, und sie könnten auch Wasser mitgebracht haben, eine weitere wichtige Zutat des Lebens, wie wir es kennen. Mit Sicherheit stammt der größte Teil der Metalle, die wir heute abbauen, aus dem Einschlag außerirdischer Objekte. Und man kann auch die Ansicht vertreten, dass die Menschen nicht entstanden wären, wenn die Säugetiere nicht nach einem Meteoroideneinschlag ihre beherrschende Stellung erlangt hätten – mehr darüber in Kapitel 12; damals starben die landlebenden Dinosaurier, aber das galt zugegebenermaßen nicht immer als etwas Gutes.

Dieses Massensterben, das vor 66 Millionen Jahren stattfand, ist eine jener vielen Geschichten, die das Leben auf der Erde mit dem übrigen Sonnensystem verbinden. Das vorliegende Buch handelt von der dunklen Materie, jenem scheinbar abstrakten Stoff, mit dem ich mich beschäftige, es geht darin aber auch um die Beziehung der Erde zu ihrer kosmischen Umgebung. Ich möchte jetzt einiges von dem mitteilen, was wir über Asteroiden und Kometen wissen, die auf der Erde eingeschlagen sind, und über die Narben berichten, die sie hinterlassen haben. Außerdem werde ich der Frage nachgehen, was unseren Planeten in Zukunft treffen könnte und wie wir solche zerstörerischen, ungeladenen Gäste abwehren können.

Aus heiterem Himmel

Die bizarre Vorstellung, dass Objekte aus dem Weltraum auf der Erde einschlagen, hört sich unglaubwürdig an, und tatsächlich erkannte das wissenschaftliche Establishment den Wahrheitsgehalt der meisten derartigen Behauptungen zunächst nicht an. Zwar hatten die Menschen schon in der Antike geglaubt, Gegenstände aus dem Weltraum könnten auf die Erdoberfläche stürzen – und in jüngerer Zeit waren die Bewohner ländlicher Gegenden ebenfalls davon überzeugt –, die gebildeten Schichten jedoch standen der Idee bis weit ins 19. Jahrhundert hinein argwöhnisch gegenüber. Die ungebildeten Schäfer, die solche Objekte vom Himmel hatten fallen sehen, wussten, was sie beobachtet hatten, aber solche Zeugen genossen keine Glaubwürdigkeit: Man wusste, dass viele Menschen mit ähnlicher Herkunft auch über Phantasieprodukte berichtet hatten. Selbst als Wissenschaftler schließlich anerkannten, dass Objekte auf unseren Planeten stürzen können, glaubten sie anfangs nicht, dass derartige Gesteinsbrocken aus dem Weltraum kamen. Sie gingen mit ihren Erklärungen lieber von einem irdischen Ursprung aus und behaupteten beispielsweise, das Material sei von Vulkanen ausgestoßen worden.

Dass Meteoriten aus dem Weltraum zu uns kommen können, wurde erst im Juni 1794 zu einem anerkannten wissenschaftlichen Gedanken; zufällig regneten in diesem Monat Steine auf die Akademie von Siena, so dass viele gebildete Italiener und britische Touristen das Ereignis hautnah miterleben konnten. Das dramatische Phänomen begann mit einer hohen, dunklen Wolke, die auch Rauch, Funken und langsame, rote Blitze ausstieß; anschließend prasselten Steine auf den Boden herab. Der Abt Ambrogio Soldani aus Siena fand das herabgestürzte Material so interessant, dass er Augenzeugenberichte sammelte und eine Probe nach Neapel an den Chemiker Guglielo Thomson schickte; hinter dem Pseudonym verbarg sich der Engländer William Thomson, der wegen seiner Handlungen an einem jungen Dienstboten in Schande aus Oxford geflüchtet war. Thomsons sorgfältige Untersuchungen deuteten auf einen außerirdischen Ursprung des Objekts hin und boten damit eine plausiblere Erklärung als die an den Haaren herbeigezogenen Vermutungen, die damals im Umlauf waren – sie sprachen beispielsweise von der Entstehung auf dem Mond oder von Blitzen, die auf Staub treffen; sie war sogar besser als die glaubwürdigere Konkurrenzhypothese, dass die Substanz in dem damals aktiven Vesuv entstanden war. Dass Vulkantätigkeit als Erklärung angeführt wurde, war verständlich, denn zufällig war der Vesuv nur 18 Stunden zuvor ausgebrochen. Allerdings liegt der Vulkan 320 Kilometer entfernt, und das auch noch in der falschen Richtung; damit kam er als Erklärung nicht in Frage.

Endgültig nachgewiesen wurde die Herkunft des Meteoroiden von dem Chemiker Edward Howard unter Mithilfe des französischen Adligen und

Wissenschaftlers Jacques Louis, Comte de Bournon, der 1800, während der Französischen Revolution, ins Londoner Exil gegangen war. Howard und der Graf analysierten einen Meteoriten, der in der Nähe der indischen Stadt Benares niedergegangen war. Sie entdeckten darin eine Nickelmenge, die viel größer war, als man es für Material von der Erdoberfläche erwartet hätte, und auch Gestein, das durch hohen Druck verschmolzen war. Die chemischen Analysen von Thomson, Howard und Bournon entsprachen genau den Vorschlägen des deutschen Wissenschaftlers Ernst Florens Friedrich Chladni: Dieser wollte damit seine Hypothese beweisen, dass die Geschwindigkeit, mit der solche Objekte auf die Erde treffen, sich mit anderen Erklärungsversuchen nicht vereinbaren lässt. Der Gesteinsregen von Siena ereignete sich nur zwei Monate nach dem Erscheinen von Chladnis Buch *Über den Ursprung der von Pallas gefundenen und anderer ihr ähnlicher Eisenmassen*, das leider negative Kritiken bekommen hatte und auf wenig Gegenliebe gestoßen war, bevor die Berliner Zeitungen zwei Jahre nach den Einschlägen von Siena sich endlich dazu durchringen konnten, darüber zu berichten.

Weitere Verbreitung fand in England ein schmales Buch von Edward King, einem Mitglied der Royal Society, das im gleichen Jahr erschien. Darin gab er einen Überblick über das Ereignis von Siena und über den Inhalt von Chladnis Buch. Weiter gefestigt wurde die Vorstellung von den Meteoriten in England sogar noch früher, nachdem am 13. Dezember 1795 beim Wold Cottage in Yorkshire ein 25 Kilogramm schwerer Stein vom Himmel gefallen war. Da die Methoden der Chemie – die sich erst kurz zuvor von der Alchemie gelöst hatte – mittlerweile größeres Ansehen genossen und da es außerdem so viele glaubwürdige Zeugenaussagen gab, erkannte man in den Meteoriten im 19. Jahrhundert endlich das, was sie waren. Seit jener Zeit sind viele Objekte, die auf den ersten Blick außerirdischer Herkunft zu sein scheinen, zur Erde gestürzt.

Ereignisse aus jüngerer Zeit

Schlagzeilen über Meteoroiden und Meteoriten wecken mehr oder weniger unter Garantie unsere Aufmerksamkeit. Aber auch wenn wir solche Nachrichten begeistert verfolgen, sollten wir eines nicht vergessen: Heute leben wir im Sonnensystem ganz allgemein in einem Gleichgewichtszustand, der nur selten auf dramatische Weise gestört wird. Fast alle Meteoroiden sind so klein, dass sie in den oberen Atmosphärenschichten zerfallen, wobei ihr festes Material zum größten Teil verdampft. Größere Objekte treffen uns nur selten. Kleinere dagegen kommen tatsächlich zu Besuch, und das ständig. Vor allem Mikrometeoroide treten in die Atmosphäre ein; diese Teilchen sind so klein, dass sie nicht einmal verglühen. Weniger häufig, aber immer noch recht oft – vielleicht alle 30 Sekunden – kommen millimetergroße Objekte in die Nähe der Erde und verglühen ohne nennenswerte Folgen. Noch größere Brocken mit einem Durchmesser zwischen ungefähr zwei und drei Zentimetern verglühen in der Atmosphäre nur zum Teil; Bruchstücke von ihnen können bis zum Erdboden gelangen, sind dann aber so klein, dass auch sie keine nennenswerten Auswirkungen haben.

Alle paar tausend Jahre jedoch kann es in den tieferen Atmosphärenschichten zu einer Explosion kommen, die von einem großen Objekt verursacht wird. Das größte derartige Ereignis, das jemals verzeichnet wurde, fand 1908 im russischen Tunguska statt. Auch wenn kein Objekt auf der Erde einschlägt, kann eine Explosion in der Atmosphäre merkliche Folgen haben. Dieser Asteroid oder Komet – welches von beiden er ist, wissen wir häufig nicht – platzte in der Nähe des Flusses Tunguska über den sibirischen Wäldern. Die Energie des rund 50 Meter großen *Boliden* – so nennt man ein Objekt aus dem Weltraum, das in der Atmosphäre zerfällt – entsprach der von ungefähr zehn bis 15 Megatonnen TNT – das Tausendfache der Atombombe von Hiroshima, aber weniger als die Sprengkraft der größten Atombombe, die jemals gezündet wurde. Die Explosion zerstörte den Wald auf einer Fläche von 2000 Quadratkilometern und erzeugte eine Druckwelle, die auf der Richter-Skala einen Wert von ungefähr 5,0 erreicht hätte. Interessanterweise blieben die Bäume an der mutmaßlichen Explosionsstelle selbst stehen, in der Umgebung dagegen wurden sie umgeworfen. Die Größe der Zone mit stehengebliebenen Bäumen – und auch die Tatsache, dass es keinen Krater gab – deuten darauf hin, dass der Körper wahrscheinlich ungefähr sechs bis zehn Kilometer über der Erde zerplatzte.

Die Risikoschätzungen gehen auseinander; das liegt zum Teil daran, dass auch die Schätzungen für die Größe des Tunguska-Objekts sich veränderten – das Spektrum reicht von 30 bis 70 Metern. Himmelskörper aus diesem

Größenspektrum könnten mit einer Häufigkeit einschlagen, die von einmal in einigen hundert bis einmal in einigen tausend Jahren reicht. Allerdings gehen die meisten Meteoroiden, die tatsächlich auf der Erde einschlagen oder ihr nahe kommen, in relativ dünn besiedelten Regionen nieder, denn die Zentren mit dichter Bevölkerung sind auf der Erde weit verteilt.

In dieser Hinsicht war der Tunguska-Meteoroid keine Ausnahme. Er explodierte über einer unbesiedelten Region Sibiriens; der nächste Handelsposten war 70 Kilometer entfernt, und der Abstand zum nächstgelegenen Dorf Nuschni-Karelinsk war noch größer. Dennoch war die Detonation so stark, dass in dem gar nicht so nahe benachbarten Dorf die Fensterscheiben zu Bruch gingen und Fußgänger umgeworfen worden. Die Dorfbewohner mussten die Augen von dem blendenden Blitz am Himmel abwenden. 20 Jahre nach der Explosion kehrten Wissenschaftler in die Region zurück und stellten fest, dass einige Schäfer aus der Gegend ein Knall- und Schocktrauma erlitten hatten, und zwei von ihnen waren durch den Einschlag tatsächlich ums Leben gekommen. Für die Tierwelt hatte das Ereignis verheerende Folgen: Der Brand, den der Einschlag auslöste, tötete ungefähr 1000 Rentiere.

Das Ereignis hatte auch Auswirkungen auf eine viel größere Region. Die Explosion war noch in einer Entfernung zu hören, die der Breite Frankreichs entspricht, und der Luftdruck veränderte sich auf der ganzen Erde. Die Druckwelle der Explosion lief dreimal rund um den Globus. Viele zerstörerische Folgen des größeren, besser erforschten Chicxulub-Einschlages, auf den ich in Kürze zu sprechen kommen werde – des Ereignisses, bei dem die Dinosaurier ums Leben kamen –, stellten sich auch nach dem Tunguska-Ereignis ein: Neben Wind, Bränden und Klimaveränderungen sank auch der Ozongehalt der Atmosphäre ungefähr um die Hälfte.

Aber da der Meteorit in einer abgelegenen, unbesiedelten Region explodierte, in der es zu jener Zeit auch kaum Nachrichtenverbindungen gab, schenkten die meisten Menschen der ungeheuren Detonation erst Jahrzehnte später ihre Aufmerksamkeit; erst jetzt zeigte sich durch neue Untersuchungen das ganze Ausmaß der Zerstörung. Tunguska war eine einsame Region, und durch den Ersten Weltkrieg und die Russische Revolution wurde sie noch stärker isoliert. Hätte die Explosion nur eine Stunde früher oder später stattgefunden, sie hätte ein großes Bevölkerungszentrum treffen können; in diesem Fall hätten die Auswirkungen auf die Atmosphäre oder ein Tsunami im Ozean vermutlich Tausende von Menschen das Leben gekostet. Wenn es so gekommen wäre, hätte der Einschlag nicht nur der Erdoberfläche eine neue Form gegeben, sondern auch die ganze Geschichte des 20. Jahrhunderts mit Politik und Wissenschaft hätte vermutlich einen völlig anderen Verlauf genommen.

In den mehr als 100 Jahren seit dem Tunguska-Ereignis sind auch mehrere kleinere, aber ebenfalls nachrichtentaugliche himmlische Besucher auf der Erde eingetroffen. Zu den größeren Exemplaren dürfte ein allerdings schlecht dokumentierter Körper gehören, der 1930 über dem Amazonas in Brasilien in der Atmosphäre explodierte. Unter dem Strich wurde dabei weniger Energie freigesetzt als beim Tunguska-Ereignis – die Schätzungen schwanken zwischen einem Hundertstel und der Hälfte. Immerhin hatte der Meteoroid aber eine Masse von mehr als 1000 Tonnen, ja, sie könnte sogar bis zu 25 000 Tonnen betragen haben – was einer Energiefreisetzung von 100 Kilotonnen TNT entspricht. Auch hier schwanken die Risikoschätzungen, aber Objekte mit einer Größe zwischen 10 und 30 Metern könnten in Abständen von einem Jahrzehnt bis einigen Jahrhunderten einschlagen. Die Häufigkeitsschätzung hängt stark von der genauen Größe des Objekts ab. Ein Größenunterschied mit dem Faktor 2 kann zu Schätzungen führen, die sich um einen Faktor bis zu 10 unterscheiden.

Einige Jahre nach der Explosion über dem Amazonasgebiet detonierte ein Bolide ähnlicher Größe ungefähr 15 Kilometer über Spanien und setzte eine Energie frei, die rund 200 Kilotonnen TNT entsprach. In den folgenden 50 Jahren folgte eine Reihe weiterer Explosionen, aber keine davon war so groß wie das Ereignis in Brasilien; ich werde sie hier nicht alle aufzählen. Bemerkenswert war allerdings das Vela-Ereignis von 1979, dass sich zwischen dem Südatlantik und dem Indischen Ozean abspielte; benannt wurde es nach dem US-Verteidigungssatelliten Vela, der es beobachtete. Anfangs erschien auch hier die Vorstellung von einem Meteoroiden plausibel, heute glaubt man aber eher an eine Atombombe, die von der Erde aus gezündet wurde.

Sensoren entdecken natürlich auch heute solche Boliden. Infrarotdetektoren des US-Verteidigungsministeriums und Detektoren für sichtbare Wellenlängen, die vom Energieministerium betrieben werden, fingen am 1. Februar

1994 das Signal von einem fünf bis 15 Meter großen Meteoroiden auf, der über dem Pazifik in der Nähe der Marshall-Inseln explodierte. Er wurde auch von zwei Fischern beobachtet, die einige hundert Kilometer von der Explosionsstelle entfernt vor der Küste von Kosrae in Mikronesien unterwegs waren. Ein weiteres Objekt explodierte 2002 über dem Mittelmeer zwischen Griechenland und Libyen und setzte dabei die Energie von 25 Kilotonnen TNT frei. Am 8. Oktober 2009 wurde ein Ereignis in der Nähe von Bone in Indonesien registriert; seine Ursache war wahrscheinlich ebenfalls ein Objekt mit einem Durchmesser von ungefähr 10 Metern, das die Energie von 50 Kilotonnen TNT freisetzte.

Die Ursache von Meteoroiden können sowohl Kometen als auch Asteroiden sein. Die Bahnen weit entfernter Kometen vorherzusagen ist schwierig, aber ausreichend große Asteroiden kann man einige Zeit vor ihrem Eintreffen aufspüren. Von Bedeutung ist in diesem Zusammenhang ein Asteroid, der 2008 im Sudan einschlug. Am 6. Oktober jenes Jahres berechneten Wissenschaftler, dass ein Asteroid, den sie gerade gefunden hatten, am nächsten Morgen auf die Erde treffen würde. So kam es tatsächlich. Es war kein großer Einschlag, und in der Nähe wohnten keine Menschen. Er zeigte aber, dass man manche Einschläge vorhersagen kann; wie lang die Vorwarnzeit dabei ist, hängt von der Empfindlichkeit unserer Nachweismethoden im Verhältnis zu Größe und Geschwindigkeit des Objekts ab.

Das bisher letzte schlagzeilenträchtige Ereignis war am 15. Februar 2013 der Meteor von Tscheljabinsk. Er prägte sich nicht nur als Bild, sondern auch als lebendige Erinnerung in das Gedächtnis ein. Das Objekt explodierte 20 bis 50 Kilometer über der südlichen Uralregion in Russland und ersetzte die Energie von rund 500 Kilotonnen TNT frei; der größte Teil davon wurde von der Atmosphäre absorbiert, einige Minuten später traf aber ein Teil der Energie die Erde auch in Form einer Druckwelle. Ausgelöst wurde das Ereignis durch einen Asteroiden von ungefähr 15 bis 20 Metern Durchmesser, der rund 13 000 Tonnen wog und mit einer geschätzten Geschwindigkeit von 18 Kilometern in der Sekunde niederging – ungefähr der sechzigfachen Schallgeschwindigkeit. Menschen sahen die Explosion nicht nur, sondern sie spürten auch die Hitze, die beim Eintritt in die Atmosphäre entstand.

Bei dem Ereignis wurden rund 1500 Menschen verletzt, in ihrer Mehrzahl allerdings durch sekundäre Folgen wie splitternde Glasscheiben. Gesteigert wurde die Zahl der Betroffenen, weil viele Zeugen an die Fenster gelaufen waren, um den blendenden Blitz zu sehen, der sich mit Lichtgeschwindigkeit ausbreitete und damit das erste Zeichen für ein ungewöhnliches Ereignis war. Es war eine unglückselige Wendung des Schicksals, die in einen guten Horrorfilm gepasst hätte: Das Licht am Himmel hatte die Menschen unmittelbar vor dem Eintreffen der Druckwellen, die den größten Teil der Schäden anrichteten, an gefährliche Orte gelockt.

Weiter angeheizt wurde die Medienhysterie, weil die Presse zu der Zeit, als der Meteoroid einschlug, auch vor einem anderen Asteroiden gewarnt hatte, der sich ebenfalls der Erde zu nähern schien. Der Meteoroid von Tscheljabinsk schlug zu, ohne dass man ihn zuvor bemerkt hätte, während das andere, 30 Meter große Objekt – das ungefähr 16 Stunden später seinen erdnächsten Punkt erreicht hatte – nie in die Atmosphäre eindrang. Vielfach wurde spekuliert, die beiden Asteroiden hätten einen gemeinsamen Ursprung, aber den Nachfolgestudien zufolge war das vermutlich nicht der Fall.

Erdnahe Objekte

Wie der vorhergesagte Asteroid aus dem Februar 2013, so zogen auch mehrere andere Objekte, die sich der Erde stark näherten, ohne aber in die Atmosphäre einzutreten, große Aufmerksamkeit auf sich. Andere Objekte treffen tatsächlich auf die Erde – aber auch diese sind in ihrer überwältigenden Mehrzahl harmlos. Andererseits hatten solche Kollisionen in der Vergangenheit große Auswirkungen auf die geologischen und biologischen Verhältnisse auf unserem Planeten, und auch in Zukunft könnte es durchaus wieder so kommen. Da man Asteroiden zunehmend wahrnimmt und sich ihrer potentiellen Gefahren (möglicherweise übertrieben) bewusst ist, hat sich die Suche nach Asteroiden, die möglicherweise die Erdumlaufbahn kreuzen könnten, intensiviert.

Die häufigsten – allerdings nicht zwangsläufig größten – Begegnungen finden mit den sogenannten erdnahen Objekten (*near-earth objects*, NEOs) statt, die der Erde relativ nahe sind und sich der Sonne auf bis zu 30 Prozent der Distanz zwischen Erde und Sonne nähern. Diesem Kriterium entspre-

Abb. 16 Die vier Kategorien der erdnahen Asteroiden. Die Umlaufbahnen der Amors liegen zwischen denen von Erde und Mars. Die Apollos und Atens kreuzen die Erdumlaufbahn, befinden sich aber auch während eines Teil ihres Umlaufs außerhalb davon. Die große Halbachse der Apollo-Umlaufbahnen ist größer als die der Erdumlaufbahn, bei den Atens ist sie kürzer. Die Umlaufbahnen der Atiras liegen vollständig innerhalb der Erdbahn.

chen ungefähr 10 000 erdnahe Asteroiden (NEAs) und eine kleinere Zahl von Kometen, aber auch einige große Meteoroide, die man verfolgen kann – und genau genommen gehören auch einige Raumsonden dazu, die die Sonne umkreisen.

Die NEAs teilt man in mehrere Kategorien ein (siehe Abb. 16). Himmelskörper, die der Erde nahe kommen, ohne aber unsere Umlaufbahn zu kreuzen, nennt man *Amors* nach einem Asteroiden, der sich der Erde 1932 bis auf 16 Millionen Kilometer oder nur 0,11 AE näherte. Auch wenn sie derzeit unsere Bahn nicht kreuzen, besteht potentiell die Befürchtung, dass die Exzentrizität ihrer Bahnen durch die Einflüsse von Jupiter oder Mars zunimmt, so dass sie letztlich doch der Erde in die Quere kommen. Die *Apollos* – die ebenfalls nach einem bestimmten Asteroiden benannt sind – kreuzen derzeit die Erdumlaufbahn in radialer Richtung, können dabei aber oberhalb oder unterhalb unserer Ekliptik liegen – so nennt man den scheinbaren Weg der Sonne im Himmel, der ein Zeichen für die Ebene der Erdumlaufbahn ist. Auch sie kreuzen also die Erdbahn eigentlich nicht. Ihr Weg kann sich aber im Laufe der Zeit verändern – wodurch sie wiederum möglicherweise in die Gefahrenzone kommen. Eine zweite Kategorie von Asteroiden, die die Erdbahn kreuzen, sind die *Atens*, die sich von den Apollos durch die Form ihrer

Umlaufbahnen unterscheiden – diese sind kleiner als die der Erde. Auch die Aten-Familie ist nach einem Asteroiden dieses Typs benannt. Die letzte Kategorie der NEAs schließlich sind die *Atiras*, Asteroiden, deren Umlaufbahnen vollständig innerhalb der Erdbahn liegen. Sie zu finden ist schwierig, und deshalb kennt man nur wenige von ihnen.

NEAs existieren nach geologischen und kosmologischen Zeitmaßstäben nicht allzu lange. Sie treiben sich nur wenige Millionen Jahre herum, dann werden sie aus dem Sonnensystem ausgestoßen, oder sie kollidieren mit der Sonne oder einem Planeten. Damit die Region in der Nähe der Erdumlaufbahn weiterhin von ihnen bevölkert ist, müssen ständig neue Asteroiden nachgeliefert werden. Vermutlich entstehen sie durch die Störungen, die der Jupiter im Asteroidengürtel verursacht.

Die meisten NEAs sind Steinasteroiden, es gibt aber auch eine gewisse Zahl kohlenstoffhaltiger Exemplare. Größer als 10 Kilometer sind unter ihnen nur die Amors – die unsere Umlaufbahn derzeit nicht kreuzen. Es gibt aber eine beträchtliche Zahl von Apollos, die mehr als fünf Kilometer messen und damit sicher groß genug sind, um beträchtliche Schäden anzurichten, falls ihre Bahn einen unglücklichen Verlauf nehmen sollte. Der größte NEA ist Ganymed mit 32 Kilometern – der Name erinnert an einen trojanischen Prinzen. Er hat nichts mit dem Jupitermond Ganymed zu tun, der allerdings ebenfalls einen Größenwettbewerb gewinnt, denn er ist der größte Mond im Sonnensystem.

Die Erforschung der NEAs ist ein Fachgebiet, das in den letzten 50 Jahren reifer geworden ist. Früher nahm niemand den Gedanken an einen Einschlag ernst. Heute katalogisieren und verfolgen Wissenschaftler auf der ganzen Welt die NEAs, so gut es geht. Sogar bei meinem letzten Besuch auf den Kanarischen Inseln, bei dem ich das Teleskop von Teneriffa besichtigte, traf ich den Direktor mit einem Dutzend Studierenden an, die Daten auswerten, um solche Objekte zu finden. Das kleine alte Teleskop dort entspricht nicht dem neuesten Stand der Technik, aber ich war beeindruckt davon, wie motiviert die Studierenden waren und wie sie die Suchmethoden zu schätzen wussten.

Die heutigen höher entwickelten Teleskope suchen Asteroiden mit Hilfe von CCD-Sensoren, deren Halbleiter die Photonen in geladene Elektronen umwandeln, so dass die Signale anzeigen, wo die Photonen eingetroffen sind. Auch automatische Auswertungssysteme haben dazu beigetragen, die Häufigkeit der Entdeckungen zu steigern. Auf http://www.minorplanetcenter.net/, der Website des Minor Planet Center der Internationalen Astronomischen Union am Harvard Smithsonian Center for Astrophysics, wird regelmäßig über die neueste Zahl kleinerer Planeten, Kometen und erdnaher Objekte berichtet.

Aus naheliegenden Gründen richtet sich die Hauptaufmerksamkeit auf Umlaufbahnen, die in der Nähe der Erdbahn liegen. Die Vereinigten Staaten und die Europäische Union arbeiten bei der Suche nach solchen Objekten im Rahmen eines Projekts namens Spaceguard zusammen – die Bezeichnung wählte man zu Ehren des Science-Fiction-Romans *Rendezvous mit Rama* von Arthur C. Clarke. Die Aufgaben des ersten Spaceguard-Programms wurden 1992 in einem Bericht des US-Kongresses festgelegt: Man wollte innerhalb von zehn Jahren die meisten erdnahen Objekte kategorisieren, die mehr als einen Kilometer groß sind. Ein Kilometer ist viel – die kleinsten Objekte, die schon eine große Zerstörungswirkung haben, sind wesentlich kleiner –, aber man wählte die Grenze, weil Objekte von einem Kilometer Größe einfacher zu finden sind und mit ihrer Größe weltweite Schäden anrichten können. Zum Glück kreisen die meisten kilometergroßen Objekte, die wir kennen, zwischen Mars und Jupiter im Asteroidengürtel. Solange sie nicht ihre Umlaufbahn ändern und zu NEOs werden, geht von ihnen mit Sicherheit keine Gefahr aus.

Mit sorgfältigen Beobachtungen, Vorausberechnungen von Umlaufbahnen und Computersimulationen erreichten die Astronomen nahezu termingerecht das Ziel von Spaceguard, bis 2009 die meisten NEOs von über einem Kilometer Durchmesser zu erfassen. Nach heutigem Stand gibt es in der Nähe der Erde ungefähr 940 Asteroiden mit dieser Größe. Nach den Feststellungen einer Kommission, die von der US-amerikanischen National Academy of Sciences eingesetzt wurde, ist die Angabe auch angesichts der noch bestehenden Unsicherheiten ziemlich präzise; man rechnet damit, dass die Gesamtzahl in jedem Fall unter 1100 liegt. Außerdem trug die Suche dazu bei, dass man auch etwa 100 000 Asteroiden und fast 10 000 NEAs mit einer Größe von weniger als einem Kilometer identifizieren konnte.

Die meisten größeren NEAs, auf die Spaceguard abzielte, stammen aus der inneren und mittleren Region des Asteroidengürtels. Wie die Kommission der National Academy feststellte, kommen ungefähr 20 Prozent der Umlaufbahnen, für die man über statistische Angaben verfügt, der Erdbahn bis auf weniger als 0,05 AE nahe. Diese heiklen Objekte werden als »potentiell gefährliche NEOs« bezeichnet. Die Akademie stellt aber auch fest, dass von keinem dieser Objekte innerhalb der nächsten 100 Jahre eine Bedrohung ausgeht – was natürlich eine willkommene Nachricht ist. Der Befund kommt keineswegs überraschend: Objekte von einem Kilometer Größe schlagen den Berechnungen zufolge höchstens einmal in einigen hunderttausend Jahren ein.

Tatsächlich kennt man nur ein einziges NEO, für das eine messbare Wahrscheinlichkeit besteht, dass es die Erde in näherer Zukunft treffen und Schaden anrichten könnte. Aber selbst hier liegt die Wahrscheinlichkeit, dass das Objekt uns nahe kommt, nur bei 0,3 Prozent, und das Ereignis würde den Vorausberechnungen zufolge erst 2880 eintreten. Wir sind mit ziemlicher Sicherheit zumindest vorerst kaum gefährdet – und das trotz aller noch bestehenden Unsicherheiten. Manche Astronomen hatten zuvor Bedenken wegen eines anderen Asteroiden geäußert: Er trägt den gespenstischen Namen Apophis, ist 300 Meter groß und sollte die Erde 2029 knapp verfehlen, dann aber zurückkehren und 2036 oder 2037 einschlagen. Dies sollte die Folge sein, nachdem er ein »Gravitationsschlüsselloch« passiert hat, das den Vermutungen zufolge so stark war, dass er den Rückweg in unsere Richtung antreten könnte. Später zeigte sich aber durch weitere Berechnungen, dass man hier falschen Alarm gegeben hatte. Weder Apophis noch irgendein anderes bekanntes Objekt sollte uns in absehbarer Zukunft treffen.

Bevor wir aber einen zu lauten Seufzer der Erleichterung ausstoßen, sollten wir daran denken, dass es auch noch kleinere Objekte gibt, um die man sich Sorgen machen muss. Zwar würden Objekte, die kleiner als einen Kilometer sind und damit nicht zur ursprünglichen Zielgruppe von Spaceguard gehören, weniger Schäden anrichten, dafür dürften sie uns aber häufiger nahe kommen oder einschlagen. Also erweiterte der US-Kongress den Aufgabenbereich von Spaceguard im Jahr 2005 und erteilte den Auftrag, mindestens 90 Prozent aller potentiell gefährlichen, erdnahen Objekte mit einem Durchmesser von mindestens 140 Metern zu verfolgen, zu katalogisieren und zu charakterisieren. Auch dabei wird man mit ziemlicher Sicherheit nichts wirklich Katastrophales finden, aber den Katalog zu erstellen ist dennoch ein lohnendes Ziel.

Risikobewertung

Natürlich kommen Asteroiden uns manchmal nahe. Es wird zweifellos zu Kollisionen kommen, aber ihre voraussichtliche Häufigkeit und Heftigkeit sind nach wie vor Gegenstand von Diskussionen. Die Frage, ob irgendetwas in einem Zeitraum, um den wir uns kümmern sollten, einschlagen und Schäden anrichten wird, ist nicht vollständig geklärt.

Sollen wir uns Sorgen machen? Alles ist eine Frage der Maßstäbe, der Kosten, unserer Angstschwelle, der Entscheidungen über das, was Gesellschaften für wichtig halten, und was wir unter Kontrolle zu haben glauben. Wenn in diesem Buch von Physik die Rede ist, geht es vorwiegend um Phänomene, die sich in Zeitmaßstäben von Jahrmillionen oder sogar Jahrmilliarden abspielen. Das Modell, an dessen Erstellung ich mitgewirkt habe und das ich im nächsten Teil des Buches vorstellen werde, könnte eine regelmäßige Wiederkehr der Einschläge großer Meteoroiden mit einem Durchmesser von einigen Kilometern in Abständen von 30 bis 35 Millionen Jahren erklären. Aber das sind nicht die Zeitmaßstäbe, die für Menschen besonders besorgniserregend oder bedeutsam wären. Menschen haben viel dringendere Anliegen.

Dennoch, und selbst wenn es eine gewisse Abschweifung ist, könnte ich nicht gut in einem Buch die Meteoroideneinschläge erwähnen, ohne zumindest einen gewissen Eindruck davon zu vermitteln, welche Schlussfolgerungen angesehene Wissenschaftler über die potentiellen Auswirkungen solcher Ereignisse auf unsere Welt ziehen. Das Thema taucht in Nachrichten und Gesprächen so häufig auf, dass es nicht schaden kann, einige aktuelle Schätzungen mitzuteilen. Die Vorausberechnungen sind auch für Regierungen von Bedeutung, wenn sie abwägen müssen, wie wichtig der Nachweis und die Ablenkung von Asteroiden sein könnten.

Wie es einem 2008 vom US-Kongress verabschiedeten Gesetz entsprach, erteilte die NASA dem National Research Council der angesehenen National Academy of Sciences den Auftrag, erdnahe Objekte zu erforschen. Dabei verfolgte man nicht das Ziel, eine der abstrakten Fragen nach Einschlägen zu beantworten, sondern man wollte beurteilen, welche Risiken von verirrten Asteroiden ausgehen und ob man etwas tun kann, um diese Risiken zu vermindern.

Die Beteiligten konzentrierten sich mit ihren Untersuchungen auf kleinere NEOs, die häufiger einschlagen und potentiell abgelenkt werden können. Kurzperiodische Kometen ähneln in ihrer Umlaufbahn den Asteroiden und lassen sich deshalb mit ähnlichen Methoden nachweisen. Langperiodische Kometen dagegen im Voraus zu beobachten ist praktisch unmöglich. Ihre Umlaufbahn liegt aber auch mit geringerer Wahrscheinlichkeit in der Ebene der Erdbahn – sie kommen aus allen Richtungen; sie zu finden ist schwieriger. Und auch wenn einige in jüngerer Zeit beobachtete Ereignisse möglicherweise durch Kometen verursacht wurden, geraten diese weit weniger häufig in die Nachbarschaft der Erde. Und es wäre mehr oder weniger unmöglich, langperiodische Kometen so rechtzeitig zu identifizieren, dass man etwas unternehmen könnte; das gilt selbst dann, wenn der technische Fortschritt uns irgendwann in die Lage versetzt, Asteroiden aus ihrer Bahn abzulenken. Da es derzeit praktisch keine Möglichkeit gibt, einen vollständigen Katalog der gefährlichen langperiodischen Kometen zu erstellen, konzentrieren sich die Übersichtsuntersuchungen auf Asteroiden und kurzperiodische Kometen.

Aber die langperiodischen Kometen – oder zumindest solche, die aus den Außenbezirken des Sonnensystems stammen – werden uns später besonders interessieren. Objekte, die ihren Ursprung im äußeren Sonnensystem haben, sind wesentlich schwächer gebunden, so dass Störungen – durch Gravitation oder aus anderen Gründen – sie leichter aus der Bahn werfen können; dann gelangen sie entweder in die inneren Bereiche des Sonnensystems, oder sie verlassen es vollständig. Solche Kometen sind zwar nicht Gegenstand der Forschungen der National Academy zur Schadensverminderung, sie können aber ebenfalls das Ziel wissenschaftlicher Untersuchungen sein.

Die Erkenntnisse der Wissenschaftler

Im Jahr 2010 präsentierte die National Academy ihre Befunde über Asteroiden und die von ihnen ausgehenden Gefahren in einem Papier mit dem Titel *Defending Planet Earth: Near-Earth Object Surveys and Hazard Mitigation Strategies* (»Den Planeten Erde verteidigen: Übersicht über erdnahe Objekte und Strategien zur Gefahrenverminderung«). Ich möchte hier einige interessante Schlussfolgerungen aus dem Dokument erläutern, einige Tabellen und Diagramme wiedergeben, in denen sie am besten zusammengefasst sind, und mit einigen eigenen Worten und Kommentaren erklären, was sie zu bedeuten haben.

Wenn man die Zahlen interpretiert, darf man nicht vergessen, die relativ geringe Dichte der stark bevölkerten Ballungsgebiete zu berücksichtigen, die nach Schätzungen des Global Urban Mapping Project bei ungefähr drei Prozent liegt. Natürlich wären Zerstörungen immer unerwünscht, am größten ist die Bedrohung aber für Ballungsräume. Wegen der geringen Dichte der Großstädte auf der Erdoberfläche wissen wir, dass die Häufigkeit, mit der relativ kleine Objekte dort einschlagen und beträchtliche Schäden anrichten, ungefähr 30-mal niedriger liegt als die Einschlaghäufigkeit insgesamt. Wenn beispielsweise ein Objekt von 5 × 10 Metern den Voraussagen zufolge ungefähr einmal in 100 Jahren einschlägt, würde man damit rechnen, dass ein solcher Einschlag nur einmal in 3000 Jahren eine Großstadt trifft.

Außerdem sollten wir zur Kenntnis nehmen, dass nahezu alle Vorausberechnungen mit einer großen Unsicherheit behaftet sind: Wissenschaftler können Schätzungen bestenfalls mit einem Genauigkeitsfaktor von 10 abgeben. Dass so viele Nachrichten von weit entfernten Bedrohungen handeln, die niemals Wirklichkeit werden, liegt unter anderem daran, dass kleine Fehler bei der Messung von Umlaufbahnen sich selbst dann stark auf die voraussichtliche Wahrscheinlichkeit eines Einschlages auswirken, wenn es um ganz bestimmte Objekte mit ganz bestimmter Größe geht. Außerdem wissen wir bis heute nicht genau, welche Auswirkungen die bekannten großen Objekte möglicherweise haben und welche Schäden sie anrichten könnten. Aber trotz solcher Unsicherheiten sind die Befunde aus der Studie der National Academy recht zuverlässig und damit auch nützlich. Gestehen wir ihnen also ein gewisses Maß an Unsicherheit zu, und sehen wir uns diese faszinierende, aus dem Jahr 2010 stammende und damit recht aktuelle Statistik etwas genauer an.

Meine Lieblingstabelle zeigt Abbildung 17. Danach kommt es jedes Jahr im Durchschnitt zu 91 Todesfällen durch Asteroiden. Diese liegen also weit hinter den meisten anderen katastrophenbedingten Todesfällen – ihre Häu-

Ursache	voraussichtliche Zahl der Todesfälle
Haiangriffe	3 – 7
Asteroiden	91
Erdbeben	36 000
Malaria	1 000 000
Verkehrsunfälle	1 200 000
Luftverschmutzung	2 000 000
HIV/Aids	2 100 000
Tabak	5 000 000

Abb. 17 Durchschnittliche weltweite Zahl der Todesfälle durch verschiedene Ursachen. NAS-Statistik auf Grundlage von Daten, Modellen und Projektionen.

figkeit ist vergleichbar mit der von tödlichen Unfällen, die von Rollstühlen verursacht wurden (nicht aufgeführt) – aber die Zahl 91, die in der Tabelle neben den Asteroiden steht, ist dennoch ein wenig überraschend und unangenehm hoch. Außerdem ist sie angesichts der vielen Unsicherheiten lächerlich präzise. Natürlich kommt es nicht jedes Jahr durch Asteroiden zu 91 Todesfällen. In Wirklichkeit kennen wir aus der gesamten schriftlich festgehaltenen Geschichte nur wenige solche Fälle. Die Zahl ist nur deshalb so täuschend hoch, weil sie riesige Einschläge berücksichtigt, die den Voraussagen zufolge nur sehr selten stattfinden. Zur Verdeutlichung kann man sich die erbauliche Graphik in Abbildung 18 ansehen.

Wie man an diesem Diagramm ablesen kann, ist die zuvor genannte Zahl zum größten Teil auf Einschläge großer Objekte zurückzuführen, die sich den Voraussagen zufolge nur äußerst selten ereignen. Sie entsprechen dem Spitzenwert bei einer Größe von einigen Kilometern. Solche Ereignisse sind die »schwarzen Schwäne« unter den Asteroideneinschlägen. Beschränkt man die Aufmerksamkeit auf Objekte von weniger als zehn Metern, sinkt die Zahl auf einige wenige Todesfälle im Jahr, was vermutlich immer noch recht hoch gegriffen ist. Welche Vorhersagen kann man also darüber machen, wie häufig Objekte unterschiedlicher Größe tatsächlich einschlagen werden? Bei der Beantwortung dieser Frage könnte die Graphik in Abbil-

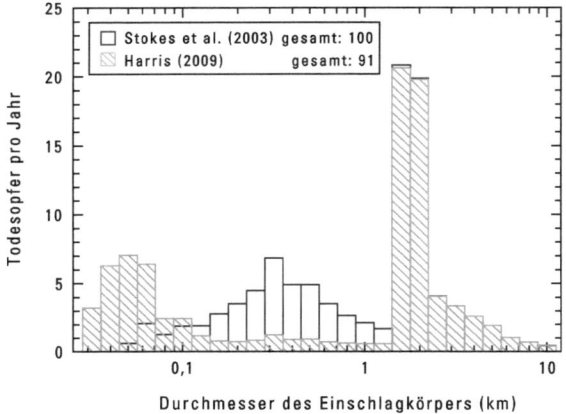

Abb. 18 Geschätzte durchschnittliche Zahl der jährlichen Todesfälle durch Einschläge unterschiedlich großer Asteroiden. NAS-Statistik auf Grundlage der zu 85 Prozent abgeschlossenen Vermessung durch Spaceguard. Grundlage des Diagramms sind die mittlerweile revidierte Größenverteilung der erdnahen Objekte und aktualisierte Schätzungen für Gefahren durch Tsunamis und Atomexplosionen. Zum Vergleich sind auch ältere Schätzungen gezeigt.

dung 19 helfen. Sie ist ein wenig komplizierter, aber ich werde sie erklären. In Wirklichkeit stellt sie eine großartige Zusammenfassung unserer heutigen Kenntnisse dar.

Die Kurve ist zwar schwieriger zu lesen, enthält aber eine Menge Information. Sie bedient sich einer logarithmischen Skala, wie man sie nennt: Hier entsprechen Größenveränderungen einer viel stärkeren Verschiebung des Zeitrahmens, als man vielleicht vermuten würde. Ein Objekt von zehn Metern Größe schlägt vielleicht einmal in zehn Jahren ein, eines von 25 Metern trifft die Erde aber nur alle 200 Jahre. Das bedeutet auch, dass schon kleine Abweichungen der Messwerte sich beträchtlich auf die Vorhersagen auswirken können.

Die obere Achse in der Graphik gibt an, wie viel Energie ein Objekt mit der jeweiligen Größe freisetzt; dabei geht man davon aus, dass es eine Ge-

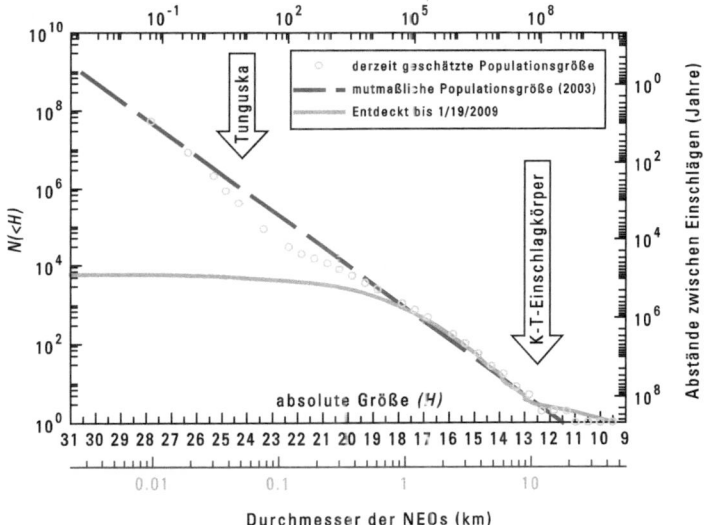

Abb. 19 Geschätzte Zahl erdnaher Objekte (linke senkrechte Achse) und ungefähre zeitliche Abstände ihrer Einschläge (rechte Achse) als Funktion ihres Durchmessers in Kilometern. Die obere Achse gibt die voraussichtliche Einschlagenergie (in Megatonnen TNT) für Objekte unterschiedlicher Größe an; dabei wird eine Einschlaggeschwindigkeit von 20 km/sec zugrunde gelegt. Über der unteren Achse ist eine Größe angegeben, die mit der Eigenhelligkeit der Objekte zusammenhängt. Die Kurven basieren auf älteren (durchgezogene Linien) und neueren (Kreise) Schätzungen. Die untere Kurve gibt die vor 2009 entdeckten Zahlen an.

schwindigkeit von 20 Kilometern in der Sekunde hat, und die Energie wird in Megatonnen gemessen. Ein Objekt von 25 Metern würde demnach ungefähr eine Megatonne freisetzen. Außerdem gibt die Kurve an, mit wie vielen Objekten einer bestimmten Größe man rechnen kann und wie hell sie wahrscheinlich leuchten werden – auch das bestimmt mit darüber, wie leicht sie zu finden und zu verfolgen sind. Kleinere Asteroiden sind zwar zahlreicher, aber wegen ihrer geringen Größe und ihrer entsprechend schwächeren Leuchtkraft ist es schwieriger, sie zu entdecken.

Die Schätzungen für die Häufigkeit solcher Ereignisse lauten beispielsweise so: ein Objekt von 500 Metern ungefähr alle 100 000 Jahre, Objekte von einem Kilometer vielleicht alle 500 000 Jahre und Objekte von fünf Kilometern Größe im Bereich von einmal in 20 Millionen Jahren. Wie man der Graphik außerdem entnehmen kann, rechnet man mit einem Einschlagkörper von etwa zehn Kilometern Größe – ein solches Objekt tötete die Dinosaurier – nur ungefähr alle zehn bis 100 Millionen Jahre.

Wenn man sich nur dafür interessiert, wie häufig es überhaupt zu Einschlägen kommt, liefert die einfachere Kurve in Abbildung 20 eine klare Auskunft. Dabei gilt es zu beachten, dass die geringste Zahl von Jahren in der senkrechten Achse ganz oben und die größte unten steht; große Einschläge ereignen sich also viel seltener als kleinere. Außerdem enthält die senkrechte Achse exponentielle Zahlen, die angeben, wie viele Male man die 10 mit sich selbst multiplizieren muss. 10^1 ist beispielsweise zehn, 10^2 ist das Gleiche wie 100, und 10^0 ist 1.

Um schließlich einen Eindruck davon zu vermitteln, welche Gefahren von Objekten unterschiedlicher Größe ausgehen, möchte ich in Abbildung 21 ein

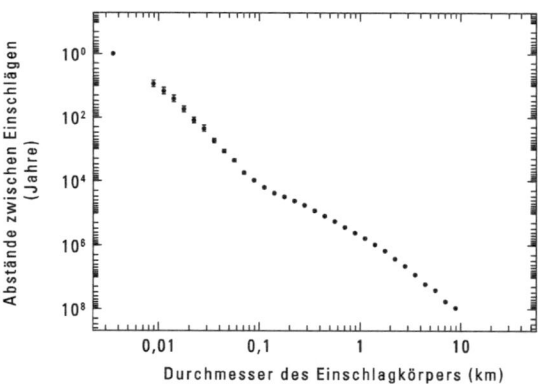

Abb. 20 Durchschnittliche zeitliche Abstände (in Jahren) zwischen den Einschlägen unterschiedlich großer erdnaher Objekte mit Durchmessern zwischen etwa drei Metern und neun Kilometern.

Ereignis	Durchmesser eines typischen Einschlag- körpers (Meter)	Ungefähre Einschlag- energie (MT)	Ungefähre Abstände zwischen Einschlägen (Jahre)
Atomexplosion	25	1	200
lokaler Maßstab	50	10	2000
regionaler Maßstab	140	300	30 000
kontinentaler Maßstab	300	2000	100 000
unter der Schwelle einer globalen Katastrophe	600	20 000	200 000
potentielle globale Katastrophe	1000	100 000	700 000
über der Schwelle einer globalen Katastrophe	5000	10 Millionen	30 Millionen
Massenaussterben	10 000	100 Millionen	100 Millionen

Abb. 21 Ungefähre mittlere Abstände zwischen Einschlägen und Einschlagenergie unterschiedlich großer erdnaher Objekte. Man sollte bedenken, dass die Werte von der Geschwindigkeit sowie den physikalischen und chemischen Eigenschaften der Objekte abhängen.

letztes Diagramm aus der Studie der National Academy zeigen. Diese Tabelle besagt, dass ein Objekt mit wenigen Kilometern Durchmesser sich auf dem gesamten Globus bemerkbar machen würde. Große Meteoroideneinschläge ereignen sich nicht annähernd so oft wie andere Naturkatastrophen und stellen deshalb mit ziemlicher Sicherheit keine unmittelbare Gefahr dar. Wenn sie aber geschehen, haben sie mit ihrer Energie verheerende Folgen. Die Tabelle zeigt auch, dass beispielsweise ein Objekt von 300 Metern die Erde alle 100 000 Jahre treffen könnte. Dabei könnte der Schwefelgehalt der Atmosphäre auf ein ähnliches Niveau ansteigen wie nach dem Ausbruch des Krakatau, der das Leben oder zumindest die Landwirtschaft in großen Teilen der Erde beeinträchtigte. Und wie die vorherigen Kurven, so zeigt auch diese, dass eine Explosion in der Luft, wie sie in Tunguiska stattgefunden hat, ungefähr alle 1000 Jahre vorkommen könnte. Das genaue Ausmaß solcher Katastrophenszenarien würde natürlich von der Größe und dem Ort des Einschlages abhängen.

Was sollen wir tun?

Welche Rückschlüsse sollen wir aus alledem ziehen? Zunächst einmal ist es faszinierend, dass alle diese Objekte in unserer größeren Nachbarschaft des Weltraumes kreisen. Die Erde ist für uns etwas Besonderes, und natürlich wollen wir sie schützen. Betrachtet man aber das größere Bild, so ist sie nur einer der inneren Planeten, die in einem Sonnensystem um einen ganz bestimmten Stern kreisen. Aber selbst wenn wir anerkennen, dass unsere Nachbarn uns so nahe sind, können wir noch eine zweite Erkenntnis mitnehmen: Die größte Gefahr für die Menschheit geht nicht von Asteroiden aus. Einschläge können zwar vorkommen und auch gewisse Schäden anrichten, aber unmittelbar stark bedroht sind die Menschen eigentlich nicht – jedenfalls nicht aus diesem Grund.

Dennoch stellt sich natürlich die Frage, was wir tun sollen, falls eine Gefahr auftaucht. Wir würden uns ziemlich seltsam fühlen, wenn wir einige Jahre lang zusehen müssten, wie ein Objekt sich auf einer gefährlichen, auf die Erde zielenden Bahn bewegt, und nichts tun könnten, um unsere Aussichten zu verbessern. Auch wenn keine schwere Gefahr droht, sollten wir gegenüber den Schäden, die ein Meteoroid anrichten könnte, nicht völlig hilflos bleiben, sondern wir sollten darüber nachdenken, wie wir die Gefahr vermindern können.

Wie nicht anders zu erwarten, haben zahlreiche Menschen über das Problem nachgedacht, und derzeit werden viele Vorschläge zum Umgang mit gefährlichen Objekten aus dem Weltraum erörtert – tatsächliche Hilfsmittel gibt es aber noch nicht. Die beiden Grundstrategien sind Zerstörung oder Ablenkung. Zerstörung als solche ist nicht zwangsläufig eine gute Idee. Wenn man ein Objekt, das möglicherweise die Erde treffen wird, in viele kleine Gesteinsbrocken zerlegt, die in der gleichen Richtung fliegen, nimmt die Wahrscheinlichkeit eines Treffers sogar zu. Ein solches kleineres Stück würde zwar geringere Schäden anrichten, aber besser wäre eine Strategie, die nicht zu einer größeren Zahl von Treffern führt.

Deshalb ist Ablenkung wahrscheinlich der sinnvollere Ansatz. Am wirksamsten lässt sich dieses Ziel nicht durch einen Stoß in seitlicher Richtung erreichen, sondern indem man die Geschwindigkeit eines näher kommenden Objekts steigert oder vermindert. Die Erde ist recht klein und bewegt sich ziemlich schnell – nämlich mit ungefähr 30 Kilometern je Sekunde – um die Sonne. Je nachdem, aus welcher Richtung sich das Objekt nähert, könnte einer Veränderung seiner Bahn, durch die es nur sieben Minuten früher oder später eintrifft – diese Zeit braucht die Erde, um sich um den Betrag ihres Radius weiterzubewegen – den Unterschied zwischen einer Kollision und einem spannenden, aber harmlosen Vorbeiflug ausmachen. Für die Umlaufbahn bedeutet das keine große Veränderung. Wenn man ein Objekt früh genug entdeckt – vielleicht schon einige Jahre im Voraus –, reicht eine geringfügige Veränderung seiner Geschwindigkeit aus.

Vor einem Objekt, das größer als ein paar Kilometer ist und weltweiten Schaden anrichten würde, kann uns keiner der Vorschläge zur Ablenkung oder Zerstörung bewahren. Glücklicherweise wird ein solcher Einschlag vermutlich während der nächsten Million Jahre nicht stattfinden. Für kleinere Objekte, vor denen wir uns im Prinzip schützen könnten, wären Kernsprengstoffe das effizienteste Mittel zur Ablenkung; sie könnten vielleicht ein Objekt von bis zu einem Kilometer daran hindern, auf der Erde einzuschlagen. Die Gesetze verbieten allerdings bisher den Einsatz von Kernwaffen im Weltraum, und deshalb wurde die entsprechende Technologie noch nicht entwickelt. Möglich, wenn auch nicht annähernd so wirkungsvoll, wäre eine Kollision eines Objekts mit einem nahenden Asteroiden, bei der Bewegungsenergie übertragen wird. Bei einer ausreichend langen Vorwarnzeit und insbesondere angesichts der Möglichkeit mehrerer Kollisionen könnte eine solche Strategie auch für nahende Objekte mit einem Durchmesser von mehreren hundert Kilometern funktionieren. Andere vorgeschlagene Ablenkungsmittel sind Solarzellen, Satelliten, die als Gravitationsschlepper wirken, oder Raketentriebwerke – eigentlich alles, was potentiell genügend Kraft erzeugen könnte. Nach solchen Prinzipien könnten technische Mittel letztlich bei Objekten mit einer Größe von bis zu 100 Metern wirken, allerdings nur dann, wenn eine Vorwarnzeit von einigen Jahrzehnten bleibt. Alle genannten Methoden (und auch die Asteroiden selbst) machen weitere Forschungsarbeiten notwendig; um zu sagen, was mit Sicherheit funktionieren wird, ist es wahrscheinlich noch zu früh.

Alle diese Vorschläge sind zwar interessant und bedenkenswert, derzeit handelt es sich aber nur um mögliche Zukunftsvisionen. Bisher gibt es die entsprechende Technologie nicht. Ein Projekt allerdings, die Mission »Asteroid Impact and Deflection Assessment«, soll die Machbarkeit der kinetischen Einwirkung auf Asteroiden überprüfen und ist in seiner Planung schon relativ weit fortgeschritten. In Arbeit ist auch ein verwandtes Projekt, die Asteroid Redirect Mission, mit der ein Asteroid oder ein Stück eines Asteroiden abgelenkt und auf eine Umlaufbahn um den Mond gebracht werden soll, wo er später sogar zum Ziel von Astronauten werden könnte. Die praktische Umsetzung hat aber noch bei keinem dieser Projekte begonnen.

Manche Menschen sprechen sich gegen die Entwicklung einer Asteroiden-Abwehrtechnologie aus und begründen ihre Haltung damit, dass diese auch in einem weiter gefassten Sinn gefährlich sein könnte. Manch einer fürchtet zum Beispiel, eine solche Technologie könne nicht nur zur Rettung der Erde verwendet werden, sondern auch zu militärischen Zwecken – ich halte das allerdings angesichts der langen Vorlaufzeit, die für den Bau einer Schutzvorrichtung nötig wäre, für höchst unwahrscheinlich. Andere sprechen von der potentiellen psychologischen und gesellschaftlichen Gefahr, die sich ergeben könnte, wenn man einen Asteroiden auf einer Bahn findet, die die Erdbahn kreuzt, und wenn es entweder zu spät ist oder außerhalb unserer technischen Möglichkeiten liegt, etwas dagegen zu tun – aber das erscheint mir eher wie eine Verzögerungstaktik, mit der man eine ganze Reihe potentiell konstruktiver Vorschläge ausbremsen könnte.

Wenn wir solche fadenscheinigen Bedenken einmal beiseitelassen, können wir fragen, ob wir Vorbereitungen treffen sollten, und wenn ja, wann. Es ist sicher eine Frage der Kosten und der Mittelzuweisung. Die International Academy of Astronautics veranstaltet Tagungen, die sich genau mit solchen Fragen beschäftigen und die beste Strategie finden sollen. Einer meiner Kollegen nahm 2013 an der Planetary Defense Conference in Flagstaff (Arizona) teil. Er erzählte mir von einer Übung, bei der die Teilnehmer eine Falschmeldung über einen näher kommenden Asteroiden erhielten und sich fragen sollten, wie man mit der simulierten Bedrohung am besten umgeht. Dazu sollten sie beispielsweise folgende Fragen beantworten: »Wie geht man mit Unsicherheiten hinsichtlich seiner Größe und Flugbahn um, die im Laufe der Zeit immer wieder aktualisiert werden?«, »Wann ist der richtige Zeitpunkt zum Handeln?«, »Wann sollte man den Präsidenten anrufen?« (schließlich fand die Konferenz in den Vereinigten Staaten statt), »wann ist der richtige Zeitpunkt, um eine Region zu evakuieren?« und »Wann sollte man eine Atomrakete abfeuern, um eine potentielle Tragödie abzuwenden?« Solche Fragen sind in meinen Augen zwar in gewisser Weise recht unterhaltsam, sie machen aber auch deutlich, dass selbst wohlmeinende und gut informierte Astronomen ganz unterschiedliche Haltungen einnehmen können und unterschiedlich reagieren, wenn sich ein Objekt aus dem Weltraum nähert.

Wie ich hier hoffentlich überzeugend dargelegt habe, sind solche Gefahren nicht übermäßig dringend, auch wenn gewisse Schäden potentiell möglich sind. Zwar ist es möglich, dass ein Objekt eine unglückselige Bahn einschlägt, uns trifft und die Bevölkerung in einem größeren Ballungsraum auslöscht, aber die Chancen, dass so etwas in absehbarer Zukunft geschieht, sind äußerst gering. Die Wissenschaftlerin in mir ist Feuer und Flamme für die Katalogisierung und Aufklärung der Bahnen möglichst vieler Objekte. Und die Fachidiotin in mir hält ein Raumschiff, das ein potentiell gefährliches NEO in eine sichere Umlaufbahn begleiten kann, so dass es nie die Erde trifft, für etwas Tolles. In Wirklichkeit aber weiß niemand genau, wie man am besten vorgeht.

Letztlich geht es in der Gesellschaft wie auch bei allen wissenschaftlichen und technischen Vorhaben darum, was wir schätzen, was wir lernen und welcher Nutzen sich nebenher daraus ergeben kann. Ausgerüstet mit den hier erläuterten grundlegenden Tatsachen, kann jeder selbst nachdenken und sich eine eigene Meinung bilden. Die heute bekannten Zahlen sind dabei eine Hilfe, aber vollständig sind sie nicht. Wie bei vielen politischen Entscheidungen müssen wir begründete Vermutungen mit praktischen Überlegungen und ethischen Notwendigkeiten in Einklang bringen. Nach meinem Eindruck sind die wissenschaftlichen Fragen auch ohne Bedrohung so interessant, dass sie die relativ geringen Investitionen lohnen, mit denen wir mehr Asteroiden finden und sie weiter erforschen können. Aber wie die Gesellschaft – und die Privatwirtschaft – sich entscheiden werden, bleibt abzuwarten.

10

Schock und Ehrfurcht

Kürzlich war ich in Griechenland. Dort fühlte ich mich hin und wieder richtig beschämt, wenn ich hörte, über welchen beeindruckenden englischen Wortschatz manche Einheimischen verfügten. Gelegentlich bedienten sie sich eines Wortes, das ich als Muttersprachlerin nur zögernd benutzen würde. Eine entsprechende Bemerkung machte ich, als jemand den Begriff *eponymous* aussprach, aber mein Gesprächspartner erinnerte mich daran, dass es griechischen Ursprungs war. Was natürlich für viele unserer Wörter gilt.

Ein anderes ist das Wort *Krater*. Die alten Griechen tranken sicher gern Wein, aber offensichtlich wussten sie auch die Mäßigung zu schätzen. Wenn nicht gerade ein Gelage bevorstand, mischte man den Wein mit dem dreifachen Volumen Wasser, und das dafür vorgesehene Mischgefäß nannte man *krater*. Ein *krater* hat eine große, runde Öffnung und ähnelt in seiner Form ein wenig den großen, klaffenden Löchern auf Erde und Mond, die den gleichen Namen tragen. Aber die geologischen Erscheinungen namens Krater können einen Durchmesser von bis zu 200 Kilometern haben, und die umgebende, aufgewühlte Region ist häufig noch größer.

Bei uns auf der Erde entstehen manche Krater durch Vulkane und ohne jede äußere Unterstützung. Auf der Kanareninsel Teneriffa beispielsweise kann man in dem großen Lavafeld des Vulkans Teide einige phantastische Krater bewundern – Anzeichen für einen Aufruhr unter der Erdoberfläche, dessen Blasen gelegentlich nach oben steigen. Dort lernte ich auch, dass *caldera* das spanische Wort für einen »Kessel« ist und dass dieser Begriff, den wir für eine vulkanisch entstandene Niederung benutzen, einen ganz ähnlichen Ursprung hat wie das Wort »Krater«. Einschlagkrater dagegen entstehen einzeln und – was noch wichtiger ist – ausschließlich durch außerirdische Beiträge.

Die meisten Meteoroideneinschläge – und insbesondere alle großen – ereigneten sich lange bevor es Menschen gab, die sie hätten beobachten können, von schriftlichen Aufzeichnungen ganz zu schweigen. Ein Einschlagkrater ist die beeindruckende Visitenkarte, die ein Meteoroid bei seinem Niedergang auf der Erde hinterlässt. Die Krater oder Niederungen und das Material in ihnen sowie in ihrer Umgebung sind häufig die einzigen verbliebenen Spuren der ungebetenen Besucher, die bei ihrer Ankunft so viel Unheil angerichtet haben. Die Narben, Gesteinstypen und chemischen Mengenverhältnisse, die sich in den Trümmern verbergen, sind für uns die zuverlässigste Quelle für Informationen über solche längst vergangenen Ereignisse.

Einschlagkrater sind außergewöhnliche Belege für die dauerhafte Verbindung zwischen der Erde und ihrer Umgebung, dem Sonnensystem. Wenn wir Entstehung, Form und Eigenschaften von Einschlagkratern verstehen, können wir auch besser feststellen, wie häufig Gesteinsbrocken unterschiedlicher Größe die Erde getroffen haben, und wir können anhand besserer Informationen darüber diskutieren, welche Rolle Meteoroiden möglicherweise für das Artensterben gespielt haben. In diesem Kapitel möchte ich erklären, warum und wie die staunenswerten Krater sich ursprünglich gebildet haben – und wodurch sich Einschlagkrater von den Niederungen vulkanischen Ursprungs unterscheiden. Außerdem werde ich einige Anmerkungen über die Liste der Objekte machen, die mit so großer Kraft eingeschlagen sind, dass sie dauerhafte Spuren hinterlassen haben; sie sind in der Earth Impact Data Base, auf die man über das Internet zugreifen kann, fein säuberlich katalogisiert. Diese Beobachtungen werden später wichtig werden, wenn ich die Rolle der dunklen Materie als Auslöser von Meteoroideneinschlägen betrachte.

Der Meteor Crater

Bevor wir uns genauer mit der Entstehung von Kratern und der vollständigen Liste solcher Gebilde auf der Erde beschäftigen, wollen wir kurz über den ersten Krater nachdenken, der gefunden wurde. Es war eine der ersten Entdeckungen, mit denen man eine Verbindung zwischen Objekten aus dem Himmel und der Erdoberfläche herstellen konnte (siehe Abb. 22). Der Name ist zwar ein wenig irreführend – wie gesagt: Ein »Meteor« ist eigentlich ein Lichtstreifen am Himmel –, aber wenigstens entstand der Meteor Crater tatsächlich durch einen Meteoroiden, was definitionsgemäß für alle Einschlagkrater gilt. Diese besondere Formation liegt in der Nähe von Flagstaff im US-Bundesstaat Arizona. Sein Name entspricht – in Übereinstimmung mit einer Konvention zur Benennung von Meteoroiden – dem einer nahe gelegenen Poststation. Diese wurde 1906 von Theodore Roosevelt eröffnet, als sein Freund, der Bergbauingenieur und Geschäftsmann Daniel Barringer, erstmals den Inhalt und Ursprung des rätselhaften Kraters erforschte. Die Geologen standen seinen Vermutungen anfangs skeptisch gegenüber, aber letztlich konnte Barringer nachweisen, dass der Krater durch einen Meteoroiden entstanden war. In Anerkennung seiner Befunde wird die Vertiefung in der Landschaft auch als Barringer-Krater bezeichnet.

Es gibt auf der Erde noch größere Einschlagkrater, aber dieser gehört in den Vereinigten Staaten zu den gewaltigsten derartigen Strukturen: Er hat einen Durchmesser von rund 1200 Metern, ist 170 Meter tief, und sein Rand erhebt sich bis in eine Höhe von ungefähr 45 Metern. Der Krater ist etwa 50 000 Jahre alt und an der Oberfläche gut zu erkennen. Wenn man es nicht auf einer Landkarte sehen würde, wüsste man auch deshalb, dass er in den Vereinigten Staaten liegt, weil er sich wie so vieles in diesem Land in Privatbesitz befindet. Die Familie Barringer ist über das Unternehmen Barringer Crater Company der Eigentümer und erhebt derzeit für die Besichtigung einen Eintrittspreis von 16 Dollar. Die Eigentumsverhältnisse wurden 1903 gesichert, als Daniel Barringer zusammen mit dem Mathematiker und Physiker Benjamin Chew Tilghman einen Claim absteckte, der kurz darauf vom Präsidenten bestätigt wurde. Das Unternehmen, das den Anspruch angemeldet hatte – die Standard Iron Company – erhielt die Genehmigung, auf einer Fläche von 640 Acres (rund 260 Hektar) Bergbau zu betreiben.

Abb. 22 Der ungefähr einen Kilometer große Meteor Crater (Barringer-Krater) in Arizona. (Luftbild mit freundlicher Genehmigung von D. Roddy.)

Da sich der Krater in Privatbesitz befindet, kann er nicht zum Teil eines Nationalparks werden. Nationale Monumente können sich nur auf staatlichen Flächen befinden, und deshalb wird er nur als »nationales Naturdenkmal« bezeichnet. Das hat allerdings auch den Vorteil, dass er nicht geschlossen wird, wenn die Behörden die Arbeit einstellen, wie es 2013 geschah, als ich gerade mit der Arbeit an diesem Kapitel begann. Gut ist an dem Status als Privateigentum auch, dass die Familie Barringer selbst ein Interesse daran hat, den Krater zu erhalten; er gilt heute sogar als die weltweit am besten erhaltene Einschlagstelle eines Meteors – was natürlich auch daran liegt, dass er relativ jung ist.

Der Himmelskörper, der den Krater erzeugt hat, wird als Diablo-Meteorit bezeichnet; der Name erinnert an die Geisterstadt Canyon Diablo, die in einer Schlucht gleichen Namens liegt. Der Meteorit, der einen Durchmesser von 50 Metern hatte und fast ausschließlich aus reinem Eisen und Nickel bestand, schlug vermutlich mit einer Geschwindigkeit von 13 Kilometern pro

Sekunde am Boden ein und setzte die Energie von mindestens zwei Megatonnen TNT frei – ein Mehrfaches der Energiemenge von Tscheljabinsk und ungefähr die Sprengkraft einer Wasserstoffbombe. Das ursprüngliche Objekt verdampfte zum größten Teil, so dass es heute schwierig ist, Fragmente davon zu finden. Stücke, die man entdeckt hat, sind in dem dortigen Museum ausgestellt, und einige kann man sogar kaufen.

Da es nur so wenige Bruchstücke gibt, erwies sich der Nachweis, dass der Krater tatsächlich durch ein außerirdisches Objekt entstanden war, anfangs als schwierig; die europäischen Siedler, denen er im 19. Jahrhundert erstmals auffiel, hatten ihn für einen Vulkankrater gehalten. Das war zu jener Zeit keine unplausible Hypothese, denn eine extraterrestrische Ursache wäre eine sehr exotische Erklärung gewesen, und auch das nahe gelegene Vulkanfeld von San Francisco – das nur 70 Kilometer weiter westlich liegt – muss irreführend gewirkt haben.

Eine aufschlussreiche Geschichte erzählt davon, wie Wissenschaft sich irren kann – und wie der Irrtum später aufgeklärt wird. Grove Karl Gilbert, der Chefgeologe der US-amerikanischen Geological Survey, erklärte 1891 offiziell, es handele sich um einen Vulkan. Gilbert hatte durch den Mineralienhändler Arthur Foote aus Philadelphia von dem Krater erfahren; dieser interessierte sich für Eisen, das Schäfer 1887 in der Nähe gefunden hatten. Foote hatte erkannt, dass das Material extraterrestrischen Ursprungs war, und war selbst zum Fundort gereist, um dort möglicherweise noch mehr Material auszugraben. Neben Eisen fand er mikroskopisch kleine Diamanten. Diese hatten sich bei dem Einschlag gebildet, aber das wusste Foote nicht. Er nahm fälschlich an, der Einschlagkörper sei so groß gewesen wie der Mond. Einen weiteren Fehler beging Foote, weil er den Krater nicht mit dem Meteoritenmaterial in Verbindung brachte, das er gerade untersuchte. Er erkannte zwar an, dass das Material im Erdboden außerirdischen Ursprungs war, aber den nahe gelegenen Krater hielt er für ein davon unabhängiges Phänomen, das sich durch Vulkantätigkeit gebildet hatte.

Gilbert dagegen, der durch Foote von dem Krater erfahren hatte, äußerte als einer der Ersten zunächst die Vermutung, die Struktur sei auf einen Meteoroiden zurückzuführen. Aber in seinem Bestreben, seine Behauptung wissenschaftlich zu belegen, gelangte auch Gilbert zu einer falschen Schlussfolgerung. Da bis dahin noch niemand über die Morphologie von Einschlagkratern Bescheid wusste, schloss er die Hypothese vom Einschlag fälschlich aus, weil die Masse des Kraterrandes nicht mit der fehlenden Masse im Krater übereinstimmte und weil der Krater außerdem kreisförmig und nicht elliptisch war, wie er es bei einem Einschlag aus einer bestimmten Richtung erwartet hätte. Darüber hinaus fand niemand aufgrund des Magnetismus einen Unterschied im Eisengehalt, der auf außerirdisches Material hingewiesen hätte. Angesichts der fehlenden Indizien für einen Meteoroiden ließ Gilbert sich von seinen eigenen Methoden – die subtilere Aspekte der Bildung von Einschlagkratern, auf die ich in Kürze zu sprechen kommen werde, außer Acht ließen – von der falschen Schlussfolgerung überzeugen, dass nicht ein Einschlag, sondern Vulkantätigkeit für die Entstehung des Kraters verantwortlich war.

Richtig erkannt wurde der Ursprung des Kraters erst 1905, als Barringer und Tilghman in den *Proceedings of the Academy of the Natural Sciences of Philadelphia* eine Reihe ungewöhnlicher Artikel veröffentlichten. Darin wiesen sie nach, dass der Meteor Crater tatsächlich auf den Einschlag eines Körpers aus dem Weltraum zurückzuführen ist. Als Belege führten sie unter anderem die kopfstehenden Gesteinsschichtungen an den Kraterrändern an, die, wie ich gehört habe, wirklich einen spektakulären Anblick bieten, und als weiteres Indiz erwähnten sie das Nickeloxid im Sediment. Die 30 Tonnen an oxidierten Bruchstücken eines Eisenmeteoriten im Umfeld des Kraters veranlassten Barringer jedoch zu einem anderen, kostspieligen Fehler. Er glaubte, der Rest des Eisens müsse zum großen Teil unter der Erde liegen, und bohrte 27 Jahre lang, um es zu finden. Seine Entdeckung wäre für den Mann wiederum eine Goldgrube gewesen, nachdem er schon 1894 insgesamt 15 Millionen Dollar (nach heutiger Kaufkraft mehr als eine Milliarde) mit der Commonwealth-Silbermine verdient hatte, die sich ebenfalls in Arizona befindet.

Aber der Meteorit war kleiner, als Barringer geglaubt hatte, und ohnehin verwandelt ein Meteorit sich beim Einschlag zum größten Teil in Dampf. Also konnte er selbst nach Abschluss seiner Grabungen mit dem Krater weder Geld verdienen noch eine größere Zahl von Menschen von der Entstehungsgeschichte überzeugen. Wenige Monate nachdem der Präsident der Meteor Crater Exploration and Mining Company – des Unternehmens, zu dessen Gründung er beigetragen hatte – den Betrieb eingestellt hatte, starb Barringer an einem Herzinfarkt. Er selbst und sein Unternehmen hatten bei der Erkundung des Kraters 600 000 Dollar verloren, aber zumindest lebte Barringer noch so lange, dass er die Bestätigung seiner Hypothese miterlebte.

Als die Planetenforschung weitere Fortschritte machte und man schließlich die Entstehung der Krater besser verstand, schlossen sich immer mehr Wissenschaftler Barringers Schlussfolgerungen an. Die endgültige Bestätigung brachte das Jahr 1960, als Eugene Merle Shoemaker – eine zentrale Gestalt in der wissenschaftlichen Erforschung von Einschlägen – in dem Krater seltene Formen von Siliziumoxid fand. Diese konnten nur aus quarzhaltigem Gestein entstanden sein, das durch den Druck des Einschlages einen starken »Schock« erlitten hatte. Abgesehen von einer Atombombenexplosion – die vor 50 000 Jahren höchst unwahrscheinlich gewesen wäre – ist ein Meteoroideneinschlag die einzige Ursache, die man kennt.

Shoemaker kartierte den Krater sehr sorgfältig und wies nach, dass seine geologischen Verhältnisse denen rund um die durch Nuklearexplosionen entstandenen Krater in Nevada ähnelten. Seine Analysen stellten die Vorstellung vom Einschlag eines Himmelskörpers auf eine feste Grundlage und wurden zu einem Meilenstein: In der Geowissenschaft hatte man endgültig erkannt, wie wichtig die Wechselbeziehungen zwischen der Erde und ihrer kosmischen Umwelt sind.

Die Entstehung von Einschlagkratern

Dass ich so viel Spaß am Felsklettern habe, liegt zu einem nicht geringen Teil daran, dass es mir Freude macht, das Material, die Konsistenz und Dichte von Gestein zu untersuchen – mir die Oberflächen genau anzusehen, um die ungefährlichste und effizienteste Route nach oben zu finden. Aber der wahre Schatz, der sich in den Felsen verbirgt, ist ihre lange Vergangenheit. Gestein zeigt nicht nur Belege für die Bewegungen der tektonischen Platten, sondern seine Morphologie und Zusammensetzung bergen auch einen Schatz von vielen anderen Informationen, die Geologen auswerten können. Und die Paläontologen lernen eine Menge von den in der Erde eingebetteten Fossilien und ihrer Umgebung.

Gesteinsformationen erzählen immer eine Geschichte, und manche Orte sind in dieser Hinsicht besonders spektakulär. Als ich kürzlich die Universität Bilbao im spanischen Baskenland besuchte, hatte ich das Glück, dass ein Physikerkollege mir von dem Flysch Geoparque in der nahe gelegenen Ortschaft Zumaia erzählte. Der Geoparque ist ein Anziehungspunkt für Ökotouristen: Hier liegt ein Kalksteinfelsen frei, der viele Millionen Jahre der Erdgeschichte repräsentiert. Faszinierend ist er einerseits, weil seine geologischen Schätze für eine nachhaltige wirtschaftliche Entwicklung nutzbar gemacht werden, und andererseits weil hier vielfältige wissenschaftliche Aktivitäten und Entdeckungen stattfinden. Als ich den Park besuchte, wies der wissenschaftliche Leiter mich auf Gesteinsschichten hin, die 60 Millionen Jahre überspannen und an der senkrechten Klippe, die wunderschön an einem großartigen Strand liegt, leicht zu erkennen sind (siehe Abb. 23). Er bezeichnete die Klippe als offenes Buch, dessen viele Seiten alle gleichzeitig zu sehen sind. Die K-T-Grenze (die heute offiziell K-Pg-Grenze heißt – später mehr darüber) trennt eine Schicht aus fossilführendem weißem Gestein von einer darüberliegenden grauen Schicht ohne Fossilien. Die Linie, die das letzte größere Massensterben der Erdgeschichte kennzeichnet, ist an diesem stillen Ort im Baskenland ausgezeichnet erhalten.

Aber solche großartigen Gesteinsschichten sind nicht das einzige Indiz, an dem man etwas über die Vergangenheit lernen kann. Eine ganz andere reichhaltige Informationsquelle sind die Einschlagkrater, die zu den bemerkenswertesten Strukturen der Erdoberfläche gehören. Zwar wissen wir nur begrenzt darüber Bescheid, wie und wann Meteoroiden einschlagen, die Wissenschaftler besitzen aber umfangreiche Kenntnisse über die geologischen Verhältnisse in den Einschlagkratern. Form, Gesteinsmorphologie und Zusammensetzung liefern Hinweise, an denen man Einschlagkrater von Calderas und anderen runden Niederungen unterscheiden kann. Und da man die charakteristische Erscheinungsform und Zusammensetzung der Einschlagkrater zu einem großen Teil anhand ihres Ursprunges verstehen kann, sagen die Vertiefungen und die besonderen Gesteinsformen an Stellen, an denen Meteoroiden zur Erde gestürzt sind, viel über die Ereignisse bei der Entstehung der Krater aus.

Wenn die Worte nicht bereits durch eine spektakulär erfolglose Militärpolitik entwertet wären, könnte man die Entstehung der Krater wahrscheinlich

Abb. 23 60 Millionen Jahre Erdgeschichte, sichtbar im Gestein des Flysch Geoparque am Strand von Itzurun bei Zumaia (Spanien). (Jon Urrestilla.)

am zutreffendsten mit »Schock und Ehrfurcht« *(shock and awe)* beschreiben. Einschlagkrater sind die Folge, wenn Objekte aus dem Weltraum mit so großer Energie auf der Erde einschlagen, dass eine Stoßwelle entsteht und einen kreisförmigen Krater aufwirft – was tatsächlich ehrfurchtgebietend ist. Der Grund für die Kreisform von Einschlagkratern ist aber nicht der Einschlag als solcher, sondern die Schockwelle. Würde der Boden unmittelbar aufgewühlt, so entstünde eine Vertiefung, in deren Vorzugsrichtung sich die ursprüngliche Flugrichtung des Einschlagkörpers widerspiegelt – das heißt, sie würde nicht auf allen Seiten gleich aussehen. Das war die falsche Fährte, der Gilbert bei der Untersuchung des Barringer-Kraters folgte. Man kann den Krater aber nicht einfach so verstehen, als hätte der Einschlagkörper das Gestein in die Tiefe gedrückt. Vielmehr entsteht er, wenn der Einschlagkörper so heftig auf die Erde stürzt, dass die zusammengedrückte Region wie ein

Kolben wirkt: Der Druck wird durch schnelle Ausdehnung abgebaut, die von dem ursprünglichen Einschlagort ausgeht und Material nach außen wirft. Der Druckabbau durch die halbkugelförmige Ausbreitung der Schockwelle ist die eigentliche Explosion, die den Krater erzeugt. Und da sie unter der Oberfläche stattfindet, gibt sie dem Einschlagkrater seine charakteristische Kreisform.

Objekte, die Einschlagkrater erzeugen, treffen in der Regel mit bis zum Achtfachen der Fluchtgeschwindigkeit der Erde (11 Kilometer je Sekunde) auf den Boden; typisch sind Geschwindigkeiten von rund 20 bis 25 Kilometer in der Sekunde. Bei größeren Objekten bietet diese Geschwindigkeit – ein Vielfaches der Schallgeschwindigkeit – die Gewähr, dass eine ungeheure Menge an kinetischer Energie freigesetzt wird, denn die kinetische Energie wächst nicht nur mit der Masse, sondern auch mit dem Quadrat der Geschwindigkeit. Ein Einschlag auf festem Gestein lässt sich mit einer Atombombenexplosion vergleichen: Die dabei entstehenden Schockwellen pressen sowohl das Objekt aus dem Weltraum als auch die Erdoberfläche zusammen. Wenn der Druck sich löst, heizt sich das Material auf, so dass der Meteoroid fast immer schmilzt und verdampft; ist er groß genug, erleidet auch die Zielregion das gleiche Schicksal.

Die so entstandene Überschallwelle dehnt sich aus und erzeugt eine Belastung, die die Widerstandsfähigkeit des Materials in der Umgebung weit übersteigt. Dabei entstehen seltene Kristallstrukturen wie der geschockte Quarz, den man ausschließlich in Einschlagkratern findet – und im Um-

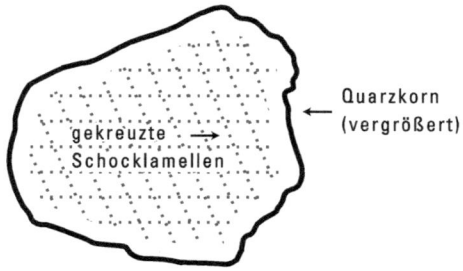

Abb. 24 Das charakteristisch verformte Zickzackmuster in geschocktem Quarz deutet auf einen Meteoroideneinschlag als Ursache hin.

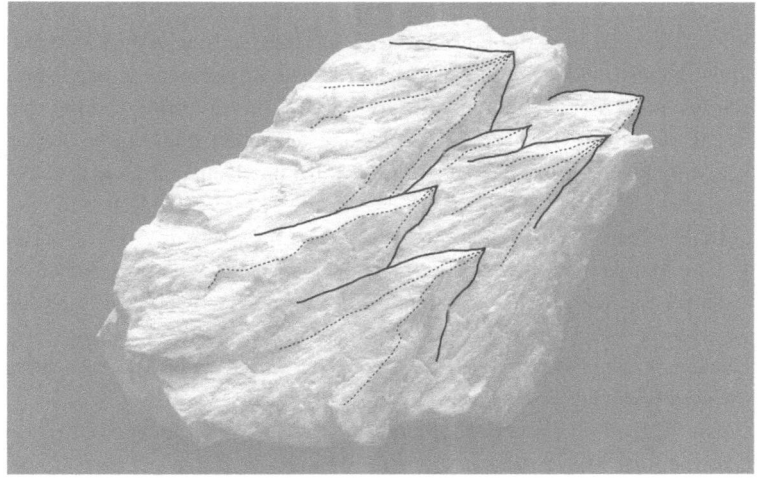

Abb. 25 Die auffälligen, unterschiedlich großen kegelförmigen Strukturen sind das makroskopische Anzeichen, dass das Gestein bei seiner Entstehung hohem Druck ausgesetzt war.

feld von Atombombenexplosionen (s. Abb. 24). Andere charakteristische Merkmale sind Strahlenkegel im Gestein, kegelförmige Strukturen, deren Spitze zum Ort der Kollision zeigt (s. Abb. 25). Auch sie sind ein eindeutiger Beleg für die Einwirkung hohen Drucks, der sich wiederum nur mit Einschlägen oder Nuklearexplosionen erklären lässt. Die Strahlenkegel sind auch deshalb interessant, weil ihre Größe zwischen Millimetern und einigen Metern liegen kann, so dass sie ein makroskopisches Maß für das Ausmaß des Ereignisses darstellen. Zusammen mit verformten Kristallen und Spuren von geschmolzenem Gestein sind auch die Strahlenkegel ein charakteristisches Merkmal von Kratern, die auf Meteoroideneinschläge zurückgehen.

Auch Gesteinsformen, die sich nur bei hohen Temperaturen bilden, sind für Einschlagstellen charakteristisch. Das glasartige Material der *Tektiten* und *impact melt spherules* verdankt seine Entstehung geschmolzenem Gestein. Da dieses Material zwar bei hoher Temperatur entsteht, aber nicht zwangsläufig hohen Druck erfordert, kann man sich auch einen Ursprung in Vulkanen vorstellen – die in der Regel die wichtigsten Konkurrenten der Einschläge sind, was die Entstehung von Kratern angeht. Aber Einschlagkrater haben in der Regel eine andere chemische Zusammensetzung: Zu ihr gehören auch Metalle und andere Substanzen – Nickel, Platin, Iridium und Kobalt –, die auf der Erdoberfläche ansonsten selten sind. Solche zusätzlichen Indizien tragen dazu bei, die Entstehung durch einen Einschlag zu bestätigen.

In der chemischen Zusammensetzung der Einschlagkörper gibt es noch weitere charakteristische Aspekte. So sind beispielsweise bestimmte Isotope – Atome mit der gleichen Ladung, aber einer unterschiedlichen Zahl von Neutronen – für extraterrestrische Formationen typischer, aber solche Erkenntnisse gelten nur für einen kleinen Teil des verbliebenen Materials, denn die ursprünglichen Substanzen sind zum größten Teil verdampft.

Ein anderes nützliches Hilfsmittel für die Unterscheidung von Kratern sind die Einschlag-*Brecchien*, Gesteinstrümmer, die durch ein feinkörniges Bindematerial zusammengehalten werden. Auch sie deuten auf einen Einschlag hin, der alles, was ursprünglich vorhanden war, zerschmetterte. Auch geschocktes, verschmolzenes Glas ist interessant, denn seine Entstehung erfordert sowohl hohen Druck als auch eine erhöhte Temperatur. Zu erkennen ist es an seiner ungewöhnlich hohen Dichte. Ein weiteres auffälliges Merkmal sind häufig Wälle am Kraterboden oder zentrale Flächen, die den Boden komplexer, aus Glaspartikeln bestehender Strukturen bedecken.

Solche charakteristischen, geschockten und geschmolzenen Strukturen sind ein entscheidender Beleg für Einschläge, denn sie können auf keinem anderen Weg entstehen. Allerdings sind sie nicht immer leicht zu finden, denn häufig liegen sie tief unter Gesteinstrümmern und geschmolzenem Material. Dennoch kennt man eine Fülle von Meteoriten, und viele von ihnen sind in naturhistorischen Museen ausgestellt. Besonders gut gefällt mir der mehr als zwei Meter hohe, 34 Tonnen schwere Ahnighito-Meteorit im American Museum of Natural History in New York, das größte derartige Ausstellungsstück. Der riesige Brocken wurde erst spät erworben und kam zu der Meteoritensammlung hinzu, die das Museum bereits seit seiner Gründung im Jahr 1869 besitzt.

Einschlagkrater sind aber nicht nur am Material zu erkennen, sondern auch an ihrer charakteristischen Form. Sie liegen als Vertiefung unterhalb der umliegenden Landschaft; die meisten Vulkankrater dagegen entstehen durch Eruptionen und erheben sich über das Gelände in ihrem Umfeld. Außerdem haben Einschlagkrater einen erhöhten Rand – auch das ist für Vulkankrater nicht typisch.

Ein weiteres Erkennungszeichen ist die *umgekehrte Stratigraphie*: In dem ausgeworfenen Material liegen die Gesteinsschichten in umgekehrter Reihenfolge, weil das Material herausgedrückt und außerhalb des Kraters »umgedreht« wurde; die Schichten erinnern an die Ränder großer, gestapelter Pfannkuchen. Die tiefe, ungefähr kreisförmige Vertiefung in der Erdoberfläche – oder auch in der Oberfläche eines Planeten oder des Mondes – mit erhöhtem Rand und umgekehrter Stratigraphie ist ebenfalls ein eindeutiger Beleg, dass ein massereicher Körper mit ungeheurer Geschwindigkeit auf die Oberfläche gestürzt ist.

Das Material, das Einschlagkrater kennzeichnet, erhält seine Gestalt zwar vorwiegend während der plötzlichen Freisetzung der Stoßwelle, die Form des Kraters hängt aber auch von der weiteren geologischen Entwicklung ab. Wenn der Himmelskörper einschlägt, wird er zunächst abgebremst, während das Material am Zielort beschleunigt wird. Einschlag, Kompression, Dekompression und die Fortpflanzung der Stoßwelle – all das spielt sich innerhalb weniger Zehntelsekunden ab. Nachdem die Stoßwelle durchgelaufen ist, folgt der weitere Wandel viel langsamer. Das Material, das getroffen und durch die ursprüngliche Welle beschleunigt wurde, bewegt sich noch weiter, nachdem die Stoßwelle abgeklungen ist, aber in diesem Stadium verläuft die Bewegung nicht mehr mit Schallgeschwindigkeit. Dennoch setzt sich die Kraterbildung fort: Der Kraterrand steigt in die Höhe, und weiteres Material wird ausgeworfen. Der Krater ist aber noch nicht stabil, sondern die Schwerkraft lässt ihn zusammenbrechen. Wenn es sich um einen kleinen Krater handelt, stürzt der Rand ein Stück weit ein, und die Trümmer rollen an den Kraterwänden hinunter, während geschmolzenes Material in die tieferen Abschnitte des Kraters fließt. Das Endergebnis ist immer noch schüsselförmig und sieht ein wenig wie der anfangs gebildete Krater aus, ist aber unter Umständen beträchtlich kleiner. Auch der Meteor Crater hat nur ungefähr die Hälfte seiner ursprünglichen Größe. Später schmelzen die Brecchien, und das ausgestoßene Gestein füllt den Hohlraum aus. Die Form eines einfachen Kraters zeigt Abbildung 26.

Größere Einschläge verdrängen nicht nur Material und werfen es aus, sondern ein Teil des Bodens, der ursprünglich getroffen wurde, verdampft auch. Dieses geschmolzene Material kann die Innenseite des Hohlraumes bedecken, aber wenn es verdampft ist, verflüchtigt es sich – wobei eine pilzförmige Wolke entsteht. Gröberes Material regnet innerhalb weniger Kraterradien wieder zu Boden. Ein Teil der feinkörnigen Substanzen dagegen kann sich um den gesamten Globus verteilen.

Hat der Einschlagkörper einen Durchmesser von mehr als einem Kilometer, bildet sich ein Krater von mindestens 20 Kilometern Größe. In einem solchen Fall schafft der Einschlagkörper letztlich ein Loch in der Atmosphäre, und dieses Vakuum wird vom ausgeworfenen Material ausgefüllt – es steigt nach oben und geht dann über einer großen Fläche nieder. Seine heißesten Anteile können bis oberhalb der Stratosphäre aufsteigen, und der Feuerball aus verdampftem Material kann sich dann weit verteilen; genau das geschah nach dem K-T-Einschlag auf der ganzen Welt mit dem iridiumreichen Ton, mit dem wir uns in Kürze genauer befassen werden.

Nach einem größeren Einschlag entsteht ein *komplexer Krater* (siehe Abb. 27). Hier macht der Hohlraum nach der Entstehung des ursprünglichen Kraters umfangreichere Veränderungen durch. Während die Schockwelle

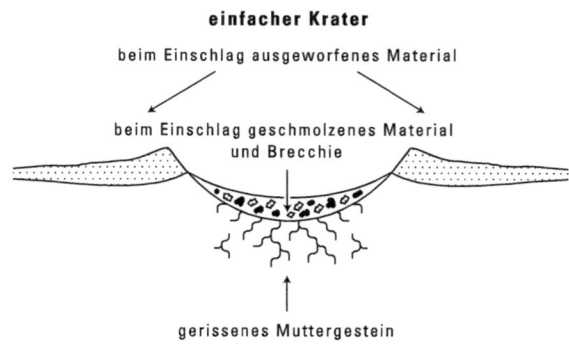

Abb. 26 Ein einfacher, durch einen Einschlag entstandener Krater besteht aus einer ausgehöhlten, schüsselförmigen Struktur, die von einer relativ flachen Brecchie bedeckt ist, und einem charakteristischen, erhöhten Rand.

sich im Boden fortpflanzt, tritt sie mit dem uneinheitlichen Gestein in Wechselwirkung und lässt eine neue Welle entstehen, die sich in der entgegengesetzten Richtung fortpflanzt und den Stoß »entlädt«; dies hat zur Folge, dass der mittlere Teil des Kraters aufsteigt, während der Rand teilweise zusammenbricht. Die zweite Welle zieht Material aus größerer Tiefe nach oben, so dass unterhalb großer Einschlagkrater eine dünnere Erdkruste zurückbleibt. Das alles geschieht mit bemerkenswerter Geschwindigkeit. In Sekunden können Vertiefungen von mehreren Kilometern entstehen, und Gipfel können innerhalb weniger Minuten um Tausende von Metern in die Höhe steigen.

Komplexe Krater sehen häufig ganz anders aus als die einfacheren Gebilde, die durch kleinere Einschläge entstehen. Im Einzelnen hängt ihre Form von der Größe ab. Wenn ein Krater in schichtförmigem Sedimentgestein einen Durchmesser von mehr als zwei Kilometern hat oder in widerstandsfähigerem vulkanischem oder metamorph-kristallinem Gestein mehr als vier Kilometer misst, besteht er in der Regel aus einer erhöhten Region in der Mitte, einem breiten, flachen Kraterboden und terrassenförmigen Wänden. Das alles sind die Hinterlassenschaften der ursprünglichen Kompression, auf die Aushöhlung, Abwandlung und Zusammenbruch folgten.

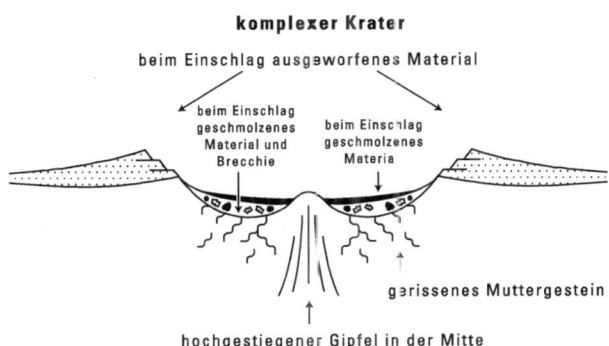

komplexer Krater

beim Einschlag ausgeworfenes Material

beim Einschlag geschmolzenes Material und Brecchie

beim Einschlag geschmolzenes Materia

gerissenes Muttergestein

hochgestiegener Gipfel in der Mitte

Abb. 27 Ein komplexer Krater hat wie der einfache Krater einen erhöhten Rand, der hier aber terrassenförmig ist; im Inneren befindet sich ein erhöhter Bereich und eine größere Menge an zusammengestürztem Material.

Bei einem Durchmesser von mehr als 12 Kilometern kann in der Mitte des Kraters eine ganze Hochebene oder ein Ring in die Höhe steigen. Alle diese Beobachtungen sind von entscheidender Bedeutung, wenn man (im übertragenen Sinn und manchmal auch buchstäblich) in der Vergangenheit gräbt. Wie wir in Kapitel 12 genauer erfahren werden, waren solche charakteristischen Merkmale auch in den 1980er Jahren hilfreich, als man auf der Halbinsel Yucatán den Krater identifizierte, der mit dem K-T-Massensterben in Verbindung steht.

Krater auf der Erde

In den letzten 50 Jahren hat man auf der Erde viele Einschlagkrater gefunden. Wenn wir ihre chemische Zusammensetzung und auch die der *Astrobleme* oder »Sternwunden« – der am stärksten zerstörten Krater, die aber noch erkennbare Spuren hinterlassen haben – erforschen, können wir darangehen, die Besucherliste unseres Planeten zu vervollständigen. Dieses Gästebuch ist die Earth Impact Database.

Die Earth Impact Database enthält einige der faszinierendsten Listen, die im Internet zur Verfügung stehen. Man findet dort Kataloge der vielen Objekte, die auf der Erde eingeschlagen sind und so große Narben hinterlassen haben, dass man sie heute noch finden und als Einschlagkrater identifizieren kann. Eine vollständige Liste der Einschläge ist sie aber nicht. Da viele sehr alte Krater auf der Erde durch geologische Vorgänge ausradiert wurden, stammen die meisten, die wir heute noch beobachten können, von den weniger häufigen Einschlägen in jüngerer Zeit.

Die meisten Einschläge ereigneten sich wahrscheinlich vor mehr als 3,9 Milliarden Jahren in der Frühphase des Sonnensystems. Damals wurde Material, das bei der Planetenentstehung übriggeblieben war, durcheinandergewirbelt und bewegte sich durch den Weltraum. Aber auf Erde, Mars, Venus und anderen, geologisch aktiveren Himmelskörpern gingen die Spuren der zugehörigen Krater im Laufe der Zeit verloren; das ist der Grund, warum sie auf dem geologisch passiven Mond viel deutlicher zu erkennen sind.

Selbst die Spuren von Einschlägen aus jüngerer Zeit sind heute meist nicht mehr vorhanden. Solche Ereignisse spielen sich zwar einigermaßen oft ab, aber kleine Einschläge hinterlassen keine erkennbaren Narben – zumindest nicht für längere Zeit. Kleinere Krater sind wegen der dichten Erdatmosphäre sogar seltener, als man eigentlich erwarten würde. Wie Venus und Titan, so sind auch wir durch unsere Atmosphäre vor den kleinen Einschlägen geschützt, die auf dem Merkur und dem Mond, wo keine schützende Atmosphäre vorhanden ist, viel häufiger vorkommen.

Größere Einschläge ereignen sich nur selten – was für die Stabilität des Lebens auf unserem Planeten ein Glück ist. Ein Himmelskörper, der einen 20 Kilometer großen Krater entstehen lässt, trifft die Erde nur in Abständen von einigen hunderttausend bis einer Million Jahren und verursacht dann weltweite Schäden. Aber selbst eine solche Häufigkeit ist in der Earth Impact Database nicht zu erkennen. Geht man sie durch, so findet man insgesamt nur Indizien für 43 solche Krater, davon 34 aus den letzten 500 Millionen Jahren und 26 aus den letzten 250 Millionen Jahren (siehe Abb. 28). Insgesamt führt die Liste nur ungefähr 200 Strukturen auf.

Dass nur so wenige Krater verzeichnet sind, lässt sich mit mehreren Faktoren erklären. Zunächst einmal liegt es daran, dass 70 Prozent der Erdoberfläche von Ozeanen bedeckt sind. Unterseeische Krater zu finden ist nicht nur schwierig, sondern Wasser kann auch die Bildung eines Kraters von vornherein beeinträchtigen. Außerdem beseitigt die geologische Tätigkeit am Meeresboden wahrscheinlich alle vorhandenen Narben mit Ausnahme derer, die erst in jüngster Zeit entstanden sind. Spuren am Meeresboden verschwinden im Wesentlichen innerhalb von 200 Millionen Jahren, weil die Plattentektonik wie ein Förderband dafür sorgt, dass der Boden der Ozeane sich ausbreitet und durch Subduktion verschwindet; damit beseitigt sie in dem genannten Zeitraum alle Spuren.

Auch an Land können geologische Vorgänge wie die wind- oder wasserbedingte Erosion Indizien zerstören. Das ist einer der Gründe, warum man die meisten Krater in den stabileren inneren Regionen der Kontinente findet. (Auch auf Planeten wie der Venus, auf denen die geologische Aktivität geringer ist, bleiben sie mit größerer Wahrscheinlichkeit erhalten.) Außerdem können Meteoroiden natürlich auch an Land in weniger gut zugänglichen Regionen niedergehen, selbst wenn sie nicht so unerreichbar sind wie der Meeresboden in vier Kilometern Tiefe. Und schließlich können Menschen mit ihrer Tätigkeit die Erdoberfläche verändern und damit Indizien vernich-

Name des Kraters	Durchmesser (km)		Alter (Millionen Jahre)
Saint Martin	220	± 32	40
Manicouagan	214	± 1	85
Rochechouart	201	± 2	23
Obolon	169	± 7	20
Puchezh-Katunki	167	± 3	40
Morokweng	145,0	± 0,8	70
Gosses Bluff	142,5	± 0,8	22
Mjølnir	142,0	± 2,6	40
Tunnunik (Prince Albert)	> 130, < 450		25
Tookoonoka	128	± 5	55
Carswell	115	± 10	39
Steen River	91	± 7	25
Lappajärvi	76,20	± 0,29	23
Manson	74,1	± 0,1	35
Kara	70,3	± 2,2	65
Chicxulub	65,17	± 0,64	66
Boltysh	66	± 0,03	150
Montagnais	50,50	± 0,76	45
Kamensk	49,0	± 0,2	25
Logancha	40	± 20	20
Haughton	39		23
Mistastin	36,4	± 4	28
Popigai	35,7	± 0,2	90
Chesapeake Bay	35,3	± 0,1	40
Ries	15,1	± 0,1	24
Kara-Kul	< 5		52

Abb. 28   In den letzten 250 Millionen Jahren entstandene Krater mit einem Durchmesser von mehr als 20 Kilometern, verzeichnet in der Earth Impact Database. Die Größen sind Schätzungen für den Durchmesser des Kraterrandes; dieser ist kleiner als die vom Einschlag betroffene Region.

ten. In gewisser Weise ist es also bemerkenswert, dass die Liste der Krater überhaupt noch so lang ist.

Mehrere besonders auffällige Gebilde sind (nach geologischen Maßstäben) erst vor relativ kurzer Zeit entstanden. In der letzten Million Jahre wurden zwei Krater mit einem Durchmesser von jeweils zehn Kilometern neu geschaffen: der eine in Kasachstan, der andere in Ghana. Zwei andere bemerkenswerte Vertreter sind Vredefort in Südafrika und Sudbury in Kanada. Sie sind sogar noch größer als der Chicxulub-Krater, die Hinterlassenschaft des Einschlages, durch den es an der K-T-Grenze zum Massenaussterben kam, aber sie erhielten ihre Form in einer viel weiter zurückliegenden Vergangenheit, nämlich vor einigen Milliarden Jahren. Die Sudbury-Mine in Kanada wurde zum Abbau von Nickel und Kupfer angelegt, die sich angereichert hatten, als das große Objekt, das den Krater entstehen ließ, einschlug und die Erdkruste zum Schmelzen brachte. Die größte Menge der Metalle wurde dabei nicht von dem Einschlagkörper selbst mitgebracht, sondern ein Volumen der Erdkruste von der Größe eines Meeres schmolz und brauchte danach lange, um wieder zu kristallisieren. Damit blieb genug Zeit, damit die kleinen Nickel- und Kupfermengen, die in der Kruste ohnehin bereits vorhanden waren, sich am Boden der geschmolzenen Masse absetzen konnten. Weiter angereichert wurden die Metalle durch die thermische Aktivität der heißen Schmelzmasse; auf diese Weise entstanden wirtschaftlich nutzbare Erze.

Unter Teilchenphysikern ist die Sudbury-Mine berühmt, weil es dort ein unterirdisches Labor gibt. In dem Bergwerk wird zwar immer noch Erz abgebaut, es ist aber auch ein Ort physikalischer Experimente. Wegen der Lage zwei Kilometer unter der Erdoberfläche sind die Detektoren in dem Labor gegen kosmische Strahlen abgeschirmt; damit stehen sie an einem idealen Ort, wenn man Neutrinos von der Sonne erforschen will, wie es zwischen 1999 und 2006 geschah. Ebenso ist die Mine ein hervorragender Ort für die Suche nach dunkler Materie; dieses Ziel verfolgen mehrere Experimente, die dort derzeit laufen.

Die meisten Geschichten über Einschläge sind allerdings weniger angenehm. In Kürze werde ich das Chicxulub-Ereignis schildern, das noch nicht allzu lange zurückliegt und zeigt, welche ungeheure Zerstörungswirkung große Einschläge haben können. Bevor ich aber die unglaubliche Geschichte über den Meteoroiden erzähle, der vor 66 Millionen Jahren das K-T-Massensterben auslöste, wollen wir uns ein paar Gedanken über den größeren Zusammenhang machen, die wichtigsten Aussterbeereignisse der letzten 500 Millionen Jahre betrachten und uns fragen, was sie uns über die Zerbrechlichkeit und Stabilität des Lebens auf der Erde zu sagen haben.

11

Aussterben

Darwins berühmte natürliche Selektion erklärt uns, wie die Evolution des Lebendigen abläuft. Neue Arten erscheinen auf der Bildfläche, und andere, die in der Konkurrenz keinen Erfolg haben und sich weder an Veränderungen in ihrer Umwelt anpassen noch geeignete, alternative Lebensräume finden können, sterben aus. Aber trotz ihrer vielen Erfolge – und die sind in der Tat zahlreich – ist die darwinistische Evolution keine vollständige Erklärung für das Leben, wie wir es kennen. Die wichtigste Lücke betrifft seinen ersten Anfang.

Mit Darwin verstehen wir, wie manche Lebensformen anderen Platz machten, nachdem das Lebendige bereits entstanden war. Aber auch wenn die Prinzipien der Evolution wichtig sind, erklären Darwins Gedanken nicht, wie sich das Leben ursprünglich bildete. Vielen populärwissenschaftlichen Artikeln und Büchern zum Trotz gehören Ursprünge zu den schwierigsten wissenschaftlichen Themen überhaupt – ob es dabei nun um das Leben auf der Erde oder den Anbeginn des Universums geht. Überlegungen über spätere Entwicklungsstadien sind der naturwissenschaftlichen Methode zugänglich, denn man kann sie überprüfen – vielleicht nicht immer mit kontrollierten Experimenten im Labor, zumindest aber durch die Erforschung der Fossilfunde oder des reichhaltigen, uralten Himmels. Der erste Anfang dagegen ist nahezu immer unzugänglich. Theoretisch orientierte Wissenschaftler, die Interpretationen oder – häufiger – Spekulationen darüber äußern, was davor war, versuchen sich manchmal an Fragen nach den Ursprüngen. Und manche experimentell orientierten Biologen versuchen sich vielleicht an der Nachahmung von Prozessen, die für die Entstehung des Lebendigen in der Frühzeit des Sonnensystems unentbehrlich waren. Aber trotz solcher erster Fortschritte bleibt es – zumindest vorerst – eine große Herausforderung, sichere Aussagen über die Anfänge des Lebendigen zu machen.

In diesem Kapitel konzentrieren wir uns auf einen anderen Aspekt aus der Geschichte des Lebendigen, den Darwins ursprüngliche Theorie der natürlichen Selektion wie den Ursprung des Lebens nicht völlig einschloss. Er hat aber den Vorteil, dass er wie die späteren Evolutionsstadien der Beobachtung zugänglich ist. Dieses wichtige Element in der Geschichte des Lebendigen ist die Frage, wie Lebewesen auf radikale Veränderungen reagieren – auch auf Ereignisse des *Massenaussterbens*, bei denen viele Arten gleichzeitig von der Bildfläche verschwinden, ohne unmittelbare Nachkommen zu hinterlassen.

Ein zentraler Bestandteil von Darwins ursprünglicher Konzeption war der *Gradualismus*, das heißt die Vorstellung, dass Wandel sich langsam und im Laufe vieler Generationen vollzieht. Radikale Veränderungen kamen in Darwins Theorie nicht vor, und mit Sicherheit malte er sich keine Veränderungen aus, die durch eingedrungene extraterrestrische Objekte verursacht werden. Darwins Bild basierte auf der langsamen Evolution, Umweltkatastrophen dagegen können sehr plötzlich eintreten. In ihrer heutigen Form lässt die Evolutionstheorie einen viel schnelleren Wandel zu, als Darwin es sich ursprünglich ausgemalt hatte. Die Biologen Peter und Rosemary Grant traten in Darwins Fußstapfen und machten dabei eine berühmte Entdeckung: Auf den Galapagosinseln passen sich die Schnäbel der Finken sehr schnell an wechselnde Niederschlagsverhältnisse an – die Zeiträume sind so kurz, dass die Grants den Wandel bei mehreren aufeinanderfolgenden Besuchen unmittelbar sehen konnten. Katastrophen jedoch treten in der Regel so schnell ein und haben so dramatische Folgen, dass sie das Überleben für viele Arten unmöglich machen.

Die Dinosaurier hatten sich tatsächlich angepasst, und die Gruppe überlebte viele Jahrmillionen. Unter anderen Umständen hätte es sie mit Sicherheit noch viele weitere Jahrmillionen gegeben. Sie konnten sich aber nicht auf Umweltbedingungen einstellen, die sie nie zuvor erlebt hatten – und die, wie wir in Kürze erfahren werden, auf ein Objekt aus dem Weltraum zurückzuführen waren.

In der Evolutionsforschung ist heute allgemein anerkannt, dass Anpassung fast immer sehr langsam abläuft und deshalb nur mit ganz allmählichen Umweltveränderungen fertig wird. Nur in einer isolierten Umwelt liefert Anpassung offenbar biologische Arten mit wirklich charakteristischen Eigenschaften. Die beliebteste Reaktion auf einen Wandel der Umwelt ist in den meisten Fällen die Abwanderung an einen neuen Ort mit besser geeigneten Lebensbedingungen – aber das ist natürlich nur möglich, wenn eine solche Umwelt zur Verfügung steht. Wenn eine Spezies sich weder anpassen noch in einen geeigneten Lebensraum umziehen kann, hat sie keine Chance. In unserer sich schnell wandelnden Umwelt täten die Menschen gut daran, diese Tatsache zu berücksichtigen. Allen technischen Fortschritten zum Trotz ist das vermutlich eine wichtige Lehre, wenn man die geopolitischen Folgen der heutigen Umweltveränderungen bewerten will.

Aber zurück zu unserer kosmischen Erzählung. Die Geschichte des Aussterbens ist für uns interessant, weil zwischen dem Leben auf unserem Planeten und unserer himmlischen, solaren und möglicherweise galaktischen Umwelt enge Beziehungen bestehen. Man vergisst nur allzu leicht, wie stark wir mit unserer Existenz auf die vielen Zufälligkeiten angewiesen sind, die es möglich machten, dass Leben entsteht – und ausstirbt. In diesem Kapitel geht es um den Begriff des Aussterbens, seine Ursachen und die fünf größten Ereignisse des Massenaussterbens, bei denen jeweils im Laufe weniger Jahrmillionen die Hälfte bis drei Viertel aller biologischen Arten verschwand – auf eine einheitliche Definition haben sich die Paläontologen bisher nicht geeinigt. Außerdem wird von einem sechsten Massenaussterben die Rede sein, das möglicherweise bereits begonnen hat.

Das Aussterben verbindet unseren Planeten in mehrfacher Hinsicht mit Naturereignissen – mit dem Wetter und dem Weltraum. Die Zusammenhänge genau zu verstehen ist schwierig, aber es dürfte im Rahmen unserer Möglichkeiten liegen. Derartige Forschung ist für unsere Spezies von größter Wichtigkeit – selbst wenn die Geschichten sich über so lange Zeiträume hinziehen, dass die meisten Menschen nicht gern darüber nachdenken.

Leben und Tod

Einfache Lebensformen entwickelten sich in der Erdgeschichte schon relativ früh. Das älteste Gestein auf der Oberfläche unseres Planeten enthält Spuren von Leben in Form von Fossilien, die aus der Zeit vor ungefähr 3,5 Milliarden

Jahren stammen – etwa eine Milliarde Jahre nach der Entstehung der Erde und recht kurz nachdem das heftige Bombardement durch Asteroiden und Kometen aus dem Weltraum zu Ende gegangen war. Nochmals ungefähr eine Milliarde Jahre später entwickelte sich die sauerstoffproduzierende Photosynthese – und mit ihr eine Atmosphäre, die vermutlich viele Lebewesen aussterben ließ, aber auch die Entstehung vielzelliger Algen in Gang setzte. Ungefähr eine halbe Milliarde Jahre später begann die »langweilige Milliarde«, in der es – zumindest soweit wir wissen – nicht zu radikalen Neuentwicklungen kam. Diese lange, ruhige Phase ging vor rund 540 Millionen Jahren plötzlich zu Ende: Jetzt begann das Kambrium, in dem die komplexen Lebensformen sich explosionsartig vermehrten.

Unsere genaueren Kenntnisse über die Evolution gelten für die Zeit von der Auseinanderentwicklung im Kambrium bis heute, einen Zeitraum, den man auch als *Phanerozoikum* bezeichnet. Fossile Abdrücke findet man nahezu vom Beginn dieser Zeit an; damals tauchten erstmals viele Tiere mit hartem Gehäuse auf und hinterließen solide, dauerhafte Spuren. Gleichzeitig entstanden die meisten Tier- und Pflanzengruppen. Fossilien sind in den unterschiedlichsten Regionen erhalten geblieben, so im Burgess-Schiefer in den kanadischen Rocky Mountains, in den Jangtse-Schluchten in China, im Nordosten Sibiriens und in Namibia. An allen diesen Stellen findet man Hinweise auf eine verbreitete Vermehrung verschiedener Lebensformen; das Gleiche gilt auch für die älteren Ediacara-Fossilien in Australien, die Fossilien des Nama-Typs in Namibia, die Avalon-Fossilien in Neufundland und manche Fossilien aus der Region des Weißen Meeres im Nordwesten Russlands. In den zuletzt genannten Regionen hat man einige der ältesten bekannten komplexen Lebensformen gefunden; sie stammen aus einer Zeit, die der kambrischen Explosion unmittelbar vorausging.

Die Fossilfunde sagen nicht nur etwas über die Vermehrung der Lebensformen aus, sondern sie ermöglichen auch einen Blick in eine Zeit, in der die verschiedensten Lebensformen verschwanden, ohne Nachkommen zu hinterlassen. Die meisten Fossilien, die ein solches Aussterben belegen, sind zwar sehr alt, die Vorstellung von Aussterbeereignissen ist aber relativ neu. Erst im 19. Jahrhundert nahm der französische Naturforscher und Adlige Georges Cuvier die Belege zur Kenntnis, wonach manche Arten völlig von der Erde verschwunden waren. Zwar hatten andere zuvor auch schon ältere

Tierknochen gefunden, man hatte aber stets versucht, sie vorhandenen Arten zuzuordnen – was natürlich als erste Annahme auch vernünftig war. Schließlich sehen Mammuts, Mastodons und Elefanten zwar unterschiedlich aus, aber die Unterschiede sind nicht so groß, dass man sie nicht zunächst einmal verwechseln oder ihre Überreste miteinander in Verbindung bringen könnte. Cuvier kam der Wahrheit auf die Spur, als er nachwies, dass Mastodons und Mammuts keine Vorfahren irgendwelcher heute lebender Tiere sind. Im weiteren Verlauf identifizierte er noch viele andere Arten, die heute ausgestorben sind.

Heute hat sich der Gedanke an das Aussterben durchgesetzt, anfangs traf aber die Idee, dass ganze Arten ein für alle Mal verschwinden können, auf großen Widerstand. Die Vorstellung vom Aussterben war zu jener Zeit mindestens ebenso schwierig mit den herrschenden Überzeugungen in Einklang zu bringen wie heute für viele Menschen die Vorstellung eines von Menschen gemachten Klimawandels. Der englische Geologe Charles Lyell, Charles Darwin und Georges Cuvier trugen zu ihrer Anerkennung bei – allerdings nicht immer freiwillig und mit Sicherheit aus ganz unterschiedlichen Blickwinkeln.

Cuvier vertrat wie die anderen die Haltung, dass radikale Übergänge bei den Fossilfunden die Folgen weltweiter Katastrophen waren. Nachdrückliche Unterstützung für seine Sichtweise lieferte die Beobachtung, dass an den Stellen, an denen sich die Fossiltypen radikal verändern, auch im Gestein selbst Anzeichen für katastrophale Ereignisse zu erkennen sind. Aber auch Cuvier sah nicht das vollständige Bild. Übereifrig glaubte er an seine eigene Idee, alle ausgestorbenen Arten seien im Rahmen katastrophaler Ereignisse verschwunden – dass auch allmählicher Wandel dazu beitragen kann, erkannte er nie an. Cuvier lehnte Darwins Evolutionstheorie ebenso ab wie den Gedanken, dass Arten häufig durch langsame, hartnäckige Prozesse aussterben.

Der Gerechtigkeit halber muss man zugeben, dass Menschen auch heute verwirrt sind, wenn sie dramatische Landschaften sehen – nicht immer können sie die langsamen Prozesse, die ihnen ihre Form gegeben haben, richtig einschätzen. Ein Kollege, der wie ich bei einer Veranstaltung im Südwesten von Colorado einen Vortrag halten sollte, merkte während der Autofahrt zum Tagungsort an, welche dramatischen Umwälzungen nach seiner Vorstellung stattgefunden haben mussten, damit die schwindelerregenden Sandsteinklippen beiderseits der Straße entstehen konnten. Ich erinnerte ihn daran, dass die einschlägigen Prozesse sich – wenn auch mal schneller, mal langsamer – im Laufe vieler Jahrmillionen abgespielt haben und nicht annähernd so drastisch waren, wie er es vermutet hatte.

Zu der Zeit, als Cuvier seine Vermutungen anstellte, machten die meisten im wissenschaftlichen Establishment den umgekehrten Fehler: Sie verneinten, dass katastrophale Veränderungen überhaupt eine Rolle spielen können. War schon der Gedanke an das Aussterben vor ein paar Jahrhunderten eine schwer verdauliche Pille, so erschien die Idee eines katastrophalen Wandels vermutlich noch unglaubwürdiger. Auch Darwin gehörte zu den Wissenschaftlern, die den allmählichen Wandel verstanden, aber die Ideen, die für Cuvier so entscheidend waren, überging er völlig. Darwin führte alle Belege, die gegen den Gradualismus sprachen, auf die unzureichenden geologischen Kenntnisse oder Fossilfunde zurück. Natürlich erkannte er die Evolution an, aber er ging davon aus, dass sie sich immer sehr langsam abspielt und nicht unmittelbar beobachtet werden kann. Mit solchen Gedanken schloss sich Darwin der Sichtweise des einflussreichen Charles Lyell an, der noch in der zweiten Hälfte des 19. Jahrhunderts die Ansicht vertrat, sämtliche Veränderungen würden bruchlos und allmählich ablaufen; alle sogenannten Belege für das Gegenteil waren in seinen Augen einfach unvollständige Daten, die entweder auf Lücken in den geologischen Befunden oder auf Erosion zurückzuführen waren. Lyell bezog seine Anregung seinerseits unter anderem von dem schottischen Arzt, Chemiefabrikanten, Landwirt und Geologen James Hutton, der geglaubt hatte, die Erde verändere sich ausschließlich durch winzige Abwandlungen, die dennoch in langen Zeiträumen große Wirkungen nach sich ziehen.

Die Gedanken dieser Wissenschaftler treffen auf viele Prozesse – biologische wie auch geologische – tatsächlich zu. Regen und Wind lassen Berge langsam erodieren, und die Gebirge sind ihrerseits im Laufe der Jahrmillionen allmählich in die Höhe gestiegen, ein Prozess, der durch die langsame Bewegung der tektonischen Platten verursacht wird. Heute wissen wir aber, dass sowohl allmähliche als auch schnelle Veränderungen unseren Planeten formen; allerdings erscheinen uns selbst die radikalsten Wandlungen aus unserer menschlichen Sicht noch relativ langsam. Das ist einer der Gründe, warum solche Veränderungen so schwer zu verstehen sind.

Im Rückblick können wir aber sagen: Die Belege für dramatische Veränderungen lagen eigentlich auf der Hand. Schon in den 1840er Jahren hatten Wissenschaftler in den Fossilfunden große Lücken entdeckt, die an katastrophale Ereignisse denken ließen. Auf solche Ereignisse stießen Paläontologen unter anderem bei der Untersuchung von Sedimentgestein: An manchen Stellen waren bestimmte Fossiltypen plötzlich zu Ende – in den Gesteinsschichten lag eine Grenze, oberhalb deren sie neue biologische Arten fanden. Solche Belege waren nicht immer eindeutig – viele Phänomene können dazu führen, dass die Sedimentbildung aufhört und später wiederaufgenommen wird. Viel Verwirrung konnte man aber aus der Welt schaffen, als man die zugehörigen katastrophalen Ereignisse identifizierte und mit sorgfältiger Datierung herausfand, wie die Ablagerung älterer und jüngerer Schichtungen abgelaufen war. Mit der Zeit wurden die Belege für einen schnellen Wandel so stichhaltig, dass man sie nicht mehr leugnen konnte.

Die Hürden überwinden

Bei ihren Versuchen, die Ereignisse der Vergangenheit zu rekonstruieren, mussten die Wissenschaftler große Mühe aufwenden, um aus den Hypothesen verfizierbare oder falsifizierbare Vorhersagen zu machen. Trotz einer Fülle von Fossilfunden können Unsicherheiten in der zeitlichen oder räumlichen Zuordnung zu ganz unterschiedlichen Hypothesen und Schlussfolgerungen führen. Um die Gründe für einige immer noch laufende wissenschaftliche Diskussionen zu verstehen – aber auch um einzuschätzen, wie klug und methodisch die Geologen und Paläontologen vorgegangen sind, um solche Hindernisse zu überwinden –, wollen wir uns kurz ansehen, welche Herausforderung es bedeutet, wenn man zuverlässig feststellen will, wie schnell und in welchem Umfang Lebewesen ausgestorben sind und welche Ursachen dahinterstecken.

Die erste Schwierigkeit besteht schon darin, das Tempo des Aussterbens zu beurteilen. Genau anzugeben, wie viele biologische Arten zu einer bestimmten Zeit auf der Erde lebten, ist schwierig: Dazu müssten die Wissenschaftler alle vorhandenen Arten von Säugetieren, Reptilien, Fischen, Insekten und Pflanzen finden, identifizieren und von anderen abgrenzen. Das gilt selbst für die heute lebenden Arten, die sich prinzipiell am leichtesten untersuchen lassen sollten. Der Biologe E. O. Wilson klagt in seinem Buch *Die Zukunft des Lebens*, jedes Jahr würden so viele neue Arten entdeckt, dass die Naturforscher nicht einmal über jede davon einen Artikel schreiben könnten.

Derzeit hat man zwischen einer und zwei Millionen lebender Arten katalogisiert, und die besten Schätzungen für ihre Gesamtzahl liegen zwischen acht und zehn Millionen – man findet aber auch Angaben, die fünfmal so hoch liegen. Und angesichts des zeitlichen Abstandes und der Probleme, nicht nur Lebensformen aus früheren Zeiten, sondern auch geologische Ereignisse und ihre Auswirkungen zu identifizieren, ist es auch nicht verwunderlich, dass die Geschwindigkeit des Aussterbens in der Vergangenheit sich noch schwieriger feststellen lässt als die Zahl der heute lebenden Arten. Schließlich sind sowohl die Zahl der früheren Arten als auch die Geschwindigkeit ihres Verschwindens noch schwerer zu ermitteln.

Insbesondere wenn man Ereignisse des Massenaussterbens nachweisen will, gibt es eine technische Ursache für Verwirrung: Die Zahl, um die es geht, kann je nach der exakten Definition schwanken. Damit meine ich vorwiegend die Zahl der Arten, Wissenschaftler zählen allerdings häufig lieber die Gattungen, die sie hier für die nützlichere Gruppierung halten. Meine Kenntnisse über die einschlägigen biologischen Kategorien – die sowohl für die Evolution als auch für das Aussterben wichtig sind – gehen größtenteils darauf zurück, dass ich mich vor langer Zeit an der Highschool auf eine Prüfung vorbereiten musste: Damals prägte ich mir die Reihenfolge Reich-Stamm-Klasse-Ordnung-Familie-Gattung-Art einfach dadurch ein, dass ich sie oft genug aufsagte (was jeder ausprobieren kann). Obwohl ich nur selten auf diese Kenntnisse zurückgreifen musste, habe ich die Begriffe nie vergessen. Die Abstufungen sind manch einem vielleicht nicht vertraut, aber sie geben an, wie eng bestimmte Lebensformen miteinander verwandt sind.

Von Bedeutung sind die Kategorien, wenn man beurteilen will, ob ein Massenaussterben stattgefunden hat. Betrachten wir beispielsweise einmal ein Ereignis, bei dem in jeder Gattung mehr als die Hälfte der Arten ausgelöscht wurde. Damit die Gattung überlebt, muss nur eine zu ihr gehörende Spezies erhalten bleiben. Wenn es tatsächlich so kam, würde eine Zählung der Arten darauf hindeuten, dass es zu einem Massenaussterben gekommen ist – schließlich wurde mehr als die Hälfte der Arten vernichtet; eine Zählung der Gattungen dagegen käme zu einem anderen Ergebnis, denn deren Zahl hat sich überhaupt nicht verändert. Dieses Beispiel macht in Verbindung mit dem willkürlich festgesetzten Prozentsatz, bei dem man von einem Massenaussterben spricht – manche Fachleute nennen 50, andere 75 Prozent – deutlich, dass die Definition ein wenig unscharf ist. Damit will ich nicht sagen, dass man das Massensterben ignorieren könnte – es gibt nur keine ideale Methode, um es zu definieren.

Die Arbeit der Paläontologen wird aber nicht nur durch die Terminologie, sondern auch durch schwerwiegendere Faktoren behindert. Entscheidend ist, dass man lückenhafte Fossilfunde eindeutig identifiziert und versteht. Wenn eine Art oder Gattung ihre Fossilien in zusammenhängenden Gesteinsschichten hinterlassen hat, während die gleichen Überreste in höher liegenden Schichten fehlen, scheint dies auf ein Aussterbeereignis hinzudeuten. Aber Fossilien findet man nur in Sedimentgestein. Die seltenen Arten, die in einem vulkanischen Umfeld lebten oder deren Lebensraum aus anderen Gründen keine Sedimente bildete, hinterlassen keinerlei Spuren. Wenn man ältere Lebensformen aus der Zeit vor dem Kambrium (vor ungefähr 540 Millionen Jahren) erforscht, ergibt sich ein weiteres Hindernis, weil sie keine harten Körperteile hatten; das macht den Nachweis von Fossilablagerungen aus früheren Zeiten äußerst schwierig.

Aber auch jüngere Funde sind mit Komplikationen behaftet. Selbst wenn sich Fossilien bilden, kann ihre Interpretation durch Schwankungen der Sedimentations- und Erosionsgeschwindigkeit durcheinandergebracht werden – beide sind entscheidend, wenn wir Folgerungen aus den Fossilien ableiten wollen. An Land bilden sich Ablagerungen nur zu bestimmten Zeiten, die Erosion dagegen wirkt stetig; im Meer werden stetig Sedimente abgelagert, und die Erosion findet nur in Episoden statt. Deshalb findet man im Meer umfassendere Überreste als an Land, wo sie in der Regel weit weniger vollständig sind. Aus allen diesen Gründen bleibt nur ein kleiner Teil der Fossilien erhalten, und selbst wenn sie vorhanden sind, kann es schwierig sein, sie zu finden und zu identifizieren. Dass die Paläontologen dennoch Erfolg haben, hat nur einen Grund: Selbst wenn eine sehr geringe Wahrscheinlichkeit besteht, ein Individuum zu finden, sind die Sedimente voller Fossilien, wenn nur genügend Individuen einer ausreichenden Zahl von Arten über einen ausreichend langen Zeitraum hinweg gelebt haben.

Bei solchen Fossilien kann es sich um fein säuberlich erhaltene Abdrücke ganzer Lebewesen handeln, häufiger findet man jedoch nur Bruchstücke, gut getarnte Indizien, die im Gestein eingebettet sind. Da ja in der Regel nur die harten Teile eines Lebewesens zu Fossilien werden, fehlen in vielen Fällen die charakteristischen Körperteile, so dass man verschiedene Arten verwechselt. Selbst wenn wir Fossilien fehlerfrei bestimmen könnten, verdecken oder zerstören Erosion und andere Prozesse auf der Erde viele Abdrücke, bevor man sie findet.

Hinzu kommt noch, dass die Interpretation auch durch den sogenannten Signor-Lipps-Effekt verfälscht werden. Dieses Phänomen, das nach Phil Signor und Jere Lipps benannt wurde, hat mit dem recht intuitiven Gedanken zu tun, dass die letzten Fossilien einer Spezies zu verschiedenen geologischen Zeitpunkten an verschiedenen Orten gebildet wurden, so dass das Aussterben weniger abrupt wirkt und stärker nach einem allmählichen Vorgang aussieht, als es in Wirklichkeit der Fall war. Nach Ansicht von Signor und Lipps lässt die Tatsache, dass man die letzten verbliebenen Fossilien in einer räumlich ausgedehnten Region in unterschiedlichen Tiefen findet, keine definitiven Schlüsse darüber zu, ob das Aussterben plötzlich oder allmählich stattfand. Wegen dieser Zweideutigkeit lässt sich häufig nur schwer mit Sicherheit feststellen, welche Ursache letztlich zum Aussterben geführt hat.

Wissenschaftler arbeiten häufig lieber mit Fossilien aus dem Meer, denn die sind im Allgemeinen besser erhalten. Im 19. Jahrhundert standen vor allem Muscheln, Ammoniten, Korallen und andere recht große Arten zur Verfügung, im 20. Jahrhundert dagegen erforschten die Geologen mit weiterentwickelten Hilfsmitteln auch Mikrofossilien wie die einzelligen Foraminiferen, die in großer Zahl weit verbreitet sind und sich sowohl unter Wasser als auch in aufgestiegenem Kalkstein erhalten haben.

Wenn man Aussterbeereignisse nachweisen will, muss man sich darüber hinaus auch klarmachen, dass sowohl die Fossilfunde als auch ihr absolutes Alter wichtig sind. Das relative Alter kann man feststellen, wenn man die Fossilien im Zusammenhang der geologischen Formationen betrachtet, in denen man sie gefunden hat. Da die einzelnen Arten zu unterschiedlichen Zeiten lebten, kann man anhand der Fossilien feststellen, in welcher zeitlichen Reihenfolge sie entstanden sind. Um aber nicht nur das relative Alter einer Schichtungsgrenze im Gestein, sondern auch das absolute Alter in Jahren zu ermitteln, braucht man häufig Methoden, mit denen man Formationen unabhängig von den Fossilien datieren kann. Zu diesem Zweck bedienen sich Geologen häufig der *Isotopenanalyse*. Man bestimmt die Mengenverhältnisse der verschiedenen Isotope eines Atoms (die die gleiche Zahl von Protonen, aber eine unterschiedliche Zahl von Neutronen enthalten); Grundlage der Methode ist eine wichtige Erkenntnis: Wenn man weiß, wie schnell ein Isotop in ein anderes zerfällt und wie die Mengenverhältnisse am Anfang waren, braucht man nur die Mengen der noch verbliebenen Atomtypen zu ermitteln und kennt damit das Alter der jeweiligen Substanz.

Das vielleicht bekannteste Beispiel für eine solche Methode ist die Radiokarbondatierung. Mit ihr kann man sehr präzise das Alter von organischem Material ermitteln. Wegen der Halbwertszeit der Kohlenstoffisotope eignet sie sich allerdings nur für Material, das weniger als 50 000 Jahre alt ist. Für die Datierung des älteren Gesteins in großen Teilen des Phanerozoikums kommt sie deshalb nicht in Frage. Zu diesem Zweck verwendet man Isotope mit längerer Lebensdauer.

Aber wenn man die Isotopenanalyse auf älteres Gestein anwendet, gestaltet sie sich schwieriger. Die fraglichen Isotope sind in der Regel nur in winzigen Mengen vorhanden, und die Altersbestimmung ist nicht immer ausreichend genau. Ein für die Datierung wichtiger Vorgang ist beispielsweise der Zerfall von Kalium in Argon. Aber Argon, ein Gas, kann aus dem Stein in die Atmosphäre entweichen, und dann scheint das Gestein jünger zu sein, als es in Wirklichkeit ist. Oder das Gas wird bei seiner Entstehung im Gestein eingeschlossen, so dass seine Menge größer ist und eine ältere Formation vortäuscht. In den letzten Jahrzehnten haben sich die Methoden beträchtlich verbessert: Man konnte verschiedene Elemente miteinander in Verbindung bringen und noch geringste Materialspuren nachweisen. Von spektakulärer Genauigkeit war beispielsweise vor kurzem die Datierung des Meteoroiden, der das K-T-Massensterben verursachte. Hier setzte man das Gas mit Lasern aus argonhaltigen Kristallen frei.

Zur absoluten Altersbestimmung hat man sich auch der Messung von Magnetfeldern bedient. Diese Methode wurde anfangs auf Gestein angewandt, das für das Aussterben der Dinosaurier von Bedeutung war. Seine Grundlage ist die Umkehrung des Erdmagnetfeldes. Aber da die Erdkruste aus beweglichen tektonischen Platten besteht, verändert sich die Orientierung des Magnetfeldes über längere Zeiträume hinweg, so dass sich die ursprünglichen Verhältnisse kaum noch rekonstruieren lassen, was die Zuverlässigkeit der Ergebnisse beeinträchtigt. Vielleicht hatte diese Tatsache ihr Gutes: Der Geologe Walter Alvarez und sein Vater, der Physiker Luis Alvarez, nahmen die Unzulänglichkeiten der Methode zum Anlass, um nach einem anderen Ansatz zu suchen.

Erklärungsversuche für das Aussterben

Geologen und Paläontologen haben mit harter Arbeit zweifelsfrei nachgewiesen, dass sich in der Vergangenheit spektakuläre Veränderungen abgespielt haben, die zur Vernichtung der meisten Lebensformen auf der Erde führten. Nachdem man das wusste, wandten sich die Fragen dem Wie und Warum zu. In den letzten Jahren haben wir eine Reihe verheerender Unwetter und anderer Naturkatastrophen erlebt, aber kein einzelnes derartiges Ereignis war auch nur annähernd so gewaltig, dass es die Hälfte aller biologischen Arten auf unserem Planeten ausgelöscht hätte. Natürlich ist das endgültige Urteil über die gesammelten Auswirkungen der menschlichen Aktivität noch nicht gesprochen. Aber was waren die Ursachen der Katastrophen, die in der Vergangenheit die Welt verändert haben?

Bevor wir uns ansehen, welche katastrophalen Ereignisse ein Massensterben auslösen können, wollen wir zuerst die recht kurze Liste der Umweltfaktoren betrachten, die dabei ins Spiel kommen. Einen wichtigen Beitrag leisten Veränderungen von Temperatur oder Niederschlag. Ganz allgemein gesagt, können sich Arten, die gut an ihre lokale Umwelt angepasst sind, auf eine Veränderung der Wetterverhältnisse nicht in jedem Fall einstellen.

Wie man am Schmelzen des Arktiseises erkennt, kann die Umwelt bestimmter biologischer Arten sich aufgrund einer Temperaturveränderung so dramatisch wandeln, dass Bewohner der betreffenden Region, die sich nicht ausreichend schnell anpassen können, einen geeigneteren Lebensraum suchen müssen – ansonsten verschwinden sie. Der Klimawandel hat natürlich auch unmittelbare Auswirkungen; von Bedeutung ist insbesondere der Anstieg des Meeresspiegels, durch den unter Umständen stabile Meereslebensräume zerstört und zuvor bewohnbare Landflächen überschwemmt werden – damit wird eine trockene zu einer ozeanischen Umwelt, und manche landlebenden Tierarten sterben aus.

Die Erwärmung der Ozeane wirkt sich auch auf die Niederschlagsverteilung aus – was ebenfalls Folgen für die Überlebenschancen der Arten hat. In kürzeren Zeiträumen können auch Parasiten oder Krankheitserreger – deren Gefährlichkeit durch den Klimawandel noch ansteigt – zum Aussterben beitragen. Auch die Nahrung, auf die eine Spezies angewiesen ist, kann verschwinden und in der Nahrungskette einen Dominoeffekt auslösen.

In den Ozeanen sind eine Veränderung des Säuregehalts und ein Rückgang der Sauerstoffkonzentration weitere potentiell tödliche Mechanismen. Und schließlich ist eine Spezies unter Umständen zum Untergang verdammt, weil sich Barrieren bilden, die isolierte, verletzliche Populationen entstehen lassen, oder weil Barrieren verschwinden, so dass invasive Arten vordringen können oder die Populationen sich zu stark vermischen. Jedes Mal, wenn zahlreiche Arten aussterben, ist mindestens eine der gerade beschriebenen Katastrophen die Ursache, und in den meisten Fällen wirken sogar mehrere Faktoren zusammen.

Aber warum treten solche Veränderungen ein? Welche Umwelteinflüsse lösen sie aus? Zu diesem Thema gibt es zwei dominierende Sichtweisen. Nach der einen spielen sich die Veränderungen allmählich ab – eine Vorstellung, die man häufig in Zusammenhang mit erdgebundenen Phänomenen wie Vulkanen oder Plattentektonik antrifft. Staub und Ruß, die von einem Vulkan ausgestoßen werden, können das Sonnenlicht abschirmen, und solche Veränderungen in der Atmosphäre wirken sich auch auf die Temperatur aus. Bis Lebewesen deswegen aussterben, kann aber eine gewisse Zeit vergehen. Eine andere mutmaßliche Ursache für die allmähliche Auslöschung von Arten ist die Plattentektonik, die ebenfalls Lebensräume und Umweltverhältnisse beeinflussen kann. Sie sorgt nicht nur in den Ozeanen für Veränderungen, sondern hat häufig auch Auswirkungen auf das Klima und die Landflächen; beide Faktoren können unter den Lebewesen einen dramatischen Wandel herbeiführen. Wenn Vulkane oder Plattentektonik am Aussterben mitwirken, dann liegt es meist an beiden Faktoren, denn beide treten in der Regel gemeinsam auf.

Dann gibt es noch die »großen Ereignisse«. Diese Vorstellung schließt von Meteoroideneinschläge und andere Katastrophen ein, die der Erde von außen aufgezwungen werden, umfasst aber auch zerstörerische Ereignisse auf der Erde selbst, vorausgesetzt, sie spielen sich schnell genug ab. Die Überlegungen über solche von der Erde ausgehenden Katastrophen greifen auf gut untersuchte Phänomene zurück, die plötzlich mit gesteigertem Tempo eintreten. So wissen wir beispielsweise, dass Vulkane in unterschiedlichen zeitlichen Abständen ausbrechen, aber in Sibirien und auf der Dekkan-Hochebene im Süden Indiens erstrecken sich Schichten aus Basaltlava über riesige Regionen und bilden sogenannte *Trapps*. Ein Trapp besteht aus Lavaschichten, die durch äußerst schnell aufeinanderfolgende Vulkanausbrüche entstanden sind; dabei wurden riesige Lavamengen frei, die sich über eine große Region verteilten. Der Dekkan-Trapp und der Sibirische Trapp sind die Hinterlassenschaften einer ungewöhnlich starken Vulkanaktivität mit häufigen Ausbrüchen. Selbst heute erstreckt sich die Lava der Sibirischen Trapps trotz der Erosion noch über mindestens eine Million Quadratkilometer, und ihr Volumen liegt bei einigen hunderttausend Kubikkilometern.

Die Asche von derart umfangreicher Vulkanaktivität, wie sie die Trapps entstehen ließ, richtete schwerwiegende Schäden an. Manch einer erinnert sich vielleicht noch an die Nachrichten über Asche, die sich so schnell ausbreitete, dass sie den Flugverkehr behinderte wie im April 2010, als in Island der Vulkan Eyjafjallajökull ausbrach. Noch heftigere Vulkantätigkeit kann größere, weltweite Auswirkungen haben, zum Beispiel weil sich das Wetter nachhaltig ändert. Bei Vulkanausbrüchen werden große Mengen von Schwefeldioxid frei. Dadurch steigt die Menge des Wasserdampfs in der oberen Atmosphäre, und das trägt kurzfristig zum Treibhauseffekt und damit zur globalen Erwärmung bei. In längeren Zeiträumen können die gleichen Vulkane für eine globale Abkühlung sorgen. Der Grund: Das Schwefeldioxid, das so schnell ausgestoßen wird, verbindet sich mit Wasser zu Schwefelsäure. Diese kondensiert zu feinkörnigen Sulfataerosolen, die das Sonnenlicht in den Weltraum zurückwerfen, so dass sich die unteren Atmosphärenschichten abkühlen. (Das funktioniert so gut, dass Wissenschaftler das absichtliche Einbringen von Schwefel in die Atmosphäre als Strategie erproben, um mit technischen Mitteln auf den Klimawandel zu reagieren.) Sulfataerosole können auch das Ozon in der Atmosphäre zerstören und sauren Regen entstehen lassen. Darüber hinaus könnten durch bekannte und unbekannte Rückkopplungseffekte auch länger anhaltende Wetterphänomene auftreten.

Vulkantätigkeit allein ist aber keine Erklärung für alle Aussterbeereignisse. Dass sie stark genug wird, um die Mehrzahl der Lebewesen auf der Erde zu zerstören, kommt nur selten vor. Ungewöhnlichere Erklärungen für schnelles, katastrophales Massenaussterben drehen sich um kosmische Ereignisse. Verschiebungen von Erdachse und Erdumlaufbahn kommen ebenfalls vor und sind für manche klimatischen Veränderungen verantwortlich, so beispielsweise für die Eiszeiten, die alle 10 000 bis 100 000 Jahre einsetzen, aber auch solche Bewegungen der Erde waren wahrscheinlich nicht die Ursache der ungeheuer zerstörerischen Ereignisse, die so viel seltener eintreten.

Als Faktoren, die über längere Zeiten wirksam sein könnten, wurden neben Einschlägen von Himmelskörpern auch kosmische Strahlung und Supernovae ins Gespräch gebracht. Die kosmische Strahlung kann sich in mehrfacher Hinsicht auf die Wolkendecke auswirken. Unter anderem ionisiert sie Atome in der Troposphäre, so dass Wassertropfen kondensieren können. Durch diesen Einfluss könnte sich die Wolkenbildung verstärken, und das wiederum hat Auswirkungen auf das globale Wettergeschehen. Aber diese Theorie ist nicht zwangsläufig (gewissermaßen) wasserdicht. Zunächst einmal wissen wir nicht, welche Bedeutung die kosmische Strahlung im Verhältnis zu anderen potentiell ionisierenden Einflüssen hat. Zweitens müssen die Kondensationskerne – selbst wenn sie sich bilden – durch Kondensation ungeheuer stark heranwachsen, bevor sie tatsächlich Wolken bilden können. Drittens ist nicht klar, welchen Effekt die Wolken haben: Sie könnten das Sonnenlicht reflektieren und damit die Erde abkühlen, oder aber sie strahlen einen Teil der Energie zur Erde zurück und sorgen so für eine Erwärmung. Und ohnehin reichen die gemessenen Korrelationen zwischen kosmischer Strahlung und Klima nicht aus, um die ungeheuren, in kurzer Zeit ablaufenden Veränderungen zu erklären, die notwendig sind, damit es zum Massenaussterben kommt.

Auch Supernovae wurden als mögliche außerirdische Auslöser des Aussterbens in Erwägung gezogen. Der mutmaßliche Mechanismus hat mit den energiereichen Röntgenstrahlen und kosmischen Strahlen zu tun, die von Supernovae ausgehen. Diese Strahlung könnte im Prinzip die Lebewesen unmittelbar töten, indem sie die Zellen oder das genetische Material zerstört. Außerdem könnte sie die Ozonschicht schädigen oder die Entstehung von

Stickstoffdioxid begünstigen, das dann das Sonnenlicht absorbiert und so für eine globale Abkühlung sorgt.

Aber trotz solcher potentieller Gefahren sind auch Supernovae keine plausible Erklärung für das Aussterben, und zwar genau aus dem Grund, den man vermuten würde: Supernovae, die uns so nahe sind, dass sie größere Probleme verursachen könnten, kommen nicht häufig genug vor. Ihre Häufigkeit steigt zwar, wenn die Erde die Spiralarme der Galaxis durchläuft, in denen Supernovae mit größerer Häufigkeit auftreten, aber die Wahrscheinlichkeit, dass unser Planet einer davon ausreichend nahe kommt, bleibt dennoch so gering, dass man die Aussterbeereignisse damit nicht erklären kann. Ähnlich verhält es sich mit Ausbrüchen von Gammastrahlen: Auch sie sind zu selten und kommen als Ursache der meisten Aussterbeereignisse nicht in Frage. In der Milchstraße spielen sie sich manchen Schätzungen zufolge nur ungefähr einmal in einer Milliarde Jahren ab.

Ein weitaus überzeugenderer Kandidat für einen kosmischen Auslöser des Aussterbens ist ein Komet oder Asteroid, der auf der Erde einschlägt. Wenn ein riesiges Objekt unseren Planeten trifft, sind dramatische Veränderungen an Land, in der Luft und in den Ozeanen die Folge. Ist es ausreichend groß, folgt sofort ein Wandel der Erdoberfläche und des Klimas – und der ist für manche Arten tödlich.

Sogar im Kino folgen die meisten großen Katastrophenszenarien (mit Ausnahme einer Zombie-Apokalypse) auf einen ausreichend großen Einschlag. Dieser selbst verursacht Stoßwellen, Brände, Erdbeben und Tsunamis. Staub kann die Atmosphäre verdunkeln, so dass die Photosynthese vorübergehend zum Erliegen kommt und die Mehrzahl der Nahrungsquellen für die meisten Tiere verschwindet. Auch der durch den Einschlag ausgelöste Klimawandel richtet verheerende Schäden an – anfangs wird es wärmer, später kühler und danach möglicherweise erneut warm. Ursache der Abkühlung sind die Sulfate und der Staub, die in der Atmosphäre verbleiben. Die spätere Aufheizung ist eine mögliche Folge giftiger Gase, die Wärme festhalten und so eine globale Erwärmung in Gang setzen.

Tatsächlich löste ein Meteoroid mindestens ein Massenaussterben aus – im nächsten Kapitel werden wir uns genauer damit befassen. Diese Katastrophe war eines der fünf großen Aussterbeereignisse, die sich während des Phanerozoikums abspielten.

Die Großen Fünf

Im Jahr 1982 leiteten die Paläontologen Jack Sepkoski und David Raup in der Paläobiologie eine Revolution ein: Sie nahmen erstmals eine quantitative Analyse aller in dem Fachgebiet vorhandenen Daten vor. Wegen der vielen unvollkommenen Beobachtungen – und der vielen Fälle, in denen man entscheiden muss, welche davon man berücksichtigt und wie – waren ihre rechnerischen, auf Daten beruhenden Studien nicht einfach. Wie sie aber erkannten, kann die Statistik auch dann nützlich sein, wenn man sie auf unvollkommene oder unvollständige Daten anwendet; es müssen nur genügend derartige Daten zur Verfügung stehen, und das war tatsächlich der Fall. Der 1982 erschienene Fachartikel von Raup und Sepkoski war zwar nicht die erste quantitative Studie an Fossilfunden, er lenkte aber die Erforschung des Aussterbens, die sich zuvor weit stärker auf Einzelfallberichte und kleinere Untersuchungen gestützt hatte, in eine völlig neue Richtung.

In ihren Forschungsarbeiten identifizierten die Paläontologen aus Chicago fünf große Ereignisse des Massenaussterbens (siehe Abb. 29) und außerdem rund 20 kleinere, bei denen jeweils ungefähr 20 Prozent der Lebensformen verschwanden. Wegen der ganz unterschiedlichen Evolutionsdynamik und der weniger gut verfügbaren und weniger zuverlässigen Belege aus früheren Zeiten konzentrierten sich Raup und Sepkoski auf das Leben – und seine Vernichtung – in den letzten 540 Millionen Jahren. Auch vor der kambrischen Explosion tauchten mit Sicherheit Lebensformen auf und verschwanden wieder. Aber wegen der bruchstückhaften Fossilfunde braucht man den Versuch, die Arten in sehr frühen Zeiten zu zählen, gar nicht erst zu unternehmen.

Das erste größere Ereignis, das sie identifizierten, war das Massensterben an der Grenze von Ordovizium und Silur, das sich irgendwann vor 450 bis 400 Millionen Jahren abspielte. Leben gab es damals nahezu ausschließlich in den Ozeanen, und deshalb handelte es sich auch bei den meisten verschwundenen Arten um Meereslebewesen. Dieses Massensterben – das, was seinen Umfang angeht, mit 85 Prozent verschwundener Arten unter den fünf Ereignissen an zweiter Stelle steht – spielte sich in zwei Stadien während eines Zeitraumes von ungefähr 3,5 Millionen Jahren ab. Die Ursachen waren offensichtlich anfangs niedrigere Temperaturen und eine umfangreiche Vereisung, die einen drastischen Abfall des Meeresspiegels nach sich zog. Ein

Aussterbeereignisse (Teil 1)

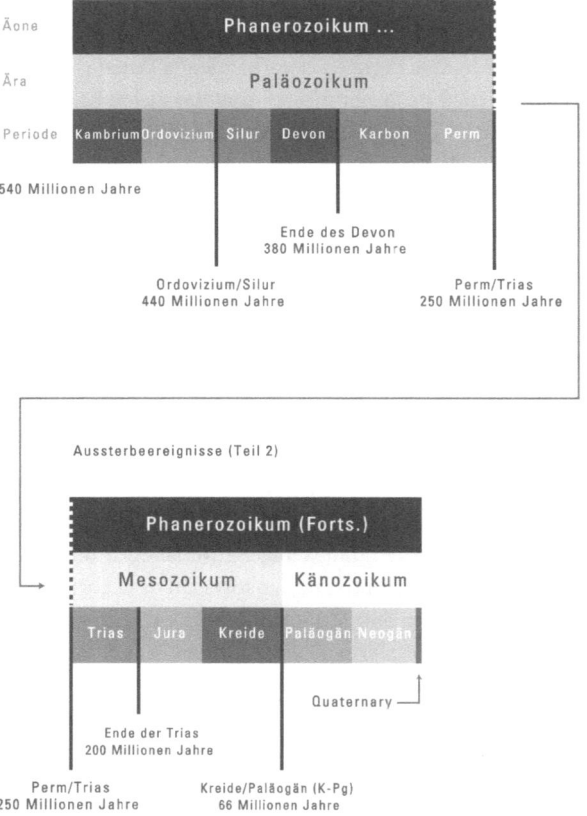

Abb. 29 Die fünf Grenzen, die ein Massenaussterben kennzeichnen: Ordovizium/ Silur vor etwa 440 Millionen Jahren, spätes Devon vor 380 Millionen Jahren, Perm/Trias vor 250 Millionen Jahren, Ende der Triaszeit vor 200 Millionen Jahren und K-Pg vor 66 Millionen Jahren. Gezeigt sind außerdem die Unterabschnitte des Phanerozoikums.

solcher Rückgang tritt ein, wenn das Wasser als Eis gebunden wird – das Gegenteil des gefürchteten Meeresspiegelanstiegs, den wir in naher Zukunft erleben werden, wenn die Gletscher schmelzen und Eis sich in Wasser verwandelt. Die zweite Welle des Aussterbens war vermutlich auf eine spätere Warmphase zurückzuführen, in der die Tierwelt verschwand, die sich an die Kälte angepasst hatte. Als Erste starben wärmeliebende Tiere wie tropisches Plankton, Flachwasser-Haarsterne (die Vorläufer von Seesternen und Seeigeln), Trilobiten, Panzerfische und Korallen, dann folgten die an Kälte angepassten Formen von Korallen, Trilobiten und Armfüßern.

Das nächste Massensterben zog sich eine Zeitlang hin – es dauerte rund 20 Millionen Jahre. Es begann vor rund 380 Millionen Jahren im späten Devon kurz vor dem Übergang zur Karbonzeit. Offensichtlich gab es mehrere Wellen des Aussterbens – die Zahl ist nicht gesichert, aber Vermutungen schwanken zwischen drei und sieben –, von denen jede einige Millionen Jahre dauerte. Auch dieses Ereignis traf die Meereslebewesen hart: Ein beträchtlicher Anteil der Arten, die in den Ozeanen zu Hause waren, ging zugrunde. An Land überlebten Insekten, Pflanzen und sogar die Vorläufer der Amphibien, aber auch hier kam es zu einem umfangreichen Massensterben. Nach Auffassung der Paläontologen hatte dieses Ereignis ein besonderes Merkmal: Es war vorwiegend auf eine deutlich geringere Artbildungsgeschwindigkeit zurückzuführen, die mit dem normalen Tempo des stetigen Artensterbens nicht mithalten konnte – dieses war nicht zwangsläufig nennenswert höher als sonst.

Vor etwa 250 Millionen Jahren, an der Grenze vom Perm zur Triaszeit (P-Tr), kam es, was den Prozentsatz der verschwundenen Arten angeht, zum verheerendsten Aussterben aller Zeiten. Nach dem Artensterben im Devon war das Leben einschließlich der Amphibien und Reptilien sowohl im Meer als auch an Land über längere Zeit aufgeblüht. Das alles endete aber mit dem P-Tr-Massensterben, bei dem sowohl an Land als auch im Meer mindestens 90 Prozent der Arten verschwanden, vermutlich sogar noch mehr. Von dem Verlust war das Plankton an der Meeresoberfläche ebenso betroffen wie Bewohner des Meeresbodens, darunter festsitzende Moostierchen und Korallen, manche Schalentiere und Trilobiten – Arten, die bereits zwei größere Ereignisse des Massenaussterbens überlebt hatten. An Land wurden sogar die Insekten stark dezimiert – es war das einzige Mal, dass auch sie ein Massenaussterben erlebten. Außerdem verschwand ein großer Teil der Amphibien, und auch die meisten Arten der Reptilien – die erst nach dem vorhergehenden Massensterben entstanden waren – gingen verloren.

Welche Ursachen das P-Tr-Aussterben hatte, ist bis heute umstritten; mit ziemlicher Sicherheit spielten aber ein massiver Klimawandel und Veränderungen in der chemischen Zusammensetzung von Atmosphäre und Ozeanen eine Rolle. Auch wenn Ursache und Mechanismus nicht geklärt sind, war der Temperaturanstieg um nahezu acht Grad wahrscheinlich zumindest teilweise auf umfangreiche Vulkantätigkeit in Sibirien sowie auf die nachfolgenden ungeheuren Kohlendioxid- und Methanemissionen aus den Sibirischen Trapps zurückzuführen. Das Aussterben an der Grenze zwischen Perm und Trias war mit ziemlicher Sicherheit zumindest teilweise eine Folge dieser von Vulkanen ausgehenden Gase, die den Planeten aufheizten, die Ozeane belasteten, den Sauerstoffgehalt verminderten und die Atmosphäre vergifteten. Selbst heute, nachdem eine umfangreiche Erosion stattgefunden hat, bedeckt die Lava aus den Sibirischen Trapps mindestens eine Million Quadratkilometer, und ihr Volumen liegt bei 100 000 Kubikkilometern. Zu jener Zeit hatten die Trapps ungefähr die Größe des heutigen Russland.

Die damals vorhandenen Lebensformen wurden nahezu vollständig ausgelöscht, aber was dem einen die Eule, ist dem andern die Nachtigall. Farne und Pilze traten an die Stelle der früheren Pflanzenwelt, und schließlich erschienen auch neue Pflanzen auf der Bildfläche. Säugetierähnliche Reptilien hatten nach dieser Phase keine beherrschende Stellung mehr, aber aus ihnen entwickelte sich die Gruppe der heutigen Säugetiere. Eine weitere wichtige Folge war die Entstehung der Archosaurier, aus denen im weiteren Verlauf die beherrschende Gruppe der Dinosaurier wurde.

Kürzlich zeigte mir eine Bekannte ein sehr gut erhaltenes – und auf gewisse Weise bewundernswertes – Fossil von 15 Zentimetern Länge, und erklärte mir dazu, es handele sich um einen 300 Millionen Jahre alten Dinosaurier. Hätte sie ihn mir ein Jahr früher gezeigt, ich hätte einfach nur über die Details gestaunt. Aber vor dem Hintergrund meiner neuesten Forschungsarbeiten wusste ich, dass die Beschreibung wahrscheinlich nicht stimmen konnte: Dinosaurier entwickelten sich erst in der Triaszeit vor weniger als 250 Millionen Jahren. Da ich mich in die Idee verliebt hatte, dass es tatsächlich ein Dinosaurier war, äußerte ich die Vermutung, das Fossil sei vielleicht ein wenig jünger. Aber wie sich herausstellte, lag der Fehler woanders: Der Fund war tatsächlich 300 Millionen Jahre alt, aber es war kein Dinosaurier, sondern ein Mesosaurus, eine ebenfalls ausgestorbene Reptilienart. Dinosaurier sind alt, aber nicht so alt wie dieser gut erhaltene Abdruck aus dem Gestein.

Nach den gewaltigen Zerstörungen an der P-Tr-Grenze erholte sich das Leben auf der Erde nur langsam. Das können wir an dem schwarzen Schiefer erkennen, der sich oberhalb der Sedimentgrenze, die das Aussterben kennzeichnet, mehrere Meter hoch erstreckt: Er zeigt, dass weiße, Kalkstein produzierende Lebensformen über längere Zeit fehlten. Dennoch tauchten nach mindestens 5 Millionen Jahren neue Formen von Weichtieren, Fischen, Insekten, Pflanzen, Amphibien und Reptilien sowie frühe Säugetiere und Dinosaurier auf. Aber dieses Aufblühen des Lebendigen wurde nach 40 oder 50 Millionen Jahren erneut unterbrochen: Vor etwa 200 Millionen Jahren begann das vierte Massensterben.

Bei diesem Ereignis, das am Ende der Trias- und vor Beginn der Jurazeit stattfand, wurden rund 75 Prozent aller Arten ausgelöscht. Auch hier ist die Ursache unsicher, aber der niedrige Meeresspiegel und die Entstehung einer vulkanischen Gebirgskette, aus der am Ende der Atlantische Ozean wurde, dürften eine Rolle gespielt haben. Die meisten großen, räuberischen Wirbeltiere im Meer gingen zugrunde, und auch viele Arten von Schwämmen, Korallen, Armfüßern, Nautilusartigen und Ammonoideen wurden schwer getroffen. Nahezu vernichtet wurden auch die meisten säugetierähnlichen Lebewesen, viele große Amphibien und die Archosaurier, die nicht zu den Dinosauriern gehörten.

Da nun an Land kaum noch echte Konkurrenz geblieben war, gewannen Dinosaurier die Oberhand. Beim Aussterben wird nicht nur Leben zerstört, sondern es werden auch neue Bedingungen für die weitere Evolution geschaffen. Die nachfolgende Jurazeit wurde durch Bücher und Filme berühmt, auch wenn nicht alle Tiere, die in *Jurassic Park* vorkommen, tatsächlich in dieser Phase lebten. Aber die Jurazeit ist tatsächlich die Periode, in der die Dinosaurier ihre dominierende Stellung erlangten – am Ende der Phase hatten sie die Vorherrschaft über das Ökosystem an Land gewonnen. Fliegende Reptilien sowie Krokodile, Schildkröten und Echsen vermehrten sich in dieser Zeit, und die Evolution der Säugetiere setzte sich fort, auch wenn diese erst ins Rampenlicht gerieten, nachdem noch einmal ein Massensterben stattgefunden hatte.

Das bisher letzte Massensterben ist vermutlich auch das berühmteste. Es ereignete sich an der Grenze zwischen Kreidezeit und Paläogen. Dieses Ereignis wurde früher K-T-Aussterben genannt (weil es an der Grenze von der Kreidezeit zum Tertiär stattfand), heute trägt es die offizielle Bezeichnung K-Pg-Aussterben (weil die Periode des Tertiär in Paläogen umbenannt wurde). Es fand vor 66 Millionen Jahren statt und wurde vor allem dadurch bekannt, dass es die Dinosaurier hinwegfegte.

Allerdings waren Dinosaurier nicht die einzigen Arten, die ausstarben. Etwa drei Viertel aller Arten und die Hälfte der Gattungen, die zu jener Zeit lebten, verschwanden, darunter viele Reptilien, Säugetiere, Pflanzen und Meereslebewesen. Besonders wichtig sind mikroskopisch kleine Fossilien aus dem Meer, die in den Sedimenten am weitesten verbreitet sind: Ihre Menge liefert ein detailliertes Abbild der Vorgänge. Jeder Zentimeter der Ablagerungen im Meer entspricht einer Aktivität von ungefähr 10 000 Jahren, womit wir von den Abläufen in den Ozeanen ein feinkörniges Bild gewinnen können. Im Rahmen des internationalen Ocean Drilling Program untersucht man Bohrkerne mit einer nochmals zehnmal höheren Auflösung. Mit Hilfe der genauen Skala der Mikrofossilien konnte man feststellen, dass zu jener Zeit auch Plankton, Korallen, Knochenfische, Ammoniten, die meisten Meeresschildkröten und viele Krokodilarten verschwanden.

Nach dem K-Pg-Aussterben wurden die Säugetiere auf der Erde zu viel wichtigeren Mitspielern. Dazu trugen zwar viele Faktoren bei, von Bedeutung war aber mit ziemlicher Sicherheit das Verschwinden der Dinosaurier. Große Säugetiere (darunter auch wir selbst) hätten vielleicht nie die Vorherrschaft erlangt, wenn nicht zuvor die landlebenden Dinosaurier verschwunden wären, die in der Konkurrenz über lebenswichtige Ressourcen die Oberhand hatten. Warum erging es den Dinosauriern vor dem Chicxulub-Einschlag so viel besser als den Säugetieren? Einer Vermutung zufolge lag es daran, dass Dinosaurier eine große Zahl von Eiern ablegen, während Säugetiere viel weniger Nachkommen haben und umso seltener Junge zur Welt bringen, je größer sie sind. Vielleicht gewannen die Dinosaurier in der Konkurrenz mit den großen Säugetieren einfach ein Zahlenspiel.

Da das K-Pg-Ereignis das bisher letzte war – und weil es dazu führte, dass die großen Säugetiere das Heft in die Hand nahmen –, ist es unter den fünf bekannten Ereignissen des Massensterbens das am besten erforschte. Die Suche nach der richtigen Theorie, mit der man das weltweite Verschwinden von Land- und Meerestieren erklären wollte, ist eine großartige Geschichte, die wir im nächsten Kapitel genauer beleuchten werden. Mit ziemlicher Sicherheit lautet die Antwort: Vor 66 Millionen Jahren wurde unser Planet von einem riesigen Meteoroiden getroffen. Der Einschlag liegt zwar weit in der Vergangenheit, aber wenn man den zeitlichen Abstand zu uns mit den vier Milliarden Jahren vergleicht, seit es Leben auf der Erde gibt, entspricht er nur ungefähr einem Jahr im Leben eines Fünfzigjährigen. Ich finde es bemerkenswert, dass ein Einfluss aus dem Weltraum, der so gewaltige Folgen hatte, auf die Erde vor so (relativ) kurzer Zeit eingewirkt hat.

Ein sechstes Aussterben?

Wahrscheinlich ist uns aber die Katastrophe sogar noch viel näher. Ich würde meiner moralischen Verpflichtung nicht gerecht, wenn ich dieses Kapitel beenden würde, ohne eine letzte, sehr beunruhigende Spekulation anzustellen. Viele Wissenschaftler sind heute der Ansicht, dass wir derzeit ein sechstes Massensterben erleben – und dieses Mal wird es von Menschen verursacht. Um die Behauptung eindeutig zu belegen, müsste man wissen, wie viele biologische Arten heute existieren und mit welcher Geschwindigkeit sie verschwinden – und beides herauszufinden ist schwierig oder sogar unmöglich. Aber selbst wenn die Zahlen noch nicht schlüssig sind, deuten sie auf einen beunruhigenden Trend hin. Allen Befunden zufolge verläuft das Aussterben heute mit einem signifikant höheren Tempo als gewöhnlich, und die Geschwindigkeit, mit der Arten verlorengehen, entspricht der bei früheren Aussterbeereignissen. Bei normalen Verhältnissen würden wir den Schätzungen zufolge damit rechnen, dass jedes Jahr eine Spezies verschwindet. Die Schätzungen sind zwar unsicher, aber heute dürfte die Quote um das Hundertfache über diesem Durchschnitt liegen.

Wenn das Tempo, das heute für das Verschwinden von Vögeln, Amphibien und Säugetieren gemessen wurde, für die nähere Zukunft repräsentativ ist, zeigt sich ein wahrhaft beunruhigendes Bild. Säugetiere machen nur einen kleinen Bruchteil der Gesamtzahl aller biologischen Arten aus, aber sie sind am besten erforscht. Innerhalb der letzten 500 Jahre sind 80 von insgesamt knapp 6000 Säugetierarten ausgestorben.

Diese Geschwindigkeit aus den letzten 500 Jahren liegt ungefähr um das Sechzehnfache über dem Normalwert, und in den letzten 100 Jahren ist sie sogar auf das Zweiunddreißigfache angestiegen. Amphibien sind in den letzten 100 Jahren fast hundertmal schneller ausgestorben als in der Vergangenheit: Derzeit sind 41 Prozent von ihnen vom Aussterben bedroht, und bei den Vögeln liegt das Tempo im gleichen Zeitraum ungefähr um den Faktor 20 über dem Durchschnittswert.

Solche Zahlen sprechen für ein Aussterbeereignis. Wie der Biologe Anthony Barnosky von der University of California in Berkeley und andere beobachtet haben, gilt das Gleiche auch für die heute stattfindenden Umweltveränderungen: Sie haben eine beunruhigende Ähnlichkeit mit denen zur Zeit des P-Tr-Aussterbens. Damals stiegen der Kohlendioxidgehalt der Atmosphäre und die Temperatur an, der Säuregehalt der Ozeane nahm zu, und in den Meeren entstanden tote Zonen, in denen kein Sauerstoff vorhanden war. Unglaublich, aber wahr: Temperatur und pH-Wert (ein Maß für den Säuregehalt) änderten sich zu jener Zeit offenbar mit einem ähnlichen Tempo wie heute.

Dass die Artenvielfalt in jüngster Zeit schrumpft, ist mit ziemlicher Sicherheit auf den Einfluss der Menschen zurückzuführen. Wir haben vielerlei Auswirkungen auf unseren Planeten und seine Lebensformen. Als beispielsweise die Europäer nach Nordamerika kamen, starben dort 80 Prozent der großen Säugetiere aus – und zwar vorwiegend weil sie unmittelbar getötet wurden. Aber Menschen schädigen Lebensräume auch auf andere Weise. Eine Ursache ist die Umweltverschmutzung, andere sind die Landrodung einschließlich der Abholzung von Wäldern und die Überfischung; ein wichtiger Faktor ist auch der Klimawandel, der sowohl Temperaturveränderungen als auch eine Veränderung des Meeresspiegels mit sich bringt. Dürre und Brände, Überschwemmungen und Unwetter, wärmere und stärker säurehaltige Ozeane – all das bestimmt mit darüber, welche Arten überleben. Die Zerstörung der Lebensräume durch Menschen erleichtert es manchen Arten, auf lokaler Ebene neue Gebiete zu besiedeln, und im globalen Maßstab werden die Populationen einheitlicher – was Krankheitserreger oder Parasiten erheblich gefährlicher macht. Wenn es möglich ist, wandern Arten in neue Lebensräume aus, aber wenn diese Lebensräume zerstört werden, verschwinden auch ihre potentiellen Bewohner. Angesichts derart vieler schädlicher Auswirkungen ist der Gedanke, dass eine Krise der Artenvielfalt bevorsteht, sicher nicht von der Hand zu weisen.

Barnosky vertritt die interessante Argumentation, dass das verblüffende Bevölkerungswachstum, das unsere derzeitige Bevölkerungskrise ausgelöst hat, in einem interessanten Zusammenhang mit unserem Energieverbrauch steht. Wenn man von einer gleichmäßigen Verteilung der Ressourcen und einer plausiblen Schätzung für die Größe und Verbreitungsgebiete großer Säugetiere ausgeht, ernährt die von der Sonne kommende Energie jeden Tag eine bestimmte Zahl von Tieren und Arten. Die Zahl der großen Tierarten sank in der Zeit vor 50 000 bis 10 000 Jahren von ungefähr 350 auf die Hälfte; gleichzeitig tauchten Menschen auf dem Planeten auf und vereinnahmten einen unverhältnismäßig großen Anteil der Ressourcen. In der Folge stieg die Zahl der Säugetiere langsam wieder auf den früheren Wert an, aber dann, vor ungefähr 300 Jahren, nahm sie rapide zu. Zu dieser Zeit konnten Menschen mit der industriellen Revolution erstmals unsere Energievorräte anzapfen, jene ungenutzte Energie, die über Jahrmillionen hinweg in Form fossiler Brennstoffe – der Name ist kein Zufall – gespeichert wurde. Und mit diesem Rückgriff auf die Reserven konnten die Populationen von Menschen und Nutztieren in Verbindung mit der Urbanisierung explosionsartig wachsen – obwohl die Zahl der Arten insgesamt zurückgegangen war.

Manche Optimisten nehmen zwar die beunruhigenden Trends zur Kenntnis, vertreten aber die Ansicht, wir könnten Arten neu erschaffen oder wiederauferstehen lassen, in dem wir DNA konstruieren oder reproduzieren oder ein Massensterben (das durch die Veränderung des Anteils der Arten- oder Gattungszahl definiert ist) vermeiden, indem wir mit neuen Arten einen Ausgleich für die verlorenen Lebensformen schaffen. Aber die Wiederbelebung früherer Lebewesen wird äußerst schwierig werden: Die DNA ist sehr schlecht erhalten, und es ist unwahrscheinlich, dass wir die Umwelt einer früheren Spezies nachbauen können. Außerdem könnte die Geschwindigkeit, mit der wir neue, überlebensfähige Arten schaffen, wahrscheinlich nicht mit dem Tempo mithalten, in dem unsere Welt sie verliert. Ohnehin ist Aussterben nur ein Wort. Eine Einschätzung, die sich nur auf eine Zahl stützt, fängt nicht die gewaltigen Veränderungen ein, die ein solches (zugegebenermaßen recht unwahrscheinliches) Szenario mit sich bringen würde.

Ein anderer Weg, um das Aussterben im fachlichen Sinn zu vermeiden, bestünde darin, den Trend umzukehren, bevor die Zahlen sich auf die Hälfte reduziert haben. Wenn die Arten weit genug ausgedünnt sind, überleben vielleicht auch solche, die in einer vielfältigeren biologischen Umwelt nicht konkurrenzfähig gewesen wären. Dieses »optimistische« Szenario ist nur eine Spekulation, und außerdem erfordert es als rettenden Faktor einen beträchtlichen Verlust von Lebensformen, der einer letztlich stabileren Umwelt vorausgehen müsste.

Letztlich könnte ein solcher Wandel für manche zukünftigen Arten von Nutzen sein. Schließlich blieben selbst nach dem P-Tr-Aussterben manche Lebensformen erhalten. Aus der Sicht eines Dinosauriers zum Beispiel war es ein sehr gutes Ereignis. Aber dazu war der Verlust von Lebensformen ebenso notwendig wie die karge Zwischenphase des Leidens und des Chaos, in der sich das Lebendige wieder erholte. Auch die Veränderungen, die wir derzeit herbeiführen, könnten letztlich in einem globalen Sinn vielleicht nützliche Folgen haben, aber das muss nicht zwangsläufig für die Arten gelten, die sich an die heutigen Verhältnisse angepasst haben.

Selbst wenn neue Arten auftauchen oder die Bedingungen sich letztlich verbessern, wird eine derart dramatisch veränderte Welt wahrscheinlich auch für unsere Spezies nicht angenehm sein. Es sieht tatsächlich so aus, als würden wir Menschen in die Irre gehen, wenn wir einen so großen Verlust von biologischer Vielfalt herbeiführen, denn damit werden wir – durch den Verlust von Lebensmitteln, Arzneimitteln sowie sauberer Luft und Wasser – auch uns selbst schaden. Im Laufe der Evolution hat das Lebendige raffinierte Gleichgewichtsmechanismen hervorgebracht. Wie viele davon man verändern kann, ohne dass sich das Ökosystem und das Leben auf der Erde dramatisch wandeln, ist nicht geklärt. Man würde meinen, dass wir uns aus rein egoistischen Gründen beträchtlich mehr um unser Schicksal kümmern – insbesondere wenn sich so viele Verluste höchstwahrscheinlich verhindern lassen. Im Gegensatz zu den Lebewesen, deren Schicksal vor 66 Millionen Jahren durch einen verirrten Asteroiden besiegelt wurde, verfügen die Menschen heute über die Fähigkeit, die kommenden Ereignisse vorherzusehen.

12

Das Ende der Dinosaurier

Alle mögen Dinosaurier. Ob sie nun als Skelett, als Fossilien oder auch in Spritzgusskunststoff daherkommen, sie faszinieren Jung und Alt. Schon Kinder lieben diese Tiere aus der Vergangenheit – sie bauen Modelle und prägen sich Namen ein, die selbst die meisten Erwachsenen kaum aussprechen können. Museen, in denen Dinosaurier ausgestellt sind, freuen sich über den Ansturm der Kinder und ihrer älteren Begleiter. Die Kuratoren naturhistorischer Museen sind sich der Anziehungskraft dieser bizarren urzeitlichen Reptilien sehr bewusst. Zu den Hauptattraktionen des American Museum of Natural History in New York zählen die riesigen Skelette eines *Tyrannosaurus rex* (was übersetzt »König der Echsen« bedeutet) und eines Apatosaurus, aber auch ähnliche Modelle, die den Besucher schon in der Eingangshalle begrüßen.

Ein weiterer Beleg für ihre Beliebtheit ist die Tatsache, dass Dinosaurier in der Pop-Kultur so häufig vorkommen – von Dino in *Familie Feuerstein* (nein, landlebende Saurier existierten nicht zur gleichen Zeit wie Menschen) bis zu den wiederbelebten Dinosauriern in *Jurassic Park* (nein, auch das wird voraussichtlich in Zukunft nicht geschehen). Selbst die Filmemacher von *King Kong* gaben sich nicht mit einem riesigen Affen zufrieden, der mit seiner Größe an das Empire State Building heranreichte. Sie mussten auch noch eine (jedenfalls nach Ansicht der Autorin) völlig überflüssige Szene mit Dinosauriern einfügen.

Warum? Weil die Dinosaurier atemberaubende Lebewesen waren. Sie ähneln den heutigen Tieren so stark, dass sie uns vertraut vorkommen, sind aber auch so anders, dass sie mit ihrer exotischen Seltsamkeit unsere Phantasie beflügeln. Sie trugen Hörner und Kämme und Panzerplatten und Stacheln. Manche waren groß und schwerfällig, andere waren klein und schnell. Manche liefen über den Erdboden – einige mit zwei, andere mit vier Beinen –, andere flogen durch die Luft.

Aber wenn man an Dinosaurier denkt, fällt vielen Menschen als Erstes ein, dass diese großartigen Tiere heute nicht mehr über die Erde wandeln. Zwar entwickelten sich die Dinosaurier zu Vögeln weiter, die es noch heute gibt, aber die Tiere, die an Land über Jahrmillionen die Vorherrschaft hatten, starben vor etwa 66 Millionen Jahren aus. Manche Menschen betrachten den Abgang der Dinosaurier sogar ein wenig von oben herab – wie kann es sein, dass so starke, lebenstüchtige Tiere so töricht waren zu verschwinden? In Wirklichkeit spielten die Dinosaurier auf unserem Planeten über eine längere Zeit die Hauptrolle, als Menschen oder Menschenaffen voraussichtlich überleben werden. Dass sie verschwanden, war sicher nicht ihre eigene Schuld.

Die Frage, warum die landlebenden Dinosaurier die Bildfläche unseres Planeten verließen, war lange ein riesengroßes Rätsel, das Wissenschaftler und Öffentlichkeit gleichermaßen faszinierte. Warum starb diese vielgestaltige, energiegeladene Gruppe, die ganz offensichtlich ihre Umwelt beherrschte, am Ende der Kreidezeit so plötzlich aus? Es mag sich anhören, als sei dieses Thema von der Physik – und insbesondere von der Physik der dunklen Materie – sehr weit entfernt. Das vorliegende Kapitel präsentiert aber die vielen Befunde, mit denen gezeigt wurde, dass mit ziemlicher Sicherheit ein Meteoroideneinschlag schuld war – womit das Aussterben in Verbindung zu einem extraterrestrischen Objekt im Sonnensystem gebracht wird. Und wenn sich die spekulativen Überlegungen bewahrheiten, die ich zusammen mit meinen Kollegen und Kolleginnen angestellt habe, war eine Scheibe aus dunkler Materie in der Ebene der Milchstraße der Grund, warum der Meteoroid auf seine tödliche Bahn geriet. Welche Rolle die dunkle Materie dabei auch spielte, der Einschlag eines Objekts aus dem Weltraum, der mindestens die Hälfte aller biologischen Arten auf der Erde auslöschte, hat mit Sicherheit stattgefunden – womit dieses Massensterben im Zusammenhang mit unserer Umwelt im Sonnensystem steht. Der Weg, auf dem Geologen, Physiker, Chemiker und Paläontologen zu dieser Schlussfolgerung gelangten, gibt eine der besten Geschichten aus der modernen Wissenschaft ab.

Zeit der Dinosaurier

Die Gruppe der Dinosaurier war nicht nur wegen ihrer ganz unterschiedlichen Körpergrößen und ihres interessanten Aussehens faszinierend, sondern auch wegen ihrer langen Lebensdauer: Mehr als 100 Millionen Jahre nahmen sie auf unserem Planeten eine beherrschende Stellung ein. Aber trotz ihrer scheinbaren Robustheit und der Blüte von Flora und Fauna in ihrem Umfeld gingen viele Lebensformen vor 66 Millionen Jahren sehr plötzlich unter. Bis weit ins 20. Jahrhundert hinein blieb die Frage bestehen, warum und wie es so kam.

Bevor wir solche Fragen beantworten, wollen wir uns zunächst einige Gedanken über das Alter der Dinosaurier machen und uns ansehen, wie anders die Erde damals aussah. Die Dinosaurier lebten im Mesozoikum, einer Ära, die den Zeitraum vor 252 bis 66 Millionen Jahren umfasst (siehe Abb. 29). Der Begriff *Mesozoikum* stammt aus dem Griechischen und bedeutet »mittleres Leben«; tatsächlich liegt es in der Mitte zwischen den drei großen geologischen Zeiträumen des Phanerozoikums. Die Zeit davor war das *Paläozoikum* (»altes Leben«, und danach folgte das *Känozoikum* (»neues Leben«). In der mittleren Stellung des Mesozoikums spiegelt sich das verheerendste Massensterben aller Zeiten wider: Die erste Grenze ist durch das Ereignis zwischen Perm und Trias gekennzeichnet, die zweite durch das Aussterben am Übergang von der Kreidezeit zum Paläogen (früher K-T-Massensterben genannt), bei dem die Dinosaurier (mit Ausnahme der Vögel) und viele andere Arten verschwanden.

Das K in K-T geht auf das Wort Kreide zurück; das T ist die Abkürzung für *Tertiär*, einen Begriff aus einem heute aufgegebenen Benennungssystem, das die Erdgeschichte in vier Teile einteilt – das Tertiär war der dritte davon.[*]
Dennoch falle ich wie viele andere hin und wieder in den umgangssprach-

---

[*] Die internationale Kommission für Stratigraphie (ICS), die für die Benennung dieser Zeiträume zuständig ist, wollte auch die vierte Unterteilung, das Quartär, aufgeben – aber dagegen protestierte die Internationale Union für Quartärforschung. Also führte die ICS den Begriff 2009 wieder ein. Das Tertiär hat weniger energische Anhänger und ist kein offizieller Begriff mehr; deshalb trat auch *K-Pg* an die Stelle von *K-T.*

lichen Begriff K-T für dieses Massensterben zurück, in den meisten Fällen werde ich aber von jetzt an die korrektere Bezeichnung K-Pg verwenden.

Jede Ära wird in verschiedene Perioden eingeteilt, und diese gliedern sich weiter in Epochen und Stadien. Die Ära des Mesozoikums umfasst drei Perioden: die Trias vor 252 bis 201 Millionen Jahren, die Jurazeit vor 201 bis 145 Millionen Jahren und die Kreidezeit vor 145 bis 66 Millionen Jahren. »Mesozoic Park« wäre für den Film von Michael Crichton und Steven Spielberg ein noch richtigerer Titel gewesen, denn darin kommen nur zwei Dinosaurier aus der Jurazeit vor, aber mehrere andere, die in Wirklichkeit erst in der Kreidezeit entstanden. Ich muss allerdings einräumen, dass »Jurassic Park« besser klingt, und deshalb möchte ich die Klugheit der Namenswahl nicht in Frage stellen.

Im Mesozoikum traten auf der Erde viele Wandlungen ein. Durch Erwärmung und Abkühlung, aber auch durch eine beträchtliche tektonische Aktivität veränderten sich die Atmosphäre und die Gestalt der Landmassen. Der Superkontinent Pangäa teilte sich während des Mesozoikums in die Kontinente auf, die wir heute kennen, und dabei kam es zu einer umfangreichen Wanderung der Landmassen.

Auch wenn die tektonischen Bewegungen unseren Planeten gegen Ende der Kreidezeit seinem modernen Erscheinungsbild näher brachten, befanden sich Kontinente und Ozeane noch nicht in ihren heutigen Positionen. Indien war noch nicht mit Asien zusammengestoßen, und der Atlantik war viel schmaler. Da die tektonischen Platten sich seit jener Zeit weiterbewegt haben, hat sich die Größe der Ozeane um einige Zentimeter pro Jahr verändert.

Schon an diesem Effekt können wir ablesen, dass die meisten Küsten vor 66 Millionen Jahren mehrere tausend Kilometer von ihrer heutigen Lage entfernt waren – Amerika und Europa waren sich beispielsweise viel näher. Außerdem lag der Meeresspiegel vermutlich 100 Meter höher als heute. Auch die Temperaturen waren insbesondere in meeresfernen Regionen höher. Alle diese Faktoren erwiesen sich als wichtig, als man einige Anhaltspunkte entschlüsseln wollte, die sich an der K-Pg-Grenze offenbart hatten. So erforschte der Geologe Walter Alvarez aus Berkeley den Ton in bestimmten Sedimentschichten in Italien; heute ist klar, dass diese Schichten zu einem Kontinentalschelf gehörten, das damals mehrere hundert Meter tief unter Wasser lag, aber das wussten die Wissenschaftler anfangs nicht.

Das Leben auf der Erde stellte sich während seiner Entwicklung immer wieder auf eine sich wandelnde Umwelt ein. Die vielen Landmassen, die sich bewegten und von Wasser getrennt waren, machten die Entstehung neuer biologischer Arten möglich. In der Triaszeit entstanden Gliederfüßer, Schildkröten, Krokodile, Eidechsen, Knochenfische, Seeigel, Meeresreptilien und die ersten säugetierähnlichen Reptilien. Auch viele Dinosaurierarten, darunter die landlebenden Formen, erschienen in der späten Triaszeit erstmals auf der Bildfläche. Im weiteren Verlauf, während der Jurazeit, wurden sie zu den beherrschenden Landwirbeltieren.

Zur gleichen Zeit entwickelten sich auch die Vögel; sie gingen aus einem Zweig der Theropoden hervor, einer Gruppe der Dinosaurier. *Jurassic Park* ist wissenschaftlich sicher nicht in allen Einzelheiten korrekt, aber aus dem Film erfuhren viele Menschen zum ersten Mal, dass die Vögel in der Evolution aus den Dinosaurien entstanden sind. Fliegende Reptilien, Meeresreptilien, Amphibien, Eidechsen, Krokodile und Dinosaurier blieben bis in die Kreidezeit hinein erhalten, in der die Schlangen und die ersten Vögel auftauchten, außerdem Flugreptilien und Ginkgos sowie moderne Pflanzen, darunter Cycadeen, Nadelbäume, Mammutbäume, Zypressen und Eiben, die wir in den verschiedensten Formen noch heute kennen. Auch Säugetiere tauchten auf, aber sie waren klein – ihre Größe lag meist zwischen der einer Katze und einer Maus. Das änderte sich erst, nachdem die Saurier ausgestorben waren und sowohl Platz als auch Ressourcen zurückgelassen hatten, durch die sich größere Säugetiere entwickeln konnten.

Die Suche nach Antworten

Während ich an dem vorliegenden Text arbeitete, las ich zwei faszinierende Bücher: *T. rex and the Crater of Doom* von dem Geologen Walter Alvarez und *The End of the Dinosaurs* von Charles Frankel. Das Buch von Walter Alvarez, dem Haupturheber der Meteoroidenhypothese, war sehr unterhaltsam. Dass Frankels Buch mir etwas ganz Besonderes zu sein schien, lag – ich muss es eingestehen – unter anderem daran, dass es bereits vergriffen war, als ich es bei Amazon kaufte; das Exemplar, das ich erhielt, stammte aus der öffentlichen Bibliothek von Rockport und war mit einem großen Stempel »aussortiert« markiert. Hätte ich mir das Buch nicht nach Hause schicken lassen – wo es einen weitaus geeigneteren Lebensraum vorfand –, es wäre vermutlich ebenfalls ausgestorben.

Beide Bücher erzählen eine wahrhaft bemerkenswerte Geschichte: Geologen, Chemiker und Physiker wiesen nach, dass ein riesiger Meteoroid (wie gesagt: diesen Begriff verwende ich auch für große Objekte) der wahrscheinlichste Grund war, warum die Dinosaurier ausstarben – zusammen mit einem großen Teil der anderen Arten, die zu jener Zeit lebten. Eine Fülle von Belegen spricht dafür, dass dieser Meteoroid die dramatische Verschiebung in den Fossilvorkommen aus der Zeit des K-Pg-Überganges auslöste. Alle Merkmale, die Einschlagkrater kennzeichnen – Glaskörnchen, Tektiten und geschockten Quarz – fand man in der Nähe einer Iridium-Grenzschicht, die Überreste vielfältigen Lebens von den darüberliegenden, viel spärlicheren Fossilien trennt.

Beide Bücher berichten auch über die unglaubliche, anregende Detektivarbeit, mit der Wissenschaftler den Krater fanden, der dem Meteoroideneinschlag entspricht. In Gesprächen mit Experten erfuhr ich jedoch, dass die Literatur teilweise ein wenig in die Irre führt. Ich möchte mich hier bemühen, die Sache richtigzustellen. Es ist eine großartige Geschichte.

Der Gedanke, dass Meteoroiden zum Massensterben führen können, setzte sich erst gegen Ende des 20. Jahrhunderts durch, aber über die düsteren Folgen solcher Einschläge hatte man schon seit Jahrhunderten spekuliert. Als Kometen erstmals den Menschen auffielen, hielt man sie für lebensbedrohlich – allerdings aus Aberglauben und nicht aus stichhaltigen Gründen. Edmond Halley äußerte 1694 die kühne Vermutung, ein Komet könne die Ursache der biblischen Sintflut gewesen sein. Ein knappes halbes Jahrhundert später, 1742, stellte der französische Wissenschaftler und Philosoph Pierre-Louis de Maupertuis den Gedanken an eine Bedrohung durch Planeten auf eine festere wissenschaftliche Grundlage: Wie er erkannte, können die durch einen Kometeneinschlag ausgelösten Störungen von Ozeanen und Atmosphäre potentiell viele Lebensformen auslöschen. Ein anderer Franzose, der große Wissenschaftler Pierre-Simon Laplace – dessen Arbeiten zur Entstehung des Sonnensystems noch heute Bestand haben – äußerte ebenfalls die Vermutung, Meteoroiden könnten ein Massensterben verursachen.

Solche Ideen blieben damals aber weitgehend unbeachtet, denn erstens konnte man sie nicht überprüfen, und zweitens schienen sie ein wenig verrückt zu sein. Auch die Gedanken des amerikanischen Paläontologen M. W. de Laubenfels wurden übergangen: Er erkannte 1956, welche potentiellen Folgen der Meteoroid haben konnte, der 1908 in Sibirien eingeschlagen war und große Waldflächen verwüstet hatte – womit klar war, dass schon ein Kometenbruchstück durch Brände und Hitze große Schäden anrichten kann. In einer erstaunlich weitsichtigen Analyse legte Laubenfels dar, dass solche Umweltveränderungen für verschiedene biologische Arten unterschiedliche Folgen haben würden; Säugetiere, die unterirdische Bauten anlegen, könnten beispielsweise überleben – was, wie sich herausstellte, nach dem K-Pg-Massensterben tatsächlich geschah.

Noch 1973 ignorierten die meisten Wissenschaftler den Geochemiker Harold Urey, der die Vermutung äußerte, ein Meteoroideneinschlag sei für das K-Pg-Massensterben verantwortlich. Seine Behauptung begründete er mit den glasähnlichen Tektiten aus geschmolzenem Gestein. Allerdings war Urey auch ein wenig zu vorschnell: Er vermutete, nicht nur das K-Pg-Ereignis, sondern auch alle anderen Aussterbeereignisse seien auf Kometeneinschläge zurückzuführen. Dennoch nahm er spätere Studien vorweg und trug dazu bei, ältere Vermutungen in echte wissenschaftliche Erkenntnisse zu verwandeln: Er betonte, man könne mit eingehenden Untersuchungen Gesteinsformen identifizieren, deren Form oder Zusammensetzung sich nur mit der Einwirkung der Hitze und/oder des Drucks eines Meteoroideneinschlages erklären lassen.

Aber alle derart klugen, weitsichtigen Gedanken blieben mehr oder weniger unbeachtet, bis Alvarez schließlich seine Vermutung äußerte. Die Vorstellung von einem Einschlag aus dem Kosmos, der zur Ursache des Massensterbens wurde, war selbst in den 1980er Jahren noch revolutionär und klang anfangs vielleicht ein wenig absurd. Sie erinnert ein wenig an manche Theorien, die ich von Zwölfjährigen höre, wenn sie meine öffentlichen Vorträge hören: Sie wollen mich dann beeindrucken, indem sie alle wissenschaftlichen Begriffe kombinieren, die sie jemals gehört haben. Das kann zu geistreichen und meist recht lustigen Szenarien führen: So fragte mich beispielsweise ein Junge nach einer Theorie, über die er eigenen Behauptungen zufolge immer nachgegrübelt hatte; danach könnten schwarze Löcher aus gekrümmten zusätzlichen Dimensionen alle noch verbliebenen Probleme des Universums lösen. Glücklicherweise lachte er, als ich ihm erwiderte, meiner Vermutung nach habe er in Wirklichkeit nicht immer nur daran gedacht. Aber wie viele radikale Theorien, die sich am Ende durchsetzen, so bot auch die Vorstellung vom Meteoroiden eine Erklärung für Beobachtungen, die sich konventionelleren Begründungen entzogen. Kein auf der Erde ablaufender Prozess konnte für all die Einzelphänomene verantwortlich sein, die man später fand und die für die Hypothese sprachen. Der Vorschlag gewann an Glaubwürdigkeit, weil er Vorhersagen machte, von denen viele seither bestätigt wurden.

Die Inspiration schlägt zu

Die Geschichte von Walter Alvarez' Detektivarbeit beginnt in Italien. In den Bergen nicht weit von der Stadt Gubbio in Umbrien, einige hundert Kilometer nördlich von Rom, findet man ein Meeressediment aus der späten Kreidezeit und dem frühen Tertiär (heute Paläogen genannt). Die Scaglia Rossa, wie sie wegen ihrer Rosafärbung genannt wird, ist ein Sediment aus einem sehr ungewöhnlichen Tiefseekalkstein: Es besteht aus Calcit oder Calciumcarbonat, dem Gehäusematerial der meisten Schalentiere, das manchmal auch in Knochenaufbaupräparaten enthalten ist; das Gestein entstand am Meeresboden, stieg später in die Höhe und liegt heute frei. Deshalb wären die Anhaltspunkte für das Aussterben – eine dünne Tonschicht, die das tiefer liegende, weiße Gestein von einer darüber liegenden roten Schicht trennt – für jeden aufmerksamen Spaziergänger zu sehen gewesen. Bei den Fossilien in dem unteren, helleren Gestein handelt es sich vorwiegend um Überreste von Foraminiferen, einzelligen Protozoen, die in den Tiefen der Ozeane leben und für uns äußerst nützlich sind, weil wir an ihnen das Alter von Sedimentgestein ablesen können. In der oberen, dunkleren Schicht findet man nur die allerkleinsten Foraminiferenformen. Die Foraminiferen starben zusammen mit den Dinosauriern nahezu aus, so dass die Grenze, die das Ereignis kennzeichnet, deutlich zu erkennen ist.

Der Flysch Geoparque, den ich, wie erwähnt, kürzlich während meines Besuchs an der Universität Bilbao besichtigte, enthält ebenfalls ein Stück der

K-Pg-Grenze – es hat hier die Form einer dünnen, dunklen Linie knapp über dem unteren Ende der Kalksteinklippe. Wie an allen anderen Stellen auf der Welt, wo man diese Tonschicht findet, so stammt sie auch hier aus der Zeit des Aussterbens. Ich hatte das große Glück, dass mein Physikerkollege und sein Cousin, ein Geologe, für mich eine Besichtigung der unglaublich schönen Stelle am Strand von Itzurun organisierten. Dort konnte ich die Grenze bei Ebbe aus nächster Nähe betrachten. Mit einem 66 Millionen Jahre alten Stück der Erdgeschichte derart hautnah in Kontakt zu treten war ein fast surreales Erlebnis (siehe Abb. 30). Aber auch wenn die Klippe aus der entfernten Vergangenheit stammt, ist der Schatz an Informationen, den sie enthält, auch heute ein Teil unserer Welt.

Abb. 30   Mit Asier Hilario, dem Direktor des Geoparque, an der K-Pg-Grenze am Strand von Itzurun bei Zumaia (Spanien). (Jon Urrestilla.)

An der K-Pg-Grenze

In den 1970er Jahren erforschte Walter Alvarez an der Scaglia Rossa eine ähnliche Grenzschicht; seine Aufmerksamkeit richtete sich dabei vor allem auf den Ton, der den helleren, tiefer liegenden Kalkstein mit seinen vielen Fossilien von dem dunkleren, höher liegenden Gestein trennt. Dieser Ton, den Alvarez zu seinem Untersuchungsobjekt gemacht hatte, war von entscheidender Bedeutung: Mit seiner Hilfe konnte man die Ursachen der verheerenden Katastrophe aufklären, die vor 66 Millionen Jahren stattgefunden hatte. Die Dicke der Schicht hing davon ab, wie viel Zeit zwischen der Ablagerung des hellen und des dunkleren Gesteins vergangen war, und damit lieferte sie einen Anhaltspunkt dafür, ob das Massenaussterben langsam oder schnell vonstattengegangen war.

Als Alvarez sich in den 1970er Jahren erstmals mit der K-Pg-Grenzschicht beschäftigte, dominierte in der Geologie eine uniformitarianistische, gradualistische Sichtweise, die man erst kürzlich mit Hilfe der in den letzten 20 Jahren entwickelten Theorie der Plattentektonik bestätigt hatte. Wie man nun wusste, können sich ganze Kontinente nach und nach auseinanderbewegen, Gebirge können sich im Laufe der Zeit neu bilden, und Schluchten, so tief wie der Grand Canyon, können durch allmähliche Effekte entstehen – durch einen Fluss wie den Colorado River, der sich durch das Gestein gräbt, durch Erosion, die von Wasser oder Eis ausgelöst wird, durch die Bewegung von Kontinentalplatten oder durch Magmaausbrüche; alle diese Ursachen können über längere Zeit zu einer dramatischen Veränderung der Landschaft führen. Katastrophen brauchte man zur Erklärung solcher sehr drastischen Wandlungen nicht.

Die Kalksteinformation jedoch war rätselhaft: Der Unterschied zwischen dem darüber und darunter gelegenen Gestein deutete auf einen sehr abrupten Übergang hin, was sich nicht mit der gradualistischen Sichtweise vertrug. Wäre Charles Lyell noch am Leben gewesen, er hätte die dünne K-Pg-Schicht einfach als irreführend interpretiert und wäre zu dem Schluss gelangt, dass sie entgegen dem ersten Anschein über viele Jahre hinweg entstanden war. Darwin hätte die Formation vielleicht für eine Illusion gehalten, die auf unzureichende Fossilfunde zurückzuführen war.

Um herauszufinden, ob es sich wirklich um einen plötzlichen Übergang handelte und nicht nur um eine Ablagerung von Ton, die innerhalb weniger Tage angespült worden war, gab es nur eine Möglichkeit: Man musste messen, wie lange die Ablagerung der Tonschicht gedauert hatte, die zwischen den beiden unterschiedlich gefärbten Kalksteinschichten lag. Genau das hatte Alvarez, der sich schon seit langem für die Datierung geologischer Ereignisse interessierte, vorgenommen. Mit Hilfe der Umkehr des Erdmagnetfeldes wollte er den Zeitpunkt, zu dem die K-Pg-Grenze entstanden war, genauer eingrenzen, denn er wusste, dass sich daraus wichtige Hinweise auf den Auslöser ergeben würden. (Nach Angaben von Andy Knoll, einem Professor für Naturgeschichte, Geowissenschaften und Planetenforschung an der Harvard University, interessierten sich Alvarez und seine Frau möglicherweise noch stärker für mittelalterliche Kunst und Architektur. Ich habe den Verdacht, dass beide Interessen eine Rolle spielten.)

Aber wie sich herausstellte, gab es eine bessere Methode, wenn man wissen wollte, wie lange die Ablagerung der Tonschicht gedauert hatte: Man konnte ihren Iridiumgehalt messen. Iridium ist ein seltenes Metall und nach dem Osmium das zweitdichteste Element. Mit seiner Korrosionsbeständigkeit ist es nützlich zur Herstellung von Zündkerzenelektroden, Füllfederhaltern und anderen Dingen. Außerdem hat es auch für die Wissenschaft sein Gutes. Der Iridium-Spitzenwert, den Walter Alvarez und seine Kollegen entdeckten, erwies sich als Schlüssel zur Ursache des Aussterbeereignisses.

Über den Iridium-Spitzenwert wusste ich schon seit einiger Zeit Bescheid, aber zu meinem Erstaunen erfuhr ich vor kurzem, dass Walter und sein Vater, der Physiker Luis Alvarez, den Iridiumgehalt in dem Ton ursprünglich aufgrund einer Überlegung messen wollten, die genau das Gegenteil dessen war, was sich am Ende herausstellte. Luis Alvarez wusste, dass Meteoroiden viel mehr Iridium enthalten als die Erdoberfläche. Ursprünglich sollte der Iridiumgehalt auf der Erde ebenso hoch gewesen sein wie in den Meteoroiden, aber auf der Erde ist das Metall schon vor langer Zeit im geschmolzenen Eisen aufgegangen und in den Erdkern gesunken. Wenn es also auf der Oberfläche vorkommt, dürfte es außerirdischen Ursprungs sein.

Luis Alvarez ging davon aus, dass Meteoritenstaub sich mit relativ gleichmäßiger Geschwindigkeit absetzt. (Ursprünglich hatte er sogar vorgeschlagen, das Beryllium-10 zu messen, aber dessen Halbwertszeit erwies sich als so kurz, dass es sich für seine Fragestellung nicht eignete.) An der Erdoberfläche würde eine sehr niedrige Iridiumkonzentration herrschen, wenn das Metall nicht ständig mit dem außerirdischen »Regen« nachgeliefert wurde. Vater und Sohn Alvarez hatten eine kluge Idee: Wenn sie auf der Erde die Iridiumkonzentration maßen, verschafften sie sich Zugang zu der kosmischen Sanduhr und konnten mit ihrer Hilfe feststellen, wie lange die Ablagerung der Tonschicht an der K-Pg-Grenze gedauert hatte. Sie rechneten mit einer gleichmäßigen zeitlichen Verteilung, die auf eine stetige, nahezu gleichbleibende Ablagerung hindeutete; aus ihr hätte man ableiten können, wie lange es gedauert hatte, bis die Tonschicht entstanden war.

Aber als Walter und seine Mitarbeiter das Gestein untersuchten, fanden sie etwas völlig anderes: Der Iridiumgehalt in dem Ton war weitaus höher als erwartet. Dieser erstaunliche Befund überzeugte Alvarez davon, dass da irgendetwas Seltsames unter seinen Füßen lag. Im Jahr 1980 fand ein Wissenschaftlerteam der University of California in Berkeley – zu Vater und Sohn Luis und Walter Alvarez hatten sich die Kernchemiker Frank Asaro und Helen Michel gesellt, die noch sehr geringe Iridiumkonzentrationen messen konnten – eindeutig einen erhöhten Iridiumgehalt: Er lag in der Scaglia Rossa dreißigmal höher als im umgebenden Kalkstein. Später wurde diese Zahl auf 90 korrigiert.

Ganz ähnliche Formationen fand man nicht nur in Italien (leider haben seit der Zeit von Walter Alvarez so viele Menschen Proben aus der Scaglia Rossa entnommen, dass die Tonschicht von der K-Pg-Grenze heute nicht mehr leicht zu erreichen ist), sondern auf der ganzen Welt: Auch an vielen anderen Stellen erreichte die Iridiumkonzentration einen auffälligen Spitzenwert. In einer ähnlichen Tonschicht in Stevns Klint – einer Küstenklippe in Dänemark mit gut erhaltenen Spuren der K-Pg-Grenze – erreichte der Anstieg den Faktor 160. Andere Institute bestätigten die erhöhten Iridiummengen in ähnlichen Grenzschichten an weiteren Orten.

Wenn die ursprüngliche Hypothese (die den Anreiz für die Messungen gegeben hatte) stimmte und der Meteoritenstaub mit gleichbleibender Geschwindigkeit herabgeregnet war, hätte es mehr als 3 Millionen Jahre gedauert, bis die Tonschicht an der K-Pg-Grenze entstanden war. Das war aber für die Schicht, die diese Grenze repräsentierte, ein viel zu langer Zeitraum. Die Alternative: Wenn die Iridiumkonzentration rund um die Welt mehr oder weniger in gleichem Maße erhöht war, mussten 500 000 Tonnen Iridium – das auf der Erde als seltenes Metall gilt – zur Zeit des K-Pg-Massensterbens ganz plötzlich auf unseren Planeten gelangt sein. Diese gewaltige Ablagerung ließ sich nur mit einer kosmischen Ursache erklären. Die Erdoberfläche hat von Natur aus einen so geringen Iridiumgehalt, dass man die gemessenen hohen Werte ohne irgendeinen außerirdischen Einfluss nicht erklären konnte.

Das Team aus Berkeley maß auch die Mengenverhältnisse anderer seltener Elemente und konnte so das Spektrum möglicher Erklärungen weiter eingrenzen. So hätte es sich bei der extraterrestrischen Ursache ja vielleicht um eine Supernova handeln können. In diesem Fall hätte man in der Tonschicht auch Plutonium-244 finden müssen. In der ursprünglichen Analyse sah es tatsächlich so aus, als sei auch dieses Element vorhanden. Aber wie es dem Standard für verantwortungsvolles wissenschaftliches Arbeiten entspricht, wiederholten Asaro und Michel am nächsten Tag ihre Analysen, und nun entdeckten sie kein Plutonium. Der anfängliche Befund war einfach auf eine Verunreinigung ihrer Proben zurückzuführen.

Nachdem sie sich den Kopf zerbrochen und über Alternativen nachgedacht hatten, blieb den Wissenschaftlern aus Berkeley schließlich nur noch eine plausible Erklärung für die großen Iridiummengen: der Einschlag eines großen extraterrestrischen Objekts, der sich vor rund 65 Millionen Jahren ereignet hatte. Im Jahr 1980 äußerte die Arbeitsgruppe unter Leitung von Walter und Luis Alvarez die Vermutung, ein großer Meteoroid sei mit der Erde kollidiert und habe seltene Metalle mitgebracht, darunter auch Iridium. Ein solcher Einschlag – entweder durch einen Asteroiden oder einen Kometen – war das einzige Ereignis, mit dem man sowohl die Gesamtmenge des Iridiums als auch die chemischen Mengenverhältnisse erklären konnte – sie stimmten mit jenen überein, die für das Sonnensystem charakteristisch sind.

Auf der Grundlage der gemessenen Iridiummengen und des durchschnittlichen Iridiumgehalts von Meteoriten konnten die Wissenschaftler auch die Größe des Einschlagkörpers abschätzen. Sie gelangten zu dem Schluss, er müsse den unglaublich großen Durchmesser von zehn bis 15 Kilometern gehabt haben.

Schlagende Indizien

Ein großer Meteoroid kann auf vielerlei Weise tödlich wirken, und gleichzeitig gab es keine anderen angemessenen Erklärungen für die geologischen Befunde im Zusammenhang mit dem Massensterben an der K-Pg-Grenze. Deshalb erschien ein extraterrestrisches Objekt als plausible, vernünftige Alternative zu konventionelleren Begründungen, die sich auf geologische oder klimatische Prozesse stützten. Aber auch wenn eine Hypothese noch so überzeugend ist, muss jeder Wissenschaftler, und sei er noch so wagemutig, Vorsicht walten lassen, wenn er eine neue Idee vertritt. Manchmal stimmen radikale Theorien, aber in den meisten Fällen hat man eine konventionelle Erklärung übersehen oder nicht richtig überprüft. Erst wenn alle vorhandenen wissenschaftlichen Vorstellungen versagen, während gewagtere Gedanken sich bestätigen, setzen neue Ideen sich durch.

Wenn es um exotische Theorien geht, sind also Kontroversen in der Wissenschaft häufig etwas Nützliches. Diejenigen, die es einfach vermeiden, die Belege zu überprüfen, erleichtern zwar den wissenschaftlichen Fortschritt nicht, aber wenn überzeugte Anhänger der herrschenden Ansicht vernünftige Einwände vorbringen, setzen sie höhere Maßstäbe für die Einführung neuer Ideen in die Welt der Wissenschaft. Wenn die Vertreter neuer und insbesondere radikaler Hypothesen gezwungen sind, sich mit ihren Gegnern auseinanderzusetzen, können verrückte oder schlicht falsche Ideen nicht Fuß fassen. Widerstand ist für die Befürworter die Aufforderung, noch eine Schippe draufzulegen, zu zeigen, warum die Einwände nicht stichhaltig sind, und für ihre eigenen Gedanken möglichst viel Unterstützung zu sammeln. Walter Alvarez schrieb sogar, er sei erfreut darüber gewesen, dass es eine Zeitlang gedauert hätte, bis der Gedanke an den Meteoroiden schlüssige Belege gefunden hätte, denn damit hätte genügend Zeit zur Verfügung gestanden, um auch sekundäre Indizien zu finden und die Aussage damit zu stärken.

Tatsächlich stieß die Hypothese vom Meteoroiden auf den Widerstand derer, die sie für eine exotische Theorie hielten – und die in vielen Fällen die gradualistische Sichtweise vertraten. Verwirrend war, dass die Plattentektonik solchen Vorstellungen Vorschub leistete, während zur gleichen Zeit die Mondmissionen, durch die man viele Krater aus nächster Nähe sehen konnte, nachdrücklich für die potentiell katastrophalen Auswirkungen von Einschlägen sprachen. Vielleicht lag es an diesen beiden wissenschaftlichen Entwicklungen, dass die Gruppe der Geologen insgesamt stärker zu gradualistischen Vorstellungen neigte, während die Physiker eher eine Vorliebe für Katastrophen hatten.

Natürlich könnten die Krater auf dem Mond ausnahmslos auf das Frühstadium seiner Entstehung zurückgehen, und für die meisten von ihnen stimmt das tatsächlich – für sich genommen, waren sie also kein Argument dafür, dass Meteoroideneinschläge im weiteren Verlauf der Evolution von großer Bedeutung gewesen waren. Aber ihre große Zahl hätte dazu führen können, dass man die Annahme, in unserem Sonnensystem und für die Entwicklung des Lebendigen seien nicht nur allmähliche, sondern auch katastrophale Ereignisse von Bedeutung, weniger überraschend fand. Die Krater waren ein eindeutiger, greifbarer Beleg für Einschläge auf dem Mond. Die Erde ist größer und außerdem dem Mond sehr nahe, also müssen auch hier Himmelskörper eingeschlagen sein.

Aber zu der Zeit, als Alvarez seine Gedanken äußerte, bevorzugten die meisten Paläontologen gradualistische Erklärungen. Manche von ihnen stellten sich auf den Standpunkt, die Dinosaurier seien in der späten Kreidezeit schlicht wegen irgendwelcher widriger Umweltverhältnisse ausgestorben, beispielsweise wegen eines Klimawandels oder schlechter Ernährung. Viele andere hielten Vulkantätigkeit für die Ursache. Gestützt wurde eine solche Sichtweise durch den Deccan-Trapp in Indien, der sich ungefähr zu der Zeit, als die Dinosaurier ausstarben, durch ungeheuer starke Vulkantätigkeit gebildet hatte. Der Deccan-Trapp bedeckt eine Region von mehr als einer halben Million Quadratkilometer – ungefähr die Fläche Frankreichs – und ist rund zwei Kilometer dick. Das ist eine Menge Lava. Noch verwirrender wurde die Situation, weil man den Trapp auf eine Zeit ganz in der Nähe der Grenze zwischen später Kreidezeit und frühem Tertiär datieren kann.

Tatsächlich waren manche Dinosauriergruppen am Ende dieser Ära bereits ausgestorben, darunter die Sauropoden, zu denen auch der Apatosaurus gehört – dies war der ursprüngliche und vielleicht vorübergehend bevorzugte Name für den Brontosaurus (eine Debatte um Namen, die es mit der um den Planeten Pluto aufnehmen kann). Für die Vorstellung von einem allmählichen Niedergang sprachen aber unter anderem auch die unvollständigen Fossilfunde, die zu Beginn der Untersuchungen zur Verfügung standen; ihre Überzeugungskraft ließ nach, als man weitere Regionen erforschte und mehr Fossilien fand. Funde aus dem US-Bundesstaat Montana zeigten, dass mindestens zehn bis 15 Dinosaurierarten bis ganz zum Ende der Kreidezeit überlebt hatten. Bei Grabungen in Frankreich entdeckte man kürzlich Überreste von Dinosauriern in weniger als einem Meter Entfernung von der K-Pg-Grenze, und in Indien lagen unterhalb der Grenze ebenfalls Spuren von Dinosauriern. Zuerst ging die Vielfalt anderer Artengruppen zurück, so die der Ammoniten. Bei genauerer, weiter gefasster Betrachtung zeigte sich aber auch hier, dass mindestens ein Drittel der Dinosaurierarten bis zu der Grenze überlebt hatten – auch wenn einige andere schon früher ausgestorben waren.

Obendrein glaubte man anfangs, der Trapp sei sehr schnell entstanden, in späteren Untersuchungen stellte sich jedoch heraus, dass seine Ausbildung einige Millionen Jahre in Anspruch genommen hatte. Das K-Pg-Ereignis entspricht dabei einer Schicht in der Mitte und scheint seltsamerweise in eine Zeit mit geringer Vulkantätigkeit zu fallen. Vielleicht den überzeugendsten Beleg, dass Vulkane nicht allein die Ursache für das Aussterben der Dinosaurier sein können, fanden indische Geologen: Sie entdeckten Knochen von Dinosauriern und Bruchstücke ihrer Eier in den Sedimenten unmittelbar unterhalb der Region, die der K-Pg-Grenze entspricht. Die Dinosaurier lebten zu jener Zeit nicht nur, sie lebten sogar im Gebiet des Trapps.

Dennoch verlegen neuere Forschungen die Entstehung des Trapps näher an den Zeitpunkt des Aussterbens, als man früher geglaubt hatte; das spricht dafür, dass Vulkantätigkeit tatsächlich eine gewisse Rolle spielte, auch wenn sie für die Zerstörung nicht allein verantwortlich war. Manchen Spekulationen zufolge war sie sogar eine Folge des Meteoroideneinschlages; wenn das stimmt, könnte man auch etwaige Auswirkungen von Vulkanen indirekt auf den Meteoroiden zurückführen. Aber welche Rolle die Vulkane auch spielten, mit ihnen lässt sich nicht das Zusammentreffen der vielen anderen geologischen Merkmale erklären, die insgesamt überzeugend für den Meteoroiden als Ursache sprechen.

Nachdem man erst einmal ernsthaft begonnen hatte, nach Belegen zu suchen, sammelten sich sehr schnell immer mehr Indizien an, die für die Hypothese vom Meteoroiden sprachen. Details sind dabei wichtig und können dazu beitragen, so manche Kontroverse beizulegen. Nachdem die Wissenschaftler aus Berkeley 1980 ihre Vermutung geäußert hatten, wurde die Tonschicht von der K-Pg-Grenze in Italien, Dänemark, Spanien, Tunesien, Neuseeland und Amerika eingehend untersucht. Bis 1982 hatte man fast 40 Stellen auf der ganzen Welt sorgfältig analysiert. Der niederländische Paläontologe Jan Smit beobachtete in Spanien einen hohen Iridiumgehalt, andere Paläontologen maßen ihn in Stevns Klint. Smit analysierte auch die Mengen anderer seltener Metalle wie Gold und Palladium. Dabei fand er Osmium und Palladium in Mengen, die tausendmal größer waren als an anderen Stellen. Auch hier entsprachen die Mengenverhältnisse denen, die man bei Meteoroiden erwartet.

Manche Befürworter der Vulkanhypothese äußerten die Vermutung, die großen Iridiummengen könnten durch Vulkane aus dem Erdmantel und Erdkern, wo das Metall bekanntermaßen in größerer Menge vorkommt, nach außen geschleudert worden sein. Aber die bekannten Vulkane stoßen nicht annähernd so viel Iridium aus, dass man damit die 500 000 Tonnen erklären könnte, die nach den Berechnungen von Alvarez und anderen weltweit an der K-Pg-Grenze vorhanden sein müssen; das gilt selbst dann, wenn man andere mögliche Anreicherungseffekte wie eine Ausfällung im Ozean berücksichtigt. Außerdem ist Iridium nicht das einzige schwere Element in Meteoriten, und auch die Mengen anderer Elemente passten nicht zu Vulkanemissionen.

Weitere Belege für die Meteoroidentheorie ergaben sich durch ergänzende Beobachtungen im Umfeld der K-Pg-Grenze. So entdeckte man an mehreren Stellen sogenannte *Mikrotektiten*, eine kleinere Form der Tektiten, glasartiger Gesteinskügelchen, die nach einem Einschlag aus geschmolzenem Gestein entstehen, wenn es in die Atmosphäre geschleudert wird, sich dort verfestigt und wieder zur Erde fällt. Auch sie sprachen für die Vorstellung vom Meteoroiden.

Aber die Glaskügelchen, wie man sie schon bald nannte, legten anfangs auch eine falsche Spur. In ihrer chemischen Zusammensetzung ähneln sie der ozeanischen Kruste, aber wie sich herausstellte, repräsentierten sie wahrscheinlich den Einschlagkörper und nicht das Ziel. Wäre die anfängliche, irrige Schlussfolgerung richtig gewesen, dass der Ort des Einschlags nicht an

Land, sondern im Ozean lag, wäre er wahrscheinlich trotz aller Belege für ein solches Ereignis für immer verborgen geblieben.

Aber diese falsche Sorge legte sich, als Geologen neue Hinweise fanden, wonach der Meteorit auf einem (potentiell zugänglichen) Kontinentalsockel niedergegangen war. Ausschlaggebend war dabei die Entdeckung von geschocktem Quarz, der nur unter hohem Druck durch eine Kollision in quarzhaltigem Gestein entstehen kann. Gestein, das nicht schmilzt, wird zerschmettert, so dass die darin enthaltenen Mineralien kreuz und quer verlaufende Verbindungen eingehen (siehe Abb. 24). Die einzigen bekannten Ursachen für solche Bindungen sind Meteoroideneinschläge und Atombombenexplosionen. Kernwaffen wurden vermutlich vor 66 Millionen Jahren noch nicht getestet – ein Wissenschaftler erzählte mir allerdings, er sei in einem Rundfunkinterview tatsächlich nach dieser Möglichkeit gefragt worden; damit blieb der Meteoroideneinschlag die einzige denkbare Erklärung.

Als man 1984 geschockten Quarz in Montana sowie später auch in New Mexico und Russland fand, sprachen die Entdeckungen ebenfalls nachdrücklich für einen Meteoroideneinschlag. Die Art des Quarzes deutete außerdem darauf hin, dass der Krater – vorausgesetzt, es gab ihn – an Land liegen würde, denn in Gestein aus dem Ozean kommt Quarz nur selten vor.

Irgendwann sprachen immer mehr Indizien für die Hypothese vom Meteoroiden. Kanadische Wissenschaftler fanden in der K-Pg-Schicht in Alberta mikroskopisch kleine Diamanten. Diese hätten von Meteoroiden stammen könnten, die das Material einfach aus dem Weltraum mitgebracht hatten, sie können aber auch beim Einschlag entstehen. Detaillierte Analysen ihrer Größe und der Mengenverhältnisse der Kohlenstoffisotope legten die zweite Interpretation nahe. In Kanada wie auch in Dänemark entdeckte man in den Schichtungen besondere Aminosäuren, die, soweit man weiß, sonst nirgendwo auf der Erde vorkommen. Dieser Befund sprach interessanterweise für einen Kometen, denn die gleichen Aminosäuren fand man auch in dem angrenzenden Kalkstein – womit man rechnet, wenn Kometenstaub in die Bildung der Schichtungen eingegangen ist.

Ein anderes wichtiges geologisches Merkmal, das für einen Einschlag und hohen Druck sprach, waren *Spinelle*, Kristalle aus Metalloxiden, die Eisen, Magnesium, Aluminium, Titan, Nickel und Chrom enthalten; mit ihrer bizarren Form – sie erinnern an Schneeflocken, Oktaeder und andere Gebilde –

deuten sie darauf hin, dass das Material unter hohen Temperaturen geschmolzen war und sich dann schnell verfestigte. Spinelle kommen auch in vulkanischem Magma vor, aber die Funde, um die es hier geht, enthielten die Elemente Nickel und Magnesium, während vulkanische Spinelle einen höheren Gehalt an Eisen, Titan und Chrom haben. Und es kommt noch besser: Anhand des Sauerstoffgehalts kann man feststellen, wo sich die Spinelle gebildet haben. Die oxidierten Fundstücke aus der K-Pg-Schicht deuteten auf eine Entstehung in geringer Höhe von weniger als 20 Kilometern hin. Außerdem fand man die Kristalle nur in einer dünnen Schicht, womit bestätigt war, dass die Katastrophe, die sich an der K-Pg-Grenze abgespielt hatte, von sehr kurzer Dauer war.

Vulkane bieten keine Erklärung für Material, das durch Stoßwellen entstanden ist. Sie sorgen zwar ebenfalls dafür, dass sich Gestein verformt, aber die vorhandenen Vulkanregionen bringen nicht den geschockten Quarz hervor, wie man ihn aus der Zeit des Aussterbens kennt. Wenn er durch Vulkanaktivität entsteht, ist geschockter Quarz in einer einzigen Ebene verschoben, nicht aber in mehreren Ebenen, die sich überschneiden – ein solches Phänomen kennt man nur von Vorgängen, bei denen sehr hoher Druck im Spiel ist. Solche Details sind wichtig, denn alle Phänomene findet man genau an der Stelle, die das Aussterben an der K-Pg-Grenze kennzeichnet.

Aber auch wenn wir nun die Zerstörungswirkung des Meteoroiden eindeutig nachgewiesen haben, sollten wir die gradualistische Sichtweise nicht vollkommen abtun. Höchstwahrscheinlich veränderten sich die Verhältnisse ungefähr zur Zeit des K-Pg-Aussterbens so, dass das Ökosystem ohnehin empfindlicher wurde; als dann der Meteoroid einschlug, richtete er mehr Schaden an, als es sonst möglich gewesen wäre. Die Befunde deuten darauf hin, dass ein beträchtlicher Anteil aller biologischen Arten bereits ausgestorben war, bevor das dramatischere Massensterben einsetzte. Neuere, präzisere Messungen des Zeitpunktes, zu dem der Dekkan-Trapp entstand, sprechen ebenfalls dafür, dass Vulkantätigkeit eine gewisse Rolle spielte. Sie war zwar am Ende wahrscheinlich nicht die Ursache des Massensterbens, aber dieses wurde wohl durch Vulkane und andere Phänomene verstärkt – und zwar sowohl vor als auch nach dem Einschlag des Meteoroiden.

Aber auch ohne solche Unterstützung richtete der Einschlag ungeheuren Schaden an.

Das Leben schlägt zurück

Wie groß und verheerend die Wirkung des Meteoroiden gewesen sein muss, kann man sich kaum ausmalen. Der Einschlagkörper hatte ungefähr die dreifache Breite von Manhattan. Und er war nicht nur groß, sondern bewegte sich auch sehr schnell, nämlich mit mindestens 20 Kilometern pro Sekunde; wenn es ein Komet war, lag seine Geschwindigkeit vielleicht noch dreimal höher. Auf jeden Fall war er siebenhundertmal schneller als ein Auto, das auf der Autobahn mit 100 Stundenkilometern fährt. Man stelle sich ein Objekt von der Größe einer mittelgroßen Stadt vor, das fünfhundertmal schneller ist als ein Auto auf der Autobahn. Da die Energie eines Objekts mit der Masse und mit dem Quadrat seiner Geschwindigkeit zunimmt, muss ein derart schnelles, großes Objekt beim Auftreffen auf die Erde eine ungeheure Zerstörungswirkung gehabt haben.

Machen wir uns einmal die Verhältnisse klar: Mit einer solchen Größe und Geschwindigkeit setzte das Objekt eine Energie frei, die bis zu 100 Billionen Tonnen TNT entspricht, über eine Milliarde mal mehr als die Atombomben, die Hiroshima und Nagasaki zerstörten. Dieser Vergleich ist kein Zufall. Luis Alvarez hatte am Manhattan-Projekt mitgearbeitet und ähnliche Beobachtungen angestellt. Ganz allgemein waren die Auswirkungen von Atombombenexplosionen während des Kalten Krieges ein aktuelles Thema, und deshalb wuchs das Interesse der Menschen an dem Krater. Die Forschung profitierte dabei von den wachsenden Kenntnissen über die Langzeitfolgen des K-Pg-Einschlages für die Umwelt.

Das Tunguska-Objekt und der Meteorit, der den Meteor Crater in Arizona entstehen ließ, brachten nur einen Bruchteil dieser Energie mit, nämlich die Entsprechung zu vielleicht zehn Megatonnen TNT. In beiden Fällen lag der Durchmesser des Einschlagkörpers bei ungefähr 50 Metern und nicht bei den 10 bis 15 Kilometern des K-Pg-Meteoroiden. Die Energie des Krakatau war nur wenige Male größer als die der kleineren Meteoroiden und lag in der gleichen Größenordnung wie die stärksten jemals gebauten Kernwaffen (ungefähr das Fünfzigfache dessen, was heute existiert). Schon ein Meteoroid von einem Kilometer Durchmesser würde weltweite Schäden anrichten. Das Objekt, von dem Alvarez gesprochen hatte, war zehnmal so groß – größer als der Mount Everest.

Der Einschlag dieses gewaltigen, schnellen Objekts hatte verheerende Folgen. Wie in Kapitel 11 beschrieben wurde, sind viele Katastrophen die Folge, wenn ein derart riesiger Felsbrocken auf die Erde stürzt. In der Nähe der Einschlagstelle – das heißt in einem Umkreis von rund 1000 Kilometern – wüteten extreme Winde und Wellen, und von der Einschlagstelle gingen große Tsunamis aus. Diese Gezeitenwellen waren ungeheuer kräftig, aber ihre Reichweite war begrenzt: Wie sich herausgestellt hat, war das Wasser an der Einschlagstelle nur ungefähr 100 Meter tief. Auch auf der anderen Seite des Globus kam es zu Gezeitenwellen, die hier durch das vielleicht größte Erdbeben aller Zeiten ausgelöst wurden. Von der Einschlagstelle gingen extrem starke Winde aus, die dann auch in der Gegenrichtung zurückkehrten. Sie nahmen eine Wolke aus superheißem Staub, Asche und Dampf mit, die in die Höhe geschleudert wurde, als der Meteoroid ursprünglich im Boden einschlug. Wind und Wasser nahmen ungefähr ein Prozent der Einschlagenergie auf. Der Rest floss in das Schmelzen und Verdampfen des Gesteins sowie in seismische Wellen, die um die ganze Erde rasten und dem Wert 10 auf der Richter-Skala entsprachen.

Aus dem Krater wurden Billionen Tonnen an Material hinausgeschleudert und verteilten sich überall. Danach, als die heißen, festen Teilchen durch die Atmosphäre herunterregneten, erhitzten sie sich bis zur Weißglut und ließen die Temperaturen auf der ganzen Welt ansteigen. In der Folge wüteten überall Brände, und die Erdoberfläche wurde ganz buchstäblich gebraten. Tatsächlich entdeckten die Chemikerin Wendy Wolbach und ihre Kollegen 1985 in der K-Pg-Schicht die Spuren von Bränden in Form von Holzkohle und Ruß. Menge und Form der von ihnen gefundenen Kohlenstoffablagerungen bestätigten, dass die Brände tatsächlich aufgetreten waren – und die damals vorhandene Pflanzen- und Tierwelt zerstört hatten. Die Wissenschaftler gelangten zu dem Schluss, dass innerhalb weniger Monate nach dem Einschlag mehr als die Hälfte der gesamten Biomasse auf der Welt verbrannte.

Auch das ist noch nicht alles. Wasser, Luft und Boden wurden vergiftet. Vielleicht waren die Menschen nicht nur abergläubisch, als sie sich vor Kometen fürchteten – diese enthalten tatsächlich giftige Substanzen wie Cyanid und Schwermetalle, darunter Nickel und Blei. Manche Verbindungen dürften verdampft sein, bevor sie Schaden anrichten konnten, aber höchstwahrscheinlich regneten Schwermetalle vom Himmel.

Noch größeren Schaden richtete wahrscheinlich das Stickoxid an, das sich in der Atmosphäre bildete und als saurer Regen zu Boden fiel. Auch Schwefel wurde in die Atmosphäre freigesetzt, so dass Schwefelsäure entstand, die dort blieb und das Sonnenlicht abschirmte; das führte nach der globalen Erwärmung, die sich unmittelbar nach der Katastrophe einstellte und vielleicht einige Jahre bestehen blieb, zu einer weltweiten Abkühlung. Der Rückgang der Photosynthese wirkte sich auf die gesamte Nahrungskette aus. Auch die globale Erwärmung und eine Decke aus Staubteilchen auf der Erde könnten eine Rolle gespielt haben – auf diese Weise setzten sich die übermäßige Erwärmung und Abkühlung über viele Jahre fort.

Tatsächlich kann man an den Fossilfunden erkennen, dass die Nachwirkungen der Zerstörung nach dem ursprünglichen Einschlag längere Zeit erhalten blieben. Selbst Arten, die letztlich überlebten, wurden stark dezimiert. Die Ozeane erholten sich erst nach Hunderttausenden von Jahren, und die zerstörerischen Einflüsse waren noch mindestens eine halbe Million Jahre später zu erkennen. Die Fossilfunde zeigen, dass Plankton und andere Tiere fehlten: die dunklen Teile des Kalksteins enthalten kaum Carbonate. Stattdessen findet man Spuren von Gesteinstrümmern – kleine Bruchstücke aus verwittertem und erodiertem Gestein. Die normale Farbe tritt in diesen Schichten erst einige Zentimeter, ja manchmal sogar erst einige Meter höher wieder auf, je nachdem, an welcher Stelle auf der Welt man sucht.

Durch die vielen Katastrophen boten sich genügend Gründe, warum Pflanzen und Tiere aussterben konnten. Offensichtlich überlebte kein Organismus, der mehr als 25 Kilo wog – ungefähr so viel wie ein mittelgroßer Hund. Um die Sache durchzustehen, brauchten die Lebewesen ein Mittel, um sich vor der Katastrophe zu verstecken – durch Überwintern oder auf andere Weise. Je nach der Art der Fortpflanzung (Samen hatten bessere Überlebenschancen als andere Vermehrungsvehikel) und der Art der Nahrung (Arten, die sich von Abfällen ernährten, kamen besser zurecht) überlebten manche Lebewesen tatsächlich. Bessere Chancen hatten unter anderem Tiere, die sich in den Himmel flüchten konnten. Aber die meisten Pflanzen und Tiere gingen zugrunde. Ein Meteor von 10 oder 15 Kilometern Durchmesser richtete ungeheure Verwüstungen an – in der Umwelt ebenso wie in der Welt des Lebendigen.

Fündig geworden: die Wiederentdeckung des Kraters

Aber trotz aller Belege, die man in den 1980er Jahren gefunden hatte, und trotz der wachsenden Kenntnisse über die Auswirkungen, die ein riesiger Meteoroid auf das Leben unseres Planeten haben musste, war den Wissenschaftlern zu jener Zeit eines klar: Das aussagekräftigste Argument für die Idee von einem Einschlag wäre die Entdeckung eines konkreten, 66 Millionen Jahre alten Kraters mit der richtigen Größe. Ein solcher Krater würde nicht nur die Hypothese untermauern, sondern auch weitere detaillierte Untersuchungen möglich machen, mit denen man Ausmaß und Zeitpunkt des Einschlages sowie auch andere Aspekte, die für ein solches Ereignis sprachen, dingfest machen konnte.

Eine entscheidende Vorhersage betraf – neben dem Alter – die Größe des Kraters. Aus den gemessenen Iridiummengen hatte Walter Alvarez den Schluss gezogen, dass der Meteoroid einen Durchmesser von mindestens zehn Kilometern hatte; der Krater sollte also mindestens 200 Kilometer messen, denn solche Einschlagstellen haben in der Regel die zwanzigfache Größe des Einschlagkörpers selbst. Alvarez war nicht der Einzige, der für den Krater eine solche Größenschätzung abgab. Ein anderer Paläontologe prophezeite eine Größe von 180 Kilometern; dabei war er von der Annahme ausgegangen, dass der Ton einen Anteil von sieben Prozent Meteoritenmaterial enthielt, während der Rest aus pulverisiertem Gestein von der Einschlagstelle stammte.

Ein Krater mit der richtigen Größe aus der richtigen Zeit – das wäre der eindeutige Beweis, dass Alvarez recht hatte. Aber bis man ihn entdeckte, sollten noch mehr als zehn Jahre vergehen – eine Zeit, in der eine der besten Detektivgeschichten der modernen Wissenschaft ablief. Eigentlich waren die Aussichten, die Einschlagstelle zu finden, zu Beginn der Suche nicht sonderlich gut. Man hat zwar im Laufe der Jahre einige große Krater entdeckt, aber viele andere fehlen auch. Selbst wenn wir das »Glück« haben, dass ein Meteoroid an Land und nicht im Meer einschlägt, können Erosion, Überlagerung durch Sedimente oder tektonische Zerstörung alle Spuren eines Kraters beseitigen.

Was den Meteoroiden anging, der für das K-Pg-Ereignis verantwortlich war, so wurde die Entdeckung noch dadurch erschwert, dass man keine Hinweise auf den Ort des Einschlages hatte. Das Iridium und andere geologische

Indizien waren mehr oder weniger gleichmäßig rund um den ganzen Globus verteilt. Damit bestätigte sich zwar, dass der Meteoroid weltweite Auswirkungen gehabt hatte, aber sie deuteten nicht auf einen bestimmten Ort hin. Als man erstmals mit der Suche begann, schien es eine schwierige oder sogar unmögliche Aufgabe zu sein, genau herauszufinden, an welcher Stelle auf der Erde ein bestimmter Meteoroid vor mehr als 65 Millionen Jahren niedergegangen war.

Zur Freude der Kraterjäger hatte sich allerdings herausgestellt, dass der geschockte Quarz auf einen Ursprung auf dem Festland oder zumindest auf einem Kontinentalsockel hindeutete; mit der Suche an Land hatte man also gute Aussichten, die Überreste des Einschlages zu identifizieren. Mehrere Krater entwickelten sich zu scheinbar vielversprechenden Kandidaten, wurden aber bei genauerer Untersuchung wieder ausgeschlossen, weil sich bei der Ermittlung des Einschlagzeitpunktes, der Größenbestimmung oder den mineralogischen Analysen Unstimmigkeiten ergeben hatten.

Andererseits hatte man aber eine sehr wichtige unabhängige Beobachtung bereits seit einiger Zeit übersehen. Schon in den 1950er Jahren hatten Geologen, die im Auftrag der Industrie unterwegs waren, eine vergrabene, ringförmige Struktur mit einem Durchmesser von 180 Kilometern gefunden, die sich zur Hälfte an Land unter den Kalksteinebenen der Halbinsel Yucatán und zur Hälfte vor der Küste erstreckte – dort, im Golf von Mexiko, war sie unter Wasser und Sedimenten begraben. Geologen des mexikanischen Mineralölkonzerns Petroléos Mexicanos oder kurz Pemex bohrten Löcher in dieses Gebilde. In einer Tiefe von 1500 Metern stießen sie auf kristallines Gestein. Daraufhin glaubten sie, sie hätten Anhaltspunkte für einen Vulkan gefunden und nicht für das, was für sie wesentlich interessanter gewesen wäre: ein Ölvorkommen.

Ende der 1960er Jahre jedoch äußerte der Geologe Robert Baltosser – der an einer zweiten Runde von Erkundungsbohrungen mitarbeitete, nur für den Fall, dass man beim ersten Mal eine Öllagerstätte übersehen hatte – die Vermutung, es könne sich tatsächlich um einen Einschlagkrater handeln. Mit seiner Annahme stützte er sich auf Messungen, mit denen man das Gravitationspotential des Gebildes ermittelt hatte – man hatte festgestellt, wie sich die Schwerkraft auf der Fläche der ringförmigen Struktur veränderte. Aber Öl hatte man wiederum nicht gefunden, und Pemex verbot ihm, seine

Beobachtungen zu veröffentlichen. Dies hatte zur Folge, dass die meisten Menschen, die über die Struktur Bescheid wussten, für die Ölindustrie arbeiteten, und die nahm zwar detaillierte Vermessungen des Meeresbodens vor, wollte aber ihre Befunde aus naheliegenden Gründen geheim halten.

Allerdings suchte Pemex hartnäckig weiter nach Öl. In den 1970er Jahren stellte man weitere geologische Studien an, darunter eine aus der Luft vorgenommene magnetische Vermessung der gesamten Halbinsel Yucatán. Dabei fiel dem US-amerikanischen Berater Glen Penfield eine starke magnetische Anomalie auf, die einen Durchmesser von etwa 50 Kilometern hatte und von einem ungewöhnlich schwach magnetischen Ring mit einem Durchmesser von 180 Kilometern umgeben war. Das ist genau die Verteilung, die man bei einem großen Einschlagkrater erwartet: eine mittlere Region, die aus dem beim Einschlag geschmolzenen Gestein besteht, und ein äußerer Teil aus verfestigten Gesteinstrümmern. Diese Übereinstimmung entging auch Penfield nicht. Luftgestützte Gravitationsmessungen sprachen ebenfalls für seine Interpretation. Das stärkere, tiefliegende Gravitationsfeld passte zu den Schwankungen der Magnetsignale.

Damit hatte Penfield schon 1973 einen einigermaßen stichhaltigen Hinweis auf einen Einschlagkrater. Ihm war klar, dass Belege für einen zuvor unbekannten Einschlag ziemliches Aufsehen erregen würden; deshalb erhielt er von Pemex die Genehmigung zur Veröffentlichung der Daten, die normalerweise ein Geschäftsgeheimnis gewesen wären. Zusammen mit dem Geologen Antonio Camargo von Pemex präsentierte er seine Befunde 1981 bei der Society of Exploration Geophysicists in Los Angeles. Die Entdeckung fand aber keine große Aufmerksamkeit. Die meisten Zuhörer kannten die Hypothese vom Einschlag als Ursache des K-Pg-Aussterbens noch nicht, und deshalb stellte damals niemand eine solche Verbindung her.

Die meisten Fachleute, die sich für die Lage des Einschlagkraters interessierten, der für das K-Pg-Aussterben verantwortlich war, machten sich erst 1990 daran, gerade diesen Krater genauer zu untersuchen. Aber auch wie sie dazu kamen, ist eine geradezu unglaubliche Geschichte. Wissenschaftler, die einen 66 Millionen Jahre alten Krater mit einem Durchmesser von rund 200 Kilometern aufspüren und damit die Vermutungen von Alvarez bestätigen wollten, waren die Suche aus einer ganz anderen Perspektive angegangen als die Geologen von Pemex. Sie erforschten die K-Pg-Grenzschicht und suchten nach Hinweisen auf die Lage einer Einschlagstelle. Die Iridiumablagerungen waren zwar auf der ganzen Welt einheitlich, man wusste aber, dass ein Indiz einen näheren Hinweis auf die Lage der fraglichen Stelle geben konnte – man musste es nur finden. Wenn der Meteoroid in Küstennähe im Meer niedergegangen war, musste er einen so starken Tsunami ausgelöst haben, dass man dessen Spuren auch auf dem Kontinent entdecken müsste. Angesichts der Anhaltspunkte für einen Einschlag an Land hörte sich das vielleicht nach Wunschdenken an, aber die Geologen hielten die Augen offen, und schließlich wurden sie für ihre Mühen belohnt.

Im Jahr 1985 untersuchte Jan Smit mit einem Kollegen eine Stelle im Flussbett des Brazos River in Texas nicht weit vom Golf von Mexiko; dort lagen Sedimente einschließlich der K-Pg-Grenze frei, und nach Überzeugung der Wissenschaftler war die Formation durch den mutmaßlichen Tsunami geformt worden. Eingehende Nachfolgeuntersuchungen nahm die Geologin Joanne Bourgeois von der University of Washington vor: Sie fand ungewöhnlich groben Sandstein, der Bruchstücke von Muschelschalen, versteinertes Holz, Fischzähne und Ton enthielt; das alles passte zum nahe gelegenen Meeresboden, und wie sie feststellen konnte, lag die Fundstelle vor 66 Millionen Jahren rund 100 Meter unter dem damaligen Meeresspiegel. Anhand der Größe der Sandsteinblöcke konnte sie abschätzen, dass eine Strömung von mehr als einem Meter in der Sekunde geherrscht hatte, was einer Wellenhöhe von mindestens 100 Metern entsprach. Außerdem fand sie Ton, dessen Verteilungsmuster auf eine zur Küste hin und wieder von ihr weg gerichtete Strömung hindeutete. Ausgehend von der Annahme, dass eine Welle maximal so hoch sein kann wie die gesamte Meerestiefe von 5000 Metern, gelangte Bourgeois zu dem Schluss, dass der Einschlag sich weniger als 5000 Kilometer von ihrer Fundstätte entfernt ereignet hatte – das heißt im Golf von Mexiko, in der Karibik oder im westlichen Atlantik.

Der zweite Hinweis auf die Einschlagstelle stammte von den Geologen Bruce Bohor und Glen Izett: Sie fanden 1987 die größte, reichhaltigste Lagerstätte für geschockten Quarz im westlichen Landesinneren Nordamerikas, was auf einen Einschlag in der Nähe des Kontinents hindeutete. Das stimmte mit den Analysen von Smit und Bourgeois überein, nach deren Vermutung sich der Einschlag nicht weit vom südlichen Ende des Kontinents ereignet hatte.

Noch weiter konnte man die Einschlagstelle eingrenzen, als der haitianische Geologe Florentin Maurrasse in seinem Heimatland an der K-Pg-Grenze einige interessante Gesteinstrümmer identifizierte. Seine Beschreibung der ungewöhnlichen Sedimente weckte die Aufmerksamkeit des Doktoranden Alan Hildebrand von der University of Arizona, seines Doktorvaters Bill Boynton und des Wissenschaftlers David Kring. Maurrasse hatte zwar einen vulkanischen Ursprung der Trümmer beschrieben, die Gruppe in Arizona wusste aber ganz genau, wie leicht man vulkanisch entstandene Gesteinstrümmer mit solchen verwechseln kann, die auf einen Einschlag zurückzuführen sind. Als die Wissenschaftler Bilder der Gesteinsproben aus Haiti sahen, erkannten sie darin die Tektiten, und nun entschlossen sie sich, selbst nach Haiti zu reisen. Dort fanden sie 1990 ein freiliegendes Sediment von einem halben Meter Dicke, das offensichtlich Tektiten enthielt, und außerdem auch geschockten Quarz und Iridium. Das alles sah aus, als stehe die Region in einem engen Zusammenhang mit dem Meteoroideneinschlag. Aus der Dicke der Schicht schlossen sie, dass der Krater zum Zeitpunkt des Einschlags nicht weiter als 1000 Kilometer entfernt war.

Hildebrand hatte ursprünglich einen Krater in der Karibik im Visier, aber diesen Gedanken gab er später auf; letztlich konzentrierte sich das Team aus Arizona auf die Struktur in Yucatán, die man schon zehn Jahre zuvor identifiziert hatte. Als Erste stellten aber nicht Wissenschaftler den Zusammenhang her, sondern der Journalist Carlos Byars vom *Houston Chronicle*. Er hatte bei einer wissenschaftlichen Tagung gehört, wie Hildebrand über die Forschungen der Gruppe aus Arizona berichtete, und erzählte ihm, dass Penfield zuvor bereits einen potentiellen Einschlagkrater entdeckt hatte; damit half er den Wissenschaftlern, das Rätsel des fehlenden Kraters seiner bemerkenswert befriedigenden Lösung zuzuführen.

Der von Pemex entdeckte Krater lag an der richtigen Stelle und hatte auch die richtige Größe. Diese Übereinstimmung war ein wichtiges Argument für einen Zusammenhang zwischen dem Krater und dem K-Pg-Aussterben. Aber als Hildebrand 1990 bei einer Fachzeitschrift zwei Artikel einreichte, in denen er Mutmaßungen über den Zusammenhang anstellte, wurden sie nicht veröffentlicht – unter anderem weil die ersten Befunde nicht überzeugend genug waren. Die Meinungen änderten sich jedoch, als das Team aus Arizona in dem Krater geschockten Quarz identifizierte.

Da der Krater sich unter Wasser auf dem Kontinentalschelf befand, war er von Sediment bedeckt, und entsprechend schwierig war es, ihn zu finden und zu untersuchen. Aber dass er so tief begraben lag, war in gewisser Hinsicht auch ein Vorteil, denn die 1000 Meter dicke Schicht aus gehärtetem Schlamm, die über ihm lag, hatte den Krater vor der Erosion geschützt, der er an der Oberfläche unterlegen hätte. Um den tief vergrabenen und deshalb anfangs unzugänglichen Krater zu erforschen, nahmen die Wissenschaftler aus Arizona Kontakt mit Penfield und Camargo auf: Sie wollten die Bohrkerne studieren, die man zuvor bereits gewonnen hatte. Tatsächlich erhielten sie zwei daumengroße Gesteinsproben, die in New Orleans aufbewahrt wurden. Und als die Gruppe aus Arizona diese alten Bohrkerne von Pemex analysierte, fand sie das Gesuchte. Man konnte geschockten Quarz und durch den Einschlag geschmolzenes Gestein identifizieren; damit war gezeigt, dass der Krater nicht durch einen Vulkan, sondern durch einen Einschlag entstanden war. Im März 1991 gab Kring die Entdeckung am Johnson Space Center der NASA bekannt.

Die Wissenschaftler aus Arizona führten ihre Untersuchungen an den Bohrkernen mit den geophysikalischen Daten zusammen, die Penfield und Camargo geliefert hatten; zusammen mit einer Reihe weiterer Wissenschaftler sammelten die beiden Gruppen stichhaltige Belege dafür, dass der Krater durch den Einschlag entstanden war, der auch das Massensterben an der K-Pg-Grenze ausgelöst hatte. Dieses Ergebnis veröffentlichten sie 1991 zusammen mit ihrer Größenschätzung von 180 Kilometern in der Fachzeitschrift *Geology*. Angesichts des geschockten Quarzes und anderer Belege wurden nun viele Wissenschaftler aufmerksam.

Die Arbeitsgruppe aus Arizona benannte den Krater nach einem Fischereihafen, der leider den schwer auszusprechenden Namen Chicxulub Puerto trägt und oberhalb des Zentrums der Struktur liegt. Das Wort – es wird »Tschik-schu-lub« ausgesprochen – wird manchmal mit »Schwanz des Teufels« übersetzt – ein passender Name für das beeindruckende Gebilde, das Walter Alvarez als »Weltuntergangskrater« bezeichnet hatte.

Kurz nachdem das Team aus Arizona seine Befunde veröffentlicht hatte, wurde Experten für Fernaufklärung klar, dass sie den Umfang des Kraters auch auf Satellitenbildern erkennen konnten: Rund um den Krater bildeten kleine Teiche einen Ring mit einem Durchmesser von 80 Kilometern. Auch sie waren höchstwahrscheinlich zusammen mit dem Krater entstanden, denn dabei quoll Grundwasser aufwärts und drängte an die Erdoberfläche – auch das ein Beleg für die Entstehungsgeschichte der ganzen Struktur.

Wenig später folgten weitere Belege. Die Wissenschaftler aus Arizona hatten festgestellt, dass es sich bei dem Material in den älteren Bohrkernen um geschmolzenes Gestein aus der Zeit des Einschlages handelte; manche Merkmale erinnerten auch an die Mikrotektiten in den K-Pg-Sedimenten aus der Umgebung im Golf von Mexiko. Darüber hinaus beobachteten Kring und Boynton chemische Ähnlichkeiten zwischen dem geschmolzenen Gestein aus Chicxulub und den glasähnlichen Kügelchen, die in Haiti an der K-T-Grenze abgelagert worden waren – ein stichhaltiger Beleg, dass der Krater sich genau an der K-T-Grenze gebildet hatte, an der das Leben ausgestorben war. Mittlerweile waren die Indizien so überzeugend, dass die Entdeckung Schlagzeilen machte und einer breiten Öffentlichkeit bekannt wurde.

Im weiteren Verlauf fanden die Geologen noch mehr Verbindungen zwischen dem Krater auf Yucatán und dem K-Pg-Aussterben. Nicht weit von dem Krater identifizierten Jan Smit und Walter Alvarez genau in der richtigen Grenzregion genau die richtigen freiliegenden Gesteinsformationen – ein Durcheinander von Brecchien, das Kügelchen und sogar Glas enthielt. Dass man Glas entdeckte, war ebenfalls wichtig. Es bildet sich durch einen Prozess, der wie ein Einschlag schnell abläuft, nicht aber durch relativ langsame Vorgänge wie einen Vulkanausbruch, bei denen Atome und Moleküle genügend Zeit haben, um zu kristallisieren. Die Streifenstruktur des Glases war ein weiteres Anzeichen, dass es sich sehr schnell gebildet hatte und nicht homogen werden konnte.

Durch weitere Erkundung und Gespräche mit einheimischen mexikanischen Geologen fand man noch mehr Regionen, die durch den relativ nahe gelegenen Einschlag zerstört worden waren. In Studien zeigte sich außerdem, dass die Dicke des ausgeworfenen Materials in Nordamerika mit der Entfernung von der fraglichen Stelle genau so abnahm, wie man es erwartete, wenn Chicxulub der Mittelpunkt war. Und die Geologin Susan Kieffer konnte die Verteilung von Iridium, geschmolzenem Gestein und geschocktem Quarz damit erklären, dass die Explosion das Material nacheinander ausgestoßen hatte.

Im Jahr 1992 schließlich waren angesichts der vielen aufgehäuften Indizien nahezu alle Geologen überzeugt, dass es sich bei der Struktur in Yucatán tatsächlich um einen Einschlagkrater handelte. Aber was den Zusammenhang mit dem K-Pg-Aussterben anging, herrschte immer noch keine Gewissheit. Um ihn mit Sicherheit nachzuweisen, gab es nur einen Weg: eine detaillierte Datierung. Dazu wiederum musste man die chemische Zusammensetzung qualitativ hochwertiger Bohrkerne aus dem Krater analysieren.

Zunächst gelang es den Wissenschaftlern, das Alter der vorhandenen Bohrkerne durch Analyse der Argonisotope im Gestein und insbesondere in drei gut erhaltenen Glasperlen genau zu ermitteln. Anschließend wurde durch Datierung der Kügelchen aus der K-Pg-Schicht in Haiti überprüft, ob die Zeitpunkte von Einschlag und Aussterben übereinstimmten. Als die erste Messung zu einem Alter von 64,98 +/–0,05 Millionen Jahren und die zweite zu 65,01 +/–0,08 Millionen Jahren gelangte, war gezeigt, dass beide Ereignisse (innerhalb der Messungenauigkeit) gleichzeitig eingetreten waren. Die ausgezeichnete Übereinstimmung überzeugte viele Wissenschaftler davon, dass die Theorie, die Alvarez und seine Kollegen als Erste vertreten hatten, stimmte: Die Dinosaurier sind durch einen Meteoroideneinschlag ausgestorben.

Später stellte sich jedoch heraus, dass die ursprüngliche Datierung des Kraters und der Iridiumschicht, die für den Nachweis der Kausalbeziehung entscheidend war, um ungefähr eine Million Jahre danebenlag. Die relativen Zeitpunkte hatten sich nicht verändert, aber die Zerfallskonstanten, die man bei der Alterszuordnung zugrunde gelegt hatte, waren anfangs nicht ganz korrekt gewesen. Deshalb gehen wir heute davon aus, dass das K-Pg-Aussterben nicht vor 65, sondern vor 66 Millionen Jahren stattfand.

Eine noch stichhaltigere Bestätigung für die Meteoroidenhypothese ergibt sich dadurch, dass man in jüngster Zeit mit neuen Messungen eine noch bessere Übereinstimmung der Zeitpunkte gefunden hat. Wie der Wissenschaftler Paul Renne von der University of California in Berkeley und seine Kollegen im Februar 2013 zeigen konnten, lagen zwischen dem Chicxulub-Einschlag und dem Massensterben weniger als 32 000 Jahre – eine unglaublich genaue Messung von Zeitpunkten, die so lange zurückliegen. Mit der Argon-Argon-Datierung – dem im vorherigen Kapitel erwähnten Verfahren, das sich radioaktiver Argonisotope bedient – konnte die Arbeitsgruppe in

Berkeley zeigen, dass sowohl der Einschlag als auch das Aussterben in diesem sehr kurzen Zeitraum stattfanden.

Dass so dicht zusammenliegende Zeitpunkte gefunden wurden, ist mit ziemlicher Sicherheit kein Zufall und damit eine bemerkenswerte Bestätigung der Hypothese vom Einschlag. Die Autoren des Artikels weisen zwar ausdrücklich darauf hin, dass der Meteoroid vielleicht nur noch der letzte Sargnagel für Lebewesen war, deren Aussterben zuvor bereits durch Vulkantätigkeit oder Klimawandel begonnen hatte, aber es gibt heute keinen vernünftigen Zweifel mehr, dass der Meteoroideneinschlag, durch den der Krater von Chicxulub entstand, den entscheidenden Auslöser bildete.

Im März 2010 trafen sich 41 Experten für Paläontologie, Geochemie, Klimamodelle, Geophysik und Sedimentforschung, um die in mehr als 20 Jahren zusammengetragenen Belege für die Hypothese vom Einschlag und dem nachfolgenden Massenaussterben zu sichten. Sie gelangten zu dem Schluss, dass vor 66 Millionen Jahren tatsächlich ein Meteoroid eingeschlagen ist, der sowohl den Krater entstehen ließ als auch die Ursache des K-Pg-Aussterbens war – einschließlich seiner bekanntesten Opfer, der altehrwürdigen Dinosaurier. Die übereinstimmende Ansicht, dass der Meteoroid die Ursache des Aussterbens war, wurde im gleichen Jahr in dem Fachblatt *Science* veröffentlicht. Wenige Monate später brachten skeptische Paläontologen in der gleichen Fachzeitschrift einen weiteren Artikel heraus; darin stimmten auch sie zu, dass der Meteoroid zumindest einen bedeutenden Beitrag geleistet hatte.

Der Krater von Chicxulub ist eine der größten derartigen Strukturen, die man auf der Erde kennt. Die Geschichte seiner Entdeckung ist ein unglaubliches Beispiel für aktive Wissenschaft – mit klugen Vermutungen, Überprüfung und Verifikation kühner Hypothesen und Forschungsarbeiten in so weit voneinander entfernten Regionen wie Italien, Colorado, Haiti, Texas und Yucatán. Der Meteoroid, der vor der mexikanischen Halbinsel einschlug, hatte auf unseren Planeten und seine Lebenswelt weitreichende Auswirkungen. Seine Herkunft und seine Folgen machen auf augenfällige Weise deutlich, welch dauerhafte Verbindung zwischen der Erde und dem Universum besteht.

13

Leben in der habitablen Zone

Mittlerweile sind wir mit unseren Überlegungen zu der Frage, wie die dunkle Materie und das Verschwinden der landbewohnenden Dinosaurier zusammenhängen könnten, ein ganzes Stück vorangekommen. Wir haben vieles von dem erfahren, was wir über das Universum, die darin enthaltene Materie und die Entwicklung der Galaxien und anderer Strukturen wissen. In unserer Nähe haben wir die fünf großen Aussterbeereignisse betrachtet, darunter die verheerende, gut erforschte Katastrophe an der K-Pg-Grenze, und wir haben die Zusammensetzung des Sonnensystems beschrieben, wobei wir ein besonderes Schwergewicht auf neuere Entdeckungen im Zusammenhang mit Asteroiden und Kometen gelegt haben.

Aber zum Fortschritt in der Wissenschaft gehört nicht nur das, was man weiß. Entscheidend ist, dass man auch das Unbekannte einbezieht. Hypothesen sind anfangs häufig spekulative Versuche, kleine, aber aufschlussreiche Indizien zu erklären oder – in inspirierten Augenblicken – große neue Ideen zu konzipieren. Das ist das Schöne an der naturwissenschaftlichen Methode: Sie erlaubt es uns, über scheinbar verrückte Konzepte nachzudenken, behält dabei aber immer die kleinen, logischen Folgerungen im Blick, mit denen man solche Gedanken überprüfen kann. Manchmal haben wir dabei Glück, und unsere Ideen weisen den Weg in die Zukunft, manchmal sind wir aber auch enttäuscht, weil anfangs vielversprechende Hypothesen, die uns zunächst plausibel erschienen, sich am Ende als falsch erweisen.

Fortschritt verläuft nur selten auf geraden Wegen. Diesen Gedanken brachte einer meiner Bekannten, der selten, aber begeistert Ski läuft, vielleicht übereifrig und in einem anderen Zusammenhang zum Ausdruck. Als ich ihn einmal auf der Piste traf, bezeichnete er seine Entwicklung als »zwei Schritte vorwärts, zwei Schritte zurück«. Aber selbst wenn er meint, er würde seine Technik nicht verbessern, schafft die Zeit, die er im Schnee verbringt, eine Vertrautheit mit dem Gebirge und ihrem Gelände, die ihm bei späteren Skiabenteuern gute Dienste leisten wird. Und als ich ihn ein Jahr später in der gleichen Gegend wiedertraf, fühlte er sich tatsächlich beträchtlich sicherer.

Die Haltung, die er zum Ausdruck brachte, kennt wahrscheinlich jeder, der Forschung betreibt. Selbst wenn man keine Fehler begeht, alle Gleichungen richtig ausarbeitet und die Daten angemessen interpretiert, stellt man unter Umständen am Ende fest, dass die ursprüngliche Idee – wenn auch nicht durch eigene Schuld – nicht diejenige ist, die im Universum verwirklicht wurde. Aber sogar in einem solchen Fall sollte es einem ergehen wie beim Skilaufen: Die Bemühungen sollten zumindest zu einer größeren Vertrautheit mit dem Terrain führen. Unser imaginärer Forscher kann sich mit dem Wissen trösten, dass er auch aus seinen falschen Gedanken – zumindest wenn es die richtigen falschen Gedanken waren – etwas gelernt hat, auch wenn er es zu dem jeweiligen Zeitpunkt nicht immer erkennen konnte. Annahmen zu machen und Wege zur Bestätigung oder Widerlegung von Ideen zu finden ist letztlich der einzige Weg, ihre Gültigkeit zu gewährleisten. In den großartigen Fällen, in denen jemand wirklich glückliche oder inspirierte Vorschläge gemacht hat, führt Forschung zu echtem Fortschritt. Für den Wissenschaftler – wie auch für nahezu alle anderen – verblassen die Fehlschläge, wenn die Erfolge sich einstellen.

In Kürze werden wir in diesem Buch einige spekulative Gedanken über die dunkle Materie kennenlernen. Vorerst wenden wir uns jedoch kurz einer der interessantesten Auswirkungen der Materie zu, deren Zusammensetzung wir kennen: der Entwicklung und Evolution des Lebendigen. Dieses Kapitel handelt von einigen Faktoren, die für den Ursprung des Lebens wichtig waren, von den Umweltbedingungen, die Leben möglich machen, und von der möglichen Rolle von Meteoroiden für seine Entwicklung. Viele Ideen, von denen hier die Rede sein wird, werden durch wissenschaftliche Befunde gestützt, es kommen aber auch einige spekulative Gedanken hinzu. In der Regel geht es dabei um die Frage, wie wichtig bestimmte Aspekte für das Leben auf der Erde waren oder für neue Lebensformen sein könnten, die an anderen Orten existieren.

Wenn ich hier das Schwergewicht auf die bekannte Materie lege, heißt das nicht, dass es nicht auch viele spekulative Ideen über die dunkle Materie gäbe, aber diese lasse ich zunächst beiseite, um im letzten Teil des Buches darauf zurückzukommen. Schon jetzt sollten wir aber nicht vollständig außer Acht lassen, was die Welt des Lebendigen der dunklen Materie und ihrer Mitwirkung an der Entstehung unserer interstellaren Umwelt verdankt – letztlich ist Leben das Produkt einer dichten Scheibe aus gewöhnlicher Materie, und die Scheibe war ihrerseits das Produkt einer Galaxis, deren Samen durch die Kondensation der dunklen Materie gelegt wurde. Dieses Gerüst war der Ausgangspunkt für Strukturen, die die Entstehung von Sternen und schweren Atomkernen möglich machten – sie alle hätten sich ohne den Beitrag der dunklen Materie niemals rechtzeitig ausgebildet. Auch ein anderes Verdienst sollte man der dunklen Materie zuschreiben: Sie hat dazu beigetragen, die in Supernovae entstandenen schweren Elemente, die für unseren Planeten und das Lebendige unentbehrlich sind, in die Galaxien und Galaxienhaufen hineinzuziehen.

Aber von den Wolken der dunklen Materie bis zur Entstehung des Lebens war es ein weiter Weg. Zuerst musste sich die Scheibe der Milchstraße bilden, danach entstanden die Sterne, die schweren Elemente und komplexere Strukturen. Für alle diese subtilen, komplizierten Prozesse, für die sich unser Sonnensystem offenbar besonders gut eignet, war die gewöhnliche Materie unentbehrlich. Welche der im Folgenden genannten spekulativen Gedanken über die Entstehung des Lebens richtig sind, weiß ich nicht. Eines aber kann ich mit Sicherheit sagen: Die Wissenschaft wird in den kommenden Jahren weitere Fortschritte machen.

Die Anfänge des Lebens

Die Frage, wie das Leben ursprünglich entstanden ist, stellt eine besondere Herausforderung dar, und das umso mehr, weil bisher niemand weiß, was Leben eigentlich ist. Nach meiner Vermutung hätten wir nicht einmal vermuten oder herausfinden können, welche Ausstattung oder welche Bedingungen für unsere Form von Leben notwendig sind, wenn wir nicht das bemerkenswert komplexe, unwahrscheinliche Beispiel des bereits vorhandenen

Lebens vor Augen hätten. Aber auch wenn man sich bewusst ist, wie viele grundlegende Fragen noch zu beantworten bleiben, wird der Umfang unserer heutigen Kenntnisse häufig überschätzt. Ich finde auf den Menschen bezogene Überlegungen vor allem deshalb problematisch, weil niemand weiß, welche Voraussetzungen für irgendwelche Formen von Leben oder auch für Galaxien und andere unterstützende Strukturen gegeben sein müssen. Ich gehe nicht so zuversichtlich wie offenbar manche anderen davon aus, dass jede Form von Leben der unseren ähnlich sein müsste.

Aber bevor wir abstrakte Fragen nach imaginären Lebensformen stellen, möchten wir zunächst einmal wissen, wie und wann das Leben auf unserem Planeten seinen Anfang nahm. Entstand es an Ort und Stelle, oder kam es aus dem Weltraum? Manchen Spekulationen zufolge brachten Kometen oder Asteroiden vorgefertigtes Leben in Form von Sporen zur Erde – ein Szenario, das als *Panspermie* bezeichnet wird. Andere vertreten die Ansicht, ein Meteoroideneinschlag habe dazu beigetragen, Schranken für die Entstehung des Lebens zu durchbrechen, und wieder andere bleiben bei der konservativeren Vermutung, dass das Leben sich auf der Erde ohne unmittelbare außerirdische Einflüsse entwickelte. Diese letzte Hypothese hat einen großen Vorteil: Von allen Orten im Sonnensystem, die wir kennen, bringt die Erde offensichtlich die besten Voraussetzungen für die Entstehung von Leben mit. Ähnliche Umweltbedingungen könnte es zwar auch anderswo geben, aber soweit wir wissen, beherbergt nur die Erde seichte Meeresregionen wie Lagunen oder Gezeitenbecken, gefrorene wässrige Lösungen oder die Oberflächen von Tonmineralien, auf denen chemische Substanzen sich anreichern und miteinander reagieren können.

Die schweren Elemente, aus denen das Lebendige besteht, kamen mit Sicherheit aus dem Weltraum. Wasserstoff war schon in der allerersten Frühzeit des Universums vorhanden, aber die anderen lebenswichtigen Elemente – Kohlenstoff, Stickstoff, Sauerstoff, Phosphor und Schwefel – entstanden erst durch die Zusammenballung heißer, dichter Sterne und durch die Supernovaexplosionen, die sich noch vor der Geburt unserer Sonne ereigneten. Ich hatte das Glück, dass ich diese Abfolge der Ereignisse in einem Gespräch nennen konnte, um das Studenten mich baten, während sie mit dem Teleskop auf der Kanareninsel Teneriffa nach erdnahen Asteroiden suchten. Nachdem sie ihren eher herkömmlichen Wissensdurst befriedigt hatten, stellten sie die gleichen verschrobenen Fragen, mit denen sie eigenen Angaben zufolge alle Besucher konfrontierten. »Welche Eigenschaften haben Ihrer Ansicht nach Studierende und junge Sterne gemeinsam?« Zu meiner Erleichterung waren die Fragesteller mit meiner Antwort zufrieden: Ich erklärte, Studierende würden Gedanken aufnehmen, verarbeiten und daraus neue Gedanken schaffen, die sie dann in der Welt verbreiten, womit der Kreislauf wieder von vorn beginnt – ganz ähnlich wie Sterne, die interstellares Material in sich aufnehmen, schwere Elemente schaffen und diese wieder in den Weltraum schleudern, wo sie erneut verarbeitet werden. Wenn Molekülmaterial ausgestoßen wird, sich im interstellaren Medium verteilt und in dichten Wolken sammelt, wo ein Teil davon wieder in Regionen der Sternentstehung eintritt, unterscheidet sich das Verteilungsmuster nicht allzu stark von der Schaffung, Verbreitung und Verarbeitung von Ideen.

Aber bevor das Leben entstehen konnte, mussten die schweren Elemente weiterverarbeitet werden. Auf der Erde geschah das dadurch, dass die Substanzen immer kompliziertere, stabile organische Verbindungen bildeten, und am Ende entstanden zunächst die selbstverdoppelnde RNA, dann die DNA, dann Zellen und am Ende – viel später – vielzellige Lebewesen. Diese setzen sich unter anderem aus Aminosäuren zusammen, den Bausteinen der Proteine. Und je mehr wir darüber wissen, was für die Entwicklung von DNA, RNA und Zellstrukturen notwendig ist, desto besser können wir die Extrembedingungen beschreiben, die für den Ursprung des Lebens unentbehrlich waren.

Eine der vielen interessanten Fragen im Zusammenhang mit der Entstehung des Lebendigen lautet: Wie bildeten sich im interstellaren Medium und anderswo die Aminosäuren? Anfang der 1950er Jahre machten Stanley Miller und Harold Urey an der Universität Chicago ein berühmtes Experiment: Sie erhitzten Wasser in einem luftdicht verschlossenen Gefäß zusammen mit Methan, Ammoniak und Wasserstoff. Damit wollten sie den Urozean und die frühe Atmosphäre nachstellen. Elektrische Entladungen in dem Wasserdampf spielten in ihrer künstlich geschaffenen »Atmosphäre« die Rolle von Blitzen. Tatsächlich gelang es Miller und Urey, in ihrer einfachen Apparatur Aminosäuren zu erzeugen; damit hatten sie nachgewiesen, dass die Entstehung solcher Verbindungen in einer solaren und extrasolaren Umwelt keine allzu große Überraschung ist.

In der Frühzeit der Erde enthielt die Atmosphäre höchstwahrscheinlich Kohlendioxid, Stickstoff und Wasser, nicht aber die weniger stabilen Verbindungen Methan und Ammoniak, die in dem Experiment verwendet wurden. Interessanterweise ähnelt aber die Verteilung der Aminosäuren auf der Erde auffallend stark der, die Miller und Urey in ihrem Experiment beobachteten. Die Lehre aus ihren Befunden lautet: Organische Verbindungen können offenbar auf der Erde relativ leicht entstehen – genau wie an anderen Orten in der Galaxis und im Sonnensystem. Dabei muss man bedenken, dass der Begriff »organisch« in der Chemie einfach kohlenstoffhaltige Verbindungen bezeichnet; um Bausteine des Lebens muss es sich dabei nicht zwangsläufig handeln. Der Begriff ist zwar unglücklich gewählt, aber natürlich ist es kein Zufall, dass manche (allerdings nicht alle) organischen Moleküle für das Leben, wie wir es kennen, unentbehrlich sind.

Tatsächlich laufen Prozesse, an denen Kohlenstoff beteiligt ist, so gut wie überall im Universum ab. Der Ausfluss von Sternen, das interstellare Medium, dichte Molekülwolken und Sternvorstufen-Nebel – sie alle enthalten organische Materie. In großen Mengen entsteht sie in der Region rund um einen Stern wie die Sonne, aber auch in der kalten Molekülwolke, in der sie sich gebildet hat. Damit ist organische Synthese relativ unspektakulär, aber das hat auch zur Folge, dass die Herkunft der unentbehrlichen Bausteine des Lebendigen schwieriger dingfest zu machen ist. Ein Teil von ihnen könnte anderswo entstanden sind, aber nach Ansicht mancher Wissenschaftler wird sich herausstellen, dass eine Menge organische Materie hausgemacht ist – oder zumindest ist sie aus Material entstanden, das zunächst im Erdmantel verarbeitet wurde und dann in die Moleküle einfloss, die letztlich zu Bausteinen der Lebewesen wurden.

Eines wissen wir: Zumindest eine gewisse Menge an organischem Material gelangt durch Einschläge von Objekten aus dem Sonnensystem zur Erde. Im Asteroidengürtel scheint eine deutlich geringere Menge an organischem Material vorhanden zu sein als außerhalb davon; das ist ein Grund für die Vermutung, dass ein beträchtlicher Anteil des organischen Materials auf der Erde aus dem Weltraum stammt. Und es gibt auch einen weiteren Grund: Auf der Erde sind mineralische Überreste aus der Frühzeit zwar selten, an der riesigen Zahl der Mondkrater und den weitaus größeren Abmessungen unseres Planeten können wir aber ablesen, dass auch die Erde in ihren ersten

Jahren von zahlreichen Himmelskörpern getroffen worden sein muss. Und diese Himmelskörper lieferten höchstwahrscheinlich auch beträchtliche Mengen an organischem Material.

Neben Aminosäuren finden sich im Weltraum auch Purine und Pyrimidine, unentbehrliche Bausteine für DNA und RNA. Asteroiden und Kometen enthalten Aminosäuren, von denen manche in Lebewesen vorkommen, während man andere auf der Erde nicht findet. Ein Merkmal, an dem man nichtbiologische Aminosäuren erkennen kann, ist die *Chiralität* oder »Händigkeit« (siehe Abb. 31). Die Lebewesen auf der Erde enthalten ausschließlich linkshändige Aminosäuren, solche aus dem äußeren Sonnensystem dagegen kommen in links- und rechtshändiger Form vor. Die Händigkeit hat mit der Anordnung der Atome rund um ein Kohlenstoffatom zu tun: Sie können unterschiedlich ausgerichtet sein wie die Finger an unserer linken und rechten Hand. Zumindest in einer Studie und für einen Typ von Aminosäuren wurde in Asteroidenablagerungen eine größere Menge an linkshändigen

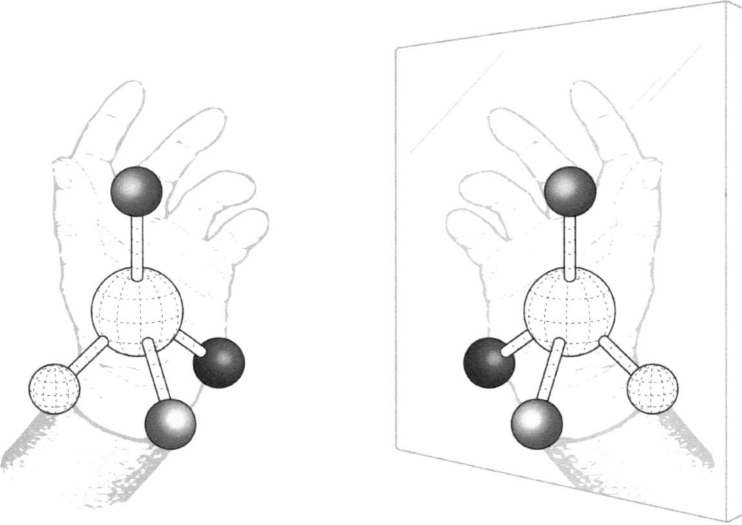

Abb. 31 Chirale Moleküle einer bestimmten Händigkeit sehen im Spiegel nicht genauso aus. Die Aminosäuren der Lebewesen sind »linkshändig«.

Molekülen gefunden, was den Zusammenhang zwischen derartigen Aminosäuren und dem Leben verworrener macht.

Einen großen Teil unserer Kenntnisse über Aminosäuren in Asteroiden verdanken wir dem Murchinson-Meteoriten, der 1969 nicht weit von der australischen Ortschaft Murchison in der Nähe von Melbourne niederging. Er war ein Bruchstück eines Asteroiden, der aus der Region zwischen Mars und Jupiter stammte. Der Murchison-Meteorit gehörte zur Gruppe der *kohligen Chondriten* und enthielt, wie man schon am Namen ablesen kann, eine beträchtliche Menge an organischen Molekülen, darunter auch Aminosäuren. Zufällig hatte man kurz zuvor bereits Labors zur Untersuchung des Mondgesteins gebaut, das die Apollo-Missionen mitgebracht hatten, und dort konnte man nun auch den Meteoriten analysieren. Deshalb standen den Wissenschaftlern die notwendigen Hilfsmittel zur Verfügung, um den Murchison-Meteoriten mit ähnlichen Himmelskörpern wie dem in Oklahoma gefundenen Murray-Meteoriten zu vergleichen und die Unterschiede zu anderen herauszuarbeiten, so dem Orgueil-Meteoriten, den man in Frankreich geborgen hatte.

In anderen Experimenten bemühte man sich, auf der Erde die Bedingungen im Kosmos nachzustellen und so das Schicksal von Aminosäuren zu verfolgen, die aus dem Weltraum zu uns kommen. Wie sich in solchen Forschungsarbeiten herausstellte, können Aminosäuren auch einen Kometeneinschlag überstehen, oder sie werden geschaffen, wenn außerirdisches Material im Erdboden einschlägt. Bei der Beobachtung des Gasausstoßes von Kometen stellte sich heraus, dass die meisten Asteroiden zwar stark verändertes interstellares Material enthalten, in einigen Fällen gehört zum Kometeneis aber auch urtümliche interstellare Materie aus der Frühzeit. Durch die Erforschung der Meteoriten und des interplanetaren Staubes, in dem sich die Zusammensetzung der Kometen und Asteroiden widerspiegelt, die Material auf die Erde gebracht haben, sollten wir neue Erkenntnisse über Herkunft und Menge mancher Molekültypen gewinnen, die aus dem Weltraum zu uns gekommen sind.

Wie der Kohlenstoff, so ist auch Wasser wahrscheinlich für Leben im Sonnensystem – falls es irgendwo existieren sollte – unentbehrlich. Die Erde hat das bemerkenswerte Merkmal, dass ihre Oberfläche nicht vollständig, aber doch zu ungefähr zwei Dritteln von Ozeanen bedeckt ist. Diese partielle Gegenwart von Wasser macht Küstenlinien und Gezeitenregionen möglich, die vermutlich für die Entwicklung des Lebens von großer Bedeutung waren. Wasser ist für Leben, wie wir es kennen, unentbehrlich. Gesteinsuntersuchungen deuten darauf hin, dass es auf der Oberfläche der Erde während eines großen Teils ihrer Geschichte flüssiges Wasser in stabiler Form gab. Schon Gestein, das auf ein Alter von 3,8 Milliarden Jahren datiert wurde, hat sich offenbar in einem Umfeld aus Wasser gebildet. Und Zirkon, das noch älter ist – nämlich mindestens 4,3 Milliarden Jahre – liegt in einer Form vor, die offenbar auch Wasser in der frühen Erdkruste voraussetzte.

Ganz gleich, wie das Leben auf die Erde gekommen ist, es hat sicher der riesigen Wassermenge, die unser Planet heute beherbergt, eine Menge zu verdanken. Aber, wie ein Bekannter mir gegenüber kürzlich während einer Fährüberfahrt einräumte, die Quelle dieser bemerkenswerten Ressource, die uns umgibt, bleibt ein Rätsel. Zum Teil könnte das Wasser in den Ozeanen aus Gestein stammen, in dem es unter der Oberfläche eingeschlossen war, aber die kleine Menge, die sich auf diese Weise ansammelte, ist wahrscheinlich keine Erklärung für die großen Wassermengen, die es gegeben haben muss.

Wie wir bereits erfahren haben, könnten einschlagende Himmelskörper organisches Material mitgebracht haben, das die Entstehung von Leben begünstigte. Auch dass Kometen oder Asteroiden in der Frühzeit – höchstwahrscheinlich in der Endphase des starkem Bombardements – Wasser mitbrachten, ist sicher denkbar. Die Frage ist schwierig: Wenn Wasser mit Meteoriten auf die Erde gelangt, ist es zum größten Teil im Gerüst ihrer Mineralien gebunden; demnach wäre ein besonderer Prozess notwendig gewesen, der das Wasser von seinem vorwiegend aus Siliziumverbindungen bestehenden Umfeld trennte – ein wenig eingelagertes Eis könnten die Asteroiden allerdings auch geliefert haben.

Anfangs waren Kometen der naheliegendste Kandidat für den Ursprung des Wassers, denn sie bestehen im Wesentlichen aus Eis. Die Kohlenstoff-, Wasserstoff- und Sauerstoffisotope auf der Erde passen aber offensichtlich nicht zu denen, die man bisher in Kometen beobachtet hat; das wäre ein Hinweis, dass Kometen vermutlich nicht die wichtigste Quelle der flüchtigen Verbindungen auf der Erde waren. Untermauert wurde dieser Befund im Jahr 2014, als die Sonde Rosetta neue Ergebnisse lieferte: Danach passt die Zusammensetzung der Wasserstoffisotope in dem untersuchten Kometen ebenfalls nicht zu der auf der Erde – womit die Hypothese, dass der größte Teil des Wassers aus Kometen stammt, noch unwahrscheinlicher wurde. Wenn Objekte aus dem Weltraum eine Rolle spielten, dann handelte es sich höchstwahrscheinlich um Asteroiden aus ferneren Regionen, deren Isotopengehalt dem auf der Erde ähnlicher war.

Für das Wasser auf der frühen Erde war sicher auch wichtig, dass die Sonne in ihrer Jugend nur ungefähr 70 Prozent der Energie abgab, die sie heute ausstrahlt. Angesichts einer so geringen Leuchtkraft hätte Wasser selbst dann, wenn es entstand, ohne weitere Einflüsse nicht in flüssiger Form vorgelegen – ein Dilemma, das als »Paradox der schwachen Sonne« bekannt ist. Die junge Erde setzte aber auch selbst Wärme frei: Ursachen waren die Freisetzung von Gravitationsenergie bei ihrem Zusammenbruch, Vulkantätigkeit, Stoßwellen von Meteoroiden, die durch die Atmosphäre rasten, die Erwärmung der Gezeiten durch den Mond, der damals näher war, und die Radioaktivität durch den Zerfall instabiler Isotope im Erdinneren. Durch alle diese Faktoren wurde die Erde stärker erwärmt als durch die Sonnenstrahlung allein. Höchstwahrscheinlich spielten Treibhausgase, die unseren Planeten heute erwärmen, auch damals die bedeutendste Rolle. Gase wie das Kohlendioxid sorgen dafür, dass ein Teil des Sonnenlichts, das vorwiegend im Bereich der sichtbaren Wellenlängen auf die Erde trifft, in der Atmosphäre absorbiert und als Infrarot zurückgestrahlt wird. Ob nun Treibhausgase als Erklärung für die unerwartet hohen Temperaturen der Erdfrühzeit ausreichen oder nicht: Schon damals waren mit ziemlicher Sicherheit flüssige Ozeane vorhanden. Mindestens einer der zuvor genannten Faktoren muss dafür verantwortlich gewesen sein.

Die habitable Zone

In unserer kosmischen Umwelt gibt es Freunde und Feinde – und die stammen sowohl aus dem Sonnensystem als auch von außerhalb. Leben ist offenbar auf ein Zusammentreffen physikalischer Bedingungen angewiesen, unter denen ein geeignetes Ökosystem gedeihen kann. Damit es von den nützlichen Aspekten profitieren und die schlechten abschütteln oder unterdrücken kann, sind einige ungewöhnliche Voraussetzungen notwendig. Aufzuklären, welche Bedingungen das Leben braucht, wird sich wahrscheinlich als ebenso schwierig erweisen wie die Entschlüsselung seiner Ursprünge. Dennoch wollen Wissenschaftler herausfinden, was zu einer bewohnbaren (»habitablen«) Umwelt gehört – und zwar sowohl für einfache Mikroorganismen als auch für die hochentwickelten, komplexen Lebensformen, die vermutlich noch weitaus speziellere Bedingungen erfordern. Zwar kennt bisher niemand sämtliche Antworten, aber alles, was unsere Umwelt zu etwas ganz Besonderem macht, verdient unsere Aufmerksamkeit.

Vielleicht sollte man anmerken, dass schon die Sonne selbst offenbar in mancher Hinsicht etwas Besonderes ist. Sie ist ein relativ massereicher Stern – in dieser Hinsicht gehört sie zu den obersten zehn Prozent –, könnte einen atypisch hohen Metallgehalt haben und liegt für ihr Alter ungewöhnlich nahe an der Mittelebene der Galaxis. Darüber hinaus hat sie anscheinend eine stärker kreisförmige Umlaufbahn als andere Sterne ähnlichen Alters, und sie liegt so, dass sie mit einer mehr oder weniger ähnlichen Geschwindigkeit kreist wie die Spiralarme und sie deshalb nur relativ selten durchquert. Welche Bedeutung diese atypischen Eigenschaften der Sonne haben, wissen wir nicht genau, aber alle ungewöhnlichen Aspekte sind interessant.

Für den allergrößten Teil des Lebens auf der Erde ist die Photosynthese, die auf Sonnenstrahlung angewiesen ist, unentbehrlich. Mit ziemlicher Sicherheit braucht jede Lebensform Energie, denn die treibt die Prozesse an, die Lebewesen schaffen und letztlich auch erhalten. Auf der Erde ist die Sonne mit weitem Abstand die größte Energiequelle. Ihr Licht enthält heute tausendmal mehr Energie als die zweitgrößte Quelle, die Wärme aus dem Erdinneren. Noch kleinere Beiträge liefern Blitze – ihr Energiegehalt ist ungefähr eine Million Mal geringer – und kosmische Strahlen, deren Energiegehalt nochmals um den Faktor 1000 darunterliegt.

Dass flüssiges Wasser für alle Lebensformen eine große Bedeutung hat, ist Spekulation, aber für das Leben, wie es auf der Erde existiert, gilt diese Aussage mit Sicherheit. Wir wüssten nicht nur gern, woher das Wasser kam, sondern auch, wo es in flüssiger Form stabil ist. Um das herauszufinden, muss man nicht nur Kenntnisse über die Sonne und unsere Entfernung von ihr haben, sondern man muss auch verstehen, wie wirksam ihre Strahlung ist, welche Bedeutung andere mögliche Wärmequellen haben und wie viel Druck in der Atmosphäre herrscht.

Geht man nur von der Reflektionsfähigkeit der Erde, der Leuchtkraft der Sonne und ihrer Entfernung von uns aus, wäre das Wasser auf der Erdoberfläche selbst heute ohne den Erwärmungseffekt der Atmosphäre gefroren. Derzeit machen wir uns zwar zu Recht Sorgen über eine zu starke Aufheizung, ganz ohne den Treibhauseffekt von Kohlendioxid, Methan, Wasserdampf und Stickoxiden wäre es aber auf der Erde zu kalt. Flüssiges Wasser gibt es nur wegen dieser Treibhausgase, die Infrarotlicht aufnehmen, unseren Planeten erwärmen und damit ein Gleichgewicht herstellen.

Als *habitable Zone* bezeichnet man die Region, in der die richtigen Bedingungen für die Erhaltung von Leben herrschen. Es ist die »Goldlöckchen-Region«, in der flüssiges Wasser in stabiler Form existieren kann. Zu weit von der wichtigsten Wärmequelle – der Sonne – entfernt, und Wasser wird zu Eis. Zu nahe, und Wasser kondensiert überhaupt nicht erst auf der Oberfläche des Planeten. Es kann zwar auch unter der Planetenoberfläche existieren, aber dass es dort eine so große Vielfalt an Lebewesen beherbergt wie ein großer Ozean, ist unwahrscheinlich.

Die äußere Grenze der habitablen Zone wird im Hinblick auf Wasser manchmal als die Entfernung von der Sonne definiert, in das Kohlendioxid der Atmosphäre kondensieren würde; eine solche Zone würde sich noch um ein Drittel über den Abstand der Erde zur Sonne hinaus erstrecken. Manchmal wird sie aber auch als die Region definiert, in der die Atmosphäre so viel Kohlendioxid und Wasser enthält, dass das Wasser nicht gefriert; eine solche habitable Zone wäre größer und würde sich um rund zwei Drittel über den Abstand zwischen Erde und Sonne hinaus erstrecken. Um den Zusammenhang herzustellen: Die Venus befindet sich nach beiden Definitionen in der habitablen Zone, der Mars aber nur nach der zweiten, und die äußeren Planeten überhaupt nicht – sie sind zu weit entfernt.

Auch wenn wir nicht wissen, wie das Wasser entstanden ist, eines ist klar: Es war auf unserem Planeten fast von Anfang an vorhanden. Verändert haben sich jedoch sowohl die Leuchtkraft der Sonne – sie hat seit ihrer Entstehung beträchtlich zugenommen – als auch die Atmosphäre. Deshalb gibt es eine stärker eingegrenzte Region, die als *kontinuierlich habitable Zone* bezeichnet wird: In ihr konnte flüssiges Wasser während der gesamten Lebensdauer des Planeten existieren. Nach den neuesten Klimamodellen erstreckt sich die kontinuierlich habitable Zone nur über einen Abstand, der 15 Prozent der

Entfernung von der Erde zur Sonne entspricht. Diese Definition gilt natürlich für unsere Zeit. In weiteren 4 Milliarden Jahren wird sich die Sonne in einen roten Riesen verwandeln, und einige Jahrmilliarden danach wird sie vollständig ausgebrannt sein. Nach den derzeitigen Modellen wird keine erdgebundene Lebensform – ob einfach oder komplex – in dieser fernen Zukunft überleben.

Bevor wir uns aber Sorgen über ein solches weit entferntes, trostloses Schicksal machen, sollten wir uns mit drängenderen Fragen beschäftigen. Entscheidend sind die Temperaturstabilität auf der Erde und ihre Bedeutung für das Leben, wie wir es kennen. In unserer heutigen Gesellschaft können schon kleine Temperaturschwankungen große Auswirkungen auf Küstenlinien, Landwirtschaft und die Lebensbedingungen der Menschen haben. Wenn wir aber die Evolution des Lebendigen verstehen wollen, kommen Überlegungen über viel größere Temperaturveränderungen ins Spiel. Kohlenstoff ist auf der Erde lebensnotwendig, und in der Atmosphäre muss er ständig wieder aufgefüllt werden.

Auf anderen Planeten dürften auch Wolken aus Methan und Kohlendioxid eine Rolle spielen. Hier auf der Erde sind die Prozesse entscheidend, die den Kohlenstoffgehalt der Atmosphäre regulieren. Kohlenstoff wird aus der Atmosphäre entfernt, wenn er sich im Regenwasser auflöst oder durch Photosynthese in Pflanzen gebunden wird; wieder aufgefüllt wird der Vorrat, wenn er durch die Plattentektonik und die ständige Verwitterung des Gesteins zurück in die Atmosphäre gelangt. Ebenso kehrt Kohlenstoff zurück, wenn der Meeresboden, der in der Mitte der Ozeane entsteht, später in den Subduktionszonen verschwindet: Dort reagieren die Elemente zu Kohlendioxid, das durch Vulkane, heiße Quellen und andere Öffnungen entweicht. Langsam kehrt Kohlenstoff auch durch die Erhebung und Entstehung von Gebirgen in die Atmosphäre zurück, und sehr schnell wird er durch das Verfeuern fossiler Brennstoffe nachgeliefert. Alle diese Prozesse haben Einfluss auf die Kohlenstoffmenge in der Atmosphäre, und die wiederum trägt entscheidend zur Regulation der weltweiten Temperaturen bei.

Die langfristige Klimastabilität dürfte eine Voraussetzung für die Entwicklung des Lebendigen gewesen sein. Für diese Stabilität sorgten auf der Erde nicht nur die Ozeane und innere Wärmequellen, die die Plattentektonik antrieben und eine Schicht aus Treibhausgasen schufen, sondern auch die Evolution der Sterne, eine geringere Einschlaghäufigkeit von Asteroiden und Kometen sowie unser Mond, der die Drehachse der Erde stabilisiert. Alle diese Bedingungen waren vermutlich von entscheidender Bedeutung für das Leben mit größeren Pflanzen und Tieren, das sich in den letzten 500 Millionen Jahren entwickelte; eine gewisse Klimastabilität war aber vermutlich auch für die Mikroorganismen wichtig, die während der ersten drei Milliarden Jahre lebten.

Auch eine stabile Astrosphäre war vermutlich für die Entstehung des Lebendigen von großer Bedeutung. Wenn zu viel kosmische Strahlung – oder übrigens auch zu viele Asteroiden oder Kometen – den Planeten trafen, hätte für viele Lebensformen keine Chance auf Entstehung bestanden. Alles, was sich erfolgreich entwickelt hätte, wäre in diesem Fall vermutlich schnell wieder zerstört worden. Ein Planet, der Leben beherbergt, muss weit genug von der Sonne entfernt sein, damit die Einstrahlung nicht übermäßig stark ist, er muss aber der Sonne auch so nahe sein, dass ihn die äußeren Planeten vor Asteroiden schützen können. Ob der Jupiter notwendig ist oder nicht, mit Sicherheit spielt er für die Erde die Rolle des großen Bruders – oder des Rausschmeißers –, der sein kleineres »Geschwister« vor außerirdischen Angriffen schützt und damit die Entwicklung von Leben stark erleichtert.

Ein weiterer Faktor, der unseren Planeten schützt, ist der Sternenwind, der in Kapitel 8 im Zusammenhang mit einer Definition der Grenzen des Sonnensystems beschrieben wurde: Er tritt in Wechselwirkung mit dem interstellaren Material und schafft die *Heliosphäre*. Innerhalb dieser Region ist die aus der Galaxis kommende kosmische Strahlung relativ schwach, was möglicherweise das Klima auf der Erde stabilisiert und das entstehende Leben vor dem unmittelbaren zerstörerischen Einfluss schützt.

Erstaunlicherweise leben wir derzeit in der *lokalen Blase*, einer vakuumähnlichen Region von rund 300 Lichtjahren Durchmesser, in der das interstellare Medium eine sehr geringe Wasserstoffdichte hat. Sie liegt im Orion-Arm der Milchstraße. In diese warme, teilweise ionisierende Region mit ihrer geringen Dichte und ihrer relativ kargen interstellaren Umwelt sind wir erst vor relativ kurzer Zeit eingetreten – vielleicht in den letzten paar Millionen Jahren. In dieser Zeit war die Region, die von der Grenze der Heliosphäre eingeschlossen wird – das heißt die Region, in der der Sonnenwind gegenüber dem interstellaren Medium dominiert – besonders groß. War es reiner

Zufall, dass die Entstehung der Hominiden auf der Erde in den Zeitraum fällt, in dem der Hohlraum der lokalen Blase die Erde umgab? War eine derart anormal niedrige Dichte an Gasen und kosmischer Strahlung eine entscheidende Voraussetzung für die Entstehung komplexer Lebensformen? Wir wissen es nicht.

Meteoroiden und die Entwicklung des Lebens

Der Meteoroid, der den Chicxulub-Krater entstehen ließ, war sicher auch für den späteren Entwicklungsweg des Lebendigen von Bedeutung, denn er vernichtete die meisten vorhandenen Arten und machte den Weg für neue Formen frei. Genaue Zahlen kennen wir zwar nicht, anscheinend schlugen aber die meisten großen Meteoroiden zu Zeitpunkten ein, die mit einem Massenaussterben zusammenfallen oder zumindest in seiner Nähe liegen. Iridiumschichten, Mikrotektiten und geschockter Quarz in der Nähe von Grenzschichten, die mit dem Aussterben zusammenhängen, sprechen für eine mögliche Rolle der Einschläge, hier würden sich weitere Forschungsarbeiten lohnen. Das Gleiche gilt für die eigentlichen Krater, deren Entstehungszeit mit einigen entscheidenden Ereignissen in der Geschichte des Lebendigen zusammenzufallen scheint.

Dennoch sind viele der im Folgenden genannten Vermutungen spekulativ. In der Zeit nach Alvarez wurden zwar Meteoroideneinschläge in vielen Fällen begeistert als Auslöser postuliert, Asteroiden und Kometen sind aber sicher nicht die einzige Erklärung für die Zerstörung – oder die Entstehung – von Leben auf der Erde. Das einzige Massensterben, für das ein Einschlag als Ursache zuverlässig nachgewiesen wurde, ist das Ereignis an der K-Pg-Grenze. Was das Aussterben am Ende des frühen Kambriums, am Ende des Perm, am Ende der Triaszeit und in der Mitte des Miozäns angeht, sind die Indizien, dass Klimawandel und große Vulkanausbrüche eine Rolle spielten, vielleicht überzeugender als manche Vermutungen über Einschläge. Man sollte sich also durch die Spekulationen, die ich hier präsentiere, nicht allzu sehr verführen lassen. Aber die Befunde deuten auf ein verflochtenes System hin. Da einige größere Einschläge nahezu so weit zurückliegen wie die Entstehung der Erde, die Entstehung des Lebens oder der Anbeginn der Zivilisation, lohnt es sich sicher, alle potentiellen Zusammenhänge so weit wie möglich zu erforschen – selbst wenn es keine überwältigenden Belege gibt.

Von den fünf Ereignissen des Massensterbens steht das am Ende der Devonzeit – das heißt vor 360 bis 400 Millionen Jahren –, was die Indizien für extraterrestrische Einflüsse angeht, an zweiter Stelle hinter dem K-Pg-Ereignis. Damals schlugen vermutlich mehrere Himmelskörper ein; der Auslöser war höchstwahrscheinlich ein Asteroid, der zerbrach, oder eine Störung, die zum Einschlag mehrerer Kometen führte – in Kürze mehr darüber. Die genauen Zeitmessungen sprechen zwar nicht unbedingt dafür, dass Meteoroiden beim Aussterben eine nennenswerte Rolle spielten – der Artenverlust war anscheinend in dem fraglichen Zeitraum mehr eine Folge zurückgehender Artbildung und wurde weniger durch tatsächliches Aussterben verursacht. Interessanterweise vermutete der Paläontologe Digby McLaren aber schon 1970, also einige Zeit vor Alvarez' Überlegungen zum K-Pg-Aussterben, ein Asteroideneinschlag könne für jenes frühere Ereignis verantwortlich gewesen sein.

Die meisten anderen Vermutungen über Zusammenhänge zwischen Einschlägen und Aussterben betreffen kleinere Ereignisse wie das regionale Artensterben, das vor 74 Millionen Jahren in Nordamerika stattfand. Damals verschwanden viele Krokodilarten, einige im Wasser lebende Reptilien, einige Säugetiere und mehrere Arten von Dinosauriern, alle im Zusammenhang mit der Entstehung des Einschlagkraters von Manson in Iowa. Auch die Zeitpunkte der Ereignisse im späten Eozän vor etwa 35 Millionen Jahren, als zahlreiche Arten von Meeresbewohnern sowie an Land einige Reptilien, Amphibien und Säugetiere ausstarben, fallen ungefähr mit einigen Einschlägen zusammen. Indizien gibt es im Zusammenhang mit der Popigai-Einschlagstruktur in Russland, einem kürzlich entdeckten, 90 Kilometer großen Krater in der Chesapeake Bay nicht weit von Washington, und einem kleineren Krater in der Nähe von Atlantic City im US-Bundesstaat New Jersey. Die Struktur bei Washington entdeckte man durch den Nachweis eines Geröllfeldes mit Ablagerungen eines vom Einschlag ausgelösten Tsunamis sowie durch die nachfolgende Erstellung seismischer Profile und die Untersuchung von Bohrkernen. Ein anormal hoher Iridiumgehalt und große Mengen an interplanetarem Staub aus dieser Zeit legen die Vermutung nahe, dass ein Kometenschauer damals zu zahlreichen Einschlägen führte.

Auch im Zusammenhang mit dem Ereignis am Ende des Eozäns gibt es Indizien für außerirdische Einflüsse, aber dieses Mal wurden die Befunde mit geochemischen Methoden gewonnen. Solche Verfahren könnten irgendwann dazu beitragen, die frustrierend kargen Erkenntnisse über Einschläge zu ergänzen. Ken Farley vom California Institute of Technology und seine Kollegen erforschten Einschlagereignisse mit Hilfe eines Heliumisotops, das einen Hinweis auf interplanetaren Staub liefert – und solcher Staub geht während eines Kometenschauers in erhöhter Menge nieder. Ihre Befunde sind höchst interessant: Die Menge an Helium-3 stieg ungefähr eine Million Jahre vor den Einschlägen, die vor 36 Millionen Jahren die Krater von Popigai und in der Chesapeake Bay entstehen ließen, und blieb bis ungefähr eineinhalb Millionen Jahre danach auf dem erhöhten Niveau. Der Staub ist ein stichhaltiges Indiz für einen Kometenschauer, der vielleicht auf eine Störung in der Oort-Wolke zurückzuführen war – auf das Thema werden wir in den nächsten Kapiteln zurückkommen.

Um unsere Liste der spekulativen Vermutungen über Einschläge zu vervollständigen, nenne ich noch ein kleineres Massensterben im späten Miozän vor etwa 10 Millionen Jahren, das ebenfalls mit einer Iridiumanomalie und Glaskügelchen zusammenzufallen scheint. Interessanterweise konnte Farley für die gleiche Zeit auch einen Anstieg der Helium-3-Menge feststellen. Der Zeitpunkt und die Entwicklung der Staubmenge stehen in diesem Fall stärker im Einklang mit Asteroiden, und zwar insbesondere mit der Kollision, bei der bekanntermaßen die Veritas-Asteroidenfamilie entstand.

Die Rolle solcher Einschläge für die Entstehung von Leben ist weniger gut zu erkennen als ihre zerstörerische Wirkung. Manche Fachleute spielen aber mit dem Gedanken, dass sie auch eine konstruktive Rolle einnahmen. Ich möchte hier auch die phantasievolle Möglichkeit erwähnen, dass einige dramatische Ereignisse in der Bibel und anderen Mythen oder unerklärliche prähistorische Bauwerke wie Stonehenge ihr Motiv in rätselhaften oder scheinbar rätselhaften Ereignissen haben, die auf extraterrestrische Objekte zurückzuführen sind. Ein wenig näher an der Wissenschaft blieben Forscher mit der Vermutung, Einschläge könnten in der Frühzeit Teile der Atmosphäre und auch der Ozeane hinweggefegt haben, was die weitere Entwicklung des Lebens auf der Erde verzögert oder eingeschränkt hätte. Aber solche Ereignisse hätten auch Umweltbedingungen schaffen können, die dem Leben förderlich waren – beispielsweise durch hydrothermale Systeme, die präbiotische chemische Reaktionen begünstigten.

Wie Charles Frankel in seinem Buch *The Extinction of Dinosaurs* feststellt, fällt die Entstehung von Komplexität im Präkambrium vor rund 2 Milliarden Jahren mit der Entstehungszeit zweier riesiger Einschlagkrater zusammen. Seine Aussage ist zwar nicht sehr überzeugend – von größerer Bedeutung war wahrscheinlich der Sauerstoff –, aber der Hinweis auf die zeitliche Übereinstimmung ist faszinierend. Ebenso abseitig ist der Gedanke, dass Einschläge viel später, nämlich vor 550 Millionen Jahren, eine Rolle bei der kambrischen Explosion spielten (mit »Explosion« ist hier nur die schnelle Entstehung vieler neuer Lebensformen gemeint), weil sie viele lebende Arten auslöschten und Platz für Neues schufen. Anhaltspunkte für Einschläge kennen wir auch aus Australien und anderen Regionen, ohne dass wir allerdings eine Verbindung zur Entwicklung des Lebendigen herstellen könnten. Der Lake Acraman Crater in Australien hat einen Durchmesser von über 100 Kilometern und ist von einer Schicht aus ausgeworfenem Material umgeben, das Iridium und geschockten Quarz enthält. Sie erstreckt sich über 300 Kilometer nach Osten bis in das Gebiet der Ediacara-Fossilien, die unmittelbar vor Beginn der kambrischen Explosion entstanden. Weitere Indizien stammen aus der Schlucht des Jangtse im Südwesten Chinas. Interessanterweise findet man dort Trilobitenfossilien unmittelbar oberhalb der Grenzschicht, in der chemische Befunde auf einen Einschlag hindeuten. Demnach wäre komplexes Leben im Ozean unmittelbar nach dem Ereignis entstanden, durch das die selteneren Elemente abgelagert wurden.

Eine weitere Spekulation betrifft die überraschenden, fossilen Meteoriten, geschocktes Material und Krater, die nachdrücklich für eine ganze Reihe von Einschlägen im Ordovizium sprechen; der Höhepunkt war danach in der Mitte des Ordoviziums vor rund 472 Millionen Jahren erreicht, was genau mit einer potentiellen Blüte der Artbildung vor allem unter den Meereslebewesen zusammenfällt. Dass es fossile Meteoriten gibt, ist ein ungewöhnlicher Gedanke; deshalb erwähne ich hier ihre Entdeckung, obwohl der Zusammenhang mit der Auseinanderentwicklung des Lebendigen höchstwahrscheinlich so spekulativ ist, dass man ihn nicht ernst nehmen kann. Den ersten Hinweis, dass zu jener Zeit Einschläge stattfanden, lieferte ein einzelner Felsbrocken, den man 1952 in Schweden fand; er lag in Sedimentgestein, in das er mit Sicherheit nicht gehörte. Aber erst 25 Jahre später erkannte man darin einen fossilen Meteoriten, das heißt einen Meteoriten, in dem das gesamte ursprüngliche Material ausgetauscht war, mit Ausnahme des Chromits, eines Gesteins, das gegen Verwitterung höchst widerstandsfähig ist. Seit jener Zeit hat man in der gleichen Gegend fast 100 weitere derartige Meteoriten gefunden; ihre gesamte Menge deutet darauf hin, dass ein 100 bis 150 Kilometer großes Objekt vor rund einer halben Milliarde Jahren zerbrach – und der dabei entstandene Meteoriten- und Mikrometeoritenstaub fiel mehrere Jahrmillionen lang mit erhöhter Geschwindigkeit zur Erde. Die Stücke könnten sogar einen Asteroidengürtel gebildet haben, aus dem noch heute langsam weitere Objekte herabregnen.

Einige der hier beschriebenen Vermutungen über die Rolle von Meteoroiden bei der Zerstörung oder Entstehung von Leben sind in ihrer Glaubwürdigkeit fragwürdig. Am Ende des Kapitels möchte ich jedoch eine Funktion der Meteoroiden erwähnen, die zuverlässig nachgewiesen ist und auf der Erde eine bedeutende Quelle für Ressourcen darstellt. Interessanterweise waren die Substanzen, die von Meteoroiden auf die Erde gebracht worden, für die Gesellschaften schon vor der Eisenzeit wichtig – die Frühmenschen nutzten das Eisen aus Meteoriten, um Werkzeuge, Waffen und Kultobjekte herzustellen.

Auch für unsere moderne Zeit waren solche Ablagerungen von entscheidender Bedeutung. Gold, Wolfram, Nickel und andere wertvolle Elemente in der Erdkruste sind zu einem großen Teil deshalb zugänglich, weil extraterrestrische Objekte auf unserem Planeten niedergegangen sind. Zwar sind Planeten und Asteroiden aus dem gleichen Material entstanden, auf der Erde wurden die schwereren Elemente aber durch die Gravitation in den Kern gezogen, und der größte Teil von ihnen wird nicht an die Oberfläche zurückfließen. Dieses Material wurde vor allem durch außerirdische Objekte wieder ergänzt. Vielleicht ein Viertel aller Meteoroideneinschläge führte zu potentiell nutzbaren Bodenschätzen – und mindestens die Hälfte davon wurde bereits ausgebeutet. Selbst wenn also Meteoroiden, die auf die Erde trafen, nicht zwangsläufig für die Entstehung des Lebendigen eine Schlüsselrolle spielten, haben ihre Auswirkungen zweifellos dazu beigetragen, den Weg für unsere Lebensweise zu ebnen.

14

Wie man in den Wald hineinruft ...

Zu Beginn des 20. Jahrhunderts äußerte der Physiker Lord Rutherford, der vor allem durch seine bahnbrechende Entdeckung des Atomkerns bekannt wurde, den berühmten Satz: »Alle Wissenschaft ist entweder Physik oder Briefmarkensammeln.« Diese Behauptung ist zwar arrogant und ein klein wenig abstoßend, sie enthält aber auch ein Körnchen Wahrheit. Wissenschaft besteht nicht nur darin, Phänomene aufzuzählen, so schön und bemerkenswert sie auch sein mögen. Vielmehr geht es darum, sie zu verstehen. Wissenschaftler können Fakten mit beeindruckenden, sich ständig weiterentwickelnden Methoden sammeln, wie es beispielsweise heute die Biologen tun, wenn sie mit der DNA-Sequenzierung und anderen Verfahren die schnelle Anhäufung von Daten erleichtern. Zu wahrer Wissenschaft wird die Information aber erst dann, wenn man die Daten gründlicher versteht – im Idealfall durch eine umfassende Theorie, mit der man Hypothesen testen und Vorhersagen machen kann.

Bis hierher haben wir uns damit beschäftigt, was es da draußen im Sonnensystem alles gibt, was auf der Erde eingeschlagen ist und was wir von den Fossilien über das Aussterben gelernt haben. Um alle diese Daten zu gewinnen, zu verstehen und zu interpretieren, hat man ein beträchtliches Maß an wissenschaftlichen Anstrengungen aufgewendet. Dennoch bleiben einige große Fragen wie diese: »Welche von diesen Phänomenen hängen zusammen?«, und »Wenn ja, wie?«

Zu den faszinierendsten Spekulationen über solche astrophysikalischen Zusammenhänge gehört die Vermutung, Objekte aus dem Weltraum könnten regelmäßig die Erde getroffen haben, so dass es alle 30 bis 35 Millionen

Jahre zu einem Einschlag kam. Wenn das stimmt, wäre die Regelmäßigkeit ein wichtiger Anhaltspunkt zur Beantwortung der Frage, was die Flugbahnabweichungen verursacht, durch die ungefährliche, kreisende Objekte zu potentiell bedrohlichen Geschossen werden, die in Richtung Erde stürzen. Was die Ursachen solcher Störungen angeht, gibt es viele Vermutungen, aber nur sehr wenige davon beinhalten eine Regelmäßigkeit, die möglicherweise zu den vorhandenen Kratern passt.

Ich möchte hier den kurzen Versuch unternehmen, Rutherfords Sichtweise zu rechtfertigen. Zu diesem Zweck gehe ich der Frage nach, ob meteoritische Ereignisse (schade, dass das hübscher klingende Wort »meteorologisch« bereits von der Wetterkunde vereinnahmt war) eine Regelmäßigkeit erkennen lassen, die einer wissenschaftlichen Erklärung bedarf. Zunächst möchte ich aber auf eine andere Verbindung hinweisen, die damit nichts zu tun hat, aber viel besser nachgewiesen ist: die Verbindung zwischen den Kreisbewegungen der Erde im Sonnensystem und den periodischen Klimaschwankungen auf unserem Planeten. Solche Temperaturschwankungen, die sogenannten Milanković-Zyklen, spielen sich in viel kürzeren Zeiträumen ab als jene, mit denen ich mich im Anschluss beschäftigen werde. Benannt sind sie nach dem serbischen Geophysiker und Astronomen Milutin Milanković, der seine Ideen als Kriegsgefangener während des Ersten Weltkrieges entwickelte.

Milanković beschäftigte sich mit der Frage, wie sich die exzentrische Lage der Erdbahn, die Schrägstellung der Erdachse und die Präzession auf das Klima auswirken. Auf der Grundlage seiner Überlegungen wiesen er und später auch andere Wissenschaftler nach, dass es in der Temperaturverteilung eine ungefähre Regelmäßigkeit mit Zyklen von 20 000 und 100 000 Jahren gibt, die sich nach ihren Befunden in den weltweiten Eiszeiten widerspiegelt. Als ich Zumaia im spanischen Baskenland besuchte, wies mein Fremdenführer mich auf die leicht erkennbare Schichtstruktur des Gesteins hin. Die Schichten sind durch ebenjene Temperaturschwankungen entstanden, denn diese sorgen auch für regelmäßige Schwankungen der Sedimentationsgeschwindigkeit.

Aber allen Milanković-Zyklen zum Trotz ist die Suche nach einer Regelmäßigkeit bei der Kraterbildung – die sich in viel größeren Zeiträumen abspielt – zwangsläufig ein kühnes Unternehmen, und ich möchte dafür nicht allzu viel Reklame machen. Für Ereignisse, die sich vor Jahrmillionen auf der Erde abgespielt haben, gibt es heute nur spärliche Belege, und es bleiben viele Unsicherheiten, beispielsweise im Hinblick auf die genauen Zeitpunkte ihres Eintretens. Nur in seltenen Fällen hinterlassen solche längst vergangenen Ereignisse überhaupt Informationen, und noch seltener sind die Spuren so deutlich, dass sie zu detaillierten Kenntnissen führen. Aber solange die Hypothesen mit den vorhandenen Daten im Einklang stehen und die Möglichkeit schaffen, dass wir aus ihnen etwas über die Welt lernen können, ist es sinnvoll, wenn Wissenschaftler sich mit ihnen beschäftigen. Jeder neugierige Mensch würde nicht nur wissen wollen, was geschehen ist, sondern auch, was möglicherweise die Ursachen sind.

Im Folgenden werden wir uns ansehen, welche Vermutungen es über große, regelmäßig stattfindende Einschläge gibt, die sich in Abständen von vielen Millionen Jahren ereignen; dabei, so die Hoffnung, werden wir sie nicht nur mit der Bewegung der Erde im Sonnensystem in Verbindung bringen können, sondern auch mit dem Weg des Sonnensystems durch die Galaxis. Wenn wir Kratereinschläge studieren und unsere Beobachtungen zu erklären versuchen, bemühen wir uns um ein besseres Verständnis für die Dynamik des Sonnensystems und des Universums sowie für die dahinterstehenden Zusammenhänge. Am interessantesten sind Vermutungen, wenn sie zu Vorhersagen führen, mit denen wir Hypothesen überprüfen können – ganz gleich, wie unwahrscheinlich sie in den Augen eines Skeptikers vielleicht sind. Viele Gedanken über regelmäßige Einschläge sind spekulativ, aber in diesem Kapitel möchte ich genau erläutern, welche davon wir anerkennen und welche zum Gegenstand weiterer Untersuchungen werden sollten.

Nachweis der Regelmäßigkeit

Matt Reece und ich machten uns nicht sofort an die Erforschung der Frage, ob sich regelmäßig wiederkehrende Phänomene im Sonnensystem mit der dunklen Materie erklären lassen. Bevor wir unsere eigenen Ideen weiterverfolgten, wollten wir sicherstellen, dass es für eine solche Regelmäßigkeit ausreichend starke Indizien gibt, die weitere Forschungsarbeiten wert waren. Wichtig war für uns auch die Überlegung, ob unsere Arbeiten zu einem Leitfaden für zukünftige Beobachtungen und Analysen werden könnten.

Zu Beginn setzten wir uns in meinem sehr chaotischen Arbeitszimmer zusammen und besprachen den chaotischen Zustand der vorhandenen Ideen – wir wollten uns darüber klarwerden, was man bereits wusste und wie man am besten weiter vorging. Als ersten Punkt auf unserer Tagesordnung wollten wir die Belege für Regelmäßigkeiten unter die Lupe nehmen und herausfinden, ob sie zuverlässig waren oder ob die Periodizität nur ein schönes Wort war, mit dem manche Wissenschaftler um sich warfen.

Wir lasen viele der bisherigen Forschungsarbeiten. Aber die Artikel zu durchpflügen und Behauptungen von der Wahrheit zu trennen war schwieriger, als man sich vielleicht vorstellt. Ein Befund folgte auf den nächsten: Manche Wissenschaftler fanden in einer Artikelserie Anhaltspunkte für eine Periodizität, andere benannten in der nachfolgenden Serie die Fehler oder Auslassungen der vorherigen Autoren. Die Diskussion schwelte weiter, aber eine echte Lösung war nicht in Sicht. Nachdem wir unseren neuesten Artikel geschrieben hatten, machten natürlich auch diejenigen, die in den Indizien für eine Periodizität skeptisch gegenüberstanden, ihre Gedanken bekannt. Allerdings waren wir in der glücklichen Lage, dass wir selbst keine offenen Rechnungen hatten. Wir waren einfach nur neugierig, und das ermöglichte uns nach meinem Eindruck eine nützliche Objektivität.

Die erforderlichen statistischen Hintergrundanalysen sind tatsächlich nicht einfach. In den spärlichen geologischen Befunden gibt es zwangsläufig große Lücken. Wenn Daten unvollständig sind, hängen Befunde häufig stark davon ab, wie Wissenschaftler die Informationen im Einzelnen bewerten. Man ist leicht versucht, Daten als heiliges, solide begründetes Material zu betrachten, in Wirklichkeit aber spielen Interpretationen eine große Rolle, wenn man darüber entscheiden muss, wie man statistisch schlecht abgesicherte Messungen präsentiert und bewertet.

So ist es zum Beispiel von großer Bedeutung, wie man die Daten gruppiert. Betrachten Wissenschaftler sie als zeitliche Abfolge, stehen sie vor schwierigen Entscheidungen, die sich auf die Schlussfolgerungen auswirken; wie viele Messpunkte soll man beispielsweise heranziehen, und in welchem Zeitraum soll man bestimmte Daten im Einzelnen einordnen? Darüber hinaus muss man die Dauer von Ereignissen abschätzen und verstehen, wie sich solche Entscheidungen auf die Signalstärke in Zeiten verstärkter Aktivität auswirken.

In Artikeln, die als Antwort auf einen Nachweis von Periodizität geschrieben wurden, wird ebenfalls auf viele mögliche statistische Fehler hingewiesen, die möglicherweise die Befunde verfälscht haben könnten. Ein führender Vertreter dieser Denkrichtung ist Coryn Bailer-Jones vom Max-Planck-Institut für Astronomie in Heidelberg. Er bringt viele Einwände vor, darunter auch diejenigen, die ich zuvor erwähnt habe. Sorgen macht er sich auch wegen des »Bestätigungsfehlers« – damit ist die Tatsache gemeint, dass Menschen auf Ergebnisse, denen sie zustimmen, leichter aufmerksam werden oder darüber berichten. Nach Bailer-Jones' Ansicht haben sich die Autoren vielleicht zu sehr darum bemüht, eine Übereinstimmung zu finden, weil die fragliche Zykluszeit jener, die für das Aussterben oder die Bewegung des Sonnensystems angenommen wird, so stark ähnelt – mit dem Thema werde ich mich im nächsten Kapitel genauer befassen. Aber auch wenn viele seiner sonstigen Einwände stichhaltig sind, ist diese Ähnlichkeit nicht zwangsläufig etwas Schlechtes. Eine zufällige Übereinstimmung von Zahlen ist vielleicht wirklich nur Zufall. Sie könnte aber auch ein Hinweis auf einen tiefer liegenden wissenschaftlichen Zusammenhang sein, der in Zukunft zu genaueren Kenntnissen führt.

Bailer-Jones und andere weisen aber noch auf einen anderen häufig begangenen Fehler hin: Man kann nicht einfach eine Hypothese mit einem einzigen Konkurrenzmodell vergleichen und dann diese eine Alternative so behandeln, als sei sie ein Ersatz für sämtliche verbleibenden Möglichkeiten. Beispielsweise wird häufig gefragt, was besser zu den Daten passt: die Hypothese, dass Meteoroiden regelmäßig einschlagen, oder die Vermutung, dass die Wahrscheinlichkeit eines Einschlages immer mehr oder weniger gleich ist. Auch wenn das Modell einer Periodizität besser passt als die Annahme einer völligen Zufälligkeit, könnten die Daten noch besser einem dritten Modell entsprechen, in dem man beispielsweise einen Krater mit immer geringerer Wahrscheinlichkeit findet, je weiter der Meteoroideneinschlag zurückliegt. Mit anderen Worten: Wenn das eigene Lieblingsmodell besser passt als die einzige mutmaßliche Alternative, heißt das nicht zwangsläufig, dass es stimmt. Glücklicherweise können Wissenschaftler sich dieses Fehlers annehmen: Dazu erweitern sie das Repertoire der Modelle, die sie zum Vergleich heranziehen. Wenn es bei den Wahrscheinlichkeiten keinen eindeutigen Unterschied gibt, ist es sinnvoll, eine Reihe von Alternativmodellen auszuprobieren und dabei zu überprüfen, ob die Annahme einer Periodizität am besten abschneidet.

Der Nachweis einer Regelmäßigkeit stößt noch auf weitere Hindernisse. Wie der Geologe Richard Grieve und seine Kollegen schon 1988 betonten, kann eine ungenaue Datierung alle Anhaltspunkte für eine Periodizität zunichtemachen, ganz gleich, ob sie eigentlich real sind oder nicht. Weiter quantitativ erforscht wurde der Effekt 1989 von Julia Heisler, die damals gerade ihr Studium in Princeton aufgenommen hatte, und Scott Tremaine, der zu jener Zeit Professor in Toronto war, am Canadian Institute for Theoretical Astrophysics arbeitete und heute die Arbeitsgruppe für Astrophysik am Institute for Advanced Study der Princeton University leitet. Die beiden gingen der Frage nach, wie viel Unsicherheit noch zulässig ist, wenn man ein periodisches Phänomen zuverlässig identifizieren will. In einem 1989 erschienenen Artikel vertraten Heisler und Tremaine die Ansicht, schon eine Unsicherheit von 13 Prozent mache es unmöglich, aufgrund der vorhandenen Daten mit einer Zuverlässigkeit von 90 Prozent eine Aussage über Periodizität zu machen. Steigt die Unsicherheit auf 23 Prozent, geht die Wahrscheinlichkeit, dass man ein periodisches Signal entdecken kann, auf ungefähr 55 Prozent zurück. Solche Unsicherheiten machen es nicht unmöglich, einen periodischen Effekt zuverlässig nachzuweisen, aber es wird deutlich schwieriger.

Periodizität bei Aussterbeereignissen

In diesen vorsichtig formulierten Artikeln lag das Schwergewicht auf periodischen astrophysikalischen Effekten, die auch im Mittelpunkt meiner eigenen Forschung stehen. Der ursprüngliche Anreiz, die Zeitabhängigkeit der Kraterentstehung zu untersuchen, ergab sich jedoch aus der Erforschung eines – oberflächlich betrachtet – ganz anderen Themas: der offenkundigen Periodizität der Aussterbeereignisse. Als Erste beobachteten die Geologen Alfred Fischer und Michael Arthur von der Princeton University, dass das Leben in regelmäßigen Abständen dahinzuschwinden und wieder anzuwachsen schien. Sie gelangten 1977 zu dem Schluss, dass die Fossilfunde im Einklang mit einer Periode von 32 Millionen Jahren stehen. Wesentlich mehr Einfluss hatte ein Artikel, den David Raup und Jack Sepkoski von der University of

Chicago 1984 veröffentlichten: Darin erläuterten sie, wie sie selbst in den Hinterlassenschaften der Aussterbeereignisse nach einer Periodizität gesucht hatten. Anfangs fanden Raup und Sepkoski ein breites Spektrum möglicher Phasenlängen – sie lagen irgendwo zwischen 27 und 35 Millionen Jahren –, aber als sie dann ihre Analysen verfeinerten und überarbeiteten, gelangten sie zu einer Schätzung von 26 Millionen Jahren, zu der seit jener Zeit auch die meisten anderen Wissenschaftler, die sich mit dem Thema beschäftigen, immer wieder zurückkehren.

Eine derart provokative Idee bleibt in den meisten Fällen nicht unhinterfragt, aber in späteren Forschungsarbeiten fand man weitere Anhaltspunkte, die dafürsprachen – wenn auch vielleicht mit einer leichten Abwandlung des zeitlichen Rahmens. Im Jahr 2005 wiesen die Physiker Robert Rohde und Richard Muller von der University of California in Berkeley mit einer neukalibrierten Zeitskala anhand der gleichen Fossilfunde eine andere Periodizität nach: Dieses Mal waren es 62 Millionen Jahre. Spätere Befunde sprachen einmal für die eine, ein anderes Mal für die andere Zahl, interessanterweise gelten aber bis heute periodische Signale von 27 wie auch von 62 Millionen Jahren für begründet. Eine der aktuellsten und gründlichsten Analysen stammt von dem Astronomieprofessor Adrian Melott von der University of Kansas und dem Paläobiologen Richard Bambach vom National Museum of Natural History der Smithsonian Institution in Washington: Nach ihren Befunden kommt es in Perioden von 27 Millionen Jahren mit Schwankungen von 3 Millionen Jahren zum Aussterben, und das geschieht fast immer in Phasen einer abnehmenden Artenvielfalt innerhalb des Zeitrahmens von 62 Millionen Jahren; man kann also annehmen, dass tatsächlich beide Zeiträume von Bedeutung sind. Alle Vorbehalte hinsichtlich der Periodizität gelten auch weiterhin, aber nach wie vor sprechen schwache Indizien dafür, dass sie tatsächlich existiert.

Aber selbst wenn sich die scheinbaren Regelmäßigkeiten in den Fossilfunden als echt erweisen, ändert das nichts an der Tatsache, dass kein Autor erklären kann, warum Lebewesen in regelmäßigen Abständen aussterben sollten. Wie wir bereits erfahren haben, können biologische Arten aus den unterschiedlichsten Gründen von der Bildfläche verschwinden. Klimawandel, Vulkantätigkeit, Meteoroideneinschläge und Plattentektonik – sie alle haben offensichtlich eine Rolle gespielt. Meteoroiden könnten in einigen Fällen für ein Massensterben gesorgt haben, und mit Sicherheit löste einer von ihnen das Aussterbeereignis an der K-Pg-Grenze aus. Aber jede angebliche Periodizität des Aussterbens ist wahrscheinlich nicht die Folge einer einzigen Ursache. Angesichts der unterschiedlichen physikalischen Kausalmechanismen könnte man im besten Fall mit einer Überlagerung verschiedener periodischer Phänomene rechnen, die dann aber recht zufällig aussieht, solange wir nicht über sehr vollständige Funde verfügen.

Jeder Versuch, ein potentiell periodisch stattfindendes Aussterben mit physikalischen Auslösern in Verbindung zu bringen, muss zwangsläufig noch spekulativer bleiben als Bemühungen, die Periodizität einzelner physikalischer Phänomene wie beispielsweise des Einschlags außerirdischer Objekte zu verstehen. Schon die Erforschung von Meteoroideneinschlägen ist schwierig genug. Wenn man sie mit Unsicherheiten hinsichtlich des Aussterbens in Verbindung bringt, gerät man zwangsläufig in ein verworrenes Labyrinth der Schwierigkeiten.

Abgesehen von dem gut belegten Zusammenhang zwischen einem Meteoroiden und dem K-Pg-Ereignis, bestehen also beträchtliche Unsicherheiten; deshalb werde ich im verbleibenden Teil des Buches auf weitere Spekulationen über das Aussterben verzichten, so faszinierend sie auch sein mögen. Stattdessen werde ich mich auf einen möglichen Zusammenhang zwischen periodischen Ereignissen im Kosmos und periodischen Einschlägen konzentrieren, die so groß sind, dass sie Spuren in Form von Kratern hinterlassen. Die Erforschung solcher Einschläge hat den Vorteil, dass die vorhandenen Krater in einem unmittelbaren Zusammenhang mit der Astrophysik stehen und im Gegensatz zu potentiellen Ursachen für das Aussterben nicht mit den undurchschaubaren Einflüssen von Klima, Umwelt und Biologie belastet sind.

Einschläge bieten eine faszinierende Gelegenheit, Zusammenhänge zwischen Phänomenen auf der Erde und Ereignissen im gesamten Sonnensystem herzustellen – sie sind eine einzigartige Brille, durch die wir einen genaueren Blick auf den Kosmos werfen können. Zufällige Meteoroideneinschläge erfordern keine spezielle Erklärung. Bei periodischen Einschlägen ist sie dagegen höchstwahrscheinlich notwendig. Wenn Meteoroiden tatsächlich in regelmäßigen Abständen einschlagen, könnte der zeitliche Zusammenhang auf eine tiefer liegende kosmische Ursache hinweisen.

In Kapitel 21 wird davon die Rede sein, wie mein Kollege und ich eine zuverlässigere Methode zur zukünftigen Auswertung von Daten gefunden haben und warum schon die vorhandenen Daten geringfügig stärker für eine Periodizität sprechen. Vorerst werde ich einige repräsentative Erkenntnisse aus der älteren Literatur erläutern, ohne dabei detailliert auf die einzelnen statistischen Methoden oder die Auswahl der verwendeten Daten einzugehen.

Wie wir dabei erfahren werden, enthält schon die ältere Literatur einige Hinweise auf eine Periodizität, aber die Belege sind nicht stichhaltig genug, als dass wir Vertrauen in die Ergebnisse haben könnten. Wenn wir über bessere Daten und eingehendere Analysen verfügen, sind solche zweideutigen Aussagen möglicherweise vom Tisch, sie könnten sich aber letztlich auch als stichhaltiger erweisen. Vorerst wollen wir die Erkenntnisse als Hinweis darauf betrachten, dass Wissenschaftler schon in der Vergangenheit in den Befunden über die Krater nach Anzeichen für eine Periodizität gesucht haben – und dabei vielleicht zu sehr optimistischen Schlussfolgerungen gelangt sind; einen umfassenden Überblick oder eine abschließende Bewertung ermöglichen die derzeitigen Kenntnisse aber nicht.

Hinweise auf Periodizität bei den Kratern

Wenn man unter den Kratern nach Anzeichen für eine Periodizität sucht, muss man bei den Daten ohnehin Einschränkungen vornehmen. Analysen konzentrieren sich auf größere Krater, die erst in jüngerer Zeit entstanden sind. Ist ein Körper vor zu langer Zeit eingeschlagen, sind seine Spuren heute weniger zuverlässig auszuwerten als die eines ähnlichen, aber späteren Ereignisses. Und da kleine Krater ohnehin viel zahlreicher sind als größere, sollte man in die Suche nach einer Periodizität nur die größeren derartigen Strukturen einbeziehen. Kleinere Objekte treffen die Erde ständig, aber von den Kollisionsserien aus dem Asteroidengürtel abgesehen, ereignen sich solche Einschläge meist zufällig. Die große Mehrzahl der Objekte, die kleine Krater entstehen lassen, treffen uns wahllos. Wie ich im nächsten Kapitel erläutern werde, scheint eine echte Periodizität nur bei Kometen möglich zu sein, und zwar auch nur bei solchen, die aus der weit entfernten Oort-Wolke stammen.

Man muss also einen Kompromiss eingehen: auf der einen Seite die Berücksichtigung größerer Zahlen (womit man die Grenze bei geringeren Größen zieht), auf der anderen der zuverlässigere Nachweis eines periodischen Phänomens (der bei einer höheren Größengrenze einfacher ist). Wo das Optimum liegt, weiß man nicht. In den bisher veröffentlichten Analysen wurden jedes Mal andere Größengrenzen angelegt, was man im Kopf behalten muss, wenn man die früheren Forschungsergebnisse beurteilen will. Matt und ich entschieden uns in unseren Forschungsarbeiten letztlich für Krater mit einem Durchmesser von mindestens 20 Kilometern, die in den letzten 250 Millionen Jahren entstanden sind. Ein Zeitraum von 250 Millionen Jahren schien uns lang genug zu sein, damit wir vernünftige statistische Berechnungen anstellen konnten, aber auch so kurz, dass die Ergebnisse zuverlässiger waren. 20 Kilometer erschienen uns als gut gewählte Größengrenze, denn sie erfordern den Einschlag eines Objekts von mindestens einem Kilometer Größe, der Wert ist aber nicht so groß, dass er keine aussagekräftigen statistischen Berechnungen mehr ermöglichen würde.

Aber auch mit solchen Einschränkungen ist der zuverlässige Nachweis einer Regelmäßigkeit bei der Kraterbildung eine schwierige Aufgabe. Aus der Erdgeschichte sind nur unvollständige Spuren von Kratern zurückgeblieben – nur ein kleiner Bruchteil von ihnen ist heute noch sichtbar. Darüber hinaus ist die Datierung der Krater auch dann, wenn man sie entdeckt hat, nicht immer so präzise, dass man daraus den zeitlichen Ablauf der Ereignisse ableiten könnte. Noch komplizierter wird die Sache, weil Wissenschaftler unterschiedliche Datenbestände verwendet haben. Und auch wenn die Daten gleich waren, rechnet man manchmal mit unterschiedlichen Zeiträumen, oder die Daten wurden zu anderen Gruppen zusammengefasst. Zur Verwirrung trägt außerdem bei, dass manche Einschläge auch dann zufällig erfolgen, wenn andere in regelmäßigen Abständen stattfinden. Demnach können wir im besten Fall eine periodische Komponente erwarten, die einem zufälligen Ablauf überlagert ist, und das beeinträchtigt die ohnehin schlechten statistischen Befunde noch weiter.

Andererseits waren aber die Gedanken von Alvarez, der 1980 einen Meteoroideneinschlag als Ursache des K-Pg-Aussterbens postuliert hatte, und auch die Belege für eine periodisch wiederkehrendes Aussterben starke Motive; deshalb suchte man auch weiterhin nach Anhaltspunkten für regelmäßige Einschläge. Den Ball brachten Alvarez und sein Kollege, der Physiker Richard Muller von der University of California in Berkeley, im Jahr 1984 ins Rollen:

Sie postulierten für Krater mit einem Radius von mehr als fünf Kilometern, die sich innerhalb der letzten 250 Millionen Jahre gebildet hatten, eine Periodizität von 28,4 Millionen Jahren. Ihre Aussage stützten sie auf eine Stichprobe von nur elf Kratern, und sie zogen die Unsicherheiten in den Daten nicht streng mit in Betracht; wenig später aber folgten viele weitere, umfassendere Studien.

Noch im gleichen Jahr analysierte der Biologe Michael Rampino von der New York University in Zusammenarbeit mit Richard Stothers vom Goddard Institute for Space Studies der NASA eine Stichprobe von 41 Kratern aus der Zeit vor 250 Millionen bis einer Million Jahren; dabei wiesen sie für die Einschläge außerirdischer Objekte regelmäßige Zeitabstände von 31 Millionen Jahren nach. Einen ähnlichen Vorschlag machten japanische Wissenschaftler 1996: Sie gelangten durch die Untersuchung von Kratern aus den letzten 300 Millionen Jahren zu einer Periodizität von 30 Millionen Jahren. Unter den Autoren der Studie war auch Shin Yabushita, ein Experte für angewandte Mathematik von der Universität Kioto: Er stellte 2004 mit Kratern aus den letzten 400 Millionen Jahren eine genauere Analyse an, in der er die Bedeutung der einzelnen Krater je nach ihrer Größe unterschiedlich gewichtete. Damit gelangte er unter Einbeziehung von 91 Kratern zu einer periodischen Wiederkehr in Abständen von 37,5 Millionen Jahren. In allen diesen Analysen fand man an den vorhandenen Kratern gewisse Anhaltspunkte für eine Regelmäßigkeit. Die damit nachgewiesenen Zeiträume stimmten aber nicht so gut überein, dass sie nachdrücklich für die Befunde gesprochen hätten.

Eine interessante Studie stellte William Napier, ein Professor am Buckingham Centre for Astrobiology in England, im Jahr 2005 an: Darin behauptete er, Einschläge würden häufig gruppenweise stattfinden, wobei jede derartige Episode eine bis zwei Millionen Jahre dauert und von der nächsten durch 25 bis 30 Millionen Jahre getrennt ist. Seine Stichprobe umfasste 40 Krater aus den letzten 250 Millionen Jahren, die jeweils größer als 3 Kilometer waren. Nach seinen Feststellungen ereigneten sich die größten Einschläge in relativ kurzen Zeiträumen, und einer davon war auch der an der K-Pg-Grenze. Er fand aber nur schwache Indizien für eine Periodizität, und die von ihm ermittelten Zeiträume lagen je nachdem, wie man die Daten interpretierte, offenbar vorwiegend im Bereich von 25 bis 35 Millionen Jahren.

Napier selbst hatte bereits erkannt, dass seine Belege nicht für eine solide begründete Aussage ausreichten, und wies sogar auf einen wichtigen Punkt hin: Nachdem die Daten mittlerweile weitaus umfangreicher waren als jene, die Alvarez ursprünglich zur Verfügung standen, hätte man eigentlich damit gerechnet, dass die Befunde entweder stärker oder überhaupt nicht für eine Periodizität sprachen. Napier äußerte die Vermutung, seine zweideutigen Ergebnisse seien möglicherweise damit zu erklären, dass zwischen zufälligen und regelmäßigen Ereignissen ein relativ gleichbleibendes Verhältnis besteht, so dass sich auch dann kein Befund sauber herauskristallisiert, wenn die Datenmenge sich verdreifacht.

Darüber hinaus äußerte Napier einige faszinierende Gedanken über Kometen oder Asteroiden als potentielle Ursachen für seine zugegebenermaßen schwachen Indizien. Die kleineren Meteoroiden, die er in seiner Analyse nicht berücksichtigt hatte, stammten zwar nach seiner Vermutung ursprünglich aus dem Asteroidengürtel, er ging aber davon aus, dass Kometen und nicht Asteroiden die Ursache der größeren von ihm untersuchten Einschläge waren. Der Nachschub an großen Asteroiden, so seine Überlegung, reichte als Erklärung für die erforderliche Intensität der Einschlagperioden nicht aus; er argumentierte, dazu hätten zu viele große Asteroiden in zu kurzer Zeit zerbrechen müssen, und deshalb könne man die Beobachtungen auf diese Weise nicht erklären. Napier wies sogar darauf hin, dass die unzureichenden Kenntnisse über die Krater eigentlich für seine Vermutung sprächen. Wenn die meisten Krater nicht erhalten bleiben, muss die Zahl der Einschläge sogar noch größer gewesen sein als die, die er aufgrund der niedergegangenen Himmelskörper identifizieren konnte. Wenn wir nur wenige große Krater aus einer einzigen Episode des Bombardements kennen, ereigneten sich in Wirklichkeit wahrscheinlich viele weitere Einschläge, von denen wir heute keine Spuren mehr finden.

Weiterhin stellte Napier die Überlegung an, dass noch nicht einmal ein Fünfundzwanzigstel der Asteroiden, deren Umlaufbahn aufgrund einer Störung die der Erde kreuzt, unseren Planeten tatsächlich treffen. Die meisten verlassen auf ihren Bahnen das Sonnensystem oder stürzen in die Sonne. Napier nannte eine Erklärung für beide Effekte: Danach waren seine Daten nur damit zu begründen, dass ein Asteroid mit einem Durchmesser von mindestens 20 bis 30 Kilometern zerbrochen war, wobei Hunderte von Bruchstücken in erdnahe Umlaufbahnen gelangten. Eine solche Zerstörung musste auf eine Kollision zurückzuführen sein. Aber große Asteroiden zerbrechen viel zu selten durch Kollisionen, als dass man damit die beobachteten Zahlen erklären konnte. Da weder der kurze Zeitraum der Einschläge (eine bis 2 Millionen Jahre) noch der Zeitrahmen zu einer auf Asteroiden gestützten Erklärung zu passen schienen, hielt er Kometen für eine viel wahrscheinlichere Ursache der von ihm identifizierten periodischen Einschlagswellen. Zwar sind seine Schlussfolgerungen alles andere als bewiesen, und wir wissen, dass manche Asteroiden tatsächlich auf eine »Überholspur« von einer bis zwei Millionen Jahren geraten, aber zumindest liegt die Vermutung nahe, dass Kometen, was nennenswerte Einschläge angeht, wichtiger sein könnten als Asteroiden und dass man irgendwann vielleicht sogar zwischen beiden unterscheiden kann.

Der »Sieh-anderswo-nach-Effekt«

Das alles sind faszinierende Beobachtungen. Allerdings ist keiner der zuvor beschriebenen Befunde statistisch so signifikant, dass man eindeutig von einem periodischen Effekt sprechen könnte. Wenn man aber die statistische Signifikanz analysiert, kommt eine weitere schwierige Frage hinzu, und die ist, obwohl sie vermutlich für die Mehrzahl der widersprüchlichen Ergebnisse in der Literatur verantwortlich ist, überwindbar.

Wenn man eine Hypothese aufstellen will, wonach Daten auf eine Periodizität hindeuten, könnte man meinen, man müsse einfach nur die Daten mit einer periodischen Funktion in Übereinstimmung bringen und dann beurteilen, wie gut die am besten passende periodische Funktion die Beobachtungen erklärt. Damit würde man aber zu einer übermäßig optimistischen Schätzung gelangen. Wenn man nicht eine einzige Hypothese testet, sondern viele – in diesem Fall Funktionen mit unterschiedlicher Periodizität –, braucht man nur ausreichend viele Möglichkeiten, um fast immer eine Übereinstimmung mit den Daten zu finden, die besser ist, als es dem Zufall entspräche. Aber deshalb muss sie nicht richtig sein.

Dieses ein wenig hintergründige, zumindest im Rückblick aber naheliegende Problem ist in der Gemeinde der Teilchenphysiker als *look-elsewhere effect* (»Sieh-anderswo-nach-Effekt«) bekannt. Zu einem Gegenstand hitziger

Diskussionen wurde er zu der Zeit, als man mit dem großen Hadronen-Speicherring LHC das Higgs-Boson entdeckte. In dem riesigen Teilchenbeschleuniger bei CERN in der Nähe von Genf lässt man sehr energiereiche Protonen zusammenstoßen; dabei entstehen neue Teilchen, die Einblicke in grundlegende physikalische Theorien ermöglichen. Die Suche nach dem Higgs-Boson ist zwar nicht das Thema des vorliegenden Buches, sie wirft aber ein interessantes Licht auf eine Frage, mit der sich Wissenschaftler auch bei der Suche nach anderen periodischen Phänomenen auseinandersetzen müssen.

Wenn man ein Higgs-Teilchen nachweisen will, sucht man in den Beobachtungen an den Teilchen, die beim Zerfall des Higgs-Bosons entstehen, nach entsprechenden Belegen und misst dann, wie häufig sie zu finden sind. Bei den meisten Kollisionen von Teilchen entsteht kein Higgs-Boson, und deshalb macht sich seine Gegenwart in den Daten als erhöhtes Signal oberhalb einer glatten »Hintergrundkurve« bemerkbar; diese ist das Abbild von Ereignissen, die sich auch ohne Higgs-Teilchen abspielen. Richtig aufgezeichnet, sollte der höhere Wert genau der richtigen Masse des Higgs-Teilchens entsprechen. Wenn also Wissenschaftler ihre Daten präsentieren, konzentrieren sie sich auf »Buckel«, Regionen im Datenbestand, in denen irgendetwas – hoffentlich ein Higgs-Boson – einen merklichen Anstieg über den Hintergrund verursacht.

Dabei gilt allerdings ein wichtiger Vorbehalt: Statistische Abweichungen (in der Fachsprache spricht man von Fluktuationen) führen in den Daten zu einem ständigen Auf und Ab. Manchmal tritt eine große Fluktuation auf. Jede einzelne Schwankung ist zwar unwahrscheinlich, aber selbst solche unwahrscheinlichen Fluktuationen kommen irgendwo vor, wenn man nur ein ausreichend großes Massespektrum analysiert. Dieses unwahrscheinliche Ereignis würde dann aussehen wie ein Higgs-Boson, in Wirklichkeit handelt es sich aber nur um eine seltene Anhäufung von Hintergrundereignissen bei einer bestimmten scheinbaren Masse.

Als Experimentalphysiker erstmals mit der Suche begannen, kannten sie die Masse des Higgs-Bosons noch nicht.[*] Sie konnten also diese Masse nur

---

[*] Genaugenommen bestanden auch Beschränkungen für präzise Messungen anderer Prozesse, aber diese wurden in den Präsentationen, die ausschließlich von der direkten Suche nach dem Higgs-Boson handelten, in der Regel übergangen.

dann messen, wenn sie geeignete Anhaltspunkte fanden, denn Energie und Masse der Zerfallsprodukte stehen in einem Zusammenhang, aus dem man auf den ursprünglichen Wert schließen kann. Die Wissenschaftler konnten aber die Masse nur dann ermitteln, wenn sie einen Buckel sahen, und nicht andersherum.

Als die Experimentalphysiker ihre Daten präsentierten und darüber diskutierten, wie wahrscheinlich oder unwahrscheinlich ein von ihnen identifizierter Buckel in Gegenwart oder Abwesenheit eines Higgs-Bosons war, mussten sie die Unsicherheit im Zusammenhang mit der Masse des Teilchens in Rechnung stellen. Da statistische Schwankungen überall auftreten können und da man jede davon auch als Zerfall eines Higgs-Bosons interpretieren konnte, war die statistische Signifikanz eines einzelnen Buckels dadurch beeinträchtigt, dass irgendwo irgendeine Fluktuation mit größerer Wahrscheinlichkeit auftreten konnte. Die Wissenschaftler waren sich dessen bewusst und berücksichtigten den Sieh-anderswo-nach-Effekt, als sie über die Signifikanz ihrer Befunde sprachen. Der Sieh-anderswo-nach-Effekt besagt: Ein Ergebnis ist signifikanter, wenn man die Masse des Higgs-Bosons im Voraus kennt. Ist das nicht der Fall, handelt es sich bei einem Buckel mit größerer Wahrscheinlichkeit um eine Fluktuation, denn man multipliziert die Wahrscheinlichkeit eines anormal starken Anstiegs der Daten mit der Zahl der Stellen, an denen dieses unwahrscheinliche Ereignis stattgefunden haben könnte. Erst nachdem man in den Experimenten so viele nachweisbare Higgs-Bosonen erzeugt hatte, dass man selbst unter Berücksichtigung des Sieh-anderswo-nach-Effekts ein statistisch signifikantes Ergebnis präsentieren konnte, waren die Physiker endlich so weit, dass sie ihre Entdeckung bekanntgeben konnten.

Ähnliche Überlegungen gelten auch, wenn man an den vorhandenen Kratern nach einer Periodizität sucht und nicht weiß, wie lang die fraglichen Zeiträume sind; Astrophysiker benutzen dafür allerdings einen anderen Namen: Sie sprechen von der *Bonferroni-Korrektur*. Wenn man ausreichend viele unterschiedliche Perioden zulässt, wird immer eine von ihnen besser aussehen als überhaupt keine – also besser als rein zufällige Daten. Wie sich herausstellte, passen Modelle, die periodisch wiederkehrende Meteoroideneinschläge unterstellen, gut zu den Daten – zumindest besser als ein Modell, das von vollkommen zufälligen Einschlägen ausgeht. Da aber niemand wusste, mit was für einer Periode man zu rechnen hatte, war die statistische Signifikanz, die ein Wissenschaftler auf der Grundlage einer einzigen besseren Übereinstimmung ermitteln konnte, geringer, als man naiverweise hätte annehmen können. Wenn genügend Möglichkeiten vorhanden sind, von denen jede mit ihrer eigenen statistischen Unsicherheit behaftet ist, muss irgendeine periodische Funktion irgendwann so aussehen, als würde sie einigermaßen gut zu den Daten passen.

Damit sind wir ein gutes Stück vorangekommen, wenn wir die Diskrepanz zwischen den Ergebnissen von Coryn Bailer-Jones, der keine statistischen Belege für eine Periodizität fand, und denen seiner Kollegen, die solche Belege zu besitzen glauben, erklären wollen. Beide waren mit ihren jeweiligen Analysen richtig vorgegangen, aber Bailer-Jones hatte berücksichtigt, dass wir die Länge der Periode im Voraus nicht kennen. Ohne zusätzliche Informationen muss ein Signal sehr stark sein, damit es diesen störenden Effekt überwindet. Und anfangs sah es so aus, als sei das Signal nicht stark genug.

Die gute Nachricht lautet: Mittlerweile verfügen wir über zusätzliche Informationen, die wir in die Berechnungen einbeziehen können. Wir wissen, woraus die Galaxis besteht, denn bis zu einem gewissen Grad haben Astronomen ihren Inhalt und ihre Gravitationsanziehung vermessen. Wenn periodische Effekte durch die Bewegungen des Sonnensystems ausgelöst werden, können wir alles, was wir über die Galaxis und die Position unserer Sonne in ihr wissen, zur Vorhersage ihrer Bewegungen verwenden und dann die Vorhersage mit den Daten vergleichen. Genau das taten Matt und ich, als wir den Auslösemechanismus postulierten, den ich im nächsten Kapitel vorstellen möchte.

15

Rasende Kometen aus der Oort-Wolke

Manch einer hat vielleicht die Tanzshows der Rockettes in der New Yorker Radio City Music Hall oder andere Gruppen in alten Fernsehshows gesehen: Darin führen zahlreiche hübsch gekleidete junge Frauen synchron und im Kreis elegante Bewegungen aus. In manchen Formationen kommen die Tänzerinnen strahlenförmig von einem gemeinsamen Mittelpunkt, in anderen bilden sie konzentrische Kreise. Die Mitwirkenden sorgen stets dafür, dass es geschlossene Kreise bleiben, und dabei vergisst man nur allzu leicht, wie schwierig es für jede einzelne Person ist, im Verhältnis zu den anderen stets die richtige Position einzunehmen. Das gilt besonders für die Tänzerinnen am äußeren Rand: Sie müssen sich schneller bewegen und sind gleichzeitig weiter von dem inneren Bereich entfernt, von dem Koordination und Anweisungen ausgehen. Hin und wieder sieht man im äußersten Ring eine Tänzerin, die dieser größeren Herausforderung nicht ganz gewachsen ist, durcheinandergerät und aus der Reihe tanzt. Aber solange sie nicht stürzt, ist das nicht weiter schlimm. Der Fehler nimmt dem Tanz zwar ein wenig von seiner Schönheit und Perfektion, denn die liegen in den abgestimmten Bewegungen, aber dramatische oder katastrophale Folgen hat er nicht.

Vor ähnlichen Herausforderungen wie die Tänzerinnen im äußeren Kreis stehen auch die vereisten Objekte in der Oort-Wolke, die von der Sonne mehrere zehntausendmal weiter entfernt sind als die Erde. Sie sind so weit weg von der Gravitationsanziehung unseres Zentralgestirns, dass sie sich in einem ziemlich empfindlichen Gleichgewicht befinden. Eine ausreichend starke Störung kann dazu führen, dass ein Himmelskörper sich wie die weniger akkurate Tänzerin im äußeren Ring langsam aus seiner angestammten

Position entfernt. Kommt ein Objekt aus der Oort-Wolke den inneren Regionen des Sonnensystems zu nahe, drängen ihn ein paar kleine Schubser – oder auch ein einziger stärkerer Stoß – vollständig aus seiner Umlaufbahn. Ein solches Objekt weicht aber von seinem Weg viel stärker ab als die ungenaue Tänzerin, und dann besteht die Gefahr, dass es ins innere Sonnensystem und vielleicht sogar in Richtung der Erde rast.

Erdnahe Asteroiden, aber auch einige vom Weg abgekommene kurzperiodische Kometen können von Planeten und anderen Objekten in ihrer Nähe so abgelenkt werden, dass sie unter Umständen die Erde treffen. Solche Einschläge erfolgen aber mit ziemlicher Sicherheit nach dem Zufallsprinzip. Mechanismen, die regelmäßige Störungen verursachen könnten, wurden nur für Kometen aus der Oort-Wolke postuliert. Sie ist nicht nur die ferne Quelle langperiodischer Kometen, die ins Sonnensystem eintreten und sich der Sonne nähern, sondern nach allem, was man weiß, ist sie auch der einzige Ausgangspunkt regelmäßiger Kometeneinschläge. Die mutmaßlichen Regelmäßigkeiten bei Aussterben und Kraterbildung, von denen im letzten Kapitel die Rede war, haben beträchtliches Interesse an der Frage geweckt, was der Auslöser von Störungen sein könnte, die regelmäßig vereiste Himmelskörper aus der Oort-Wolke auf den Weg in die inneren Bereiche des Sonnensystems führen.

In diesem Kapitel möchte ich mich zunächst kurz mit der Frage beschäftigen, ob große Einschläge auf der Erde eher von Kometen oder von Asteroiden verursacht wurden. Anschließend werde ich in einer kurzen Übersicht einige originelle Vermutungen zu der Frage betrachten, welche Einflüsse die Himmelskörper aus der Oort-Wolke so ablenken könnten, dass sie zu Kometen werden und möglicherweise auf der Erde einschlagen. Mit diesen älteren Gedanken ließ sich zwar die mutmaßliche Regelmäßigkeit nicht erklären, interessant sind sie aber dennoch, denn sie gaben den Anlass, neu über die Wechselbeziehungen in der Galaxis nachzudenken. Außerdem ebneten sie den Weg für unsere spätere, vielversprechendere Vermutung, die sich auf neue Ideen über die dunkle Materie stützt.

Asteroiden und Kometen

Wenn der Chicxulub-Krater durch einen Asteroiden erzeugt wurde, hatte die dunkle Materie nichts damit zu tun. Falls jedoch ein Komet die verheerende Zerstörung angerichtet hat, könnte durchaus ein exotischer Auslöser in Form dunkler Materie dafür verantwortlich sein. In seinem Buch *T. rex and the Crater of Doom* bezeichnet Walter Alvarez den Einschlagkörper, der für das Aussterben an der K-Pg-Grenze verantwortlich ist, regelmäßig als »Kometen«, wobei er aber klarmacht, dass niemand definitiv sagen kann, ob es sich wirklich um einen Kometen oder um einen Asteroiden handelt. Anhand der Krater zwischen Kometen und Asteroiden zu unterscheiden ist schwierig; das gilt insbesondere, wenn diese bereits vor Jahrmillionen auf der Erde eingeschlagen sind. Wenn man die Bahn eines Himmelskörpers nicht beobachtet hat, kann man in der Regel auch nichts darüber aussagen, ob es sich dabei um einen Kometen oder einen Asteroiden handelt. Was das Objekt angeht, das die Dinosaurier vernichtete, ist die Frage nicht geklärt.

Wir wissen aber, dass Kometen und ihre Bruchstücke seltener auf die Erde gelangen. Schätzungen der relativen Häufigkeit von Kometeneinschlägen im Vergleich zu Asteroiden schwanken zwischen 2 und 25 Prozent. Dieser kleine Anteil entspricht der geringen Zahl erdnaher Kometen. Unter den mehr als 10 000 erdnahen Objekten, die man heute kennt, sind nur ungefähr 100 Kometen; alle anderen sind Asteroiden oder kleine Meteoroiden.

Größere Einschläge müssen aber nicht zwangsläufig auf Objekte zurückgehen, die sich zuvor bereits in der Nähe befanden. Auch weit entfernte Kometen können gelegentlich ihre Umlaufbahnen verlassen und die Erde treffen. Der angesehene Astronom Gene Shoemaker vertrat in einer faszinierenden Studie die Ansicht, Asteroiden seien zwar für den größten Teil der kleinen Einschläge verantwortlich, für größere Ereignisse könnten Kometen aber wichtiger sein. Shoemaker setzte die Zahl der Einschläge ins Verhältnis zur Größe und stellte dabei fest, dass es offenbar zwei verschiedene Populationen gibt. Die kleineren Einschläge lagen alle entlang einer eindeutigen Kurve, es gab aber viel mehr größere Ereignisse, als es einem derart einfachen Diagramm entsprechen würde. Da Shoemaker wusste, dass Asteroiden die kleineren Einschläge verursacht hatten, stellte er die Hypothese auf, dass größere Ereignisse auf einen anderen Typ von Objekten zurückgehen müssten; demnach handelte es sich bei seinem Diagramm in Wirklichkeit um die Summe zweier verschiedener Kurven, in denen sich zwei unabhängige Ursachen widerspiegelten. Und bei der Ursache der größeren Einschläge handelte es sich nach seiner Vermutung um Kometen.

Kometen haben noch eine weitere wichtige Eigenschaft: Sie bringen im Vergleich zu Asteroiden eine erheblich größere Energiemenge mit, denn sie bewegen sich im Allgemeinen wesentlich schneller – ihre Geschwindigkeit liegt bei 70 Kilometern in der Sekunde oder mehr, Asteroiden bringen es nur auf 10 bis 30 Kilometer pro Sekunde. Ein Geschoss aus einer Feuerwaffe fliegt in der Regel mit weniger als 11, ein Asteroid mit ungefähr 20, ein kurzperiodischer Komet mit 35 und ein langperiodischer Komet mit 55 Kilometern in der Sekunde, höhere Geschwindigkeiten kommen aber ebenfalls vor (siehe Abb. 32). Die kinetische Energie wächst nicht nur mit der Masse, sondern auch mit dem Quadrat der Geschwindigkeit. Auch wenn Kometen also seltener einschlagen und kleiner sind, können sie im Prinzip mit ihrer höheren Geschwindigkeit größere Schäden anrichten als die langsameren Asteroiden.

Auch chemische Analysen, die Shoemaker anstellte, sprachen für die Vorstellung von Kometen – gerechterweise sollte man allerdings festhalten, dass Wissenschaftler aufgrund solcher Analysen beide Positionen vertreten ha-

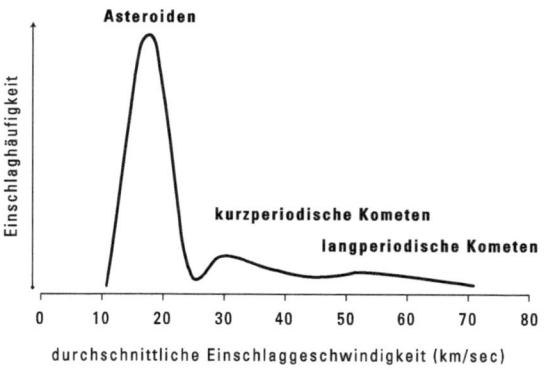

Abb. 32 Durchschnittliche Geschwindigkeit einschlagender Asteroiden, kurz- und langperiodischer Kometen (Kilometer je Sekunde). Die Kurve zeigt auch die voraussichtliche relative Häufigkeit von Objekten der drei Kategorien.

ben. Für die Hypothese, dass es sich um Asteroiden handelte, sprachen die Isotopenverhältnisse und die erhalten gebliebenen Meteoritenbruchstücke: Sie passen zu *Chondriten*, einem Typ von Asteroiden, die millimetergroße kugelförmige Einschlüsse enthalten; diese waren einst geschmolzene Tröpfchen, die in der Frühzeit des Sonnensystems vor 4,56 Milliarden Jahren durch Stürme des solaren Nebels entstanden. Die Belege sind aber nicht schlüssig. Die Isotopenverhältnisse in Kometen kennen wir nicht; es könnte sich also herausstellen, dass sie ebenfalls ähnlich sind. Außerdem sprechen neuere Forschungsergebnisse für einen niedrigeren Iridium- und Osmiumgehalt, als man früher angenommen hatte; das wiederum steht eher im Einklang mit einer Interpretation, wonach es sich um einen Kometen handelte.

Die Astrophysiker Kevin Zahnle und David Grinspoon vertraten 1990 aufgrund einer ganz anderen Überlegung die Ansicht, in Chicxulub müsse ein Komet eingeschlagen sein. In den Sedimenten beiderseits der Schichtungen von der K-Pg-Grenze hatte man Aminosäuren gefunden, und das erklärten sie mit Kometenstaub, der vor und nach dem Aussterbeereignis bis zur Erde vorgedrungen war. Staubteilchen schweben in der Atmosphäre, sinken langsam ab und erreichen unversehrt den Erdboden; sie könnten demnach aus einem Kometen stammen, der vor langer Zeit zerfiel, so dass sein Material auf die Erde herabregnete.

Dass Kometen unerwartet häufig einschlagen, könnte daran liegen, dass sie manchmal in Bruchstücke zerfallen, wenn sie vom Jupiter abgelenkt werden. Wenn das geschieht, steigt die Wahrscheinlichkeit, dass einige dieser Fragmente die Erdumlaufbahn kreuzen und auf unseren Planeten gelangen. Manche Astronomen spekulieren, dies könne noch vor wenigen Jahrtausenden geschehen sein; als Beleg führen sie die großen Mengen an Kometenstaub in den inneren Regionen des Sonnensystems an.

Der Shoemaker-Levy-Komet, der erst vor recht kurzer Zeit auf dem Jupiter einschlug, machte auf spektakuläre Weise deutlich, welche Zerstörung solche Kometenbruchstücke anrichten können. Carolyn Shoemaker machte den Kometen erstmals 1993 in der Nähe des Jupiter aus und verfolgte zusammen mit ihrem Ehemann Gene und ihrem Kollegen David Levy seine weitere Bahn. Ihnen fiel auf, dass der Komet ungewöhnlich aussah: Er machte sich nicht als einzelner Streifen am Himmel bemerkbar, sondern als Bogen, der durch helle, runde Flecken unterbrochen war. Wenig später konnten die Astronomen Jane Luu und David Jewitt mit genaueren Beobachtungen mindestens 17 einzelne Stücke identifizieren, die wie eine Perlenkette einen Bogen bildeten.

Aus ihrer Bahn schloss der Astronom Brian Marsden vom zutreffend benannten Central Bureau for Astronomical Telegrams, dass die ungewöhnliche Struktur die Folge eines zu nahen Vorbeifluges am Jupiter war: Dessen Gravitation hatte den Kometen in kleinere Bruchstücke zerlegt. Marsden äußerte die Vermutung, die Fragmente könnten dem Jupiter in Zukunft erneut nahe kommen oder sogar auf ihm einschlagen. In weiteren Untersuchungen berechneten die Astronomen, dass die Gravitation des riesigen Planeten die Stücke tatsächlich einfangen würde, so dass es zwischen dem 16. und dem 22. Juli 1994 zu einem Frontalzusammenstoß kommen musste.

Und tatsächlich tauchte das erste Fragment pünktlich mit einer Geschwindigkeit von mehr als 60 Kilometern pro Sekunde in die Atmosphäre des Jupiter ein. Die erkennbar betroffene Region war mindestens so groß wie die Erde. Die Atmosphäre wurde durch Staub erleuchtet, der den eigentlichen Fragmenten vorausging, und diese erzeugten einen leuchtenden Blitz. Die Effekte ähnelten denen im Umkreis von Chicxulub, nur traten die Schäden dieses Mal auf dem Jupiter ein. Da die Bruchstücke einen Durchmesser von weniger als 300 Metern hatten und auch der Komet, aus dem sie ursprünglich entstanden waren, höchstens einige Kilometer maß, wurde eine viel geringere Energie freigesetzt als beim Chicxulub-Einschlag. Dennoch war es ein eindrucksvoller Anblick.

Wie man an Kratern auf den Jupitermonden erkennen kann, war es nicht das erste Mal, dass ein Objekt in der Region auf so dramatische Weise eingefangen wurde, zerbrach und einschlug. Und wenn sich der Gedanke von den periodisch wiederkehrenden Meteoroiden als richtig erweist, wäre er ein weiterer Beleg, dass Kometen während der gesamten Geschichte des Sonnensystems eine wichtige Rolle gespielt haben. Der Zusammenhang zwischen solchen astrophysikalischen Phänomenen und den Oberflächen der Planeten erinnert uns daran, dass sogar eine scheinbar abstrakte theoretische Forschung letztlich dazu beitragen kann, unser eigenes Dasein zu erklären.

Auslöser

Auch wenn man nicht sicher sein kann, werde ich von nun an davon ausgehen, dass Kometen aus der Oort-Wolke für die großen Einschläge verantwortlich waren. Es ist nach heutiger Erkenntnis die einzig mögliche Erklärung für regelmäßig wiederkehrende Treffer. Eine Störung, durch die ein
vereister Himmelskörper aus den Außenbezirken des Sonnensystems in
Richtung der Erdumlaufbahn abgelenkt wird, mag sich zwar nach Science-
Fiction anhören – und das nicht zu Unrecht, denn häufig ist es tatsächlich
so –, ein solcher Ablauf lässt sich aber auch wissenschaftlich begründen.

Wie gesagt: In den äußersten Außenbezirken des Sonnensystems befindet
sich die Oort-Wolke, eine hypothetische mehr oder weniger kugelförmige
Ansammlung kleinerer Himmelskörper, die sich über mehr als das Fünfzig-
tausendfache der Entfernung zwischen Erde und Sonne in den Weltraum erstreckt. Der Beleg dafür, dass es eine solche große Kometenquelle gibt, sind
– da man sie wegen der großen Entfernung nicht unmittelbar beobachten
kann – genau die sichtbaren Kometen, die in die inneren Bereiche des Sonnensystems vorgedrungen sind.

Im Gegensatz zu den anfangs erwähnten Tänzerinnen ist die Anziehungskraft der Sonne – und nicht die Wechselwirkungen der Objekte in der Oort-
Wolke untereinander – der Grund, warum diese Himmelskörper in ihren
Umlaufbahnen bleiben. Aber die Sonne hält solche Objekte in der so weit
entfernten Wolke nur mit einer schwachen Gravitation fest. Die Schwerkraft
nimmt mit dem umgekehrten Quadrat der Entfernung ab, das heißt, sie
wirkt auf ein Objekt, das zehntausendmal weiter entfernt ist, hundert Millionen Mal schwächer. Entsprechend schwächer ist die Anziehungskraft der
Sonne für einen Kometen in der Oort-Wolke im Vergleich zu ihrer Anziehungskraft auf die Erde. In einem derart schwach gebundenen Umfeld können schon relativ kleine Störungen den Weg eines Himmelskörpers verändern und ihn letztlich aus seiner Umlaufbahn hinausstoßen, so dass er
entweder völlig aus dem Sonnensystem verschwindet oder auf einen Weg in
die Nähe der Sonne gelenkt wird.

Der Astronom Jan Oort stellte die Idee später auf eine solidere Grundlage,
aber den Gedanken, dass Störungen die Kometen am äußersten Rand des
Sonnensystems (in der Oort-Wolke, die manchmal auch Öpik-Oort-Wolke

genannt wird) solche eisigen Himmelskörper in die inneren Regionen des
Sonnensystems lenken können, äußerte der estnische Astrophysiker Ernst
Julius Öpik schon 1932. Öpik hatte im Wesentlichen eine zutreffende Vorstellung von dem ganzen Vorgang: Nach seinen Überlegungen werden vereiste
Objekte irgendwann instabil und anfällig für Störungen, so dass äußere Einflüsse sie aus ihrer Umlaufbahn stoßen und auf einen Weg bringen können,
der in Richtung der Erde führt. Er äußerte sogar die Vermutung, dies könne
bei uns Auswirkungen auf die Lebewesen haben, wobei er sich aber nicht
zwangsläufig eine weltweite Zerstörung vorstellte, wie sie das Aussterben an
der K-Pg-Grenze begleitete.

Allerdings ließen Öpiks beeindruckende Arbeiten die Frage offen, warum
die Umlaufbahnen instabil werden oder welcher Auslöser ihre Bahnabweichungen verursacht. Mit solchen Fragen konnte man sich erst viele Jahre später beschäftigen, als die Vermutung von Alvarez (und der Kalte Krieg mit
seinen Bildern von massenhafter Zerstörung) ins Bewusstsein der Öffentlichkeit drang und das Interesse neu belebte.

Unter den Objekten, die nach der Vermutung der Astronomen die Auslöser von Störungen sein könnten, sind nahe gelegene, vorüberziehenden
Sterne und *Riesenmolekülwolken* – riesige Ansammlungen von Gasmolekülen mit der tausend- bis zehnmillionenfachen Masse der Sonne. Aber auch
wenn Sterne einen geringen Einfluss auf die Umlaufbahnen ausüben und
Molekülwolken ebenfalls einen gewissen Effekt haben, ist keines von beiden
die vorherrschende Ursache, wenn Kometen auf den Weg ins innere Sonnensystem gelenkt werden. Wie stark Stöße sich auswirken, hängt von ihrer
Kraft und Häufigkeit ab, aber auch von der Dichte und Masse der vereisten
Körper, auf die sie wirken. Weder Sterne noch Molekülwolken haben eine
ausreichende Kraft oder treten mit so großer Häufigkeit auf, dass man mit
ihnen alle Kometen erklären könnte, die wir beobachten.

Julia Heisler und Scott Tremaine beschäftigten sich 1989 mit einem viel
bedeutsameren Einfluss: den Gezeitenkräften der Milchstraße. Die vertrauten Gezeiten der Meere schafft der Mond mit seinem Gravitationseinfluss:
Er zieht mehr oder weniger weit entfernte Regionen der Erde unterschiedlich
stark an und sorgt so dafür, dass der Meeresspiegel sich hebt und senkt.
Ganz ähnlich die galaktischen Gezeiten, die von der Milchstraße ausgehen:
Sie verbiegen die Umlaufbahnen der Objekte im äußeren Sonnensystem. Die

Gravitationsanziehung der Milchstraße wirkt auf Objekte, die sich nicht genau am gleichen Ort befinden, unterschiedlich stark und verformt die ansonsten kugelförmige Oort-Wolke so, dass sie sich länglich in Richtung der Sonne erstreckt und in den beiden anderen Raumrichtungen zusammengedrückt wird.

Die von der Milchstraße ausgehende Gravitationskraft sorgt dafür, dass die Umlaufbahnen kleinerer Himmelskörper im Laufe der Zeit immer länger oder exzentrischer werden. Ist dieser Vorgang weit genug fortgeschritten, wird das *Perihel* – der geringste Abstand der Umlaufbahn von der Sonne – so klein, dass die Objekte leichter in die innere Region des Sonnensystems vordringen können. Die Gezeitenkraft kann dort ausreichen, damit vereiste Körper aus der Oort-Wolke den Zustrom der Kometen ins Innere des Sonnensystems verstärken. Dies hat zur Folge, dass ein langsamer, stetiger Strom von Kometen die Erde erreicht.

Noch interessanter wird die Sache, weil der beherrschende Mechanismus, der vereiste Körper als Kometen auf den Weg in den inneren Teil des Sonnensystems bringt, nicht nur auf den Gezeiten beruht, sondern auch auf Störungen durch Sterne, die mit ihnen zusammenwirken. Solche Störungen durch Sterne können zwar allein keine Kometenschauer entstehen lassen, denn sie wirken über viel längere Zeiträume als die Gezeiten, sie tragen aber entscheidend dazu bei, dass die Oort-Wolke sich so weit verändert, bis die Gezeiten ihre Wirkung entfalten können. Das Ganze ähnelt ein wenig einem Rennfahrerteam bei der Tour de France: Das Team hilft dem Führungsfahrer, sich so zu positionieren, dass er den Endspurt antreten und das gelbe Trikot erringen kann. Da er die Ziellinie als Erster überquert, kennen wir in der Regel nur den Namen des Siegers, nicht aber die der Unterstützer. Und doch haben die anderen Fahrer eine wichtige Rolle gespielt. Ähnlich verhält es sich auch, wenn Kometen aus der Bahn geworfen werden: Der unmittelbare Auslöser ist zwar die Gezeitenkraft, diese kann nur deshalb eine so starke Wirkung entfalten, weil die von Sternen ausgehen Störungen die Umlaufbahnen bereits verschoben haben, so dass ein relativ kleiner Stoß ausreicht, um den Kometen auf den Weg ins Innere Sonnensystem zu bringen. Begegnungen mit Sternen sind also von entscheidender Bedeutung, aber der eigentliche Auslöser ist die Gezeitenkraft.

Die galaktische Gezeitenkraft gewinnt in einem Abstand von 100 000 bis

200 000 AE von der Sonne die Oberhand gegenüber der Anziehungskraft unseres Zentralgestirns. An der Außengrenze der Oort-Wolke reicht die Gravitation der Sonne nicht mehr aus, um stabile Umlaufbahnen aufrechtzuerhalten. Wie wir gerade erfahren haben, stören die Gezeiteneffekte auch in Richtung der Sonne die stabilen Umlaufbahnen, und gelegentlich wird ein kleinerer Körper aus seiner Bahn geworfen und ins Innere des Sonnensystems befördert. Noch weiter innen – in Regionen, die für Beobachtungen zugänglich sind – verblassen die Gezeiteneffekte im Vergleich zur Anziehungskraft der Sonne. Nur in der Oort-Wolke können sie also die schwach gebundenen Planeten nennenswert verschieben. Aller Wahrscheinlichkeit nach sind solche Gezeiteneffekte die Ursache für 90 Prozent aller Kometen, die dort ihren Ursprung haben.

Die Milchstraße ist also in der Lage, Kometen durch Gravitationseinflüsse, über die Physiker und Astronomen heute Bescheid wissen, zu stören und auf Bahnen zu bringen, die ins Innere des Sonnensystems führen. Aber auch wenn dieser Mechanismus wichtig und interessant ist, kann man mit ihm allein weder alle Kometenschauer noch die periodische Wiederkehr der Kometeneinschläge erklären. Ohne zusätzliche Effekte erzeugt die beschriebene Gezeitenkraft einen zwar stetigen, aber nur langsamen Strom von Kometen.

Als Astronomen erklären wollten, warum dieser Strom sich in regelmäßigen Abständen verstärkt, mussten sie also weitere Spekulationen anstellen. Nur so lässt sich begründen, warum die Auslöser für Bahnabweichungen von Kometen nicht ausschließlich nach dem Zufallsprinzip auftreten, sondern in regelmäßigen Abständen von einigen Dutzend Millionen Jahren. Ich möchte von vornherein klarstellen, dass die Erklärungsvorschläge, die ich im Folgenden beschreiben werde, keinen Erfolg hatten. Aber wenn man versteht, warum solche Vorschläge gemacht wurden und warum sie gescheitert sind, kann man leichter nach Alternativen suchen. Ein solcher Vorschlag war ein Vorläufer der Vorstellung von der dunklen Scheibe, die ich später noch erläutern werde.

Die Nemesis-Idee

Die erste – und phantasievollste – Vermutung, mit der man die regelmäßig wiederkehrenden Einschläge erklären wollte, lautete: Die Sonne hat einen Begleitstern mit dem spaßigen Namen Nemesis, der mit ihr in einem großen Doppelsternsystem kreist. Die Astronomen unterstellten für den hypothetischen Begleitstern eine stark elliptische Umlaufbahn, auf der er alle 26 Millionen Jahre in einem Abstand von 30 000 AE an uns vorüberzieht. Mit diesem Gedanken, der 1984 geäußert wurde, wollte man die von Raup und Sepkoski postulierten regelmäßigen Aussterbeereignisse erklären: Sie wären demnach auf die Gravitation von Nemesis zurückzuführen, die alle 26 Millionen Jahre, wenn der Schwesterstern unserer Sonne am nächsten ist, besonders stark wird. Der Vermutung zufolge sollte der Gravitationseinfluss von Nemesis zu solchen Zeitpunkten kleinere Objekte aus der Oort-Wolke so aus der Bahn werfen, dass sie dann als Kometen die Erde bombardieren.

Ein zeitlicher Abstand der Begegnungen von rund 30 Millionen Jahren (und die damit verbundene verstärkte Häufigkeit von Kometeneinschlägen) setzt ein sehr großes System voraus. Die *große Halbachse* (die halbe Länge der Ellipse) müsste demnach eine Länge von ein bis zwei Lichtjahren haben. Ein solcher Gedanke wirft das Problem auf, dass Sterne oder interstellare Wolken ein derart riesiges Doppelsternsystem instabil machen würden: Die Regelmäßigkeit der mutmaßlichen Begegnungen wäre nicht mehr gegeben, sondern die Häufigkeit müsste im Laufe der letzten 250 Millionen Jahre stark geschwankt haben. Solche Schwankungen hat man aber nicht beobachtet.

Der eigentliche Sargnagel für die Vorstellung vom Doppelstern war aber der ständig verbesserte, durch Infrarotvermessungen erstellte Katalog der Objekte am gesamten Himmel – er würde heute auch Nemesis einschließen, wenn er existieren würde. Im Jahr 1984 reichten die Messungen noch nicht aus, um die Existenz eines solchen mutmaßlichen Objekts definitiv auszuschließen, seit jener Zeit haben sich die Beobachtungen aber dramatisch verbessert. Der Wide-Field Infrared Survey Explorer der NASA, der 2009 gestartet wurde und bis zum Februar 2011 einschlägige Daten sammelte, hätte den postulierten roten Zwergstern finden müssen – aber er fand ihn nicht. Da man auch keinen ebenfalls postulierten Gasriesen-Planeten von der Größe des Jupiters fand, war mit den Infrarotmessungen auch eine andere, ähnliche Erklärung widerlegt, die von einem hypothetischen, ursprünglich als »Planet X« bezeichneten neuen Planeten ausgegangen war.

Die Bewegung der Galaxis als Auslöser

Vor dem Hintergrund dieser gescheiterten Ideen schienen einige ganz andere Vermutungen, die von der Bewegung des Sonnensystems durch die bekannten Bestandteile der Galaxis ausgingen, vielversprechende Alternativen zu sein. Dabei postulierte man keinen neuen, exotischen Himmelskörper, sondern man ging davon aus, dass die Dichteschwankungen, denen das Sonnensystem beim Durchgang durch die Spiralarme der Galaxis oder beim Kreuzen ihrer Mittelebene begegnet, zu einer unterschiedlichen Störungshäufigkeit in der Oort-Wolke führen könnten. Solche wiederholten Durchgänge durch Regionen mit erhöhter Dichte wären im Prinzip eine Erklärung für die regelmäßig wiederkehrenden Kometenschauer.

Wie gesagt: Die Milchstraße ist eine scheibenförmige Galaxis, das heißt, die meisten Sterne und Gase bilden eine dünne Scheibe, die einen Durchmesser von 130 000 Lichtjahren hat, aber nur ungefähr 2000 Lichtjahre dick ist. Die Sonne liegt ungefähr 27 000 Lichtjahre vom Zentrum der Galaxis entfernt und befindet sich derzeit in der Nähe ihrer Mittelebene – der Abstand beträgt noch nicht einmal 100 Lichtjahre. Außerdem liegt sie am Rand eines Spiralarmes.

Die Spiralarme der Milchstraße erstrecken sich vom Zentrum der Galaxis in gebogener Form nach außen (siehe Abb. 33). Sie enthalten mehr Gas und Staub als die Regionen zwischen ihnen und sind entsprechend auch die Regionen, in denen sich häufiger junge Sterne bilden. Ebenso sind sie der Ort stärker konzentrierter, riesiger Molekülwolken – das sind die zuvor bereits erwähnten riesigen Mengen an molekularem Gas. Durchquert die Sonne diese dichteren Regionen, üben die Molekülwolken einen stärkeren Gravitationseinfluss aus, der im Prinzip auch umfangreiche Störungen verursachen und damit zu einer regelmäßig wiederkehrenden höheren Einschlaghäufigkeit führen könnte.

Eine solche Idee wirft möglicherweise das Problem auf, dass die Spiral-

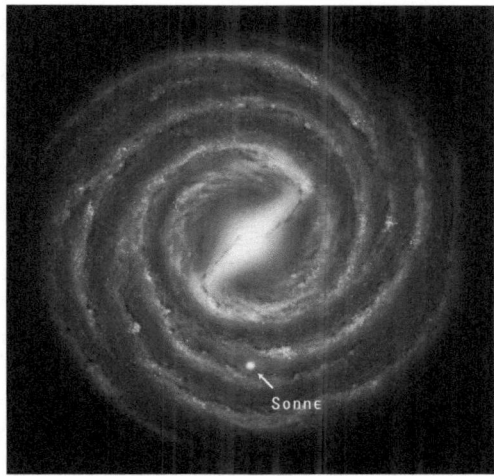

Abb. 33 Die Spiralarme der Milchstraße mit der Position der Sonne (Größe nicht maßstabsgetreu).

arme nicht genau symmetrisch sind und auch relativ zur Sonne nicht mit einheitlicher Geschwindigkeit rotieren. Deshalb durchquert die Sonne sie vermutlich nicht in genau regelmäßigen zeitlichen Abständen. Da aber Aufbau, Bewegungen und Entwicklung der Spiralarme bisher nur schlecht erforscht sind, könnte sich jede Schlussfolgerung, die eine auf Spiralarme gegründete Theorie allein aus solchen Gründen ausschließt, als voreilig erweisen. Bis die Periodizität genauer nachgewiesen ist, steht der Mangel an vollkommener Regelmäßigkeit jedenfalls nicht zwangsläufig im Widerspruch zu den Daten, die möglicherweise ebenfalls nur eine ungefähre Regelmäßigkeit zeigen.

Dennoch sind die Spiralarme wegen zweier weiterer Faktoren vermutlich eine schlechte Erklärung für die beobachtete Zunahme der Einschlaghäufigkeit. Erstens enthalten sie das Gas nicht in so hoher Dichte, dass man damit die periodisch wiederkehrende Verstärkung der Einschläge erklären könnte. Wenn die Dichte nicht stark genug schwankt, wäre jede Verstärkung während der Durchquerung der Spiralarme so geringfügig, dass man sie nicht nachweisen könnte.

Problematisch ist außerdem auch, dass das Sonnensystem die Spiralarme der Galaxis gar nicht so häufig durchquert. Insgesamt gibt es nur vier große Spiralarme und vielleicht noch zwei kleinere; das »galaktische Jahr« ist recht lang – in den letzten 250 Millionen Jahren gab es noch nicht einmal vier Durchläufe durch die größeren Spiralarme. Da die Spiralarme sich in der gleichen Richtung bewegen wie das Sonnensystem (wenn auch mit anderer Geschwindigkeit), liegen zwischen den Durchquerungen vermutlich 80 bis 150 Millionen Jahre – womit die Abstände viel zu groß sind, als dass man mit ihnen die gefundenen Aussterbeereignisse oder Einschlagkrater erklären könnte.

Aber auch wenn man die zeitlichen Abstände und die regelmäßige Häufigkeitssteigerung nicht mit den Spiralarmen erklären kann, sind vertikale Dichteschwankungen als potentieller Auslöser der Einschläge nicht ausgeschlossen; diese Vermutung könnte sich durchaus als vielversprechend erweisen. Der Kreisbewegung des Sonnensystems überlagert ist eine Schwankung in vertikaler Richtung, die (im Vergleich zu dem Radius von 26 000 Lichtjahren zwischen der Sonne und dem Zentrum der Galaxis) eine viel geringere Entfernung umfasst (siehe Abb. 34). Während die Sonne in ungefähr 240 Millionen Jahren einmal einen vollständigen Umlauf in der Galaxis vollzieht und damit das »galaktische Jahr« vollendet, bewegt sie sich auch ein wenig auf und ab. Diese viel kleinere Wellenbewegung in vertikaler Richtung hängt von der Materieverteilung in der Scheibe ab, aber nach einer vernünftigen Schätzung vollzieht sie sich nur über eine Entfernung von ungefähr 200 Lichtjahren – und derzeit sind wir der Mittelebene mit vielleicht 65 Lichtjahren noch viel näher.

Die senkrechten Schwankungsbewegungen des Sonnensystems sind möglicherweise eine Erklärung für die unterschiedlichen Gezeiteneffekte und damit auch für regelmäßig wiederkehrende Auswirkungen in den richtigen zeitlichen Abständen. Da die Dichte der Sterne und Gase wechselt, wenn das Sonnensystem sich durch die dichteren Regionen der galaktischen Mittelebene bewegt, trifft es auf unterschiedliche Umgebungsverhältnisse. Steigt die Dichte beim Durchgang durch die Ebene dramatisch an, werden auch die Störungen häufiger, und entsprechend mehr Kometen treffen zu solchen Zei-

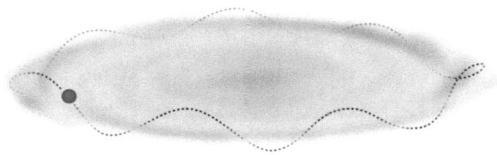

Abb. 34 Die Sonne bewegt sich auf ihrer Umlaufbahn durch die Ebene der Milchstraße auf und ab. Beim Durchgang durch die Mittelebene ist sie größeren gravitationsbedingten Gezeitenkräften ausgesetzt. Zur Verdeutlichung wurden hier kürzere Schwankungen dargestellt. In Wirklichkeit vollzieht die Sonne während eines Umlaufs nur drei bis vier Auf-und-ab-Bewegungen.

ten die Erde. Da die galaktischen Gezeiten in der Oort-Wolke der wichtigste Störungsfaktor sind, könnten Dichteschwankungen in vertikaler Richtung einen ausreichend starken Einfluss ausüben. Die Professoren Michael Rampino und Bruce Haggerty von der New York University äußerten nicht nur diesen Gedanken, sondern sie gaben ihm auch einen phantasievollen Namen: Sie bezeichneten ihn nach dem hinduistischen Gott der Zerstörung und Erneuerung als Shiva-Hypothese.

Damit ein solches Szenario zu den Beobachtungen passt, muss die Materieverteilung in der Galaxis zwei Merkmale aufweisen. Erstens muss die Dichte in der Mittelebene eine so starke Gravitation ausüben, dass sich damit die tatsächlichen zeitlichen Abstände der vertikalen Schwankungen erklären lassen. Diese Bedingung ist unabhängig davon, wie der Mechanismus der Störungen im Einzelnen aussieht. Durchquert das Sonnensystem die Mittelebene nicht in den richtigen Abständen, würde jede Gravitationsverstärkung, die sich zu solchen Zeiten einstellt, nicht zu den Daten passen.

Das zweite Merkmal muss gegeben sein, damit sich die Häufigkeitsverteilung einstellt, mit der sich die regelmäßig wiederkehrenden Kometenschauer erklären lassen: Die Dichteschwankungen müssen so stark ausgeprägt sein, dass sie einen zeitabhängigen Einfluss auf die Oort-Wolke ausüben, wenn diese die Ebene der Galaxis durchquert. Beide Merkmale sind von Bedeutung, wenn man eine höhere Dichte in der galaktischen Mittelebene unterstellt. Sie schließen die hier erörterten Vermutungen aus und sind, wie ich später noch genauer erklären werde, der Grund, warum eine Scheibe aus dunkler Materie, die dichter und dünner als die Scheibe aus gewöhnlicher Materie ist, eine tragfähige Alternative sein könnte.

Rampino und Stothers gingen aber 1984 von einer eher konventionellen Zusammensetzung der Milchstraße aus und versuchten, die erforderlichen Dichteschwankungen mit riesigen Molekülwolken zu erklären, die in der Nähe der galaktischen Mittelebene am dichtesten sind. Ihre Überlegungen ähnelten denen, die einen Durchgang durch die Spiralarme unterstellten – die Materiedichte nimmt zu, wenn das Sonnensystem die Wolken durchquert. Ihre Vermutung wurde aber schon im folgenden Jahr zunichtegemacht: Jetzt konnten die Astronomen zeigen, dass die Schicht aus Wolken zu dicht ist – sie erstreckt sich fast so weit, wie die Sonne sich in senkrechter Richtung insgesamt auf und ab bewegt; deshalb sind Schwankungen entlang der Sonnenbahn so schwach, dass man sie nicht wahrnehmen kann. Und ohnehin sind Begegnungen mit Molekülwolken ohne zusätzliche Materie zu selten, als dass man mit ihnen eine Periodizität von ungefähr 30 Millionen Jahren erklären könnte.

Eine andere Möglichkeit untersuchten Julia Heisler und Scott Tremaine, die dabei dieses Mal mit dem Astrophysiker Charles Alcock zusammenarbeiteten. Nachdem sie nachgewiesen hatten, dass der Gezeiteneinfluss der Milchstraße von Bedeutung ist, wiesen sie darauf hin, dass dieser Effekt allein zwar die Grundlage für eine recht einheitliche Kometenhäufigkeit bilden könne, ein von einem nahe gelegenen Stern ausgehenden Stoß habe aber das Potential, einen Kometenschauer zu erzeugen. Damit stellt sich die Frage, wie häufig solche Begegnungen vorkommen und welche Auswirkungen sie haben. Mit welchen Häufigkeitsschwankungen sollten wir bei den Kometen, die auf die Erde treffen, rechnen?

Um die Häufigkeit abzuschätzen, stellte die Arbeitsgruppe die Frage, wie häufig ein Stern mit der Masse der Sonne (die er mindestens haben muss, um bei einer Geschwindigkeit von ungefähr 40 Kilometern pro Sekunde den notwendigen Einfluss auszuüben) einem Objekt in der Oort-Wolke bis auf 25 000 AE nahe kommt (den Abstand, der ungefähr der Entfernung der Wolke von der Sonne entspricht und mindestens notwendig ist, damit eine Störung stattfinden kann). Wie sich herausstellte, rechnet man ungefähr alle 70 Millionen Jahre mit einer solchen Annäherung. Das ist zu wenig, als dass man damit die mutmaßliche Periodizität erklären könnte, aber im Prinzip könnte hier zumindest die Ursache für einige derartige Ereignisse während der letzten 250 Millionen Jahre liegen.

Im weiteren Verlauf machten Heisler und ihre Kollegen mit einer umfangreicheren numerischen Simulation bessere Voraussagen; dazu bezogen sie auch den zusätzlichen, von der Gezeitenkraft ausgehenden Stoß mit ein. Wie sich herausstellte, müssen Sterne der Sonne ein wenig näher kommen, als man bis dahin geglaubt hatte. Deshalb kommen die vorausgesagten Kometenschauer noch seltener vor, nämlich nur einmal in 100 bis 150 Millionen Jahren; damit sind sie bei weitem nicht häufig genug, als dass man mit ihnen die beobachtete Periodizität erklären könnte. In späteren, detaillierteren numerischen Analysen stellte sich heraus, dass die Begegnung mit anderen Sternen in Wirklichkeit häufiger einen Einschlag auslösen kann, aber die Zahlen reichten immer noch nicht aus, um damit die tatsächlichen Daten zu erklären.

Aus allen diesen Forschungsarbeiten kann man den gleichen Schluss ziehen: Ohne neue Faktoren verändern sich die Gravitationsverhältnisse im Sonnensystem nicht in einer ausreichend kurzen Zeit so stark, dass sich damit merkliche Unterschiede in der Häufigkeit der Meteoriteneinschläge erklären ließen; man kann damit nicht nachweisen, dass Spitzenwerte, die über den allgemeinen Hintergrund hinausgehen, in regelmäßigen Abständen auftreten. Das Sonnensystem durchquert zwar regelmäßig die Mittelebene der Galaxis, aber zu diesen Zeiten sind die Kometenschauer aufgrund der Verteilung der herkömmlichen Materie nicht merklich stärker.

Im Großen und Ganzen stehen wir damit vor einer ähnlichen Situation wie im Zusammenhang mit den Spiralarmen. Die vorausgesagten zeitlichen Abstände sind zu groß, und die Dichteschwankungen sind nicht stark genug, als dass man damit die messbare, periodisch wiederkehrende verstärkte Kraterbildung erklären könnte, wie es die Urheber der Theorien erhofft hatten. Erste Dichtemessungen hatten auf etwas anderes hingedeutet, aber als man in späteren Berechnungen mehr neuere Erkenntnisse über die Galaxis einbezog, stellte sich heraus, dass die vor unseren Arbeiten geäußerten Vermutungen nicht zu der richtigen Häufigkeit oder zu einer zutreffenden, wiederkehrenden Verstärkung führen konnten, die zu den beobachteten Kratern passte. Die vorhergesagte, zu lange Periodizität schließt alle Vorschläge aus, die mit der Ebene der Galaxis zu tun haben – es sei denn, in der Scheibe ist eine neue, bisher nicht nachgewiesene Komponente der Materie vorhanden.

Matt Reece und ich nahmen die besten derzeit verfügbaren Messungen zusammen – die sich wie die Belege für eine Periodizität im Laufe der Zeit stark verändert haben – und gelangten letztlich zu dem Schluss, dass die Auf- und-ab-Bewegungen in zu großen Abständen erfolgen und deshalb die Daten, die auf eine Periodizität hindeuten, nicht erklären können, sofern es in der Scheibe keine bisher noch unbekannte Materie gibt. Die Verteilung war nicht nur so gleichmäßig, dass sie nicht zu krassen Veränderungen der Kraterbildungshäufigkeit führen konnten, sondern auch die vertraute Scheibe der Milchstraße ist, wenn sie nur aus normaler Materie besteht, zu diffus und kann nicht die richtige Periodizität erzeugen.

Aber auch wenn die zuvor beschriebenen Überlegungen nicht ausreichen, um eine potentielle Periodizität zu erklären, lernten Matt und ich daraus viel über die Grundtatsachen, und das war notwendig, um weiter voranzukommen. Wir erfuhren, dass Gezeiteneffekte während der Durchquerung der Scheibe und in ihrer Nähe so starke Störungen verursachen können, dass Kometen auf Bahnen in die inneren Regionen des Sonnensystems gelenkt werden. Uns wurde aber auch klar, dass die bekannten astrophysikalischen Ursachen den beobachteten periodischen Effekt nicht erzeugen können. Keine davon führte zu einem ausreichend abrupten Gezeiteneinfluss, durch den eine höhere Zahl von Kometen die Erde erreichen könnte.

Damit blieben nur zwei Möglichkeiten. Die vielleicht wahrscheinlichere lautet: Die beobachtete Periodizität ist nicht echt. Allzu stichhaltig sind die Belege dafür nicht, und viele Zufälle können durch ihr Zusammentreffen den Anschein eines periodischen Effekts erwecken. Spekulativer, aber auch viel interessanter, ist der zweite Gedanke: Vielleicht entspricht die Struktur der Galaxis nicht den allgemeinen Annahmen; in diesem Fall könnte der Gezeiteneffekt stärker sein und drastischer schwanken, als man angenommen hatte. Diese Möglichkeit wollten wir genauer unter die Lupe nehmen. Und das zahlte sich aus.

Die Einzelheiten werde ich im nächsten Teil des Buches erläutern: Matt Reece und ich bezogen alles ein, was wir über die Dichte der gewöhnlichen Materie in der Ebene der Milchstraße sowie über die gemessene Position und Geschwindigkeit der Sonne wissen; wie sich dabei herausstellte, ergibt sich eine weitaus bessere Übereinstimmung mit den beobachteten Kratern, wenn wir unser Modell der postulierten dunklen Materie hinzunehmen. Wenn sich in der bekannten Ebene der Milchstraße eine Scheibe aus dunkler Materie von der richtigen Dichte und Dicke befindet, könnte sich die Voraussage über Größenordnung und Zeitabhängigkeit der Gezeitenkräfte in der Ebene so verändern, dass sowohl die zeitlichen Abstände der Einschläge als auch die auslösenden Kräfte einigermaßen gut zu den Daten passen.

Als hübsches Extra kommt noch hinzu, dass die im letzten Kapitel beschriebene Aufforderung, anderswo zu suchen, weniger peinlich ist, als man bisher geglaubt hatte. Wir müssen nicht mehr alle möglichen Regelmäßigkeiten in Betracht ziehen, sondern nur diejenigen, mit denen die gemessene Dichte der gewöhnlichen Materie in der Galaxis berücksichtigt wird. Ausgestattet mit den zugegebenermaßen ungenauen Messungen am Sonnensystem und einem geeigneten Modell für die Scheibe aus dunkler Materie, können wir das Spektrum der möglichen Schwankungsperioden auf diejenigen beschränken, deren Voraussage mit den vorhandenen Dichtemessungen in der Milchstraße vereinbar ist. Wie Matt und ich herausfanden, ist die Annahme, dass es eine Periodizität gibt, bei Berücksichtigung aller vorhandenen Daten dreimal so wahrscheinlich wie die Vorstellung von Zufallstreffern. Ein solches statistisches Indiz ist nicht stichhaltig genug, als dass man damit die Existenz der von uns postulierten Scheibe aus dunkler Materie belegen könnte, aber das Ergebnis war immerhin so vielversprechend, dass weitere Untersuchungen gerechtfertigt erschienen.

Der beste Aspekt dieses Ansatzes ist die Gewissheit, dass unsere Kenntnisse über das Gravitationspotential der Galaxis sich weiter verbessern werden. Unsere Methode bezieht alle verfügbaren Informationen über die Galaxis ein und wird immer zuverlässiger werden, je mehr exakte Daten über die Galaxis und die Bewegung der Sonne zusammenkommen. Heute messen Wissenschaftler die Materieverteilung in der Galaxis. Satelliten zeichnen in aktuellen Untersuchungen die Positionen und Geschwindigkeiten von Sternen auf und erleichtern damit Rückschlüsse auf das Gravitationspotential, dem sie ausgesetzt sind – das heißt auf das Potential, das sie in der Milchstraße festhält. Das wiederum wird uns neue Aufschlüsse über die Struktur der Mittelebene unserer Galaxis liefern.

Damit bestehen Aussichten auf wirklich spannende neue Erkenntnisse:

Theorie und Messungen werden die Bewegungen des Sonnensystems in Zusammenhang mit Daten bringen, die man hier auf der Erde gewonnen hat. In Zukunft werden weitere Daten zu zuverlässigeren Vorhersagen führen und damit die Voraussetzung für noch vertrauenswürdigere Befunde schaffen.

Im nächsten Teil des Buches kehren wir zu den Modellen der dunklen Materie zurück, und am Ende steht das Modell, mit dem sich die Periodizität der Kraterbildung vielleicht erklären lässt. Die Erforschung der Periodizität und der Erdgeschichte ist eine ausgezeichnete Rechtfertigung, wenn man sowohl unsere unmittelbare Nachbarschaft im Weltraum als auch die schwerer fassbare Welt der dunklen Materie erkunden will; mit ihrer Hilfe können wir der Frage nachgehen, welche unsichtbaren Dinge unser Universum bevölkern.

TEIL III

DIE IDENTITÄT
DER DUNKLEN MATERIE
WIRD ENTRÄTSELT

16

Die Materie der unsichtbaren Welt

Während des vergangenen Jahrhunderts haben wir in Astronomie, Physik und Kosmologie durch theoretische Fortschritte und Beobachtungen unglaublich viel gelernt. Aber immer noch enthält das Universum vieles, was wir nie gesehen haben – und wahrscheinlich auch nie sehen werden. Dass unser Blickwinkel so eingeschränkt ist, hat mehrere Gründe. Viele Objekte sind einfach zu weit entfernt, als dass wir sie beobachten könnten. Sie erzeugen oder streuen nicht so viel Licht, dass man sie erkennen könnte – jedes Licht, das sie aussenden, verteilt sich zu weit und ist deshalb zu schwach.

Obendrein blockieren häufig Staub oder Himmelskörper unsere Blicklinie. Raumsonden gelangen zwar bis in entfernte Regionen des Kosmos und tragen so dazu bei, solche Hindernisse zu überwinden, aber bis heute hat es keine Sonde bis zum nächstgelegenen Stern geschafft – von der nächstgelegenen Galaxie ganz zu schweigen. Mit ihrer eingeschränkten Reichweite und ihrem unvollkommenen Auflösungsvermögen verschaffen uns Sonden im besten Fall einen begrenzten Zugang zu neuen Informationen.

Darüber hinaus sind unsere Beobachtungsmöglichkeiten durch andere Faktoren eingeschränkt. Selbst Dinge in unserer unmittelbaren Nachbarschaft sind manchmal so klein, dass sie uns nicht auffallen. Mit unserem Sehvermögen können wir ohne technische Hilfsmittel nur ein eingeschränktes Spektrum wahrnehmen. Da wir nur sichtbare Wellen unmittelbar wahrnehmen können, ist alles, was unterhalb der Wellenlänge des sichtbaren Lichtes liegt, für das bloße Auge unsichtbar. Mit den neuesten technischen Möglichkeiten – an vorderster Front steht beispielsweise der Große Hadronen-Speicherring in Genf – können wir physikalische Prozesse von geringerer Größe beobachten als je zuvor. Aber selbst diese riesige Maschine macht Materie nur bis hinab zum einem Zehnmillionstel eines Billionstelmeters sichtbar. Ohne weitere technische Fortschritte bleiben Größen und Kräfte, die für noch kleinere Entfernungen von Bedeutung sind, unseren Beobachtungsmöglichkeiten entzogen.

Was aber die dunkle Materie angeht, haben wir eine noch stichhaltigere Ausrede, warum wir sie noch nie gesehen haben. Dunkle Materie sendet kein Licht aus und absorbiert kein Licht, und genau das ist – seien wir ehrlich – unbedingt notwendig, damit Menschen etwas sehen können. Dunkle Materie interagiert über die Gravitation, aber ansonsten, soweit wir bisher wissen, auf keine andere erkennbare Weise. Dass es sie gibt, wissen wir aus den Gründen, die ich in Kapitel 2 erläutert habe, und wir haben auch einige grobe Kenntnisse über ihre Eigenschaften, aber genau wissen wir bisher nicht, was dunkle Materie eigentlich ist. Gerade deshalb ist sie ein so reizvolles Forschungsobjekt.

Zur Vorbereitung unseres eigentlichen Ziels, einen Zusammenhang zwischen dunkler Materie und Kometen herzustellen, wollen wir in diesem Kapitel von der Erforschung des Sonnensystems zur dunklen Materie zurückkehren und uns mit einigen wichtigen Überlegungen zu der Frage beschäftigen, was für eine Substanz sie sein könnte.

Modellbau

Auch wenn wir sicher sind, dass es sie gibt, wissen wir bisher nicht, was dunkle Materie eigentlich ist. Wir kennen ihre durchschnittliche Energiedichte im Kosmos (die wir aus der Mikrowellen-Hintergrundstrahlung ableiten können) und ihre Dichte in unserer Nähe (die sich aus der Geschwindigkeit der kreisenden Sterne in der Galaxis ergibt); außerdem wissen wir, dass sie »kalt« ist, das heißt, sie bewegt sich nur mit einem Bruchteil der Lichtgeschwindigkeit (denn wir können Strukturen von geringen Ausmaßen im Kosmos beobachten). Bekannt ist auch, dass sie im besten Fall extrem schwach mit gewöhnlicher Materie und mit sich selbst interagiert (das können wir folgern, weil wir sie nicht mit einer unmittelbaren Suche nachweisen konnten, und es lässt sich auch aus Messungen wie denen an der Form des Bullet-Haufens ableiten) und dass sie keine elektrische Ladung trägt.

Aber das war's dann auch schon. Selbst wenn dunkle Materie aus Elementarteilchen bestehen sollte, kennen wir weder deren Masse, noch wissen wir, ob sie anders als durch Gravitation interagieren oder wie sie in der Frühzeit des Universums entstanden sind. Wir kennen die durchschnittliche Dichte der dunklen Materie, aber wir wissen nicht, ob sie in unserer Galaxis mit einer Protonenmasse je Kubikzentimeter vertreten ist oder mit den 1000 Billionen Protonenmassen, die sich eher diffus über das Universum verteilen – das heißt beispielsweise auf jeden Kubikkilometer. Viele kleine Objekte oder wenige schwerere, die stärker verdünnt sind, ergeben die gleiche durchschnittliche Materiedichte, und nur die haben die Astronomen gemessen.

Die meisten Physiker würden darauf wetten, dass dunkle Materie aus neuartigen Elementarteilchen besteht, die nicht den üblichen Interaktionen des Standardmodells unterliegen. Zu wissen, um was für Teilchen es sich handelt, heißt auch, dass man ihre Masse und ihre Interaktionen kennt und vielleicht auch weiß, ob sie zu einer größeren Kategorie neuer Teilchen gehören. Viele Physiker haben ihre Lieblingskandidaten, aber ich würde keine Vermutung von vornherein ausschließen, solange mich nicht Beobachtungen eines Besseren belehren.

Zum Glück für unsere Bemühungen, mehr über das Wesen der dunklen Materie in Erfahrung zu bringen, gibt es für unsere bisher eingeschränkte Sichtweise auch einen weniger unüberwindlichen Grund. Manchmal bleiben Dinge aus reiner Vergesslichkeit oder mangelnder Aufmerksamkeit verborgen – das gilt selbst für Dinge, die wir mit den derzeitigen technischen Hilfsmitteln beobachten könnten. Sehr häufig sehen wir Dinge nur deshalb nicht, weil wir nicht mit ihnen gerechnet haben. Als ich am Set der beliebten Fernsehshow *The Big Bang Theory*, in der Physiker die zentralen Gestalten sind, im »Frühstücksraum« saß, nahmen nur wenige Zuschauer meine Gegenwart wahr. Auch ich selbst bemerkte mich kaum, obwohl ich nahe beim Hauptdarsteller saß und vollständig im Fernsehbild zu sehen war (siehe Abb. 35).

Aber Unaufmerksamkeit lässt sich beleben. Zauberkünstler nutzen zwar diese Schwäche, Wissenschaftler jedoch bemühen sich, sie zu überwinden. Wir wollen das finden, was wir mit unserer mangelnden Aufmerksamkeit übersehen haben. Modellbauer wie ich versuchen sich vorzustellen, welche

Abb. 35 Als relativ unauffälliger »Gast« am Set von *The Big Bang Theory*. (Mit freundlicher Genehmigung von Jim Parsons.)

Dinge es geben könnte, nach denen man noch nicht mit Experimenten gesucht hat oder von denen man nicht glaubt, dass sie Experimenten zugänglich sind. In unseren Modellen stellen wir Vermutungen über die Hintergründe und Erklärungsmöglichkeiten bekannter Phänomene an. Wenn experimentelle Wissenschaftler bestimmte Modelle im Kopf haben, können sie ihre Suche und die Auswertung ihrer Daten so ausrichten, dass genau beschriebene Vermutungen bestätigt oder ausgeschlossen werden. Damit können selbst sehr schwer fassbare Themen ins Blickfeld geraten.

Häufig werde ich gefragt, welche Kriterien ich anlege, wenn ich in der Teilchenphysik ein Modell konstruieren will. Ein gutes Modell sollte natürlich in soliden physikalischen Vorstellungen wurzeln, mit denen die vorhandenen mathematischen Theorien über Materie, Kräfte oder den Raum erweitert oder ausgenutzt werden. Aber welche Leitlinien gibt es über diese Grundregel hinaus?

Meine Kollegen und ich bevorzugen eine Richtlinie, wonach Modelle so sparsam und vorhersagekräftig wie möglich sein sollen. Ein Modell mit zu vielen Stellschrauben erklärt nichts. Ein Modell, das so weit gefasst ist, dass es jedes mögliche Ergebnis einschließt, ist keine Wissenschaft. Nur wenn

Modelle ausreichend spezifische Vorhersagen machen, die man überprüfen und von anderen Ideen abgrenzen kann, erweisen sie sich unter Umständen am Ende als interessant.

Hinzu kommt der wünschenswerte – aber nicht unentbehrliche – Aspekt, dass die Elemente einen Zusammenhang zu vorhandenen Modellen herstellen sollten. Ein Beispiel wäre ein Kandidat für dunkle Materie als Bestandteil von Modellen, die ohnehin bereits als Standardmodell der herkömmlichen Materie formuliert wurden. Dass es solche Verbindungen gibt, ist zwar nicht garantiert, aber sie sind vielversprechend, denn mit ihnen vermeidet man zusätzliche Spekulationen über ganz neue Kategorien von Teilchen und Kräften.

Schließlich – und das ist am wesentlichsten – sollten Modelle sich mit allen experimentellen Ergebnissen und Beobachtungen vereinbaren lassen. Ein einziger Widerspruch, und ein Modell ist vom Tisch. Diese Kriterien gelten für alle Modelle, auch für die beliebtesten Vorstellungen von dunkler Materie, die ich im Folgenden vorstellen möchte.

WIMPS

WIMPs sind schon seit mehreren Jahrzehnten unter Physikern und Astrophysikern die vorherrschende Erklärung für dunkle Materie. Die Abkürzung bedeutet *weakly interacting massive particle* (»schwach wechselwirkendes massereiches Teilchen«). Mit dem Wort »schwach« ist dabei nicht die schwache Kernkraft gemeint – die meisten Kandidaten für WIMPs interagieren noch schwächer als die Neutrinos, die nach dem Standardmodell schwachen Wechselwirkungen unterliegen. Schwach sind die Interaktionen allerdings tatsächlich in dem Sinn, dass dunkle Materie auf ihrem Weg durch das Universum nicht stark (oder überhaupt nicht) abgelenkt wird.

Außerdem haben WIMP-Kandidaten ungefähr eine Masse im *schwachen Maßstab*; das ist, grob gesagt, ungefähr die Masse des kürzlich entdeckten Higgs-Teilchens, das bei Energien, mit denen man derzeit in den Experimenten am Großen Hadronen-Speicherring arbeitet, zugänglich wird. Zur Klarstellung: Das Higgs-Boson ist nicht stabil und unterliegt Wechselwirkungen. Aus solchen Teilchen besteht die dunkle Materie sicher nicht. Es könnte aber auch andere geben, die ungefähr die gleiche Masse haben. Wenn das stimmt, hätten wir nicht nur die dunkle Materie buchstäblich vor unserer Nase, sondern auch ihre Identität – zumindest gilt das für die Experimentalphysiker in Genf.

Für die WIMP-Hypothese spricht unter anderem eine bemerkenswerte Beobachtung, die Zufall sein könnte, vielleicht aber auch einen Hinweis auf das Wesen der dunklen Materie liefert. Wenn stabile Teilchen existieren, deren Masse mit der des kürzlich entdeckten Higgs-Bosons vergleichbar ist, wäre der Energiebetrag, den solche erhalten gebliebenen Teilchen im Universum heute tragen, ungefähr in der richtigen Größenordnung, so dass man damit auch den Energiegehalt der dunklen Materie erklären könnte.

Der rechnerische Nachweis, dass Teilchen mit dieser Masse geeignete Kandidaten für die dunkle Materie sind, geht von folgender Beobachtung aus: Als das Universum sich entwickelte und seine Temperatur abnahm, verteilten sich die schwereren Teilchen, die im heißen frühen Universum in großer Zahl vorhanden waren, immer weiter. Als die Temperatur sank, annihilierten sich nämlich schwere Teilchen und schwere Antiteilchen; entsprechend verschwanden beide Teilchentypen, aber der umgekehrte Prozess, durch den sie entstanden, lief nicht mehr in nennenswertem Umfang ab, weil die Energie dazu nicht ausreichte. Dies hatte zur Folge, dass die Dichte der schweren Teilchen während der Abkühlung des Universums stetig geringer wurde.

Wäre die thermische Verteilung – die Zahl der Teilchen, die es bei einer bestimmten Temperatur geben kann – während der Abkühlung erhalten geblieben, die schweren Teilchen hätten sich mehr oder weniger vollständig gegenseitig annihiliert. Da aber die Häufigkeit der schweren Teilchen immer weiter abnahm, ist ein solches Bild übermäßig vereinfacht. Damit Teilchen und Antiteilchen sich annihilieren können, müssen sie sich zunächst einmal finden.* Aber als ihre Zahl abnahm und sie sich immer weiter verteilten, wurde ein solches Zusammentreffen immer unwahrscheinlicher. Deshalb wurde die Annihilation immer weniger effizient, als das Universum älter und kälter wurde.

Das alles hat zur Folge, dass heute beträchtlich mehr Teilchen übriggeblieben sind, als es eine naive Anwendung der Thermodynamik vermuten lässt.

---

* Manche Teilchen der dunklen Materie sind ihre eigenen Antiteilchen; in diesem Fall können sie sich mit anderen, ähnlichen Teilchen annihilieren.

Irgendwann waren sowohl Teilchen als auch Antiteilchen so stark verdünnt, dass sie sich gegenseitig nicht mehr finden und vernichten konnten. Wie viele Teilchen übrig bleiben, hängt von der Masse und den Wechselwirkungen des mutmaßlichen Kandidaten für dunkle Materie ab. Einschlägige Berechnungen führen zu der faszinierenden, bemerkenswerten Schlussfolgerung, dass stabile Teilchen, die ungefähr die Masse des Higgs-Bosons haben, ungefähr in der richtigen Zahl übriggeblieben sind und die dunkle Materie darstellen könnten.

Welche genauen Zahlen am Ende herauskommen werden, wissen wir noch nicht. Um das herauszufinden, müssen wir die Eigenschaften der Teilchen im Einzelnen kennen. Aber die vorläufige, bisher allerdings nur ungefähre Übereinstimmung zwischen den Zahlen, die sich mit zwei vordergründig ganz unterschiedlichen Phänomenen verbinden, ist faszinierend und könnte ein Hinweis sein, dass die Physik des schwachen Maßstabs eine Erklärung für die dunkle Materie im Universum bieten könnte.

Vor dem Hintergrund solcher Beobachtungen hegen viele Physiker den Verdacht, dass die dunkle Materie tatsächlich aus WIMP-Teilchen besteht, denn diese Kandidaten kennt man. WIMPs haben den Vorteil, dass sie wegen ihrer Verbindungen zur Physik des Standardmodells leichter zu überprüfen sind als andere Kandidaten für dunkle Materie. Eine dunkle Materie aus WIMPs würde nicht nur durch Gravitation interagieren. Sie steht mit den Teilchen des Standardmodells auch über andere schwache Wechselwirkungen in Verbindung. Selbst wenn diese Interaktionen geringfügig sind, könnten sie ausreichen, damit man ihren Einfluss auf die im nächsten Kapitel beschriebenen unmittelbaren Nachweisexperimente mit sehr empfindlichen Methoden erfassen könnte.

Die Suche nach WIMP-Teilchen hat bisher allerdings nicht zum Erfolg geführt. Nun ja, das stimmt nicht ganz. Regelmäßig ergeben sich faszinierende Hinweise. Bisher ist aber niemand davon überzeugt, dass einer davon tatsächlich eine Entdeckung dunkler Materie darstellt und nicht nur auf statistische Schwankungen, Probleme mit den Nachweisinstrumenten oder ein falsches Verständnis für den astrophysikalischen Hintergrund zurückzuführen ist; in allen diesen Fällen würde der gesuchte Effekt nur scheinbar entstehen. Die Indizien sind bisher mit Sicherheit nicht stichhaltig.

Aber obwohl der Nachweis bisher nicht gelungen ist, gefällt die Idee vielen

Fachleuten, und nach meiner Überzeugung ist die Übereinstimmung zwischen den Größenordnungen der Teilchenphysik und der dunklen Materie so gut, dass sie kein Zufall sein kann. Und als wäre das noch nicht genug der übermäßigen Zuversicht, gehen viele Experten noch weiter und glauben an ganz bestimmte WIMP-Modelle, beispielsweise an solche, die mit Supersymmetrie zu tun haben; diese Theorie postuliert, dass es für jedes bekannte Teilchen einen noch unbeobachteten supersymmetrischen Partner mit gleicher Masse und Ladung gibt. Da man bisher weder die supersymmetrischen Teilchen noch die WIMPs entdeckt hat, räumen allerdings mittlerweile selbst einige hartnäckige Anhänger der Idee ein, dass sie gewisse Zweifel haben.

Was mich angeht, so bemühe ich mich, die Situation im jeweiligen Augenblick zu beurteilen. Als ich kürzlich bei einer Hochzeit zu Gast war, interessierte sich der Geistliche ungewöhnlich stark für Physik und fragte mich immer wieder, als was sich die dunkle Materie nach meinem Bauchgefühl irgendwann erweisen würde. Immer wieder enttäuschte ich ihn, indem ich antwortete, ich würde die Natur entscheiden lassen. Als Modellbauer hatte ich schon vor den aktuellen Ergebnissen aus dem Großen Hadronen-Speicherring weniger Zutrauen in die Supersymmetrie als Erklärung für Probleme im Zusammenhang mit der Higgs-Masse; ich wusste nur allzu gut, wie schwierig es ist, alle Einzelbefunde zusammenzufügen. Ich hätte die Supersymmetrie damals nicht ausgeschlossen und tue es auch heute nicht – dazu sind Experimente da –, aber ich hätte auch nicht behauptet, dass sie eindeutig oder auch nur wahrscheinlich richtig ist.

Ähnlich aufgeschlossen bin ich gegenüber anderen Kandidaten für die dunkle Materie. Dem Geistlichen hatte ich die Wahrheit gesagt: Eine Vorliebe habe ich nicht. Ich bemühe mich darum, überprüfbare Modelle aufzustellen, denn letztlich werden wir nur auf diesem Weg die Antwort erfahren. Was die Supersymmetrie angeht, so stellen mittlerweile selbst überzeugte Anhänger aus dem WIMP-Lager angesichts der fehlenden experimentellen Unterstützung ihre Überzeugung, dass sie auf der richtigen Spur sind, in Frage. Da Experimente bisher keine Indizien geliefert haben, ist es sicher angebracht, auch über vielversprechende Alternativen nachzudenken. Ob irgendeine davon – und wenn ja, welche – in der Natur realisiert ist, weiß ich nicht. Aber vielleicht liefert ein anderes scheinbar zufälliges Zusammentreffen einen besseren Anhaltspunkt.

Asymmetrische dunkle Materie

Eine der interessantesten Alternativen zur dunklen Materie aus WIMPs hat in der Literatur verschiedene Namen; am häufigsten wird sie aber als *asymmetrische dunkle Materie* bezeichnet. Modelle, in denen dunkle Materie dieses Typs vorkommt, stützen sich auf ein anderes auffälliges Zusammentreffen, das zufällig sein könnte, uns aber vielleicht auch einen Einblick in das Wesen der dunklen Materie verschafft: Die Mengen von dunkler und gewöhnlicher Materie sind überraschend gut vergleichbar.

Eines ist mir klar: Als ich erklärt habe, dass dunkle Materie fünfmal so viel Energie trägt wie gewöhnliche Materie, habe ich den umgekehrten Eindruck erweckt, nämlich dass die dunkle Materie, was den Energiegehalt angeht, gegenüber der gewöhnlichen Materie ein beträchtliches Übergewicht hat. Betrachtet man aber das Spektrum aller Möglichkeiten, sind sich beide in ihrer Energiedichte bemerkenswert ähnlich. Die Menge der dunklen Materie könnte auch 700 Billionen Mal größer oder auch beliebig viel geringer sein als die der gewöhnlichen Materie. In beiden Fällen wäre die Evolution des Universums natürlich vollkommen anders abgelaufen. Dennoch wären eigentlich alle diese Zahlenverhältnisse möglich.

Das Universum enthält grob betrachtet gewöhnliche und dunkle Materie in gleicher Menge. Oder, anders formuliert: Man kann leicht alle Stücke des kosmischen Kuchens erkennen, die dem Energiegehalt von dunkler Energie, dunkler Materie und gewöhnlicher Materie entsprechen. Kein Stück ist nur ein Krümel, und keines ist der ganze Kuchen. Alle sind Stücke; allerdings würde uns jedes davon unterschiedlich stark zunehmen lassen, wenn es sich tatsächlich um eine echte Torte handeln würde. Wenn kein besonderer Grund dahintersteckt, wäre dies ein bemerkenswertes Zusammentreffen.

Gerechterweise muss man sagen: Dass wir Anteile von vergleichbarer Größe beobachten, ist nicht verwunderlich. Eine zu kleine Komponente wäre nicht nachweisbar. Interessant ist aber die Beobachtung, dass mehrere Bestandteile eine ausreichend hohe Energiedichte haben und heute vergleichbare Anteile beisteuern können. Im Prinzip könnte ein solcher Beitrag auch eine Billion Mal größer sein als alle anderen, so dass man die kleineren nie beobachten würde. Aber so ist es nicht. Dunkle und gewöhnliche Materie haben eine bemerkenswert ähnliche Energiedichte.

In Modellen für die asymmetrische dunkle Materie ist die Ähnlichkeit der Energiedichte von gewöhnlicher und dunkler Materie kein Zufall, sondern sie entspricht der Vorhersage. Solche Modelle gehen von einer anderen Übereinstimmung aus als die WIMP-Hypothesen, denn diese haben mit der Energiedichte zu tun, die in der dunklen Materie nach ihrer teilweisen Annihilation noch übrig ist. Ob eine dieser Übereinstimmungen – und wenn ja, welche – wirklich ein Indiz ist, das unsere Kenntnisse weiterbringen kann, wissen wir nicht. Beide Modelle sind aber so überzeugend, dass es sich lohnt, sie weiterzuverfolgen, und eines von ihnen könnte sich am Ende als richtig erweisen.

Mit dieser Möglichkeit beschäftigten sich Anfang der 1990er Jahre mehrere Physiker, unter ihnen auch David B. Kaplan, der derzeitige Direktor des Institute for Nuclear Theory an der University of Washington in Seattle. Ende der 2000er Jahre wurde die Idee wiederbelebt, weil man mit ihr neuere kosmologische Messungen erklären wollte; verantwortlich waren ein anderer David Kaplan (der früher an der University of Washington studiert hatte) sowie die Physiker Markus Luty und Kathryn Zurek. Viele andere Physiker, darunter auch ich, haben ebenfalls an derartigen Modellen gearbeitet.

Welche Idee steckt dahinter? Um das Szenario und die Motivation zu verstehen, wollen wir noch einmal einen Schritt zurücktreten und die gewöhnliche Materie betrachten. Wie ich in Kapitel 3 bereits angedeutet habe, ist die nicht identifizierte dunkle Materie nicht die einzige Form von Materie, die ein Rätsel darstellt. Das Gleiche gilt auch für die vertraute gewöhnliche Materie und insbesondere für die Menge, in der wir sie heute im Universum finden. Der Energiegehalt der gewöhnlichen Materie steckt zum größten Teil in den Protonen und Neutronen; beide sind Typen von *Baryonen*, das heißt, sie sind Materie, die letztlich aus den als Quarks bezeichneten Elementarteilchen besteht. Wäre die gewöhnliche Materie, die vorwiegend aus Baryonen besteht, im frühesten Universum entsprechend dem einfachsten Szenario verteilt gewesen – wobei sie sich mit der Abkühlung annihiliert hätte –, wäre ihre Dichte heute weitaus geringer, als wir es in Wirklichkeit beobachten.

Es ist ein entscheidendes Merkmal des Universums – und auch unserer selbst –, dass die gewöhnliche Materie im Gegensatz zu den Erwartungen der Standard-Thermodynamik noch vorhanden ist und in so großen Mengen überlebt hat, dass Tiere, Städte und Sterne entstehen konnten. Das war nur möglich, weil die Materie gegenüber der Antimaterie das Übergewicht hat – zwischen beiden besteht eine Asymmetrie. Wären die Mengen immer genau gleich gewesen, hätten Materie und Antimaterie einander gefunden und vernichtet – sie wären verschwunden.

Offensichtlich gewann die Menge der gewöhnlichen Materie irgendwann während der Evolution des Universums gegenüber der Antimaterie die Oberhand. Ohne einen solchen Überschuss wäre ein zu großer Anteil der Materie heute nicht mehr vorhanden. Wie es dazu kam, wissen wir nicht. Die Asymmetrie zwischen Materie und Antimaterie konnte in der Frühzeit des Universums nur durch ganz besondere Interaktionen und Bedingungen entstehen. Irgendein Prozess muss außerhalb des thermischen Gleichgewichts so langsam abgelaufen sein, dass er mit der Expansion des Universums nicht Schritt halten konnte, denn sonst wären Materie- und Antimaterieteilchen in gleicher Zahl entstanden. Außerdem können Symmetrien, die natürlich zu sein scheinen, nicht gelten, wenn ein Überschuss an Materie geschaffen wird.

Was die Ursache für den Bruch der Symmetrie oder die Abweichung vom thermischen Gleichgewicht war, wissen wir nicht; Vermutungen gibt es allerdings im Zusammenhang mit den Großen Vereinheitlichten Theorien, den Modellen von Leptonen (Teilchen wie Elektronen und Neutrinos, die keine starken Wechselwirkungen erleben) und der Supersymmetrie. Ob irgendeines dieser Modelle stimmt und wenn ja, welches, wird man ohne entsprechende Beobachtungen nicht herausfinden. Leider haben aber viele derartigen Szenarien keine Auswirkungen, die man ohne weiteres beobachten könnte.

Dennoch können wir mit gutem Grund davon ausgehen, dass irgendwann ein Prozess der *Baryogenese* einsetzte, durch den ein Überschuss an Materie im Vergleich zur Antimaterie – eine Materie-Antimaterie-Asymmetrie – entstand. Ohne Baryogenese wären wir alle nicht da, und niemand könnte auch nur diesen Teil der Geschichte erzählen.

Modelle einer asymmetrischen dunklen Materie gehen von der Tatsache aus, dass dunkle Materie eine ganz ähnliche Energiedichte hat wie die gewöhnliche Materie; deshalb, so die Vermutung, wurde auch die dunkle Materie vielleicht in einem ähnlichen Prozess geschaffen, in dem eine Asymmetrie aus dunkler Materie und dunkler Antimaterie eine Rolle spielte.

Matthew Buckley – als wir gemeinsam an dem Thema arbeiteten, war er Postdoc am California Institute of Technology – und ich bezeichneten den Prozess als *Xogenese*; damit wollten wir ausdrücken, dass dunkle Materie eine unbekannte Größe *X* ist. Alle derartigen Modelle haben einen überzeugenden Aspekt: Sie lassen nicht nur zu, dass die dunkle Materie analog zur gewöhnlichen Materie entstanden ist, sondern in den meisten interessanten Fällen sind beide auch tatsächlich verwandt. Wenn zwischen dunkler und gewöhnlicher Materie irgendeine Interaktion stattfindet – selbst wenn sie nur schwach ist und vielleicht früher einmal stärker war –, sollten beide auch eine vergleichbare Energiedichte haben, und genau diese Tatsache wollten wir erklären. Das ist der stichhaltigste Grund für die Annahme, solche Modelle könnten sich als richtig erweisen.

Axionen

WIMP und die Modelle einer asymmetrischen dunklen Materie sind allgemeine Gedankengebäude. Modelle des WIMP-Typs postulieren im schwachen Maßstab stabile Teilchen, Modelle einer asymmetrischen dunklen Materie gehen von einer Asymmetrie zwischen dunkler Materie und dunkler Antimaterie aus. Beide Ideen machen ein breites Spektrum verschiedener Umsetzungen möglich, in deren Rahmen man zwischen Teilchen und ihren Wechselwirkungen unterscheiden kann.

Axionenmodelle zeichnen ein enger begrenztes Szenario. Ein Axion kommt nur in Modellen vor, die mit einer ganz bestimmten Fragestellung der Teilchenphysik zusammenhängen, dem sogenannten starken *CP*-Problem. Dabei steht *C* für *charge* (Ladung) und *P* für *parity* (Parität). *C*- oder Ladungserhaltung bedeutet, dass die Interaktionen positiv und negativ geladener Teilchen sich stark ähneln. Parität bedeutet, dass physikalische Gesetze nicht zwischen links und rechts unterscheiden sollten, sondern dass beispielsweise Teilchen, die links- und rechtsherum rotieren, auf die gleiche Weise interagieren. Die tatsächlichen Wechselwirkungen verletzen *C* und *P* in der Natur aber nicht nur unabhängig voneinander, sondern auch die Kombination aus beiden. Das heißt, die Verletzungen bei *C* und *P* kompensieren einander nicht.

Aus unbekannten Gründen kommt eine *CP*-Verletzung – so nennt man die Kombination aus *C*- und *P*-Symmetrie – nur bei manchen Prozessen vor. Da es im Zusammenhang des Standardmodells keine Erklärung dafür gibt, warum *CP* die Interaktionen in manchen Fällen einschränkt, in anderen aber nicht, spricht man vom *starken CP-Problem*. Und in einer postulierten Lösung für das Dilemma kommen die Axionen vor.

Das alles erwähne ich nur der Vollständigkeit halber. Mir ist klar, dass solche Gedanken unter Umständen schwierig zu verstehen sind, wenn man nicht über Vorkenntnisse in der Teilchenphysik verfügt oder ein ganzes Buch über das Thema gelesen hat. Aber glücklicherweise kann man die kosmologischen Auswirkungen der Axionen und ihre Rolle als potentielle Kandidaten für dunkle Materie auch verstehen, ohne die teilchenphysikalischen Einzelheiten verfolgen zu müssen. Die kosmologischen Vorhersagen basieren nur darauf, dass ein Axion extrem leicht ist und extrem schwachen Wechselwirkungen unterliegt.

Nun könnte man meinen, dass ein Axion mit solchen Eigenschaften harmlos ist – und genau das glaubten anfangs auch die meisten Fachleute. Dann aber erläuterten die theoretischen Teilchenphysiker John Preskill, Frank Wilczek und Mark Wise in einem bemerkenswerten Artikel, warum es nicht zwangsläufig so sein muss. Wie die Autoren nachweisen konnten, sind Axionen so leicht und ihre Wechselwirkungen sind so schwach, dass ihre Zahl keine Auswirkungen auf die Energie des frühen Universums hatte. An keinem physikalischen Prozess konnte man ablesen, wie viele von ihnen es gibt. Ihre Gegenwart hätte sich erst dann auf die Evolution des Universums ausgewirkt, als dieses sich ausreichend abgekühlt hatte.

Da die Dichte der Axionen also anfangs bedeutungslos war, gab es sie zu der Zeit, als sie sich schließlich auswirkten, höchstwahrscheinlich nicht in einer Zahl, die das Universum begünstigen würde – beispielsweise in einer Zahl, durch die die Energie minimiert wird. Das Universum hätte demnach eine Riesenzahl von Axionen in einem gewaltigen Kondensat enthalten, das dann eine große Energiemenge enthielt, obwohl jedes einzelne Axion sehr leicht ist. Es war eine überraschende Wendung: Axionen können nicht allzu schwach interagieren, sonst würde das Universum mehr Energie enthalten, als zulässig ist.

Die genannten Überlegungen lassen für die Axionen nur ein begrenztes

Spektrum von Wechselwirkungen zu. Aber die Beobachtung hat auch ihre gute Seite: Wenn die Interaktionen schwach, aber nicht zu schwach sind, könnten Axionen eine große Energiedichte tragen – die aber nicht zwangsläufig so groß sein muss, dass sie den Beobachtungen widersprechen würde. Haben die Interaktionen genau die richtige Stärke, könnte die dunkle Materie aus Axionen zusammengesetzt sein, die genau die gemessene Energiedichte der dunklen Materie enthalten.

Die Masse der Axionen unterscheidet sich stark von der anderer, zuvor beschriebener Kandidaten für dunkle Materie. Die beiden anderen Vorschläge gehen davon aus, dass Teilchen der dunklen Materie eine Masse haben, die in der Nähe des schwachen Maßstabs oder vielleicht auch um den Faktor 100 darunterliegt; im Axionenszenario dagegen sind die Teilchen extrem leicht – ihre Masse wäre mindestens um das Milliardenfache geringer.

Außerdem interagieren Axionen auch ganz anders als die übrigen Kandidaten für dunkle Materie. Die kosmologischen und astrophysikalischen Beschränkungen sorgen dafür, dass in den Axionenmodellen nur ein schmales Spektrum von Massen und Interaktionsstärken zulässig ist. Die Interaktionen können nicht zu schwach sein, sonst wäre die Energiedichte der Aktionen zu hoch. Sie dürfen aber auch nicht zu stark sein, denn sonst hätten wir die Entstehung von Axionen in teilchenphysikalischen Experimenten oder in Sternen schon unmittelbar beobachten können. Axionen, die ausreichend stark interagieren, würden nämlich in Sternen entstehen und für deren Abkühlung sorgen. Die beobachtete Abkühlungsgeschwindigkeit von Supernovae lässt aber keine Anzeichen für Beiträge erkennen, die nicht dem Standardmodell entsprechen; demnach müsste die Stärke der Interaktionen von Axionen engen Begrenzungen unterliegen.

Unter theoretischen Gesichtspunkten erscheinen mir die Axionenmodelle wegen der Beschränkungen ein wenig seltsam: Das Spektrum der Interaktionen, das in Experimenten zulässig ist, ist mehr oder weniger zufällig und steht in keinem eindeutigen Zusammenhang mit anderen physikalischen Prozessen. Ich habe gewisse Zweifel daran, dass die experimentelle Suche nach Axionen zu positiven Ergebnissen führen wird, aber viele meiner Kollegen sind optimistischer. Bei der derzeit laufenden Suche nach Axionen stützt man sich auf deren zugegebenermaßen sehr schwache Wechselwirkung mit Licht. Man bringt Axionendetektoren in gewaltigen Magnetfeldern an und sucht nach messbarer Strahlung, die durch die Interaktion der Axionen mit dem Magnetfeld entsteht. Nur die Zeit und solche Experimente werden zeigen, ob es Axionen in der Natur tatsächlich gibt und wenn ja, ob sie die Bausteine der dunklen Materie sind.

Neutrinos

Alle bisher vorgestellten Modelle haben einen gemeinsamen Aspekt: Sie gehen davon aus, dass zwischen gewöhnlicher und dunkler Materie irgendeine Verbindung besteht; diese zeigt sich bei den WIMPs in der Übereinstimmung der Massemaßstäbe, in den Modellen einer asymmetrischen dunklen Materie in der ähnlichen Energiedichte und im Fall der Axionen durch eine postulierte Lösung für das starke CP-Problem. Die hypothetischen Axionenmodelle entwickelte man aus Gründen der Teilchenphysik, aber sie könnten auch die dunkle Materie erklären. WIMPs kommen ebenfalls in postulierten teilchenphysikalischen Szenarien wie der Supersymmetrie vor. Auch die Modelle mit einer asymmetrischen dunklen Materie könnten im Rahmen der vorhandenen Theorien Bestand haben, aber trotz der Interaktionen zwischen dunkler und gewöhnlicher Materie gilt die asymmetrische dunkle Materie als von außen kommende Ergänzung der Theorie.

Es wäre aber auch durchaus denkbar, dass die dunkle Materie – oder zumindest ein Teil von ihr – ausschließlich auf dem Weg über die Gravitation interagiert. Darüber hinaus könnte dunkle Materie auch eigene Kräfte und Interaktionen besitzen, denen unsere gewohnte Materie nicht unterliegt.

Bevor die Physiker aber einen eigenständigen Sektor der dunklen Materie postulierten, gingen sie der Frage nach, ob irgendeine Form der gewöhnlichen Materie die Eigenschaften hat, mit denen sie auch dunkle Materie sein könnte. Es stellte sich die Frage, ob irgendetwas im Standardmodell oder etwas, das aus Standardmodell-Teilchen zusammengesetzt ist, auch ohne Hinzunahme weiterer Teilchen ein geeigneter Kandidat für dunkle Materie sein könnte.

Eine der ersten derartigen Vermutungen betraf einen besonderen Typ von Elementarteilchen, die *Neutrinos*. Während des radioaktiven *Beta-Zerfalls* zerfallen Neutronen zu Protonen, Elektronen und Neutrinos (genauer gesagt, zu deren Antiteilchen, den *Antineutrinos*). Neutrinos unterliegen – wie die Elektronen sowie ihre schwereren Gegenstücke, die *Myonen* und *Tau-Leptonen* – nicht der starken Kernkraft. Außerdem tragen sie keine elektrische Ladung, so dass sie auch nicht unmittelbar dem Elektromagnetismus ausgesetzt sind. Neutrinos haben erstens die interessante Eigenschaft, dass sie (abgesehen von der Gravitation, der alle Teilchen – wenn auch in extrem geringem Umfang – unterliegen) direkt nur über die schwache Kernkraft interagieren. Und zweitens weiß man, dass sie sehr leicht sind: Sie haben höchstens ein Millionstel der Elektronenmasse.

Da Neutrinos so schwach interagieren, schienen sie anfangs vielversprechende Kandidaten für die dunkle Materie zu sein. Mittlerweile hat sich diese Hoffnung aber aus mehreren Gründen zerschlagen. Die Neutrinos des Standardmodells interagieren auf dem Weg über die schwache Kernkraft. Aber alles, was ausreichend leicht ist und über die schwache Kraft interagiert, hätte man mit den im nächsten Kapitel beschriebenen direkten Nachweisexperimenten bereits beobachten müssen – in Wirklichkeit haben sie aber zu nichts geführt. Obendrein kann es sich bei den gewöhnlichen Neutrinos, die bekanntermaßen existieren, nicht um dunkle Materie handeln; dazu ist ihre Energiedichte viel zu gering. Damit die Energiedichte von dunkler Materie und Neutrinos zueinander passt, müssten diese viel schwerer sein.

Eigentlich wären leichte Neutrinos eine Form von *heißer dunkler Materie*, die sich nahezu mit Lichtgeschwindigkeit bewegt. In dieser Form würde sie alle Strukturen ausbluten lassen, die kleiner sind als ein Superhaufen. In Wirklichkeit beobachten wir aber Galaxien und Galaxienhaufen. Hier stellt sich also ein Problem.

Im Rahmen des teilchenphysikalischen Standardmodells funktionieren die Neutrinos also nicht. In der Folgezeit probierten es die Physiker mit Abwandlungen des Standardmodells, die aber ebenfalls nicht passten. Teilchen, die wie Neutrinos – oder auch wie abgewandelte Formen von Neutrinos – interagieren, können nicht für die hübsche Geschichte der Strukturbildung verantwortlich sein, die ich in Kapitel 5 skizziert habe.

Im Prinzip könnte heiße dunkle Materie dennoch eine Erklärung sein, vorausgesetzt, die kleineren Strukturen, die bekanntermaßen existieren, bildeten sich nicht sofort, sondern nach der Zerstückelung größerer Gebilde. Aber auch dieses Szenario kann man zahlenmäßig berechnen, und die Vorhersagen passen wiederum nicht zu den Beobachtungen. Obwohl es also hin und wieder Anhaltspunkte für neue, leichte Neutrinos gibt und obwohl Neutrinos als Bestandteile der dunklen Materie immer wieder Schlagzeilen machen, handelt es sich bei diesen Teilchen in Wirklichkeit nicht um dunkle Materie. Im besten Fall kann man mit ihnen einen kleinen Anteil der vorhandenen Dichte dunkler Materie erklären. Deshalb richten Physiker ihre Aufmerksamkeit vorwiegend auf Szenarien mit *kalter dunkler Materie*, denn die deuten auf Kandidaten hin, die sich langsamer bewegen – und in der Regel auch schwerer sind. Szenarien mit *heißer dunkler Materie*, zu denen man auf der Grundlage leichter, sehr schnell bewegter Neutrinos oder anderer Teilchen gelangt, kann man ausschließen.

MACHOs

Zuletzt wollen wir eine Möglichkeit betrachten, die auf den ersten Blick naheliegender zu sein scheint: Danach besteht dunkle Materie nicht aus neuartigen Elementarteilchen, sondern aus nicht brennenden (und deshalb kein Licht aussendenden), nicht reflektierenden makroskopischen Strukturen aus gewöhnlicher Materie. Solche Objekte würden wir aus dem gleichen Grund nicht sehen, aus dem wir auch in einem dunklen Zimmer nichts erkennen: Es liegt nicht daran, dass die Substanzen um uns herum nicht auf irgendeiner Ebene mit Licht interagieren, sondern es ist einfach nicht so viel Licht vorhanden, dass man sie sehen könnte. Bevor man anerkennt, dass es dunkle Materie gibt, würde nahezu jeder – ob wissenschaftlich interessiert oder nicht – wissen wollen, warum dieser scheinbar naheliegende Gedanke falsch ist.

Objekte, wie ich sie gerade beschrieben habe, bezeichnet man zusammenfassend als MACHOs; die Abkürzung steht für *massive compact halo objects* (»massereiche, kompakte Halo-Objekte«); hinter der Namensgebung steht der keineswegs subtile Grund, dass sie eine Alternative zu den WIMPs (engl. *wimp* = Schwächling) darstellen sollen. Da die MACHOs nur wenig oder gar kein nachweisbares Licht aussenden, könnten sie selbst dann versteckt und dunkel wirken, wenn sie aus gewöhnlicher Materie bestehen. Unter den Kandidaten für MACHOs sind schwarze Löcher, Neutronensterne und braune Zwerge.

Wie zuvor bereits erwähnt, sind schwarze Löcher sehr stark durch Gravitation gebundene Zustände der Materie, die Licht weder aussenden noch reflektieren. *Neutronensterne* – die möglicherweise beim Zusammenbruch von Supernovae entstehen – sind die Überreste massereicher Sterne, deren Masse aber nicht ganz ausreicht, damit sie zu schwarzen Löchern werden können; stattdessen kondensieren sie und gehen in einen Zustand mit einem extrem dichten Kern aus Neutronen über. *Braune Zwerge* sind größer als der Jupiter, aber kleiner als Sterne; deshalb kommt bei ihnen die Kernfusion nicht in Gang, sondern sie heizen sich nur aufgrund ihrer gravitationsbedingten Kontraktion auf.

Die genannten astrophysikalischen Objekte scheinen sicher plausible Kandidaten zu sein. Aber schon bevor diese Möglichkeit durch neuere Beobachtungen stark eingeschränkt wurde, galten die MACHOs in Wirklichkeit als wenig wahrscheinlich. Wie in Kapitel 4 erwähnt wurde, war eines der ersten Argumente, die für das Standard-Urknall-Szenario sprachen, die Entstehung von Atomkernen im frühen Universum – ein Prozess, der als urtümliche Nucleosynthese bezeichnet wird. Ein solches Szenario ist aber nur dann stimmig, wenn sich die Energiedichte der gewöhnlichen Materie in einem genau festgelegten Größenspektrum befindet. Die meisten MACHO-Modelle unterstellen eine zu große Menge an gewöhnlicher Energie, so dass man nicht mehr zu den richtigen Vorhersagen über die Häufigkeit der Atomkerne gelangt. Und selbst wenn diese kompakten Objekte tatsächlich aus gewöhnlicher Materie entstanden wären, ist nur schwer zu verstehen, warum sie am Ende in den Halo und nicht in die galaktische Scheibe gelangt sein sollen.

Dennoch blieben die Astrophysiker aufgeschlossen. Die Vorstellung von dunkler Materie ist ein außergewöhnlicher Gedanke; deshalb sollte man in jedem Fall sicherstellen, dass alle herkömmlichen Erklärungen ausgeschlossen sind. In den 1990er Jahren suchten Physiker mit Hilfe des sogenannten *Mikrolinseneffekts* nach MACHOs. Nach dieser hübschen, raffinierten Idee kommen MACHOs auf ihren Wegen durch den Raum hin und wieder vor einem Stern vorbei. Da Lichtstrahlen sich um ein MACHO wie auch um jedes andere massereiche Objekt herumbiegen, wirkt dieses als Linse, die das

Licht des Sterns mit ihrem Gravitationseinfluss vorübergehend verstärkt – er scheint dann also eine Zeitlang heller zu sein. Natürlich muss dies in einem so kurzen Zeitraum geschehen, dass man es beobachten kann, und auch die Helligkeitsänderung muss so stark sein, dass sie sich nachweisen lässt. Die Astronomen konnten mit der Methode aber zeigen, dass MACHOs im Größenspektrum zwischen einem Drittel der Masse des Mondes und ungefähr 100 Sonnenmassen keine dunkle Materie sein können; damit waren bereits viele MACHO-Kandidaten ausgeschlossen.

Mit der MACHO-Suche konnte man also Neutronensterne und weiße Zwerge ausschließen, es blieb aber die Möglichkeit schwarzer Löcher in einem schmalen Massespektrum. Neben der Tatsache, dass keine theoretischen Gründe für die Annahme bestehen, es müsse in einem bestimmten Massespektrum die richtige Zahl schwarzer Löcher geben, erlegen auch die von schwarzen Löchern verursachten Gravitationsstörungen und ihre Lebensdauer der Hypothese weitere Beschränkungen auf. Schwarze Löcher, die zu klein sind, wären bereits zerfallen, weil sie durch den Prozess der sogenannten Hawking-Strahlung (benannt nach dem Physiker Stephen Hawking, der sie als Erster postulierte) Photonen ausgesandt hätten, und wenn sie zu groß sind, hätten sie sichtbare Effekte, die aber in Wirklichkeit nicht beobachtet wurden. Dazu gehören Störungen von Doppelsternsystemen, eine Streuung, die zu einer Aufheizung führen und die Ebene der Milchstraße verbreitern würde, die Anreicherung weiterer Materie in schwarzen Löchern und deren Strahlung sowie die Auswirkungen der mit schwarzen Löchern assoziierten Gravitationswellen auf die genau vermessenen zeitlichen Abläufe bei Pulsaren. Nimmt man alle Einschränkungen zusammen, darf die Masse der schwarzen Löcher zwischen ungefähr einem Millionstel der Masse unseres Mondes und der einfachen Mondmasse liegen, außerhalb dieses Massenspektrums sind schwarze Löcher aber ausgeschlossen. Und durch detaillierte Vermessung der Eigenschaften von Neutronensternen könnte irgendwann auch dieser noch verbliebene, begrenzte Größenbereich wegfallen.

Aber selbst wenn ein schmaler Massebereich für schwarze Löcher möglich bleibt, kann man sich nur schwer vorstellen, warum schwarze Löcher gerade in diesem Größenbereich entstehen sollten und in ausreichender Zahl überlebt haben. Die Möglichkeit in Betracht zu ziehen, ist nur fair. Aber angesichts der Einschränkungen bei Nucleosynthese und Modellkonstruktion ist es höchst unwahrscheinlich, dass schwarze Löcher – insbesondere solche, die aus gewöhnlicher Materie entstanden sind – dunkle Materie darstellen.

Was also tun?

Die beschriebenen Modelle umfassen die am häufigsten erörterten Kandidaten für dunkle Materie. Es sind diejenigen, die in den Augen der meisten Physiker plausible Möglichkeiten darstellen. Mit ziemlicher Sicherheit sind es aber nicht die einzigen Möglichkeiten. Manche der genannten Ideen sind nach wie vor vielversprechend, aber wir haben stichhaltige Gründe, gegenüber jedem einzelnen Modell und jeder Eigenschaft skeptisch zu sein, solange sie nicht experimentell bestätigt sind.

Andererseits können wir aber ziemlich sicher sein, dass dunkle Materie existiert – auch wenn wir nicht genau wissen, was das eigentlich ist. Deshalb ist es an der Zeit, dass Theoretiker und experimentelle Wissenschaftler ein möglichst umfassendes Spektrum der Möglichkeiten neu bewerten und in Betracht ziehen. In den meisten Fällen wird man dabei neue Suchstrategien anwenden müssen. Um sie zu planen, sind Alternativmodelle nützlich.

Bevor ich aber auf einige neuere Ideen zu sprechen komme, möchte ich einen Überblick über die vorhandenen Methoden zur Suche nach dunkler Materie geben, damit wir anschließend die derzeitige Situation kompetenter einschätzen können. Wie wir erfahren werden, haben experimentelle Wissenschaftler und Beobachter wegen der Fülle astrophysikalischer Daten in Verbindung mit der fehlenden Bestätigung früherer Modelle einen stichhaltigen Grund, über diese älteren Ansätze hinauszugehen und Neues auszuprobieren.

17

Im Dunkeln sehen

Professor Richard Gaitskell von der Brown University war wissenschaftlicher Leiter und einer der Sprecher des Experiments LUX, das dem Nachweis dunkler Materie dienen sollte. Im Dezember 2013 hielt er an der Harvard University einen Vortrag. Vor einem Publikum aus hingerissen lauschenden Mitgliedern des physikalischen Instituts schilderte er fröhlich, wie er und seine Mitarbeiter die dunkle Materie noch nicht entdeckt hatten. Ob das Experiment ein Erfolg war, wurde nach einem seltsamen Maßstab bemessen: Es sollte viele Kandidaten für dunkle Materie ausschließen, auf die zahlreiche Modelle und sogar einige fadenscheinige Experimente hingedeutet hatten. Aber trotz der enttäuschenden Nachricht, dass man die dunkle Materie weder in seinem noch in irgendeinem anderen Experiment gefunden hatte, war Gaitskell völlig zu Recht beschwingt. Das äußerst schwierige Experiment, das er und andere angestellt hatten, hatte wie erhofft funktioniert. Dass die Natur nicht kooperativ gewesen war und keinen Kandidaten für dunkle Materie geliefert hatte, dessen Masse und Interaktionsstärke man mit dem Experiment hätte finden können, war nicht seine Schuld.

Es war nur die erste Serie von Ergebnissen des LUX-Experiments; dieses läuft noch heute weiter und liefert weitere Daten – aber schon damals war es weiter als die älteren, gut eingefahrenen Experimente gleich nebenan. Gaitskell und seine Mitarbeiter hatten eine so saubere Umgebung geschaffen, dass schon die allerersten Ergebnisse des Experiments ausreichend vertrauenswürdig und älteren Befunden überlegen waren. In einem Umfeld, in dem die Radioaktivität aus dem versehentlich platzierten Fingerabdruck eines unvorsichtigen Wissenschaftlers ein milliardenfach höheres »Signal« liefern kann als die gesuchte, schwache Spur eines Teilchens der dunklen Materie, hatte Gaitskells Experiment spektakulär gut geklappt. Die von ihm gesammelten sauberen, zuverlässigen Daten bestätigten eindeutig, dass seine Apparatur genau den Zweck erfüllte, zu dem man sie konstruiert hatte: Sie ermöglichte eine äußerst empfindliche Suche und schloss irreführende Signale zuverlässig aus.

Mit den neuesten technischen Mitteln können wir heute eine Fülle von Daten sammeln, und nicht immer geht es dabei um das Konsumverhalten der Menschen. Die derzeit angehäuften Informationen werden auch zu Fortschritten in Teilchenphysik, Astronomie und Kosmologie führen – und ebenso in anderen Wissenschaftsgebieten. Zwar wurde dunkle Materie bisher mit keinem Experiment eindeutig nachgewiesen, aber viele Arbeiten haben faszinierende Ergebnisse geliefert. Manchmal stellt jemand ein Experiment wie das von Gaitskell an, und plötzlich ist eine ganze Reihe vielversprechender Möglichkeiten vom Tisch, auf die frühere Experimente mit weniger eindeutigen Messungen hingewiesen hatten. Er und andere setzen ihre Suche fort in der Hoffnung, schon bald ein aussagekräftigeres Signal zu finden und damit eine echte Entdeckung zu machen.

Allerdings ist die Suche nach dunkler Materie eine entmutigende Aufgabe. Da die Gravitation eine so schwache Kraft ist, muss man zum Nachweis der Teilchen, aus denen dunkle Materie zusammengesetzt ist, auf ebenjene Interaktionen zurückgreifen, von denen wir nicht wissen, ob dunkle Materie ihnen überhaupt unterliegt. Wenn sie Wechselwirkungen ausschließlich in Form der Gravitation eingeht oder wenn sie neue Kräfte erlebt, die wir von der gewöhnlichen Materie nicht kennen, werden wir sie mit einer konventionellen Suche niemals finden. Selbst wenn die Kräfte des Standardmodells auf die dunkle Materie einwirken, können wir nicht sicher sein, dass diese Wechselwirkungen stark genug sind und mit unseren derzeitigen experimentellen Methoden nachgewiesen werden können.

Bisher muss die Suche einen Vertrauensvorschuss leisten und davon ausgehen, dass die dunkle Materie trotz ihrer nahezu völligen Unsichtbarkeit nennenswert interagiert und mit Detektoren, die aus gewöhnlicher Materie bestehen, nachgewiesen werden kann. Teilweise ist das Wunschdenken. Der Optimismus hat seine Wurzeln aber auch in den Folgerungen aus den WIMP-Modellen, die im vorangegangenen Kapitel erörtert wurden. Die meisten WIMP-Teilchen sollten mit den Teilchen des Standardmodells zumindest ein klein wenig interagieren – zwar nur in geringem Umfang, aber doch so stark, dass man es mit den sehr präzisen Experimenten, die heute möglich sind, beobachten kann. Mittlerweile sind die Arbeiten an einem Punkt angelangt, an dem man die meisten WIMP-Modelle bestätigen oder ausschließen kann, wenn die endgültigen Ergebnisse der Experimente vorliegen.

Im Zusammenhang mit den Alternativmodellen für dunkle Materie, die ich in den folgenden Kapiteln erörtern werde, beschäftige ich mich auch mit einigen ganz anderen Folgerungen für die Beobachtungen. Die Themen des vorliegenden Kapitels sind jedoch die dunkle Materie nach dem WIMP-Modell und die drei wichtigsten Verfahren, mit denen man nach ihr sucht (siehe Abb. 36). Dunkle Materie ist schwer fassbar, aber die Wissenschaftler suchen unermüdlich nach ihren geringfügigen Auswirkungen, die sich beobachten lassen.

Experimente zum unmittelbaren Nachweis

Die erste Kategorie von Experimenten, mit denen man nach WIMPs sucht, lässt sich unter der Überschrift *unmittelbarer Nachweis* zusammenfassen. Solche Experimente bedienen sich erdgebundener, riesengroßer, äußerst empfindlicher Apparaturen, die mit ihren Ausmaßen ein Gegengewicht zu den (bestenfalls) sehr schwachen Interaktionen der dunklen Materie schaffen sollen. Dahinter steht der Gedanke, dass dunkle Materie durch das Material eines Detektors wandert, bis sie auf einen Atomkern trifft. Die dann einsetzende Wechselwirkung würde eine geringe Menge an Rückstoßwärme oder Energie liefern, die sich im Prinzip entweder mit einem sehr kalten Detektor oder mit einem sehr empfindlichen Material nachweisen lässt, das aufgrund seiner Konstruktion die winzige Wärmemenge absorbieren und messen kann. Wenn ein Teilchen der dunklen Materie eine solche Nachweisapparatur durchläuft, auf einen Atomkern trifft und ganz schwach davon abprallt, könnte man mit dem Experiment die winzige Änderung aufzeichnen, die den einzigen potentiell messbaren Beleg für den Durchgang darstellt. Jede einzelne derartige Interaktion findet zwar nur mit sehr geringer Wahrschein-

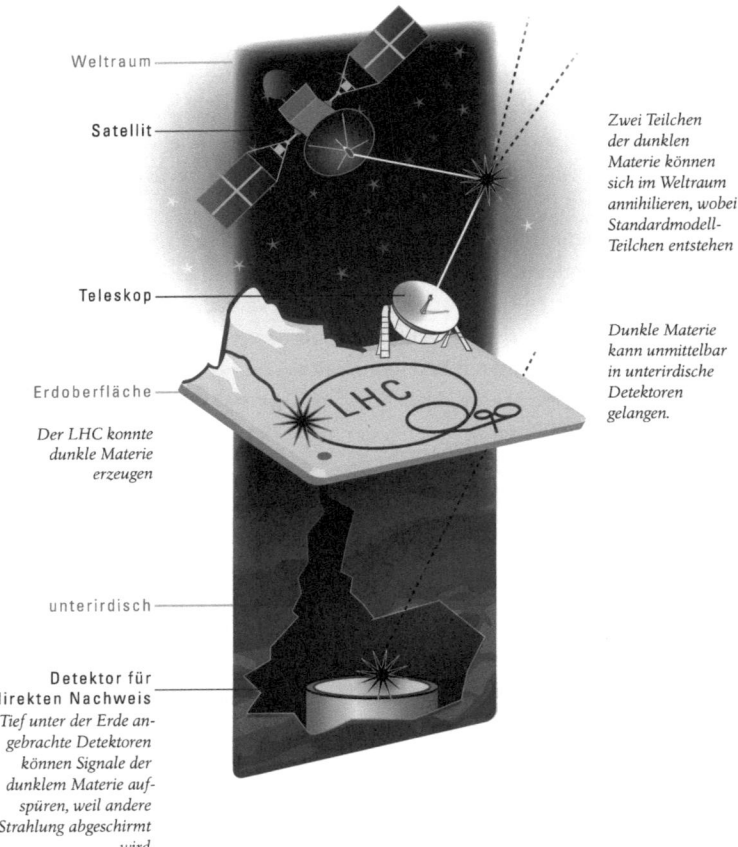

Weltraum

Satellit

Zwei Teilchen der dunklen Materie können sich im Weltraum annihilieren, wobei Standardmodell-Teilchen entstehen

Teleskop

Dunkle Materie kann unmittelbar in unterirdische Detektoren gelangen.

Erdoberfläche

Der LHC konnte dunkle Materie erzeugen

unterirdisch

Detektor für direkten Nachweis
Tief unter der Erde angebrachte Detektoren können Signale der dunklen Materie aufspüren, weil andere Strahlung abgeschirmt wird

Abb. 36 Nach WIMPs sucht man mit einem dreifachen Ansatz. Unterirdische Detektoren sollen dunkle Materie aufspüren, die unmittelbar auf Atomkerne trifft. In Experimenten mit dem LHC könnte man Hinweise auf dunkle Materie finden, die in dem Beschleuniger entsteht. Satelliten oder Teleskope halten im Rahmen der indirekten Suche Ausschau nach Anhaltspunkten für dunkle Materie, die sich annihiliert.

lichkeit statt, die Erfolgsaussichten verbessern sich aber mit größeren und empfindlicheren Apparaturen – deshalb erfordern die Experimente einen so großen Aufwand.

Kryogene Detektoren sind sehr kalte Instrumente mit kristallinen Absorbern, beispielsweise aus Germanium. Auf die sehr kleinen Wärmemengen reagieren sie mit *SQUIDs* (*superconducting quantum interference devices* – supraleitende Quanteninterferenzeinheiten), die in den Detektor eingebaut sind. Solche Instrumente verlieren schon dann die Fähigkeit zur Supraleitung und nehmen damit einen potentiellen Einfluss der dunklen Materie wahr, wenn eine sehr kleine Energiemenge auf das eingebaute, sehr kalte Supraleitermaterial trifft. In diese Kategorie gehören mehrere derzeit laufende Experimente: die Cryogenic Dark Matter Search (CDMS), die Cryogenic Rare Event Search with Superconducting Thermometers (CRESST) und die Expérience pour Détecter Les Wimps en Site Souterrain (»Experiment zum Nachweis« von WIMPs an einer unterirdischen Stelle«, EDELWEISS). Die meisten Physiker bedienen sich aber nicht dieser etwas umständlichen Namen, sondern der leichter zu merkenden Abkürzungen.

Kryogene Detektoren sind aber nicht die einzigen Instrumente, die zum direkten Nachweis eingesetzt werden. Geräte des zweiten Typs, deren Bedeutung ebenfalls schnell zunimmt, nutzen Edelgase. Dunkle Materie interagiert zwar nicht unmittelbar mit Licht, aber die Energie, die zu einem Xenon- oder Argonatom hinzukommt, wenn es von einem Teilchen der dunklen Materie getroffen wird, kann unter Umständen einen charakteristischen Lichtblitz hervorrufen. Zu den Experimenten dieses Typs gehören die auf Xenon basierenden Projekte XENON100 und das zuvor bereits erwähnte LUX (*Large Underground Xenon Detector*, Großer unterirdischer Xenon-Detektor) sowie mehrere Detektoren auf Argonbasis, darunter ZEPLIN, DEAP, WARP, DArkSide und ArDM.

XENON und LUX werden in den kommenden Jahren ausgeweitet und aktualisiert werden: Dann gibt es die Gemeinschaftsprojekte XENON1T und LUX-ZEPPELIN. Um eine Vorstellung von dem Fortschritt zu vermitteln: Die Zahl 100 in dem ursprünglichen Namen von XENON gab ungefähr die Masse in Kilogramm an, 1T steht dagegen für eine Tonne. Noch größer wird LUX-ZEPPELIN mit einem Volumen von fünf Tonnen – das sind die Größenordnungen, die heute zum Nachweis dunkler Materie zum Einsatz kommen.

Sowohl kryogene als auch edelgasbasierte Detektoren sollen aufgrund ihrer Konstruktion die winzigen Energiebeträge registrieren können, die ein Teilchen der dunklen Materie vielleicht abgibt. Aber so eindrucksvoll das auch sein mag – der Nachweis einer kleinen Energieveränderung ist kein ausreichender Beleg dafür, dass tatsächlich ein Teilchen der dunklen Materie vorübergekommen ist. Man muss auch zeigen, dass man tatsächlich das gewünschte Signal und nicht nur die Hintergrundstrahlung aufgezeichnet hat – diese kann ebenfalls kleine Energiemengen abgeben, die denen der dunklen Materie ähneln und mit gewöhnlicher Materie viel stärker interagieren, als dunkle Materie es jemals könnte.

Das ist schwierig. Aus der Sicht eines empfindlichen Nachweisinstruments für dunkle Materie ist Strahlung allgegenwärtig. Myonen aus der kosmischen Strahlung – die schwereren Partner der Elektronen – können auf Gestein treffen und einen Teilchenregen entstehen lassen; den gleichen Effekt, der dem von dunkler Materie ähnelt, können auch manche Neutronen hervorrufen. Selbst wenn man von einigermaßen optimistischen Annahmen über Masse und Interaktionsstärke von Teilchen der dunklen Materie ausgeht, sind elektromagnetische Hintergrundereignisse mindestens tausendmal stärker als das Signal. Und diese Schätzung berücksichtigt noch nicht die vielen natürlichen und von Menschen hergestellten radioaktiven Substanzen, die in der Luft, der Umwelt und dem Detektor selbst enthalten sind.

Das alles wissen die Wissenschaftler, die solche Apparaturen entwerfen, nur allzu gut. Für Astrophysiker und alle, die mit dunkler Materie experimentieren, sind *Abschirmung* und *Unterscheidung* die Schlüsselworte. Um ihren Detektor vor gefährlicher Strahlung zu schützen und potentielle Wirkungen der dunklen Materie von uninteressanter Strahlung zu unterscheiden, die in die Detektoren fällt, sucht man tief unter der Erde nach dunkler Materie, in Bergwerken oder unter Gebirgen. Dort sollten kosmische Strahlen das umgebende Gestein treffen und nicht den darunter verborgenen Detektor selbst. Auf diese Weise wird ein großer Teil der Strahlung abgeschirmt, während die dunkle Materie, die mit dem Gestein viel schwächer interagiert, ungehindert in den Detektor gelangt.

Glücklicherweise wurden zu kommerziellen Zwecken zahlreiche Bergwerke und Tunnel gebaut, die heute für solche Experimente zur Verfügung stehen. Bergwerke gibt es unter anderem deshalb, weil schwere Elemente, wie zuvor erwähnt, in Richtung des Erdmittelpunkts sinken, teilweise aber auch wieder in die Höhe steigen und unterirdische Erzlager bilden. Die Experimente DAMA, XENON10 und das größere XENON100 sowie CRESST mit seinem auf Wolfram basierenden Detektor finden in den Laboratori Nazionali di Gran Sasso statt, die in Italien in einem Tunnel ungefähr 1400 Meter unter der Erde untergebracht sind.

Eine 1500 Meter tiefe Höhle der Homestake-Mine im US-Bundesstaat South Dakota, die ursprünglich für den Goldabbau gegraben worden war, beherbergt das LUX-Experiment. Berühmtheit erlangte die Homestake-Mine unter Physikern, weil dort ein anderer eindrucksvoller Nachweis erstmals gelang: Man fand Neutrinos von der Sonne und hatte damit den ersten echten Anhaltspunkt, dass solche Teilchen nicht die Masse null besitzen. Das CDMS-Experiment findet in der 750 Meter tiefen Soudan-Mine statt. Auch die Sudbury-Mine in der kanadischen Provinz Ontario – dort wurden ursprünglich die Metalle ausgegraben, die sich vor 2 Milliarden Jahren nach dem Einschlag eines riesigen Asteroiden gebildet haben – ist heute der Ort mehrerer Experimente zum Nachweis dunkler Materie.

Aber trotz des vielen Gesteins oberhalb der Minen und Tunnels besteht keine Garantie, dass die Detektoren nicht von Strahlung getroffen werden. Deshalb werden sie in den Experimenten auf zweierlei Weise zusätzlich geschützt. Am amüsantesten finde ich eine Abschirmung aus altem Blei, das aus einer gesunkenen französischen Galeone stammt. Blei ist ein dichtes, absorbierendes Material, und aus altem Blei ist alle Strahlung, die darin vielleicht ursprünglich enthalten war, bereits verschwunden; deshalb absorbiert eine Bleiabschirmung sehr effizient die Strahlung, ohne selbst ihrerseits Strahlung abzugeben.

Technisch höher entwickelte Abschirmungen bestehen beispielsweise aus Polyethylen, das aufleuchtet, wenn irgendetwas so stark interagiert, dass es sich nicht um dunkle Materie handeln kann. In den Edelgasdetektoren, die beispielsweise mit Xenon arbeiten, dient der Detektor selbst als Abschirmung. Solche Xenon-Detektoren haben einen so großen Absorptionsbereich, dass die Wissenschaftler die äußere Region außer Acht lassen – dieser dient nur dazu, die radioaktive Hintergrundstrahlung zu blockieren; potentielle Signale werden nur dann aufgezeichnet, wenn sie aus dem inneren Bereich stammen.

Außerdem ist auch Unterscheidung wichtig. Dafür bedient man sich in der Teilchenphysik des Begriffs *Teilchenidentifizierung* oder *Teilchen-ID*. Aber lassen wir den Namen einmal beiseite: Unterscheidung hat – im Gegensatz zur Abschirmung – zum Ziel, die elektromagnetische Strahlung, die trotz allem noch durchkommt, von potentiellen Kandidaten für dunkle Materie zu unterscheiden. Wenn man sowohl die Ionisation als auch die anfängliche Szintillation misst, kann man Signale von Hintergrundstrahlung unterscheiden.

Im Rahmen des DAMA-Szintillationsexperiments, das im Gran-Sasso-Labor in Italien läuft, wird schon seit einiger Zeit über ein Signal berichtet. Da man in dem Experiment aber nicht zwischen Signal und Hintergrund unterscheiden kann – es basiert ausschließlich auf Informationen über zeitliche Abläufe – und weil das Ergebnis noch mit keinem anderen Experiment reproduziert werden konnte, bleiben die meisten Physiker in der Frage, ob das Signal echt ist, skeptisch.

In anderen Experimenten hat man ebenfalls potentielle Signale gefunden, aber dabei handelte es sich nur um sehr wenige Ereignisse, und die fanden bei sehr geringer Energie statt. Auch in diesen Fällen haben wir allen Grund, misstrauisch zu sein. Wie bereits erwähnt wurde, messen die Detektoren die Rückstoßenergie. Ist diese zu klein, kann der Detektor sie nicht aufzeichnen, weil sie unter der Empfindlichkeitsgrenze der Apparatur liegt. Ereignisse mit der niedrigsten Energie liegen auch am nächsten an der schwer zu überwinden Untergrenze der Nachweisbarkeit. Deshalb ist bei jedem potentiellen energiearmen Signal Skepsis angebracht, bis mehr Daten zusammenkommen oder ein anderes Experiment die mutmaßlichen Beobachtungen bestätigt.

Indirekter Nachweis

In Experimenten zum direkten Nachweis sucht man nach dunkler Materie, die durch die Erde hindurchläuft. Dabei könnte es gelingen, Teilchen der dunklen Materie zu entdecken. Es gibt aber noch eine andere vielversprechende Strategie: Man sucht nach Signalen, die sich ergeben, wenn Teilchen und Antiteilchen der dunklen Materie (oder auch Teilchen des gleichen Typs) sich gegenseitig annihilieren. Dabei verwandelt sich die Energie der dunklen Teilchen in andere, hoffentlich sichtbare Formen von Materie. Da die dunkle Materie so stark verdünnt ist, findet eine solche Annihilation wahrscheinlich nicht sehr häufig statt. Das heißt aber nicht, dass es sie überhaupt nicht gäbe. Es kommt darauf an, als was sich das Wesen der dunklen Materie letztlich erweist.

Wenn es zur Annihilation kommt, könnte man mit Experimenten auf der Erde oder im Weltraum die Teilchen finden, die dabei entstehen – das wäre dann ein *indirekter Nachweis*. Man sucht dabei nach Teilchen, die entstehen, nachdem die Bausteine der dunklen Materie durch die Annihilation verschwunden sind. Wenn man Glück hat, sind darunter auch Teilchen und Antiteilchen aus dem Standardmodell, beispielsweise Elektronen und ihre Antiteilchen, die Positronen, oder Paare von Photonen; all das könnte man mit Detektoren auf der Erde und im Weltraum beobachten. Signale von Antiteilchen und Photonen sind die vielversprechendsten Suchobjekte, mit denen man dunkle Materie indirekt nachweisen könnte, denn Antiteilchen sind im Kosmos selten. Photonen können ebenfalls nützlich sein, denn wenn sie aus der Annihilation dunkler Materie stammen, unterscheiden sie sich in ihrer Energie und räumlichen Verteilung von solchen, die zum astrophysikalischen Hintergrund gehören.

Die meisten Instrumente, mit denen man nach solchen dem Standardmodell entsprechenden Annihilationsprodukten sucht, wurden ursprünglich nicht als Detektoren für dunkle Materie entwickelt. Die Teleskope und Detektoren, die sich im Weltraum oder auf der Erde befinden, dienen vorrangig dem Ziel, Licht und Teilchen aus astronomischen Quellen am Himmel aufzufangen. Damit will man diese Sterne, Pulsare und andere Objekte besser verstehen – aber für Forscher, die sich für dunkle Materie interessieren, sind sie der astrophysikalische Hintergrund, der falsche Hinweise auf dunkle Materie geben könnte.

Man kann es auch anders betrachten: Da die Teilchen, die von Quellen aus dem astrophysikalischen Hintergrund und der mutmaßlichen Annihilation dunkler Materie ausgehen, sich so ähnlich sind, können wir den Schluss ziehen, dass Beobachtungen mit den vorhandenen Teleskopen möglicherweise auch Aufschlüsse über dunkle Materie liefern werden. Wenn man weiß, aus welchen konventionellen Quellen solche Teilchen stammen könnten, kann man sie auch von überzähligen Teilchen unterscheiden, die auf dunkle Materie zurückzuführen sind. Trotz möglicher Zweideutigkeiten bei der Interpretation kann eine indirekte Suche nach dunkler Materie gelingen, wenn man die konventionellen Teilchenquellen ausreichend gut versteht und damit sicherstellen kann, dass sie allein keine ausreichende Erklärung für die Befunde liefern.

Ein solches Experiment zum indirekten Nachweis läuft auf der Internationalen Raumstation. Der Nobelpreisträger Sam Ting vom Massachusetts Institute of Technology kam auf die kluge Idee, dort einen Teilchendetektor anzubringen und damit nach Positronen und Antiprotonen zu suchen. Das Alpha Magnetic Spectrometer (AMS) ist eigentlich ein Teilchendetektor im Weltraum. Es setzte die Suche des Satelliten PAMELA fort (der hübsche Name ist ebenfalls eine Abkürzung), der unter italienischer Leitung 2013 über erste Ergebnisse berichtete.

Die Daten wirkten zuerst höchst faszinierend, aber heute ist die dunkle Materie als Erklärung in Misskredit geraten. Das liegt unter anderem daran, dass die von PAMELA und AMS aufgefangenen Signale im frühen Universum eine so große Menge von dunkler Materie voraussetzen würden, dass man den Verzerrungseffekt an der Mikrowellen-Hintergrundstrahlung bereits mit dem Planck-Satelliten hätte erkennen müssen. Das anfangs überraschende Ergebnis scheint heute nur ein Hinweis darauf zu sein, dass Astrophysiker über Pulsare und ähnliche Strahlenquellen noch vieles nicht wissen. Solange die Chance besteht, die Signale mit konventionellen Quellen zu erklären, gibt es keinen überzeugenden Grund, auf dunkle Materie zurückzugreifen.

Bei der Annihilation von dunkler Materie könnten auch Quarks und Antiquarks oder Gluonen entstehen, Teilchen, die über die starke Kernkraft interagieren. Die meisten Modelle des WIMP-Typs sagen dies sogar nach dem Standardmodell als wahrscheinlichste Folge voraus. Für das naheliegendste Suchobjekt – die Antiprotonen – gibt es einen großen astrophysikalischen Hintergrund, aber für energiearme Antideuteronen – schwach gebundene Zustände von Antiprotonen und Antineutronen – ist er viel kleiner. Deshalb besteht die Chance, dunkle Materie im Experiment aufgrund ihrer Annihilation und dieser dabei entstehenden energiearmen Zustände zu entdecken. Nach derartigen Signalen sucht das ballonbasierte Experiment GAPS (*General Antiparticle Spectrometer*), das 2019 von der Antarktis starten soll.

Auch die ungeladenen Neutrinos, die nur über die schwache Kernkraft interagieren, könnten für den indirekten Nachweis der dunklen Materie nützlich sein. Möglicherweise wird dunkle Materie in der Mitte der Sonne oder der Erde festgehalten, so dass ihre Dichte und damit auch die Wahrscheinlichkeit ihrer Annihilation über den üblichen Wert hinaus ansteigt. Die einzigen Teilchen, die in einem solchen Fall entkommen und potentiell nachgewiesen werden können, wären die Neutrinos, denn sie interagieren im Gegensatz zu anderen Teilchen nur so schwach, dass sie nicht aufgrund ihrer Wechselwirkungen festgehalten werden. Nach solchen energiereichen Neutronen suchen erdgebundene Detektoren namens AMANDA, IceCube und ANTARES.

Andere erdgebundene Detektoren sprechen auf energiereiche Photonen, Elektronen und Positronen an. Das High Energy Stereoscopic System (HESS) in Namibia und das Very High Energetic Radiation Imaging Telescope Array System (VERITAS) im US-Bundesstaat Arizona sind große Anordnungen aus Teleskopen, die energiereiche Photonen aus dem Zentrum der Galaxis auffangen sollen. Noch empfindlicher verspricht das Cherenkov Telescope Array zu werden, ein Observatorium der nächsten Generation für sehr energiereiche Gammastrahlen.

Die vermutlich wichtigsten Versuche der letzten Jahre zum indirekten Nachweis unternahmen aber wahrscheinlich die Teleskope des Gammastrahlen-Weltraumobservatoriums Fermi; der Name erinnert an den großen italienischen Physiker, nach dem auch die »Fermionen« benannt sind. Das Fermi-Observatorium befindet sich in einem Satelliten, der Anfang 2008 gestartet wurde und die Erde in einer Höhe von 550 Kilometern alle 95 Minuten einmal umkreist. Erdgebundene Photonendetektoren haben den Vorteil, dass sie viel größer sein können als ein Satellit. Die sehr präzisen Instrumente von Fermi jedoch haben, was Informationen über Energie und Richtungen angeht, ein besseres Auflösungsvermögen, sprechen empfindlicher auf Photonen mit geringer Energie an und decken ein viel größeres Gesichtsfeld ab.

In jüngster Zeit gab der Fermi-Satellit den Anlass zu vielen interessanten Spekulationen über die dunkle Materie. Seit er den Betrieb aufnahm, gab es mehrere Anhaltspunkte für Signale; sie alle sind noch nicht eindeutig, führten aber bereits zu interessanten Erkenntnissen darüber, was dunkle Materie sein könnte. Ein Spezialist für das bisher stärkste Signal ist der Physiker Dan Hooper von Fermilab (dem Fermi National Accelerator Laboratory in Batavia in Illinois, nicht weit von Chicago). Wie er und seine Mitarbeiter mit einer sorgfältigen Studie nachweisen konnten, sind die Photonenemissionen in der Nähe des galaktischen Zentrums höher, als man es aufgrund des astrophysikalischen Hintergrundes erwarten würde.

Wie die früheren überraschenden Beobachtungen an den Positronen, so zeigen auch diese Daten recht eindeutig einen unerwartet hohen Wert. Dabei stellt sich aber wiederum die Frage, ob der Überschuss auf eine übersehene astrophysikalische Quelle oder eine wirklich spannende Ursache wie die dunkle Materie zurückzuführen ist. An einer Antwort auf diese Frage arbeiten die Astronomen noch. Bisher scheint keine Erklärung ganz und gar naheliegend oder überzeugend zu sein.

Ein anderes Signal, das man bei Photonen beobachtet hat, ohne dass man es mit den konventionellen astrophysikalischen Quellen erklären könnte, hat die Form einer Röntgenstrahllinie bei einigen keV*, ungefähr einem Hundertstel der Energie, die ein Elektron trägt. Diese Beobachtung hat einen seltsamen Aspekt: Es handelt sich um eine Linie, das heißt, die überzähligen Photonen treten bei einer ganz bestimmten Energie und einer geringen Schwankungsbreite auf. Allerdings lassen Übergänge zwischen verschiedenen Energieniveaus in Atomen und Molekülen ganz ähnliche Linien entstehen, und das Signal ist nicht sonderlich stark; ob es sich wirklich um eine Entdeckung handelt, ist deshalb alles andere als klar. Der Mangel an überzeugenden Belegen war aber für manche Forschungsarbeiten, die von Axionen oder zerfallender dunkler Materie als mögliche Ursachen ausgehen, kein Hindernis. Genau werden wir es erst wissen, wenn wir mit Daten oder theoretischen Arbeiten entscheiden können, ob es sich um eine Schwankung im Hintergrund oder etwas wirklich Neues handelt.

Ein letztes mutmaßliches Signal möchte ich erwähnen, weil es den Anlass für die Forschungsarbeiten gab, auf die ich in Kürze zu sprechen kommen

---

* Teilchenphysiker bedienen sich meist der Energieeinheit Elektronenvolt (eV). 1 Kiloelektronenvolt (keV) sind 1000 eV, und 1 Gigaelektronenvolt (GeV) – die Einheit, die in Diskussionen über die heutigen Hochenergie-Teilchenbeschleuniger häufig vorkommt – sind eine Milliarde eV.

werde: ein Photonensignal mit einer Energie von 130 GeV, auf das die ersten
Daten des Fermi-Satelliten hinzudeuten schienen. Das Signal war mit Sicherheit faszinierend, ähnelte die beobachtete Energie doch stark der Masse des
Higgs-Bosons, die bei ungefähr 125 GeV liegt. Da es dafür keine stichhaltige
astrophysikalische Erklärung gab, äußerten manche Astronomen die Vermutung, das Signal könne seinen Ursprung in der Annihilation von dunkler
Materie haben.

Ich muss von vornherein klarstellen, dass die Befunde der Überprüfung
durch neue Daten nicht standgehalten haben und mittlerweile verworfen
wurden. Aber als meine Mitarbeiter – Matt Reece, JiJi Fan, Andrey Katz –
und ich erklären wollten, wie dieses Signal möglicherweise entstanden ist,
stießen wir auf eine faszinierende Kategorie von Modellen, auf die wir ansonsten mit ziemlicher Sicherheit nie gekommen wären. Und wie viele wissenschaftliche Entwicklungen, so erwies sich auch dieses Modell aus Gründen als interessant, die über die ursprüngliche Motivation hinausgingen; es
führte zu der Vorstellung von der dunklen Scheibe, das ich in Kürze erläutern
werde.

Dunkle Materie und der LHC

WIMPs scheinen zwar heute eine weniger vielversprechende Möglichkeit zu
sein, sie treten aber auch im Großen Hadronen-Speicherring LHC auf, einem
riesigen Teilchenbeschleuniger in der Nähe von Genf, der sich unterirdisch
über die französisch-schweizerische Grenze erstreckt. In dem insgesamt
rund 27 Kilometer langen Ring kreisen Protonen in entgegengesetzten Richtungen und treffen mit hoher Energie aufeinander. Das Spektrum verschiedener Energien, das der LHC möglich macht, führte zur Entstehung und
Entdeckung des Higgs-Bosons, und auch andere hypothetischen Teilchen
könnten dort entstehen, beispielsweise ein stabiles, schwach interagierendes
WIMP. Wenn es so kommt, wird man es aufgrund seiner Wechselwirkungen
mit den Teilchen des Standardmodells im LHC nachweisen können.

Aber selbst wenn man am LHC neue Teilchen findet, wird man erst mit er-
gänzenden Befunden – zum Beispiel aus Detektoren für dunkle Materie, die
sich auf der Erde oder im Weltraum befinden – eindeutig nachweisen kön-

nen, dass es sich bei einem Teilchen um dunkle Materie handelt. Dennoch wäre die Entdeckung von WIMPs am LHC eine wichtige Errungenschaft. Anschließend könnten wir an solchen Teilchen der dunklen Materie detailliert die Eigenschaften untersuchen, deren Analyse mit allen anderen Nachweismethoden äußerst schwierig wäre.

Aber da dunkle Materie nur in so geringem Umfang mit gewöhnlicher Materie interagiert, würden ihre Teilchen auch am LHC nur geringfügige Wechselwirkungen mit den kollidierenden Protonen zeigen. Es könnten aber andere Teilchen entstehen und zu Bestandteilen der dunklen Materie zerfallen. Dann stellt sich nur die Frage, wie man einen solchen Vorgang nachweisen will, denn dunkle Materie interagiert nicht mit dem Detektor und hinterlässt deshalb selbst keine sichtbaren Spuren.

Suchen könnte man zum Beispiel beim Zerfall geladener Teilchen. Diese können nicht ausschließlich in neutrale Teilchen der dunklen Materie zerfallen, denn dabei bliebe die Ladung nicht erhalten. Die zusätzlichen geladenen Teilchen, die im Endzustand vorhanden sein müssen, würden in Energiegehalt und Impuls nicht dem ursprünglich zerfallenen Teilchen gleichen, weil die unsichtbare dunkle Materie einen Teil der Energie und des Impulses abtransportiert hat; wenn man solche Teilchen nachweisen könnte, wäre klar, dass es ein Teilchen geben muss, das bestimmte schwache Wechselwirkungen ausübt.

Dass dunkle Materie entstanden ist, würde in diesem Fall genau dadurch gezeigt, dass man einen bestimmten Energiebetrag in den Experimenten nicht nachweisen kann; zusätzlich müssten die vorhergesagten Häufigkeiten und Signale solcher Ereignisse mit den Daten übereinstimmen. Sofern die Gesetze der Physik nicht grundlegend anders sind, als alle annehmen, könnte man einen solchen scheinbaren Mangel an Energie- und Impulserhaltung nur damit erklären, dass ein nicht nachgewiesenes Teilchen entstanden ist, und dieses Teilchen könnte man dann der dunklen Materie zuordnen.

WIMPs lassen sich trotz ihrer sehr geringfügigen Wechselwirkungen mit der gewöhnlichen Materie auch direkt paarweise produzieren. Zwei Protonen könnten bei ihrer Kollision manchmal zwei WIMPs hervorbringen; es wäre die Umkehr des Prozesses, bei dem sich zwei WIMPs gegenseitig annihilieren und gewöhnliche Materie entstehen lassen – die Berechnung, die auf einen Überschuss bei den Restmengen schließen lässt. Wie oft das geschieht, hängt von dem jeweiligen Modell ab – WIMPs bringen nicht zwangsläufig durch Annihilation Protonen hervor, und entsprechend läuft auch der umgekehrte Prozess nicht mit Sicherheit ab. Im Rahmen vieler Modelle könnte dies aber eine gute Suchstrategie sein.

Auch hier müssen sich die experimentellen Wissenschaftler mit dem Problem auseinandersetzen, dass dunkle Materie selbst niemals nachgewiesen wird – finden kann man nur andere Teilchen, die zusammen mit ihr entstehen. Tatsächlich beobachtet man aber Ereignisse, bei denen ein einzelnes Teilchen, beispielsweise ein Photon oder Gluon (das Teilchen, das die starke Kernkraft zwischen den Quarks vermittelt) zusammen mit der dunklen Materie produziert wird, und die Theoretiker konnten zeigen, dass von solchen Teilchen prinzipiell ein ausreichend starkes Signal ausgehen könnte.

Bisher hat man im Rahmen der Forschungsarbeiten am LHC nichts gefunden, was auf die Entstehung von dunkler Materie hindeuten würde. Ob das daran liegt, dass die Energie der Maschine nicht ganz ausreicht, oder ob die theoretischen Überlegungen, wonach man bei der betreffenden Energie zusätzliche Teilchen finden kann, fehlerhaft sind, wissen wir nicht. Es besteht aber immer noch eine beträchtliche Chance, dass bei den Energien, die durch die Kollisionen im LHC freigesetzt werden, zusätzliche Teilchen entstehen. Vielleicht gehört eines davon zur dunklen Materie.

Dunkle Materie ohne WIMPs

Im Gegensatz zu Obi-Wan Kenobi sind WIMPs nicht unsere einzige Hoffnung, aber was die beschriebenen Nachweismethoden angeht, sind sie in vielerlei Hinsicht die beste. Der unmittelbare Nachweis kann nur dann funktionieren, wenn gewisse Interaktionen zwischen Teilchen des Standardmodells und solchen der dunklen Materie stattfinden, und das ist in den WIMP-Modellen gewährleistet. Außerdem sorgt die thermische Produktion für gleiche Mengen von dunkler Materie und dunkler Antimaterie (oder dafür, dass dunkle Materie aus ihren eigenen Antiteilchen besteht), so dass auch die Annihilation nicht in Frage steht. Wie steht es aber mit den anderen Vermutungen über die dunkle Materie? Wie können wir sie überprüfen?

Leider wird jeder andere Kandidat für dunkle Materie, der nicht bereits ausgeschlossen wurde, höchstwahrscheinlich noch schwieriger zu finden sein. Die Suchstrategie muss sich gezielt an dem jeweiligen Modell orientieren. Die Durchführbarkeit ist dabei mit der heutigen Technologie nicht zwangsläufig garantiert. Vielleicht haben wir Glück und die dunkle Materie ist nicht durchsichtig, sondern diaphan – dann wäre sie mit den Methoden, die optimistisch eine Interaktion mit den Kräften des Standardmodells unterstellen, gerade eben zu sehen. Aber angesichts der Unsicherheiten ist es nach meiner Auffassung an der Zeit, sich mehr auf einen Nachweis anhand der einzigen Kraft zu konzentrieren, von der wir wissen, dass auch die dunkle Materie ihr unterliegt: der Gravitation. Dunkle Materie, die mit sich selbst oder anderen unsichtbaren Formen der Materie interagiert, wird vielleicht nicht unmittelbar sichtbar, aber wie wir im Folgenden erfahren werden, könnten ihre Interaktionen sich auf dem Weg über die genaue Masseverteilung im Universum offenbaren.

18

Dunkle Materie, sozial vernetzt

Ein entscheidender Aspekt für viele Fortschritte im modernen Leben war die Urbanisierung. Viele Menschen auf engem Raum, und schon gedeihen die Ideen, die Wirtschaft floriert, und es ergeben sich zahlreiche nützliche Effekte. Städte wachsen und entwickeln sich organisch – sie werden immer attraktiver, wenn mehr Menschen zuziehen, sie schaffen Arbeitsplätze und sorgen für bessere Arbeits- und Lebensbedingungen. Wird es in einer Stadt aber zu eng, treiben hohe Wohnkosten, Verbrechen und andere Nachteile des städtischen Lebens die Menschen häufig in dünner besiedelte Viertel oder sogar völlig aus der Stadt hinaus. Insgesamt wächst die Stadt vielleicht wie geplant, aber die übermäßig optimistischen Ziele der Immobilienentwickler werden nicht erreicht: Hochhäuser in den Innenstädten sind unzureichend belegt und machen frühere Vorstellungen von schnellem Wachstum zunichte. Ohne stabile Stadtzentren gedeihen aber auch die Gemeinden im Umland nicht, und dann werden auch die Entwickler von Einkaufszentren enttäuscht.

Wie sich herausgestellt hat, dürften die gleichen allgemeinen Gesetzmäßigkeiten auch für das Wachstum von Strukturen im Universum gelten. Ich habe erläutert, was wir derzeit über die dunkle Materie wissen und warum wir aufgrund vieler Beobachtungen und Vorhersagen überzeugt sind, dass dunkle und gewöhnliche Materie im besten Fall sehr schwach interagieren. Geht man in zahlenmäßigen Simulationen davon aus, dass dunkle Materie ausschließlich in Form der Gravitation interagiert, kann man Größe, Dichte, Zahl und Form der Galaxien und Galaxienhaufen vorhersagen. Und wie die Vorausberechnungen für das Gesamtwachstum einer Stadt, so stimmen auch die Vorhersagen über die großen Strukturen im Universum sehr gut mit den Beobachtungen überein.

Im kleineren Maßstab dagegen entsprechen numerische Simulationen, in denen man der dunklen Materie ihre üblichen Eigenschaften zuschreibt, nicht immer den beobachteten Dichteprofilen. Die zentralen Regionen der Galaxien und Galaxienhaufen, aber auch die Zahl der kleineren Zwerggalaxien im Umfeld der Milchstraße sind nicht so, wie man es theoretisch vorhergesagt hatte. Wie in den weniger dicht besiedelten Innenstädten und unterentwickelten Wohnvierteln, so wurde auch für die Zentren der Galaxien und die Zahl der Satellitengalaxien eine zu hohe Dichte vorausgesagt. Auch die Zwerggalaxien rund um die Andromeda-Galaxie und andere entsprechen nicht der vorausberechneten räumlichen Verteilung.

Möglicherweise stellt sich eines Tages heraus, dass die Simulationen ungeeignet waren oder die Beobachtungen noch zu unvollständig sind. Aber eine Diskrepanz zwischen Vorhersagen und der Beobachtung von Strukturen im kleinen Maßstab könnte auch darauf hindeuten, dass die dunkle Materie anders ist, als man derzeit annimmt. Vielleicht unterliegt sie doch nicht nur derart schwachen Wechselwirkungen.

Die Interaktionen zwischen dunkler und gewöhnlicher Materie sind zwar bekanntermaßen nur sehr gering, aber zwischen zwei Teilchen der dunklen Materie können auch recht umfangreiche Wechselwirkungen stattfinden. Für solche Vorgänge spielt der fehlende Nachweis der dunklen Materie eine geringere Rolle, denn dieser basiert nur auf Interaktionen zwischen dunkler und gewöhnlicher Materie. Sie könnten so groß sein, dass sie eine gewisse Aufmerksamkeit verdienen.

Auch wenn wir die Grundgedanken über das Wachstum von Strukturen im Universum mittlerweile bestätigen können, deuten mögliche Diskrepanzen darauf hin, dass die Wissenschaft noch nicht weit genug fortgeschritten ist und deshalb das Thema nicht abschließend bewerten kann. Für Wissenschaftler ist das eine optimale Situation. Wir werden in jedem Fall eine Menge lernen, ganz gleich, wie die Lösung letztlich aussieht. In diesem Kapitel möchte ich erklären, welche Fragen sich mit den Strukturen kleineren Maßstabs im Universum stellen und warum man eine dunkle Materie, die mit sich selbst interagiert, in die Bemühungen zu ihrer Beantwortung einbeziehen kann.

Fragen des kleinen Maßstabs

In Kapitel 5 wurde erläutert, wie die Wirkung der Gravitation auf die dunkle Materie eine Blaupause geschaffen hat, die über die Struktur des Universums bestimmte. In der Frühzeit des Universums entwickelten sich in der dunklen Materie immer stärkere Dichteschwankungen, und die Galaxien, die in den dichteren Regionen heranwuchsen, übten die stärkste Gravitationsanziehung aus. Nachdem sie entstanden waren, fanden sie sich zu Haufen zusammen, die in Flächen und Fäden angeordnet sind, und diese Strukturen bildeten das Gerüst, in dem auch andere Strukturen aufgebaut wurden. Im Einzelnen hängen die Eigenschaften jeder einzelnen Galaxie und jedes Galaxienhaufens von dem unbekannten Anfangszustand ab, die generellen statistischen Gesetzmäßigkeiten für die Verteilung von Galaxien und Galaxienhaufen kann man aber vorhersagen, und die meisten derartigen Berechnungen stimmen sehr gut mit den Beobachtungen überein.

Für kleinere Strukturen – solche im Maßstab der Zwerggalaxien – sind die Vorausberechnungen dagegen nicht annähernd so zuverlässig. Für die innersten Regionen der Galaxien liefern die Dichteberechnungen zu hohe Werte, und auch die Zahl der kleinen Zwerggalaxien, die um die Milchstraße kreisen, wird zu hoch angesetzt. Die berechnete große Zahl kleinerer Strukturen findet man durch Beobachtung weder innerhalb des größeren Halos noch in isolierten kleineren Halos, die nach diesem Bild einer hierarchischen Struktur bis heute erhalten geblieben sein sollten.

Vielleicht die bekannteste derartige Diskrepanz ist das sogenannte *core-cusp*-Problem (etwa »Kern-Spitzen-Problem«). Astronomen und Kosmologen berechnen nicht nur, was für Objekte im Universum vorhanden sein sollten, sondern auch die Materieverteilung in ihrem Inneren. Vorhersagen über diese *Dichteprofile*, wie man die Masseverteilung in unterschiedlichen Entfernungen vom Zentrum der Objekte nennt, weisen Spitzen auf. Den Vorhersagen zufolge sollte die Dichte der dunklen Materie in Richtung des Zentrums also besonders groß sein, was gleichbedeutend mit sehr dichten zentralen Regionen der Galaxien und Galaxienhaufen ist.

Durch Beobachtungen kann man eine solche Dichteverteilung (bis zu einem gewissen Grade) messen, und dabei lässt sich die Vorhersage nicht bestätigen. Nach allem, was man bisher beobachtet hat, gibt es in den meisten

Galaxien keine Spitzen, sondern sie besitzen ein sogenanntes Core-Profil (siehe Abb. 37). Dieser Begriff ist verwirrend, und das nicht nur deshalb, weil »Samsung Galaxy Core« auch der Name eines Smartphones war. Die meisten Menschen stellen sich unter einem Kern vermutlich etwas Dichtes wie beispielsweise den geschmolzenen Kern unseres Planeten vor. In einem »Kerndichteprofil« sind die Verhältnisse dagegen genau umgekehrt – »Kern« bedeutet in diesem Fall, dass die Materie aus dem Zentrum entfernt wurde, als würde man das Kerngehäuse aus einem Apfel entfernen. Natürlich entnimmt in Wirklichkeit niemand das ganze Zentrum einer Galaxie. Die Beobachtungen deuten aber darauf hin, dass die Materiedichte in Richtung der Galaxienzentren nicht annähernd so starke Spitzenwerte erreicht, wie man es vorausberechnet hatte. Das Dichteprofil ist in diesen zentralen Regionen vielmehr relativ flach. Für Galaxienhaufen dürfte das Gleiche gelten.

Zu erklären, warum die Dichteprofile im Gegensatz zu den Vorausberechnungen keine Spitzen zeigen, sondern flach oder »entkernt« aussehen, fällt im Rahmen der einfachsten Modelle für dunkle Materie nicht leicht. In Verbindung mit dem Problem der fehlenden Satelliten (um die großen Galaxien kreisen weniger Zwerggalaxien, als vorhergesagt wurde) und dem Problem mit der Überschrift »zu groß, um zu scheitern« (die Vorhersagen für die

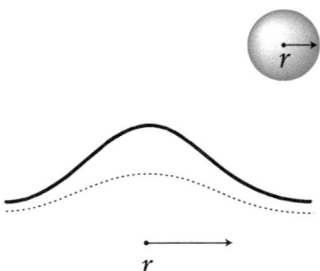

Abb. 37 Simulationen zufolge dürfte es in der Dichteverteilung der dunklen Materie »Spitzen« geben, das heißt, sie ist in der Nähe des Zentrums der Galaxis stark konzentriert. Beobachtungen deuten dagegen auf ein »entkerntes« Profil hin, also auf eine gleichmäßigere, weniger dichte Materieverteilung in der Mitte. In beiden Fällen erreicht die Dichte in der Mitte den hier dargestellten Höchstwert, aber in der von Spitzen geprägten Verteilung steigt sie viel steiler an.

dichtesten, massereichsten Galaxien stimmen nicht mit den Beobachtungen überein) ist dies möglicherweise ein Hinweis, dass die üblichen Aussagen über die kalte dunkle Materie unzureichend sind.

In jüngster Zeit fiel im Zusammenhang mit den Vorhersagen über dunkle Materie noch ein anderes Problem auf, und mit ihm werde ich mich in Kürze im Rahmen des Modells der dunklen Scheibe genauer befassen: Die Satelliten-Zwerggalaxien, die um größere Galaxien kreisen, sind räumlich offenbar nicht so verteilt, wie man es vorausberechnet hatte. Man hatte nämlich erwartet, dass die Zwerggalaxien sich mehr oder weniger gleichmäßig in alle Richtungen verteilen, in Wirklichkeit liegt aber ungefähr die Hälfte der rund 30 Zwerggalaxien, die um die Andromeda-Galaxie kreisen, ungefähr in einer Ebene, und alle diese Objekte haben auch die gleiche Umlaufrichtung. Eine ähnlich seltsame Verteilung findet man auch bei einigen Zwerggalaxien im Umfeld unserer Milchstraße.

Die gleichmäßige Ausrichtung und die gemeinsame Rotationsrichtung der Zwerggalaxien könnten darauf hindeuten, dass sie aus den Materiescheiben verschmelzender Galaxien entstanden sind. Aber selbst wenn sich die räumliche Verteilung mit einer solchen Verschmelzung erklären lässt, bleibt das Problem, dass die Zwerg-Satellitengalaxien viel zu viel dunkle Materie enthalten, so dass die einfachste Erklärung nicht stimmen kann. Möglicherweise muss man für die dunkle Materie auf ein Modell zurückgreifen, das nicht dem Standardmodell entspricht; nur dann lässt sich die Verteilung der von dunkler Materie beherrschten Zwerggalaxien in einer Ebene erklären.

Alle Berechnungen und Beobachtungen, die auf solche mutmaßlichen Diskrepanzen hindeuten, sind vorläufiger Natur. Zumindest manche Probleme könnten sich in Luft auflösen, wenn sich unsere Annahmen, Beobachtungen oder Simulationen als unzuverlässig erweisen. Möglicherweise wird man mit genaueren Simulationen nachweisen, dass die ursprünglichen Befunde ungenau waren oder dass wir die Effekte der gewöhnlichen Materie – beispielsweise die Rückwirkung von Supernovae auf die Strukturbildung – nur unzureichend verstanden haben; in diesem Fall würden herkömmliche Modelle der dunklen Materie ausreichen, um die beobachtete Struktur des Universums zu erklären; neuartige Eigenschaften müsste man dann der dunklen Materie nicht zuschreiben. Sollten die Probleme aber bestehen bleiben, könnten die verbliebenen Diskrepanzen sich zu echten Gegenargumenten gegen die einfachsten Modelle entwickeln; damit wäre dann gezeigt, dass die dunkle Materie doch kompliziertere Eigenschaften haben muss.

Wenn man über solche Ergebnisse nachdenkt, ist es vielleicht ein tröstlicher Gedanke, dass die ersten Simulationen – in denen die dunkle Materie nicht vorkam – bis weit in die 1990er Jahre hinein ebenfalls zu Vorhersagen führten, die nicht zu den Daten passten. Auch damals glaubten viele Wissenschaftler, die ersten Simulationen und Beobachtungen seien trügerisch, und weitere Verbesserungen von Beobachtungen und Vorausberechnungen würden die Ergebnisse in Einklang bringen. In Anerkennung dieser ersten Berechnungen und der Anzeichen, dass neue Vorhersagen auch zu neuen Erkenntnissen führen können, verschwanden die Diskrepanzen tatsächlich, nachdem man die Auswirkungen der dunklen Materie auf die Strukturbildung – eine ganz neue Entdeckung – in Rechnung gestellt hatten. Vielleicht wird man auch das derzeitige Dilemma im Zusammenhang mit den Strukturen im kleineren Maßstab erst beseitigen können, wenn man durch neue Entdeckungen mehr über die grundlegenden physikalischen Eigenschaften von Materie und Energie weiß. Ob es so ist, wird sich in den kommenden zehn Jahren durch Fortschritte bei Beobachtungen und Berechnungen herausstellen.

Mögliche Folgerungen

Obwohl es also keine definitive Bestätigung gibt, nehmen zahlreiche Astrophysiker und Kosmologen die Diskrepanzen mittlerweile ernst und beschäftigen sich mit der Möglichkeit, dass die dunkle Materie neben der Gravitation auch anderen Wechselwirkungen unterliegt. Einige gehen sogar noch weiter und spekulieren, Einsteins Gravitationsgleichungen seien möglicherweise nicht ganz richtig. Aber auch wenn einige Physiker einer solchen Abwandlung der Gravitationstheorie ihre Aufmerksamkeit schenken, erscheint mir diese extreme Möglichkeit höchst unwahrscheinlich. Die Indizien, wonach die gewöhnliche Gravitation auch auf die dunkle Materie wirkt, sind einfach zu überzeugend.

Die größte Einschränkung besteht in der Schwierigkeit, Beobachtungen wie die am Bullet-Haufen zu erklären. Er besteht wie andere, ähnliche Objekte aus Galaxienhaufen, die verschmolzen sind, wobei in der Mitte interagierende Gase zurückgeblieben sind, während sich in den äußeren Regionen dunkle Materie befindet, die einfach durch den Haufen hindurchgegangen ist. Solche Objekte lassen sich kaum erklären, wenn man nicht von schwach interagierender dunkler Materie ausgeht, die sich entsprechend den herkömmlichen Gravitationsgleichungen verhält. Bevor wir also ohne einheitliche theoretische Grundlagen eine radikale Alternative in Betracht ziehen, sollten wir zuerst andere, »langweiligere« Gründe betrachten, warum die Vorhersagen zu falschen Ergebnissen führen könnten; es wäre beispielsweise denkbar, dass die gewöhnliche Materie eine größere Rolle spielt, als in den Simulationen unterstellt wurde, oder dass die dunkle Materie andere Eigenschaften besitzt, als man aufgrund der herkömmlichen Erwartungen festgestellt hat.

Kürzlich nahm ich an zwei Tagungen teil, auf denen Fragen im Zusammenhang mit der Struktur im kleinen Maßstab und mögliche Antworten diskutiert wurden. Die erste war ein kleiner Workshop, den meine Teilchenphysikerkollegen vom physikalischen Institut der Harvard University organisiert hatten. Dort ging es um dunkle Materie, die mit sich selbst interagiert. Die Veranstalter der zweiten Tagung, die im Frühjahr 2014 stattfand, waren Astrophysiker des Harvard Center for Astrophysics. Das Thema lautete »Debatten um dunkle Materie«. Glücklicherweise ging es auch hier in der Diskussion um die Substanz und nicht um Meinungen – werden diese zu stark in den Vordergrund gestellt, können sie so manche wissenschaftliche Diskussion aus dem Gleis werfen.

Dass ich diese Konferenzen so lohnend fand, lag unter anderem daran, dass sie eine Fülle von Gelegenheiten boten, mich mit Physiker- und Astronomenkollegen der Harvard University zu unterhalten. Das Center for Astrophysics, in dem die Astronomen arbeiten, wurde 1847 an der höchsten Stelle von Cambridge in Massachusetts erbaut und beherbergte seinerzeit das größte Teleskop der Welt – ein Instrument mit einem Durchmesser von bescheidenen 15 Zoll. Aufgrund seiner Lage – die im Gegensatz zum wissenschaftlichen Status des Teleskops die gleiche geblieben ist – sind Astronomen und Physiker mehr als eineinhalb Kilometer voneinander entfernt; deshalb treffen wir uns niemals zufällig am Getränkeautomaten oder an der Kaffeemaschine. Die Tagungen führten uns – und auch viele Physiker und Astronomen, die zu Besuch kamen – an einem Ort zusammen.

Der wichtigste Vorzug der Tagungen bestand aber darin, dass dort originelle, ganz neue Befunde präsentiert wurden. Unter anderem sprachen wir über die vorhandenen Indizien für Probleme mit Strukturen im kleinen Maßstab und über mögliche Lösungen; diese konnten nach Ansicht der Konferenzteilnehmer darin bestehen, dass man die Rolle der gewöhnlichen Materie nicht ausreichend gewürdigt hatte, oder aber sie lagen in etwas wirklich Neuem wie den Wechselwirkungen der dunklen Materie mit sich selbst.

Als es um die Frage ging, warum gewöhnliche Materie die Ausbildung von Strukturen im kleinen Maßstab beeinflussen kann, vertraten mehrere Kollegen die Ansicht, die Einbeziehung der gewöhnlichen Materie in numerische Simulationen – die banalste Möglichkeit – habe noch einen langen Weg vor sich, bevor man die Diskrepanzen zwischen Vorhersagen und Beobachtungen auflösen könne. Die ersten Simulationen gingen davon aus, dass die dunkle Materie der beherrschende Faktor für die Dynamik und das Wachstum der Strukturen ist, während die gewöhnliche Materie in die von der dunklen Materie geschaffenen Gravitations-Potentialtöpfe fällt. Sie könnte zwar die massereicheren, dichteren Regionen beleuchten, nachdem sich Sterne gebildet haben, abgesehen von ihrer Rolle als Scheinwerfer für die Orte der dichten dunklen Materie hatte man die gewöhnliche Materie aber außer Acht gelassen.

Anfangs glaubten die Physiker, die gewöhnliche Materie habe keinen nennenswerten Einfluss auf das Wachstum von Strukturen, und außerdem sei sie so kompliziert zu berechnen, dass man sie ohnehin nicht auf zuverlässige Weise einbeziehen könne. Heute bemühen sich die Astronomen zwar darum, die Effekte der gewöhnlichen Materie zu berücksichtigen, aber immer noch bleibt ein gerüttelt Maß an Unsicherheit. Mit der heutigen Speicher- und Rechenkapazität kann niemand alle Details simulieren; deshalb müssen sich die Astronomen in ihren Simulationen verschiedener Näherungsverfahren und Annahmen bedienen. Dennoch scheinen sich die Diskrepanzen mit den derzeit laufenden, eingeschränkten numerischen Simulationen, in denen die gewöhnliche Materie einbezogen wird, zu vermindern.

Für die wachsende Übereinstimmung zwischen Simulationen und Beobachtungen sind mehrere Effekte verantwortlich. Gewöhnliche Materie interagiert neben der Gravitation auch mit anderen Kräften; deshalb hat sie trotz ihres anfänglichen, relativ geringen Gravitationseinflusses möglicherweise auf die Struktur – insbesondere im kleineren Maßstab – nicht nur einen geringfügigen Effekt. Die geringe Zahl der beobachteten Satellitengalaxien lässt sich zum Beispiel möglicherweise dadurch erklären, dass die Objekte einfach zu lichtschwach sind. Das intergalaktische Gas kann sich aufheizen, wenn die Sterne Ultraviolettstrahlung abgeben – die mit der gewöhnlichen Materie in Verbindung steht. Wenn das geschieht, reichert sich das Gas in den Halos – insbesondere den kleineren – weniger effizient an. Enthalten die Halos aber nicht genug Gas, bilden sich in ihnen auch keine Sterne, und dann leuchten sie unter Umständen nur so schwach, dass wir sie mit unseren heutigen Teleskopen nicht erkennen können.

Ein anderer Erklärungsversuch für die geringe Zahl der beobachteten Satellitengalaxien und der unerwartet kargen Galaxienkerne geht davon aus, dass Supernova-Explosionen Material aus den inneren Regionen ihrer Galaxien auswerfen, so dass ein weitaus weniger dichter innerer Kern zurückbleibt. Dies führt zu einer Verteilung der dunklen Materie, die man mit der einer Stadtbevölkerung in der dichtbesiedelten Innenstadt vergleichen kann: Im Gefolge von Unruhen – Gewaltausbrüchen, die dem Wachstum ein Ende bereitet haben – bleibt ein ausgebluteter Kern zurück. Der innere Bereich einer Galaxie, der zu häufig den Substanzverlust durch Supernovae miterlebt hat, gewinnt ebenso wenig an Dichte wie eine dünnbesiedelte Innenstadt.

Darüber hinaus kann die bei Supernova-Explosionen freigesetzte Energie das Gas in den äußeren Regionen einer Galaxie auch ionisieren und aufheizen. Dabei wird ein großer Teil der gewöhnlichen Materie weggeblasen, die sonst zu kleinen Satellitengalaxien kondensieren könnte, oder der Zusammenbruch mit der Entstehung dichter Regionen, die für die Sternentstehung erforderlich sind, wird verhindert. Die äußeren Zwerggalaxien enthalten einen geringeren Anteil an gewöhnlicher Materie und leuchten schwächer, so dass sie schwieriger aufzuspüren sind.

Die Indizien für und gegen die Vorstellung, dass gewöhnliche Materie für die Strukturen des kleinen Maßstabs eine große Rolle spielen könnte, entwickeln sich mit der Verbesserung von Methoden und Rechenleistung stetig weiter. Bei den Tagungen kam es zu mehreren lebhaften Diskussionen – aber wie ein Teilchenphysikerkollege feststellte, pflegten die Astronomen einen angenehmen, konzilianten Gesprächsstil: Jeder wollte die richtigen Antworten finden und nicht nur auf einer Aussage beharren. Selbst diejenigen, nach deren Ansicht die gewöhnliche Materie eine wichtige Bedeutung hat, räumten ein, es reiche nicht aus, alle Diskrepanzen zu beseitigen, wenn die Probleme im Zusammenhang mit einzelnen Zwerggalaxien an Stellen bestehen bleiben, an denen die Rückwirkungen von Supernovae voraussichtlich sehr schwach sind. Wenn es so ist – und derzeit sprechen die Beobachtungen dafür –, muss man irgendetwas unterstellen, was über die gewöhnliche dunkle Materie hinausgeht. Zwar waren sich bei den Tagungen alle einig, dass man in die richtige Richtung geht, wenn man gewöhnliche Materie einbezieht, um Diskrepanzen zwischen Simulationen und Daten zu beseitigen, aber die anwesenden Physiker und Astronomen erkannten auch ausnahmslos an, dass unzutreffende Vorhersagen über Satellitengalaxien ein Grund sein könnten, die üblichen Vorstellungen über nicht interagierende dunkle Materie radikal abzuwandeln.

Selbst-interagierende dunkle Materie

Angesichts der faszinierenden Fragen, die durch die Gegenüberstellung von Simulationen und Daten aufgeworfen werden, sollte man andere Modelle für die dunkle Materie in Betracht ziehen, die solche Themen berücksichtigen. Besonders interessant ist der Gedanke, dass die einfache Annahme, dunkle Materie unterliege keinen Wechselwirkungen, falsch ist; demnach würde sie nicht nur über die Gravitation, sondern auch durch andere Interaktionen die Strukturbildung beeinflussen. Wenn Physiker diese Möglichkeit einbeziehen, können sie mehr über die Interaktionen der dunklen Teilchen mit ihresgleichen in Erfahrung bringen und herausfinden, welche neuen Kräfte dabei möglicherweise wirksam sind. Die derzeit laufenden Messungen und verbesserte Simulationen werden neue Aufschlüsse über das Wesen der dunklen Materie liefern, ganz gleich, wie die Ergebnisse im Einzelnen aussehen. Selbst wenn die Diskrepanzen verschwinden, werden wir anschließend besser verstehen, was dunkle Materie eigentlich ist und wie sie zusammen mit der gewöhnlichen Materie zur Struktur des Kosmos beiträgt. Bleiben die Widersprüche aber bestehen, könnten sie einen Beleg für solche Selbst-Interaktionen liefern.

Die selbst-interagierende dunkle Materie ist ein vielversprechender neuer Vorschlag; das liegt unter anderem daran, dass wir über die Eigenschaften der dunklen Materie so wenig wissen. Die gewöhnliche Materie unterliegt neben der Gravitation auch Kräften wie dem Elektromagnetismus, und Ähnliches könnte für die dunkle Materie gelten. Nach der üblichen Annahme erlebt sie zwar nur Gravitationswechselwirkungen und möglicherweise sehr schwache Interaktionen mit der gewöhnlichen Materie, aber da wir dunkle Materie in Experimenten bisher nicht unmittelbar nachgewiesen haben, wissen wir nichts darüber, wie sie mit sich selbst interagiert. Selbst-interagierende Teilchen der dunklen Materie könnten ihresgleichen anziehen oder abstoßen, nicht aber die Teilchen der Materie, die uns vertraut ist. Dunkle Materie könnte bisher nicht entdeckten dunklen Kräften unterliegen, die sich auf ihre Teilchen auswirken, nicht aber auf die der gewöhnlichen Materie. Da der Elektromagnetismus und andere Kräfte nach dem Standardmodell nur auf gewöhnliche Materie wirken, während dunkle Kräfte nur Einfluss auf dunkle Materie haben, würden demnach dunkle und gewöhnliche Materie einander mehr oder weniger nicht beeinflussen.

Selbst-interagierende dunkle Materie wäre wie gewöhnliche Materie sozial. Sie würde aber auch zum Klüngel neigen und nur mit ihresgleichen interagieren. Dunkle Materie könnte andere Teilchen der dunklen Materie ablenken, gewöhnliche Materie wäre aber für sie ebenso unsichtbar wie umgekehrt. Da man mit Experimenten zum unmittelbaren Nachweis ausschließlich nach Interaktionen zwischen dunkler und gewöhnlicher Materie sucht, kann man eine solche Möglichkeit nicht ausschließen, und Strukturuntersuchungen könnten sogar dafür sprechen.

Welche Form die neuen Kräfte haben, durch die dunkle Materie möglicherweise mit sich selbst interagiert, wissen wir nicht. Aber was das Wesen dieser Kräfte angeht, gibt es Einschränkungen; allzu stark können die selbst-Interaktionen der dunklen Materie nicht sein. Wie gesagt: Die »heiße Spur« der dunklen Materie ist der Bullet-Haufen, der aus der Verschmelzung von Galaxienhaufen entstanden ist, und auch andere Galaxienhaufen haben eine ähnliche Form. Aus Beobachtungen an Gravitationslinsen wissen wir, dass die dunkle Materie eines solchen Haufens praktisch ungehindert durch die eines anderen Haufens hindurchgezogen ist – was zu zwei ausgebeulten Formen in den äußeren Regionen führte, während das Gas in der dazwischenliegenden zentralen Region gefangen bleibt.

Würde sämtliche dunkle Materie wie gewöhnliche Materie sehr stark mit sich selbst interagieren, so würde sie sich wie das Gas verhalten und im Zentrum bleiben. Die ausgebeulten Außenbezirke weisen aber darauf hin, dass sie sich in Wirklichkeit nicht so verhalten hat, sondern geradewegs hindurchgegangen ist. Daraus können wir nicht ablesen, dass dunkle Materie überhaupt nicht interagieren könnte, aber Stärke und Entfernungen, über die solche Kräfte von Bedeutung sein könnten, werden eingeschränkt. Eine weitere Einschränkung für die Stärke der Interaktionen dunkler Materie ergibt sich aus der Form der Galaxien-Halos, die ebenfalls auf Interaktionen der dunklen Materie anspricht.

Aber solche Einschränkungen schließen Selbst-Interaktionen nicht grundsätzlich aus. Sie setzen nur Grenzen für ihre Stärke und Form. Selbst wenn man Einschränkungen zugesteht, könnten Selbst-Interaktionen im Prinzip so stark sein, dass die Probleme mit den Vorhersagen über die Strukturen im kleinen Maßstab beseitigt werden. In den Vorträgen auf den Tagungen wurde gezeigt, warum Selbst-Interaktionen der dunklen Materie dazu beitragen könnten, einige der offenen Fragen nach der Struktur zu klären: Sie führen dazu, dass die Dichte im Kern der massereichsten Satellitengalaxien sich weiter vermindert, so dass Vorhersagen und Beobachtungen besser übereinstimmen.

Mit Selbst-Interaktionen könnte man beispielsweise erklären, warum in den Zentralregionen der Galaxien eine zu hohe Dichte vorhergesagt wird. Wenn dunkle Materie ausschließlich durch Gravitation interagiert, würde sie immer weiter ins Zentrum stürzen, denn dunkle Materie, die sich langsam genug bewegt, wird durch das Gravitationspotential der vorhandenen Strukturen eingefangen, so dass die Dichte im Zentrum dramatisch ansteigt. Abstoßung unter den Teilchen der dunklen Materie dagegen würde dafür sorgen, dass diese getrennt bleiben und sich nicht in allzu großer Dichte anhäufen. Es ist, als würde jeder Passagier auf einem überfüllten Bahnhof sein Gepäck um sich herum aufstellen, um andere auf Distanz zu halten. Auf ganz ähnliche Weise würden auch abstoßende Interaktionen zwischen den

Teilchen der dunklen Materie eine schützende Schranke errichten und verhindern, dass die dunkle Materie eine zu große Dichte erreicht.

Simulationen mit selbst-interagierender dunkler Materie bestätigen diese Vermutung und führen sogar zu einer »entkernten« Form der Halos: Ihre innere Region hat dann eine relativ konstante Dichte ohne Spitzen. Zum Zentrum einer Galaxie oder eines Galaxienhaufens hin kann die Materiedichte nur bis zu einem gewissen Grade anwachsen, dann tritt eine Sättigung ein, und eine weitere Dichtezunahme ist nicht mehr möglich. Wenn dunkle Materie auf diese Weise interagiert, lassen sich möglicherweise alle noch verbliebenen offenen Fragen im Zusammenhang mit den Strukturen im kleineren Maßstab beantworten.

Da für selbst-interagierende dunkle Materie in Galaxien und Galaxienhaufen unterschiedliche Vorhersagen gemacht werden, können wir davon ausgehen, dass wir durch zukünftige Beobachtungen und Simulationen noch viel mehr über die Eigenschaften der dunklen Materie erfahren werden. Und da die verschiedenen Modelle für die Interaktionen zu unterschiedlichen Vorhersagen führen, kann man durch den Vergleich von Simulationen und Beobachtungen wiederum zwischen Interaktionen unterschiedlichen Typs unterscheiden.

Nur wenn wir Alternativen in Betracht ziehen, können wir die Fülle der Daten über die Formen von Strukturen im Universum nutzen, um die Folgerungen, die sich daraus ergeben, besser zu verstehen. Vielleicht beeinflussen Interaktionen der dunklen Materie die Strukturen so, dass die Simulationen besser mit den Beobachtungen übereinstimmen. Vielleicht erlaubt aber auch die bisher verbreitete Vorstellung von dunkler Materie bessere Vorhersagen über die Struktur als eine dunkle Materie mit solchen Interaktionen; dann könnten wir kompliziertere Modelle definitiv ausschließen, sobald Simulationen und Messungen wirklich verlässlich sind. Wie die Sache auch ausgehen wird, wir werden noch weit mehr daraus lernen als aus der herkömmlichen WIMP-Suche, die im letzten Kapitel beschrieben wurde.

Aber so interessant die interagierende dunkle Materie als solche auch sein mag, sie steht nicht im Mittelpunkt meiner aktuellen Forschungsarbeiten, die ich im nächsten Kapitel präsentieren werde. Letztlich sind interagierende und nichtinteragierende dunkle Materie nicht die einzigen Alternativen. Genau wie wir die Grautöne ignorieren, wenn wir uns nur auf Schwarz und

Weiß konzentrieren – von Punkten und Streifen ganz zu schweigen –, so übersehen wir auch mit der Annahme, dass dunkle Materie entweder allen oder keinen Wechselwirkungen unterliegt, die reichhaltigen Möglichkeiten unserer Welt. Im nächsten Kapitel werden wir uns mit einer faszinierenden Vorstellung beschäftigen: Danach ist die dunkle Materie wie gewöhnliche Materie wesentlich komplexer. Vielleicht hat sie Bestandteile, die nicht oder mit sich selbst interagieren und beide zu Struktur und Verhalten des Universums beitragen.

19

Die Geschwindigkeit des Dunklen

Ganz gleich, ob jemand die Wissenschaft nur nebenbei beobachtet oder selbst Wissenschaftler ist: Beide Gruppen nutzen häufig »Ockhams Rasiermesser« als Leitfaden, wenn sie wissenschaftliche Ideen beurteilen wollen. Dieses häufig zitierte Prinzip besagt, dass die einfachste Theorie, mit der man ein Phänomen beschreiben kann, höchstwahrscheinlich auch die beste ist. Die Logik hört sich plausibel an danach ist es in den meisten Fällen nicht angebracht, komplizierte Strukturen aufzubauen, wo einfachere ausreichen würden.

Zwei Faktoren sprechen allerdings gegen Ockhams Rasiermesser als maßgebliches Prinzip oder mahnen zumindest zur Vorsicht, wenn man sich seiner als Krücke bedient. Ich habe aus eigener Erfahrung gelernt, argwöhnisch gegenüber Krücken zu sein – intellektuellen ebenso wie physischen. Als ich einmal die handfeste Form benutzte, während mein gebrochenes Fußgelenk heilte, stützte ich mich falsch darauf und zog mir in den Armen eine Nervenverletzung zu. Ähnlich verhält es sich auch mit Theorien, die den Vorschriften von Ockhams Rasiermesser entsprechen: Sie beschäftigen sich manchmal mit einem herausragenden Problem, führen aber an anderer Stelle zu Schwierigkeiten – und zwar in der Regel bei irgendeinem anderen Aspekt der Theorie, um die es gerade geht.

Wissenschaft sollte immer ein möglichst breites Spektrum von Beobachtungen berücksichtigen oder zumindest mit ihnen im Einklang stehen. Die eigentliche Frage lautet: Wie erklärt man am besten eine ganze Gruppe undurchschaubarer Phänomene? Ein Erklärungsversuch, der auf den ersten Blick einfach erscheint, kann sich zu einem wahren Labyrinth entwickeln, wenn man sich mit einer größeren Zahl von Fragestellungen auseinandersetzen muss. Andererseits offenbart manchmal eine Erklärung, die in ihrer Anwendung auf das ursprüngliche Problem unnötig schwerfällig erscheint, ihre tiefer liegende Eleganz, wenn man sie unter dem Gesichtspunkt des größeren wissenschaftlichen Zusammenhanges betrachtet.

Mein zweiter Einwand gegen Ockhams Rasiermesser stützt sich einfach auf eine Tatsache. Die Welt ist komplizierter, als irgendjemand es sich wahrscheinlich vorgestellt hat. Manche Teilchen und Eigenschaften sind offensichtlich für keine relevanten physikalischen Prozesse vonnöten – zumindest soweit wir es bisher herausfinden konnten. Und doch existieren sie. Manchmal ist das einfachste Modell eben nicht das richtige.

Diskussionen um solche Fragen flammten auf der im vorherigen Kapitel erwähnten Tagung über dunkle Materie immer wieder auf. In ihrem Vortrag über experimentelle Einschränkungen in Zusammenhang mit unnötigen, aber nachweisbaren Teilchen vertrat die Teilchenphysikerin Natalia Toro die Ansicht, ein geeigneterer Leitfaden als Ockhams Rasiermesser sei ein Prinzip, dass sie als »Wilsons Skalpell« bezeichnete. Benannt hatte sie es nach dem Physiker Ken Wilson, der einen allgemeinen Rahmen entwickelt hatte und damit verstehen wollte, wie man Wissenschaft betreiben kann, indem man sich ausschließlich auf überprüfbare Elemente konzentriert. Natalia forderte, mit dem Skalpell in seinem Namen eine Theorie nicht zu rasieren, sondern zu formen und dabei alle überprüfbaren Elemente unversehrt zu lassen, ganz gleich, ob man sie einem tieferen Zweck zuordnen kann oder nicht. Ich selbst hielt den nächsten Vortrag und machte scherzhaft den Vorschlag, man solle noch besser das Prinzip von »Marthas Tisch« anwenden. Schließlich deckt man einen Tisch nicht nur mit Messern. Man legt alles hin, was notwendig ist, um eine Mahlzeit in zivilisierter Form einzunehmen. Mit den Begabungen einer Martha Stewart kann man dabei ein Ordnungsprinzip beibehalten, ganz gleich, wie viele Teller und Besteckteile man auflegen muss.*

Auch in der Wissenschaft sollte man den Tisch ordentlich decken, das heißt so, dass wir uns um die vielen beobachteten Phänomene kümmern

---

* Martha Stewart ist eine US-amerikanische Medienunternehmerin und Fernsehköchin (Anm. d. Übers.).

können. Wissenschaftler bevorzugen zwar in der Regel einfache Ideen, aber mit denen ist es nur in den seltensten Fällen getan.

Alle diese Gedanken sind das Vorspiel für mein nächstes Thema: Ich möchte die »partiell interagierende dunkle Materie« vorstellen, wie meine Kollegen und ich sie nennen. Unsere Überlegungen führten zu Modellen einer Kategorie mit der Überschrift »dunkle Materie in der Doppelscheibe«, die ich jetzt ebenfalls erläutern möchte. Beide Modellkategorien gehen davon aus, dass dunkle Materie vielleicht nicht so einfach aufgebaut ist. Genau wie die Teilchen der gewöhnlichen Materie, so sind auch die Teilchen der dunklen Materie möglicherweise nicht alle gleich. Es könnte neue Typen dunkler Materie mit andersartigen Wechselwirkungen geben, die im weiteren Verlauf zu erkennbaren, bisher unvorhergesehenen Auswirkungen führen. Selbst wenn sich herausstellt, dass es sich bei der interagierenden Komponente nur um einen kleinen Anteil der dunklen Materie handelt, könnten sich daraus wichtige Folgerungen für das Sonnensystem und unsere Galaxis ergeben. Und möglicherweise war sie auch für die Dinosaurier von Bedeutung.

Gewöhnliche-Materie-Chauvinisten

Obwohl wir wissen, dass die gewöhnliche Materie im Universum nur ungefähr ein Zwanzigstel der Gesamtenergie und ein Sechstel der in Materie gebundenen Energie ausmacht (wobei der Rest auf die dunkle Energie entfällt), halten wir sie dennoch für den eigentlich wichtigen Bestandteil. Mit Ausnahme der Kosmologen richten fast alle ihre Aufmerksamkeit auf die gewöhnliche Materie, obwohl man annehmen könnte, dass sie aufgrund ihrer Energiebilanz mehr oder weniger unbedeutend ist.

Natürlich kümmern wir uns deshalb mehr um die gewöhnliche Materie, weil wir selbst aus ihr bestehen – ebenso wie die greifbare Welt, in der wir leben. Wir beschäftigen uns aber auch wegen ihrer reichhaltigen Interaktionen mit ihr. Gewöhnliche Materie interagiert über die elektromagnetische Kraft sowie über die schwache und starke Kernkraft – sie alle tragen dazu bei, dass die sichtbare Materie in unserer Welt komplexe, verdichtete Systeme bildet. Nicht nur die Sterne, sondern auch Felsen, Ozeane, Pflanzen und Tiere verdanken ihre Existenz den Naturkräften, die neben der Gravitation die Wechselwirkungen der gewöhnlichen Materie möglich machen. Genau wie der geringe Alkoholanteil im Bier, der auf den Trinker weit stärkere Auswirkungen hat als der Rest des Getränks, so beeinflusst auch die gewöhnliche Materie sich selbst und ihre Umgebung trotz ihres kleinen Anteils an der Gesamtenergiedichte viel merklicher als eine Materie, die einfach durch sie hindurchgeht.

Die uns vertraute sichtbare Materie kann man sich wie die »privilegierte Oberschicht« der Materie vorstellen. In Wirtschaft und Politik dominiert ein Prozent der Bevölkerung – im Gegensatz zu 15 Prozent bei der Materie – die Entscheidungsfindung und Politik, die restlichen 99 Prozent tragen die weit weniger anerkannte Infrastruktur und Unterstützung bei: Sie halten Gebäude instand, sorgen dafür, dass Großstädte funktionieren, und liefern die Lebensmittel auf die Tische der Menschen. Auf ganz ähnliche Weise dominiert auch die gewöhnliche Materie in nahezu allem, was wir wahrnehmen, während die dunkle Materie mit ihrer Fülle und Allgegenwart dazu beigetragen hat, Galaxien und Galaxienhaufen zu schaffen sowie die Sternentstehung zu erleichtern, während sie heute auf unsere unmittelbare Umgebung nur begrenzten Einfluss hat.

Wenn es um nahe gelegene Strukturen geht, hat die gewöhnliche Materie die Oberhand. Sie sorgt für unsere Körperbewegungen, für die Energiequellen, die unsere Wirtschaft antreiben, für den Computerbildschirm oder das Papier, auf dem man dieses Buch lesen kann, und im Prinzip auch für alles andere, woran wir denken können oder was uns wichtig ist. Wenn irgendetwas messbaren Wechselwirkungen unterliegt, lohnt es sich, ihm Aufmerksamkeit zu schenken, denn es wird sich auf unsere Umgebung viel unmittelbarer auswirken.

In dem üblichen Szenario fehlen der dunklen Materie derartige interessante Einflüsse und Strukturen. Der allgemeinen Vorstellung zufolge ist sie der »Klebstoff«, der Galaxien und Galaxienhaufen zusammenhält, in deren Umfeld aber nur als formlose Wolken existiert. Was aber wäre, wenn diese Annahme nicht stimmt, sondern nur unseren Vorurteilen – und unserer Unkenntnis, die letztlich die Wurzel der meisten Vorurteile ist – entspringt, und wenn wir deshalb eine potentiell falsche Spur verfolgen? Wie wäre es, wenn ein Teil der dunklen Materie wie gewöhnliche Materie interagiert?

Im Standardmodell gibt es sechs Typen von Quarks, drei Typen geladener Leptonen (darunter auch das Elektron), drei Arten von Neutrinos sowie darüber hinaus die vielen Teilchen, die für Kräfte verantwortlich sind, und das neu entdeckte Higgs-Boson. Wäre es vorstellbar, dass die Welt der dunklen Materie wenn schon nicht ebenso reich, aber doch einigermaßen wohlhabend ist? In diesem Fall würde der größte Teil der dunklen Materie nicht nennenswert interagieren, aber ein kleiner Teil würde Wechselwirkungen unterliegen, deren Kräfte an die in der gewöhnlichen Materie erinnern. Die reichhaltige, komplexe Struktur der Teilchen und Kräfte im Standardmodell lässt in der Welt viele interessante Phänomene entstehen. Wenn es in der dunklen Materie eine interagierende Komponente gibt, könnte diese ebenfalls großen Einfluss haben.

Wenn wir selbst aus dunkler Materie bestünden und dann davon ausgehen würden, dass die Teilchen im Sektor der gewöhnlichen Materie alle gleich sind, hätten wir völlig unrecht. Vielleicht begehen wir als Geschöpfe aus gewöhnlicher Materie einen ähnlichen Fehler. Angesichts des komplexen Standardmodells, mit dem die Teilchenphysik die uns bekannten Grundbestandteile der Materie beschreibt, erscheint die Annahme, sämtliche dunkle Materie müsse aus Teilchen eines einzigen Typs bestehen, sehr seltsam. Warum nehmen wir nicht stattdessen an, dass auch ein Teil der dunklen Materie seinen eigenen Kräften unterliegt?

In diesem Fall gäbe es nicht nur in der gewöhnlichen Materie unterschiedliche Teilchentypen, die als Grundbausteine über unterschiedliche Kombinationen von Ladungen interagieren, sondern auch die dunkle Materie bestünde aus unterschiedlichen Bausteinen, die auf dem Weg über unterschiedliche Kombinationen von Ladungen in Wechselwirkung stehen – und mindestens einer dieser charakteristischen neuen Teilchentypen würde neben der Gravitation auch an anderen Interaktionen mitwirken. Im Standardmodell interagieren Neutrinos nicht über die starke oder elektromagnetische Kraft, die sechs Quark-Typen dagegen tun es. Entsprechend könnten auch Teilchen eines Typs aus der dunklen Materie neben der Gravitation nur schwache oder gar keine Interaktionen erleben, während dies bei einem Bruchteil – vielleicht fünf Prozent – anders ist. Vor dem Hintergrund unserer Beobachtungen an der gewöhnlichen Materie ist ein solches Szenario vielleicht wahrscheinlicher als die übliche Annahme, wonach die dunkle Materie aus Teilchen eines einzigen Typs besteht, die nur sehr schwach oder überhaupt nicht interagieren.

Außenpolitiker begehen einen Fehler, wenn sie die Kulturen eines anderen Landes in einen Topf werfen und davon ausgehen, dass dort nicht die gleiche gesellschaftliche Vielfalt herrscht wie bei uns. Wie ein guter Verhandlungsführer, der die verschiedenen Kulturen auf Augenhöhe betrachten will und keine Vorherrschaft eines gesellschaftlichen Sektors unterstellt, so sollte auch ein vorurteilsfreier Wissenschaftler nicht davon ausgehen, dass die dunkle Materie uninteressanter ist als die gewöhnliche und dass ihr zwangsläufig die Vielfalt fehlt, die wir kennen.

Als der Wissenschaftsautor Corey Powell in dem Magazin *Discover* über unsere Forschung berichtete, erklärte er zu Beginn seines Artikels, er sei ein »Leichte-Materie-Chauvinist« und betonte, das Gleiche gelte auch für praktisch jeden anderen. Damit meinte er, dass wir die Form der Materie, die uns vertraut ist, für die mit Abstand wichtigste und damit auch für die komplexeste und interessanteste halten. Es ist eine Überzeugung, von der man glauben könnte, sie habe mit der kopernikanischen Revolution ihr Ende gefunden. Aber die meisten Menschen nehmen auch heute noch hartnäckig an, ihre Sichtweise und ihr Glaube an unsere Wichtigkeit stünden im Einklang mit der äußeren Welt.

Die vielen Bestandteile der gewöhnlichen Materie unterliegen unterschiedlichen Wechselwirkungen und leisten unterschiedliche Beiträge zu unserer Welt. Auch in der dunklen Materie könnte es unterschiedliche Teilchen geben, die sich unterschiedlich verhalten und die Struktur des Universums messbar beeinflussen.

Die interagierende Minderheit

Dem Szenario, in dem ein kleiner Teil der dunklen Materie neben der Gravitation auch über andere Kräfte interagiert, gaben meine Mitarbeiter und ich die Überschrift »partiell interagierende dunkle Materie«. Anfangs untersuchten wir das einfachste derartige Modell. Es hat nur zwei Bestandteile: Die beherrschende Komponente interagiert ausschließlich über Gravitation und entspricht der konventionellen kalten dunklen Materie, die sich in Form kugelförmiger Halos um die Galaxien und Galaxienhaufen verteilt. Der zweite Anteil interagiert ebenfalls über Gravitation, außerdem aber auch über eine weitere Kraft, die stark dem Elektromagnetismus ähnelt.

Ein solches Szenario mit einer zweigeteilten dunklen Materie mag sich exotisch anhören, aber man sollte daran denken, dass man ähnliche Aussagen auch über die gewöhnliche Materie machen kann. Quarks unterliegen der starken Kernkraft, Elektronen und andere Teilchen dagegen nicht. Deshalb werden Quarks im Gegensatz zu Elektronen in Protonen und Neutronen gebunden. Andererseits erleben Elektronen die elektromagnetische Kraft, auf die Neutrinos nicht reagieren. Wenn wir also unseren üblichen Chauvinismus überwinden und eine ähnliche Vielfalt auch für die dunkle Welt unterstellen, könnte man sich durchaus vorstellen, dass ein Teil des dunklen Sektors über Kräfte interagiert, die denen in dem Stoff, aus dem wir bestehen, ähneln, aber nicht gleichen.

Dabei darf man allerdings nicht vergessen, dass sich die partiell interagierende dunkle Materie ein wenig von der Materie des Standardmodells unterscheidet: Elektronen erleben zwar die starke Kernkraft nicht direkt, sie interagieren aber mit Quarks und unterliegen deshalb ihren indirekten Effekten. Die neu postulierte Form der dunklen Materie dagegen ist möglicherweise mit ihren Interaktionen völlig isoliert, das heißt, der größte Teil der dunklen Materie unterliegt nicht einmal den indirekten Auswirkungen der neu eingeführten dunklen Kraft. Da wir bisher nicht wissen, ob Bestandteile der dunklen Materie tatsächlich interagieren – oder ob dunkle Materie überhaupt aus Teilchen unterschiedlicher Typen besteht –, lautet die erste und einfachste Annahme: Es gibt keine neuen Interaktionen neben einer neuen Form des Elektromagnetismus, und dieser Kraft unterliegen nur die neu postulierten geladenen Teilchen. In diesem Szenario spricht der größte Teil der dunklen Materie auf die neue Kraft überhaupt nicht an.

Spaßeshalber bezeichne ich die Kraft, die auf den interagierenden Bestandteil der dunklen Materie einwirkt, als *dunkles Licht* oder allgemeiner als *dunklen Elektromagnetismus*. Die Namen sollen uns daran erinnern, dass der neue Typ der dunklen Materie einer Kraft unterliegt, die dem Elektromagnetismus ähnelt, aber für die gewöhnliche Materie unserer Welt unsichtbar ist. Gewöhnliche Materie trägt Ladung, so dass sie Photonen abgeben und aufnehmen kann, der neu postulierte Bestandteil der dunklen Materie dagegen sendet nur Licht dieses neuen Typs aus oder nimmt es auf, während gewöhnliche Materie darauf nicht reagiert.

Die dunkle elektromagnetische Kraft wäre der herkömmlichen elektromagnetischen Kraft analog. Dennoch würde es sich um einen ganz anderen Einfluss handeln, und die Teilchen, auf die er wirkt, sind mit einer anderen zusätzlichen Kraft aufgeladen, die über Teilchen eines ganz neuen Typs vermittelt wird – über dunkle Photonen, wenn man so will. Der neue Bestandteil der dunklen Materie würde zwar mit gewöhnlicher Materie nicht interagieren, er steht aber in Wechselwirkungen mit sich selbst und würde sich in dieser Hinsicht ähnlich verhalten wie die gewöhnliche Materie, die schließlich auch nicht mit der dunklen Materie interagiert.

Danach würden sowohl gewöhnliche als auch dunkle Materie Ladungen tragen und Kräften unterliegen, aber es würde sich um unterschiedliche Ladungen und Kräfte handeln. Die Teilchen, die Ladungen der neuen dunklen Kraft tragen, würden sich gegenseitig anziehen oder abstoßen, wie es in ganz ähnlicher Form auch gewöhnliche geladene Teilchen tun. Die Interaktionen im dunklen Sektor wären aber für gewöhnliche Materie nicht zu sehen, weil die dunkle Materie ausschließlich über ihre eigene, einzigartige Form von Licht interagiert, nicht aber über das Licht, das uns vertraut ist. Demnach würden nur Teilchen der dunklen Materie dem Einfluss der neuen Kraft unterliegen.

Auch wenn gewöhnliche und dunkle Materie also ähnlichen physikalischen Gesetzen gehorchen und räumlich vielleicht eng benachbart sind, befinden sie sich jeweils in ihrer eigenen Welt. Gewöhnliche und dunkle Materie könnten sich sogar physisch überschneiden, ohne in Wechselwirkung zu treten. Da sie miteinander – abgesehen von ihrem sehr schwachen Gravitationseinfluss – jeweils über eigene Kräfte interagieren, würden die geladene gewöhnliche und dunkle Materie die Gegenwart der jeweils anderen Form nicht zur Kenntnis nehmen.

Zwei Typen elektrisch geladener Teilchen, die sich am gleichen Ort befinden und nicht untereinander interagieren – so rätselhaft ist das eigentlich nicht. Auf ähnliche Weise interagiert gewöhnliche Materie auch über Facebook, während die geladene, partiell interagierende dunkle Materie ihre Wechselwirkungen auf Google+ vollzieht. In beiden Fällen handelt es sich um ähnliche Interaktionen, aber Kontakt haben die Angehörigen der beiden

Welten jeweils nur mit den Mitgliedern ihres eigenen sozialen Netzwerks. Interaktionen finden in dem einen oder anderen Netzwerk statt, in der Regel aber nicht in beiden.

Sehen wir uns auf der Suche nach Analogien noch ein wenig weiter um, so finden wir die links- und rechtsgerichteten Fernsehshows: Beide folgen in ihrem Ablauf mehr oder weniger den gleichen Regeln, und man kann sie auf einem einzigen Fernsehgerät ansehen, und doch handelt es sich um vollkommen unterschiedliche Sendungen, die jeweils ihre eigenen Voreingenommenheiten bedienen. Das Format ist ähnlich – Interviewpartner, »Experten« als Gäste, in Diagrammen dargestellte Aussagen und am unteren Rand ein Laufband mit eingeblendeten Zufallsnachrichten. Der Inhalt jedoch und die Schlussfolgerungen, aber auch die Werbeeinblendungen sind in Shows der beiden Typen ganz unterschiedlich. Wenn überhaupt, kommen nur wenige Gäste oder Themen in den Sendungen beider Kategorien vor, und es wird auch jeweils für andere Produkte und Kandidaten Reklame gemacht.

Genau wie nur wenige Menschen sowohl Fox News sehen als auch NPR (National Public Radio) hören, so interagieren auch die meisten oder vielleicht alle Teilchen ausschließlich über die eine oder die andere Kraft. Das Modell begünstigt wie die Medien die Neigung, an einer Sichtweise festzuhalten. Im Prinzip könnte es zwar Teilchen geben, die eine Zwischenstellung einnehmen und über Kräfte beiderlei Typs interagieren, die meisten Teilchen tragen aber nur die eine oder die andere Ladung und treten deshalb nicht in Austausch.

Gerechterweise muss man sagen, dass Vorurteile nicht der einzige Grund waren, warum Physiker nicht über einen neuen Typ von Elektromagnetismus nachdenken mochten, dem die dunkle Materie unterliegt. Interaktionen haben Folgen, die man häufig überprüfen kann. Vor dem Gedanken an dunkle Kräfte und selbst-interagierende dunkle Materie schreckten die Physiker zurück, weil sie glaubten, solche Szenarien würden starken Beschränkungen unterliegen oder seien sogar ausgeschlossen. Aber wie ich in Kapitel 18 erläutert habe, würde es sich in Wirklichkeit selbst dann nicht um enge Einschränkungen handeln, wenn die gesamte dunkle Materie solchen Kräften unterliegt. Interaktionen sind allerdings tatsächlich nur in vorgegebenen, auf Beobachtungen basierenden Grenzen erlaubt.

Viel weniger Einschränkungen bestehen jedoch, wenn nur ein kleiner Teil der dunklen Materie mit sich selbst interagiert. Erinnern wir uns noch einmal an die zwei Beschränkungen bei solchen Selbst-Interaktionen. Die erste hatte mit der Struktur der Halos als solcher zu tun: Sie mussten kugelförmig sein und durften nur eine geringfügig von der Einheitlichkeit abweichende sogenannte triaxiale Struktur besitzen. Die zweite betraf die Verschmelzung von Galaxienhaufen, darunter die berühmteste im Bullet-Haufen. Dort blieb das Gas in der zentralen Region sichtbar, aber die dunkle Materie, die man aufgrund des Gravitationslinseneffekts, beobachten konnte, durchlief sie ungehindert und bildete außen zwei ausgebeulte Strukturen, die ein wenig wie Mickymaus-Ohren aussehen.

Beide Einschränkungen sind vor allem dann von Bedeutung, wenn sämtliche dunkle Materie an den Wechselwirkungen beteiligt ist. Dagegen haben beide nicht viel zu sagen, wenn der interagierende Bestandteil nur einen kleinen Anteil der Gesamtmenge ausmacht. Ist nur ein kleiner Teil der dunklen Materie an den Wechselwirkungen beteiligt, bleibt der Halo weitgehend kugelförmig. Auch die triaxiale Struktur beseitigt er nicht, es sei denn, er nimmt eine beherrschende Stellung ein oder streut die Strahlung unerwartet stark.

Ähnlich verhält es sich im Bullet-Haufen mit den Anteilen von Gas und dunkler Materie: Sie sind nicht annähernd so gut vermessen, dass man einen winzigen Bestandteil der dunklen Materie nachweisen könnte, der dann ja auch nur einen kleinen Teil des Galaxienhaufens ausmachen würde. Dieser Bestandteil könnte interagieren und zusammen mit dem Gas in der zentralen Region verbleiben – und niemand wäre auch nur im Geringsten schlauer. Vielleicht wird man eines Tages an Objekten wie dem Bullet-Haufen so präzise Messungen anstellen können, dass man das von mir beschriebene Szenario einer partiellen Interaktion eingrenzen kann. Derzeit ist partiell interagierende dunkle Materie mit Sicherheit eine plausible, vielversprechende Möglichkeit.

Der Funke

Dass ich zusammen mit Matthew Reece – einem jungen Neuzugang am physikalischen Institut der Harvard University – und den beiden Postdocs JiJi Fan und Andrey Katz solchen Gedanken genauer nachging, lag nicht an einem ganz unmittelbaren Motiv. Vielmehr erging es uns wie mit vielen anderen Forschungsprojekten, die sich am Ende als die interessantesten erweisen: Eigentlich hatten wir gar nicht vor, uns mit dem zu beschäftigen, was letztlich in den Mittelpunkt unserer Arbeiten rückte. Vielmehr wollten wir einige faszinierende Daten des Fermi-Satelliten verstehen; dieses Weltraumobservatorium der NASA sucht den Himmel nach Gammastrahlen ab, eine Form der elektromagnetischen Strahlung, die energiereicher als Licht oder auch als Röntgenstrahlen ist.

Die meisten astrophysikalischen Prozesse erzeugen Strahlung, deren Frequenzen sich gleichmäßig über ein breites Spektrum verteilen, das heißt, die Zahl der Photonen unterliegt bei bestimmten Wellenlängen keinen drastischen Veränderungen. Als aber Christoph Weniger von der Universität Amsterdam und seine Mitarbeiter in den Daten des Fermi-Satelliten eine Häufung starker Strahlung bei einer bestimmten Frequenz bemerkten, war unser Interesse geweckt – und auch das vieler anderer in der Physiker- und Astronomengemeinde.

Die Strahlung (womit hier einfach Photonen oder Licht gemeint ist), die den von Weniger und seinen Mitarbeitern nachgewiesenen Spitzenwert erzeugte, stammte offensichtlich aus dem Zentrum der Galaxis, wo dunkle Materie in höherer Dichte vorliegt. Aus herkömmlichen astrophysikalischen Quellen dagegen konnte ein solches Signal eigentlich nicht stammen. Mangels einer konventionelleren Erklärung konnte ein solcher Spitzenwert der Photonenzahl eigentlich nur auf etwas Neues hindeuten – es sei denn, es handelte sich um einen Messfehler.

Am faszinierendsten war die Vermutung, das Signal könne darauf zurückzuführen sein, dass dunkle Materie annihiliert wurde, wobei Photonen entstehen – ein indirekter Nachweis des Typs, der in Kapitel 17 beschrieben wurde. Vielleicht kollidierten Teilchen der dunklen Materie miteinander und verwandelten sich nach der »magischen« Formel $E = mc^2$ in Photonen, die der Fermi-Satellit dann nachweisen konnte. Für eine solche Vermutung sprach auch, dass die Energie der in großer Menge beobachteten Photonen in dem Bereich lag, den man für dunkle Materie erwartet. Ihr Betrag lag in der Nähe der Masse des Higgs-Bosons, eines kürzlich entdeckten fehlenden Puzzlesteins im teilchenphysikalischen Standardmodell. Vielleicht war dies ein Hinweis auf einen tieferen Zusammenhang. Und drittens hatte die Messung den faszinierenden Aspekt, dass die Häufigkeit der Interaktionen genau zu der richtigen Restdichte der dunklen Materie führen könnte. Mit anderen Worten: Wenn die dunkle Materie mit der gemessenen Geschwindigkeit annihiliert wurde, wäre heute genau die richtige Menge übriggeblieben.

Aber im Gegensatz zu solchen vielversprechenden Spuren stimmten einige andere Aspekte überhaupt nicht mit der Vorstellung überein, das Signal könne seinen Ursprung in dunkler Materie haben. Dunkle Materie interagiert nicht mit Licht und erzeugt deshalb nicht unmittelbar Photonen. Vielleicht tritt sie in Wechselwirkung mit bestimmten stark geladenen Teilchen, die wir noch nicht beobachtet haben und die ihrerseits mit Licht interagieren. Wenn es aber so ist, würde man damit rechnen, dass die Energie, in die sich dunkle Materie bei ihrer Annihilation verwandelte, auch geladene Teilchen erzeugt. Von einem solchen Prozess fand der Fermi-Satellit aber keine Spur.

Darüber hinaus stellte sich ein weiteres Problem: Die Gesamtmenge der dunklen Materie hängt davon ab, wie viel von ihr durch Annihilation insgesamt verschwindet, das Signal ergibt sich aber nur aus der Menge, die sich dabei in Photonen verwandelt. Als man die Dichte der dunklen Materie im Universum berücksichtigte, stellte sich heraus, dass die Annihilation zu Photonen in allen mit Ausnahme der am feinsten abgestimmten Modelle zu gering war. Demnach stimmte diese Erklärung des Signals nur mit einem sehr engen Spektrum von Parametern überein, die eine ausreichend starke Annihilation zu Photonen zuließen, aber keine messbare Annihilation zu geladenen Teilchen. Die Voraussetzungen dafür waren in keinem glaubwürdigen Szenario gegeben.

JiJi, Andrey, Matt und ich sahen darin eine interessante Gelegenheit, das Spektrum der zulässigen Modelle für dunkle Materie zu erkunden. Wir wollten wissen, ob es überhaupt ein plausibles Modell gibt, in dem alle Häufigkeiten mit den gemessenen Werten übereinstimmen. Dazu konzentrierten wir uns zunächst auf die Ergebnisse des Fermi-Satelliten und stellten uns die

Frage, ob die Natur es auf irgendeine Weise besser kann als die Modelle, die andere Physiker bereits vorgeschlagen hatten. Dabei waren wir uns vollständig bewusst, dass die Daten sich als irreführend erweisen konnten. Die Fermi-Befunde waren faszinierend, aber nicht so stichhaltig, dass man eindeutig von einem neuen Signal sprechen konnte – ganz gleich, ob es seinen Ursprung in dunkler Materie oder woanders hatte. Möglicherweise spiegelte sich in den Beobachtungen auch einfach ein statistischer Ausreißer oder eine Fehlinterpretation durch die Apparatur wider und kein echtes Anzeichen für einen neuen physikalischen Prozess. Um alle hochgesteckten Erwartungen sofort zu enttäuschen: Wie sich herausstellte, war es genau so.

Immerhin war die Beobachtung aber so interessant, dass man vor allem zu Beginn mit Recht die Frage stellen konnte, ob vielleicht irgendein plausibler physikalischer Prozess ihre Ursache war. Schließlich ist die Suche nach neuen, exotischen Formen der Materie alles andere als einfach. Wir wollten keinen denkbaren Weg zu ihrem Nachweis außer Acht lassen. Ob das Signal sich nun als richtig erwies oder nicht, wir konnten daraus möglicherweise etwas lernen, was sich in der Zukunft als nützlich erweisen konnte.

Zu viert arbeiteten wir an meiner Wandtafel. Wir probierten eine Reihe von Ideen aus, um die Probleme schlau zu umgehen und gleichzeitig die wünschenswerten Merkmale des Signals beizubehalten. Aber keiner unserer Gedanken erwies sich als so stichhaltig, dass es sich gelohnt hätte, ihn weiterzuverfolgen. Wenn es gelang, mit unseren Berechnungen alle Beschränkungen zu berücksichtigen, standen sie im Widerspruch zu der Forderung von Ockhams Rasiermesser. Und was noch schlimmer war: Sie kamen nicht einmal in die Nähe eines ordentlich gedeckten Tisches voller Ideen.

Immerhin gab aber eines der von uns ausgeschlossenen Modelle den Anlass zu einem Gedankengang, der letztlich viel interessanter war als alles, was wir uns ursprünglich vorgenommen hatten. Anfangs war es uns darum gegangen, ein bestimmtes Modell zu finden, das wir mit den vorhandenen Einschränkungen in Übereinstimmung bringen konnten. Jetzt aber gingen wir einen Schritt zurück und fragten uns: Was wäre, wenn die dunkle Materie regional dichter ist, als wir geglaubt hatten, so dass wir in Wirklichkeit die Folgerungen falsch interpretierten? Was wäre, wenn wegen dieser größeren Dichte ein unerwartet großer Teil der dunklen Materie annihiliert werden konnte?

Wenn die Teilchen der dunklen Materie in höherer Dichte vorliegen, können sie sich wesentlich effizienter finden und untereinander in Wechselwirkung treten. Dabei würde ein stärkeres Signal entstehen, das den Beobachtungen eher entspricht. In der Pennsylvania Station in New York stößt man zur Rushhour eher mit jemandem zusammen als auf dem Bahnhof von Waterbury in Vermont am Sonntagmorgen um neun Uhr, und genauso treten Teilchen der dunklen Materie bei hoher Materiedichte eher in Wechselwirkung als in der üblichen, diffusen Umwelt des formlosen Halos. Ist ein Teil der dunklen Materie stärker konzentriert als im Halo, wären auch alle anderen Einschränkungen leichter zu berücksichtigen.

Damit stellt sich die Frage nach einem Grund. Warum sollte die dunkle Materie – oder zumindest ein Teil davon – dichter sein, als wir geglaubt hatten? An dieser Stelle kam die Idee von einer partiell interagierenden dunklen Materie auf – und ebenso kamen wir kurz darauf auf die Idee mit der dunklen Scheibe. Heute sind wir zwar ziemlich sicher, dass das Signal des Fermi-Satelliten unecht war, aber aus unserer neuen Idee ergaben sich viele unerforschte Folgerungen, und so wurde uns sehr schnell klar, dass es sich in jedem Fall lohnte, ihnen weiter nachzugehen. Eine dieser Folgerungen ist eine Scheibe aus dunkler Materie mit weit größerer Dichte, als man üblicherweise annimmt.

Die dunkle Scheibe

Als ich einmal in meinem Haus saubermachte (genauer gesagt, als ich meinen Roboter-Staubsauger saubermachen ließ), fand ich beim Leeren des Staubbehälters einen alten Zettel aus einem Glückskeks. Darauf stand die rätselhafte Frage »Welche Geschwindigkeit hat die Dunkelheit?« Damals wusste ich noch nicht, dass diese Worte für mich tatsächlich eine Art Glück bedeuteten, denn sie prophezeiten mehr oder weniger, was für ein Forschungsprojekt ich demnächst in Angriff nehmen würde.

Wie ich in Kapitel 5 erläutert habe, bildet die gewöhnliche Materie eine dünne, dichte Scheibe, weil sie Energie abgibt: Sie sendet Photonen aus, die letztlich die Energie abtransportieren. Durch diese Zerstreuung von Energie entstehen langsamere, kühlere Teilchen, die nicht mehr die großen Auslenkungen zeigen, die man von heißeren, energiereicheren, schnelleren Teilchen erwartet. Materie bricht zusammen, weil sie sich bei geringerem Energiegehalt auch mit geringerer Geschwindigkeit ausdehnt. Gewöhnliche Materie, die Energie abgibt und deshalb langsamer wird, bricht zu einer Scheibe zusammen, und die kann man – wie die Scheibe der Milchstraße – in klaren, trockenen Nächten sehen.

Nachdem meine Mitarbeiter und ich den Gedanken an die partiell interagierende dunkle Materie in die Welt gesetzt hatten, gingen wir der Frage nach, welche Konsequenzen sich daraus für die Milchstraße und darüber hinaus ergeben. Wir gingen davon aus, dass interagierende dunkle Materie vorhanden ist und dass sie sich ähnlich verhält wie die gewöhnliche, geladene Materie, die sich in der Galaxis bekanntermaßen abkühlt, langsamer wird und deshalb eine Scheibe bildet.

In unserem Szenario interagiert nur ein kleiner Anteil der dunklen Materie. Der größere Teil würde nach wie vor einen kugelförmigen Halo bilden, was mit den bisherigen astronomischen Beobachtungen übereinstimmt. Die neue Komponente der dunklen Materie könnte dagegen Energie abgeben, so dass sie sich wie gewöhnliche Materie abkühlt und ebenfalls eine Scheibe bildet. Der interagierende Teil der dunklen Materie würde auf dem Weg über Wechselwirkungen mit dunklen Photonen Energie abgeben und langsamer werden. In dieser Hinsicht würde sie sich genau wie gewöhnliche Materie verhalten und sich ebenso wie diese abkühlen und zusammenbrechen. Und da der Winkelimpuls erhalten bleibt und damit den Zusammenbruch in allen Richtungen außer der Senkrechten verhindert, würde auch die interagierende dunkle Materie eine Scheibe bilden.

Darüber hinaus würde dieser Bestandteil der dunklen Materie genau wie die gewöhnlichen Atome, die aus Protonen und entgegengesetzt geladenen Elektronen bestehen, gegensätzlich geladene Teilchen enthalten. Diese würden Energie abstrahlen, bis sie so weit abgekühlt sind, dass sie in dunklen Atomen gebunden werden. Dann würde die Abkühlung sich stark verlangsamen, und die Atome der dunklen Materie würden genau wie normale Materie in einer Scheibe liegen, deren Dicke im Zusammenhang mit der Temperatur steht, bei der die Bindung in Atomen stattgefunden hat. Geht man von plausiblen Voraussetzungen aus, sollte sich herausstellen, dass die Temperatur der gewöhnlichen und der dunklen Komponenten nach dem Ende der

Abkühlung vergleichbar sind. Am Ende stünde dann jeweils eine Scheibe aus dunkler und gewöhnlicher Materie, deren Temperaturen ungefähr gleich wären.

Allerdings hätte die dunkle Scheibe nicht genau die gleiche Struktur wie die vertraute Scheibe der Milchstraße. Möglicherweise wäre sie sogar interessanter. Die dunkle Scheibe hat nämlich eine bemerkenswerte Eigenschaft: Wenn ein Teilchen der dunklen Materie schwerer ist als ein Proton, aber die gleiche Temperatur hat, ist die dunkle Scheibe dünner – sie hat eine geringere Breite als die Milchstraße. Welche Energie ein Teilchen trägt, hängt mit seiner Temperatur zusammen. Die kinetische Energie steht aber auch in Relation zu Masse und Geschwindigkeit. Schwerere Teilchen brauchen bei gleicher Temperatur eine geringere Geschwindigkeit und haben doch den gleichen Energiegehalt; deshalb führt eine größere Masse zu einer dünneren Scheibe. Sollten Teilchen der dunklen Materie das Hundertfache der Masse eines Protons haben – ein Wert, den man für die dunkle Materie allgemein unterstellt –, könnte die Scheibe nur ein Hundertstel der Dicke der ohnehin bereits schmalen Milchstraßenscheibe haben – ein bemerkenswerter Gedanke, aus dem sich, wie wir in den nächsten Kapiteln noch erfahren werden, für die Beobachtung viele interessante Folgerungen ergeben (siehe Abb. 38).

Wichtig ist auch, dass die beiden Scheiben trotz ihrer Unterschiede gleich ausgerichtet sind, wobei die dunkle Scheibe in der breiteren Milchstraße eingebettet ist. Das liegt daran, dass die Scheiben aus gewöhnlicher und dunkler Materie über die Gravitation in Wechselwirkung stehen und deshalb nicht völlig unabhängig voneinander sind. Hier hinkt mein zuvor angestellter Vergleich mit Fox News und NPR: Die Gravitationsanziehung, der die Scheiben aus dunkler und gewöhnlicher Materie unterliegen, würde dazu führen, dass beide Gebilde sich in der gleichen Richtung orientieren. Rechts- und linksgerichtete Fernsehsender sind zwar ebenfalls nicht vollkommen unabhängig voneinander, sondern sie beeinflussen sich durch die kollektiven Auswirkungen ihrer unaufhörlichen, oft wiederholten Sendungen, aber die meisten Reaktionen sind negativ, das heißt, ihre Interaktionen bestehen in gegenseitiger Abstoßung. Die Scheiben aus dunkler und normaler Materie dagegen interagieren über Gravitation und richten sich deshalb aneinander aus.

Unsere Forschungsarbeiten führten zu einem bemerkenswerten, überraschenden Ergebnis: Möglicherweise existiert eine dünne Scheibe aus dunkler Materie, die in die allgemein bekannte Scheibe der Milchstraße eingebettet ist. Meine Kollegen und ich fanden unseren Vorschlag sehr spannend, und wir waren erpicht darauf, ihn anderen Physikern mitzuteilen. Auch meinem Kollegen Howard Georgi an der Harvard University gefiel die Idee sehr, aber er war klugerweise der Ansicht, das Szenario habe einen einprägsameren Namen verdient, als wir bis dahin vorgeschlagen hatten. Und er tat uns sogar den Gefallen, als Alternative den Namen »dunkle Doppelscheiben-Materie« (*double disk dark matter*, DDDM) vorzuschlagen. Er kam unseren Absichten entgegen, und wir bedienten uns von nun an der neuen Bezeichnung. Der Name ist angemessen, denn nach unseren Annahmen enthält die Galaxis tatsächlich zweierlei Scheiben, wobei die eine in die andere eingebettet ist.

Beobachtungen an Sternen deuten darauf hin, dass wir das Zentrum der Ebene vor weniger als einer Million Jahren verlassen haben – nach kosmologischen Maßstäben also erst vor sehr kurzer Zeit. Wenn die dunkle Doppelscheiben-Materie also existiert, durchquerte das Sonnensystem ungefähr zu jener Zeit die dunkle Scheibe, und wir sind auch heute (nach astrophysikali-

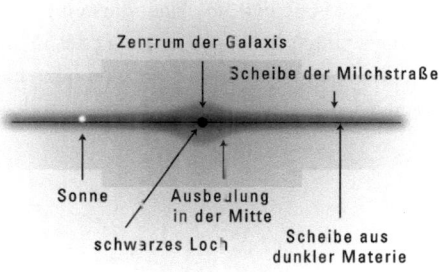

Abb. 38 Ein kleiner interagierender Bestandteil der dunklen Materie könnte in der Mittelebene der Milchstraße eine sehr dünne Scheibe bilden, wie sie hier als dünne dunkle Linie dargestellt ist.

schen Maßstäben) nicht weit von ihr entfernt. Sollte sich herausstellen, dass die Scheibe in Wirklichkeit ein wenig dicker ist, könnten wir uns sogar noch in ihrem Inneren befinden, was vielleicht Folgen hat, die man beobachten kann. Und wie wir in Kürze genauer erfahren werden, könnte die Scheibe auch die Dynamik des Sonnensystems beeinflussen – was möglicherweise dramatische Effekte hat, die sich allerdings in längeren Zeiträumen entfalten. Der von uns postulierte kleine Anteil der interagierenden dunklen Materie könnte auch Scheiben im Inneren anderer Galaxien entstehen lassen – womit vielleicht auch hier einige ihrer Eigenschaften erklärt wären.

Die große Frage lautet natürlich: Existieren ein interagierender Bestandteil der dunklen Materie und die aus ihr gebildete Scheibe tatsächlich? Dass die beschriebenen Vermutungen stichhaltig sind, könnte man natürlich nachweisen, wenn man eine dunkle Scheibe durch Messung ihrer Auswirkungen entdeckt. Glücklicherweise verhält es sich dabei genauso wie mit der gewöhnlichen Materie: Selbst wenn die interagierende Komponente nur einen kleinen Anteil der gesamten dunklen Materie im Universum ausmacht, wäre sie mit ihrer höheren Dichte leichter zu finden und zu identifizieren als die gewöhnliche, diffuse dunkle Materie im Halo. Die vielen potentiellen teilchenphysikalischen und astronomischen Signale, die im nächsten Kapitel erörtert werden und auf eine höhere Dichte der dunklen Materie hindeuten, sollten uns Aufschlüsse darüber liefern, ob die dunkle Scheibe eine plausible oder vielleicht sogar bevorzugte Möglichkeit darstellt.

Wenn ich wirklich Glück habe – wie der Zettel in meinem Staubsauger-Roboter mich glauben macht –, wird die eine oder andere derartige Beobachtung letztlich belegen, dass eine Scheibe aus dunkler Materie existiert.

20

Die Suche nach der dunklen Scheibe

Kürzlich nahm ich zusammen mit Juristen, Wissenschaftlern, Schriftstellern und Menschenrechtsaktivisten an einer lebhaften Diskussion über freie Meinungsäußerung teil. Wie wichtig sie ist, stellte keiner von uns in Frage. Allerdings waren wir uns nicht alle darüber einig, was freie Meinungsäußerung eigentlich ist und wie man sie mit anderen Rechten ins Gleichgewicht bringen kann. Was ist, wenn die potentiell schädlichen Folgen einer Meinungsäußerung gegenüber dem Nutzen überwiegen? Sollte man die Möglichkeit, bestimmte Gesetze oder Kandidaten mit Geld zu fördern, in irgendeiner Form einschränken? Ein Anwalt erläuterte, wie der Oberste Gerichtshof der Vereinigten Staaten sich auf das Recht auf freie Meinungsäußerung – und den Gedanken, Geldausgeben sei eine Form der freien Entfaltung – berief und auf dieser Grundlage im Fall Citizens United ein Urteil fällte, das die Einschränkung für die Politikfinanzierung durch Unternehmen aufhob. Andere in unserer Runde wandten jedoch ein, unbegrenzte finanzielle Zuwendungen von Unternehmen könnten die Stimme des einzelnen Bürgers ersticken, und vertraten auch die Ansicht, die freie Meinungsäußerung solle für Einzelpersonen gelten, nicht aber für Unternehmen. Schließlich können weder Geld noch Unternehmen ihre Meinung – frei oder nicht – äußern, ohne dass ein Mensch ihnen seine Stimme leiht.

Nachdem der Oberste Gerichtshof aber so entschieden hat und nachdem seither eine Flut von Geld in die Politik fließt, wollen wir uns einmal mit der Frage beschäftigen, wie Einzelne – und Unternehmen – ihr Geld dazu einsetzen können, die öffentliche Meinung zu beeinflussen.

Finanzielle Zuwendungen können dazu dienen, Werbung in größeren und kleineren Städten oder anderen begrenzten Regionen zu betreiben, wo sie leicht die Ansichten der Menschen verändern und ein Wahlergebnis beeinflussen können. Oder aber die Geldgeber verteilen ihre Mittel gleichmäßiger und verbreiten damit sowohl ihre Mittel als auch ihre Behauptungen über eine größere Region – womit sie die Meinung in gewissem Umfang prägen, aber weniger eindeutig abgegrenzte Effekte erzielen. Beide Strategien gemeinsam sind wirksamer als eine der beiden Werbeformen allein. Dennoch sollte der Wandel in Regionen, die gezielt angesprochen werden, schneller verlaufen und damit die größere Dichte der Werbung in einer kleineren, aber konzentrierten Bevölkerungsgruppe widerspiegeln.

Ganz ähnlich ist es auch in der Physik: Der Gravitationseinfluss einer dünneren Scheibe von größerer Dichte würde einen enger gefassten Einfluss auf die Bewegung der Sterne ausüben als der eines dickeren, diffuseren Gebildes. Und wie die Meinung einer gezielt umworbenen Zielgruppe, so würden auch die Positionen und Geschwindigkeiten von Sternen, die sich durch die Ebene der Galaxis bewegen, von einer dünneren, dichteren Scheibe stärker beeinflusst.

Wenn es in der Milchstraße Scheiben aus gewöhnlicher und dunkler Materie gibt, hängen die Bewegungen der Sterne in die Ebene der Galaxis und aus ihr heraus von beiden ab. Der gemeinsame Einfluss würde sich demnach zunächst stark und dann allmählich verändern, wenn man sich von der dichten Region in der Mittelebene der Galaxis entfernt – ganz ähnliche Folgen hat auch eine gemeinsame lokale und landesweite Werbung. Wenn eine dünne Scheibe aus dunkler Materie in eine dickere aus gewöhnlicher Materie eingelagert ist, würde die Anziehungskraft der dunklen Materie mit der diffuseren Gravitation der gewöhnlichen Materie zusammenwirken und auf die Sterne einen charakteristischen, messbaren Einfluss ausüben, der sich mit der Entfernung von der Mittelebene der Milchstraße verändert.

Wir leben in einer Zeit der vielen Daten und streben sicher danach, keine mögliche Forschungsrichtung zu übersehen – insbesondere wenn wir nach etwas so Faszinierendem und gleichzeitig schwer Fassbarem wie einer Scheibe aus dunkler Materie suchen. In diesem Kapitel werde ich erläutern, wie man den Gravitationseinfluss der Milchstraße anhand der Bewegung von Sternen messen kann, um damit die Existenz einer dunklen Scheibe nachzuweisen oder zu widerlegen. Bevor ich aber darauf zu sprechen komme, möchte ich erst andere allgemeine Überlegungen anstellen; dabei geht es um die Möglichkeiten der dunklen Materie und um die Aussichten, sie mit den konventionelleren Ansätzen, die derzeit laufen, zu entdecken. Danach möchte ich einige faszinierende astronomische Auswirkungen der dunklen Scheibe beschreiben.

Vielgestaltige dunkle Materie

Als wir uns zum ersten Mal mit der partiell interagierenden dunklen Materie beschäftigten, stellte ich zu meinem Erstaunen fest, dass niemand daran gedacht hatte, was für eine falsche – und vermessene – Annahme es möglicherweise ist, dass nur die gewöhnliche Materie eine solche Vielfalt von Teilchentypen und Wechselwirkungen zeigt. Einige Physiker hatten sich zwar an der Analyse von Modellen wie dem der sogenannten *dunklen Spiegelmaterie* versucht, einer Form der dunklen Materie, die spiegelbildlich alle Eigenschaften der gewöhnlichen Materie hat, aber das waren recht vereinzelte, exotische Versuche. Ihre Folgerungen ließen sich nur schwer mit unseren übrigen Kenntnissen vereinbaren.

Eine kleine Gruppe von Physikern hatte allgemeinere Modelle einer interagierenden dunklen Materie studiert. Aber auch sie waren davon ausgegangen, dass alle dunkle Materie gleich ist und deshalb identischen Kräften unterliegt. Niemand hatte die einfache Möglichkeit in Betracht gezogen, dass zwar vielleicht der größte Teil der dunklen Materie nicht interagiert, ein kleiner Anteil aber sehr wohl.

Ein potentieller Grund dafür liegt möglicherweise auf der Hand. Man würde in der Regel damit rechnen, dass ein neuer Typ dunkler Materie für die meisten messbaren Phänomene bedeutungslos ist, wenn er nur einen kleinen Anteil an der Gesamtmenge der dunklen Materie ausmacht. Da wir noch nicht einmal den Hauptteil der dunklen Materie beobachten können, erscheint es vielleicht vorschnell, sich mit einer kleineren Komponente zu beschäftigen.

Wenn man aber daran denkt, dass die gewöhnliche Materie nur ungefähr 20 Prozent der Energie der dunklen Materie trägt und dennoch praktisch das Einzige ist, dem wir Aufmerksamkeit schenken, so erkennt man, warum eine solche Logik unter Umständen fehlerhaft ist. Materie, die außer durch Gravitation auch über stärkere Kräfte interagiert, ist möglicherweise sogar interessanter und einflussreicher als eine größere Materiemenge, die nur schwachen Wechselwirkungen unterliegt.

Gewöhnliche Materie hat im Verhältnis zu ihrer geringen Menge einen unverhältnismäßig großen Einfluss, weil sie zu einer dichten Scheibe kollabiert ist, in der sich Sterne, Planeten, die Erde und auch die Lebewesen bilden konnten. Ein geladener Bestandteil der dunklen Materie kann selbst dann, wenn er nicht so umfangreich ist, ebenfalls kollabieren und Scheiben wie diejenige bilden, die wir in Form der Milchstraße sehen. Und er könnte sogar zu sternenähnlichen Objekten zerfallen. Diese neue, scheibenartige Struktur kann man im Prinzip beobachten, und es könnte sich sogar herausstellen, dass sie leichter zugänglich ist als der beherrschende Teil, die kalte dunkle Materie, die sich diffuser über einen riesigen, kugelförmigen Halo verteilt.

Denkt man in dieser Richtung weiter, stößt man auf eine immer größere Zahl von Möglichkeiten. Der Elektromagnetismus ist nur eine von mehreren Kräften, denen Teilchen nach dem Standardmodell neben der Gravitation unterliegen. Zusätzlich zu der Kraft, die Elektronen an die Atomkerne bindet, interagieren die Teilchen im Standardmodell unserer Welt über die schwache und die starke Kernkraft. Schon in der Welt der gewöhnlichen Materie könnte es noch weitere Kräfte geben, sie müssten aber in den heute zugänglichen Energiebereichen äußerst schwach sein, denn bisher hat noch niemand eine Spur von ihnen beobachtet. Aber schon wenn es neben der Gravitation nur drei weitere Kräfte gibt, liegt die Vermutung nahe, dass auch der interagierende dunkle Sektor neben der Gravitation nicht nur den dunklen Elektromagnetismus erlebt, sondern außerdem weitere Kräfte.

Vielleicht wirken auf die dunklen Teilchen neben Kräften des elektromagnetischen Typs auch solche nach Art der Kernkraft. In diesem noch reichhaltigeren Szenario könnten sich dunkle Sterne bilden, in denen nukleare Prozesse stattfinden und Strukturen schaffen, deren Verhalten dem der gewöhnlichen Materie noch ähnlicher ist, als ich es bisher für die dunkle Materie beschrieben habe. Wenn es so ist, könnte die dunkle Scheibe von dunklen Sternen bevölkert sein, um die dunkle Planeten aus dunklen Atomen kreisen. Dann hätte die dunkle Materie in der doppelten Scheibe die gleiche Komplexität wie die gewöhnliche Materie.

Die partiell interagierende dunkle Materie bildet sicher einen fruchtbaren Nährboden für Spekulationen und trägt dazu bei, dass wir auch jene Ideen in Betracht ziehen, die wir sonst vielleicht übergangen hätten. Insbesondere Schriftsteller und Kinogänger finden ein solches Szenario mit einem dunklen Sektor voller zusätzlicher Kräfte und ihrer Folgen höchst reizvoll. Sie würden sogar vermuten, dass neben uns auch ein dunkles Leben existiert. In einem solchen Szenario kämpfen keine animierten Gestalten gegeneinander oder kooperieren hin und wieder auch, sondern ganze Heerscharen von Geschöpfen aus dunkler Materie marschieren über die Leinwand und reißen die Handlung an sich.

Aber dabei zuzusehen wäre nicht allzu interessant. Die Filmemacher stünden nämlich vor der Frage, wie sie das dunkle Leben filmen sollen, das für uns – und für sie – natürlich unsichtbar ist. Selbst wenn es die dunkeln Geschöpfe gäbe (und vielleicht hat es sie gegeben), wüssten wir es nicht. Wir hätten keine Ahnung, wie hübsch das dunkle Leben vielleicht sein kann – und wahrscheinlich werden wir es auch nie erfahren.

Über die Existenz dunklen Lebens zu spekulieren ist unterhaltsam, aber wenn es darum geht, wie wir es beobachten oder seine Existenz auch nur indirekt nachweisen können, wird die Sache viel schwieriger. Schon extraterrestrische Lebensformen zu finden, die aus dem gleichen Stoff bestehen wie wir, ist eine Herausforderung, aber die Suche nach Exoplaneten läuft, und die Wissenschaftler geben sich alle Mühe. Falls es aber dunkles Leben gibt, wären die Belege dafür weitaus schwerer fassbar als Anhaltspunkte für gewöhnliches Leben in weit entfernten Regionen.

Bis zur Abfassung dieses Buches hatten wir noch nicht einmal Gravitationswellen, die von einem einzigen Objekt ausgehen, unmittelbar beobachtet. Schwarze Löcher und Neutronensterne, die von den Astronomen auf andere Weise nachgewiesen wurden, konnte man daher nicht anhand ihrer Gravitationswellen aufspüren; das wird sich nun ändern. Die Frage aber bleibt, ob wir eine Chance haben, den Gravitationseffekt eines dunklen Lebewesens oder auch einer ganzen Armee solcher Lebewesen zu bemerken, ganz gleich, wie nahe sie uns vielleicht sind.

Im Idealfall würden wir gern auf irgendeine Weise mit diesem neuen Sektor in Austausch treten – oder dafür sorgen, dass er mit uns auf charakteristische Weise korrespondiert. Aber wenn eine derartige neue Lebensform nicht den gleichen Kräften unterliegt wie wir, wird das nicht geschehen. Wir haben zwar die Gravitation gemeinsam, aber die Kraft, die ein kleines Objekt oder Lebewesen ausübt, wäre mit ziemlicher Sicherheit so schwach, dass wir sie nicht nachweisen können. Nur sehr große Objekte wie eine Scheibe, die sich in der gesamten Mittelebene der Milchstraße erstreckt, könnten sichtbare Auswirkungen haben – darunter vielleicht die, von denen noch die Rede sein wird.

Dunkle Objekte oder dunkle Lebensformen könnten sich ganz in unserer Nähe befinden – aber wenn sie nicht insgesamt eine sehr große Masse haben, werden wir es nicht erfahren. Selbst mit den neuesten technischen Mitteln, ja sogar mit allen Mitteln, die wir uns derzeit überhaupt ausmalen können, ließen sich nur einige ganz besondere Möglichkeiten überprüfen. Das »Schattenleben«, so spannend es sein mag, müsste nicht zwangsläufig irgendwelche Auswirkungen haben, die wir wahrnehmen; damit ist es zwar ein faszinierender Gedanke, der aber für unsere Beobachtungen unzugänglich bleibt.

Der Gerechtigkeit halber muss man sagen, dass der Gedanke an dunkles Leben ziemlich hoch gegriffen ist. Science-Fiction-Autoren haben sicher kein Problem, es zu erschaffen, aber in Wirklichkeit sind im Universum noch viele Hindernisse zu überwinden. So ist völlig unklar, welche der vielen möglichen chemischen Systeme sich für Leben eignen, und selbst für Systeme, die diese Eigenschaft haben, kennen wir die notwendigen Umweltbedingungen nicht. So spannend der Gedanke an dunkles Leben auch sein mag, er lässt sich nicht nur kaum überprüfen. Schon die Entstehung solcher Lebensformen ist schwierig. Ich möchte deshalb diese Möglichkeit zumindest vorerst beiseitelassen und mich auf die Ziele konzentrieren, die voraussichtlich vielversprechender sind, darunter die Suche nach einer großen, dichten Scheibe.

Spuren einer dunklen Scheibe

Wir wollten systematisch vorgehen und zunächst nur möglichst wenige Annahmen machen. Deshalb untersuchten JiJi Fan, Andrey Katz, Matt Reece und ich zunächst das einfachste DDDM-Modell, das wir uns ausdenken konnten. Neben der üblichen schwach interagierenden dunklen Materie enthielt es geladene dunkle Teilchen und eine dunkle Kraft, die zum Elektromagnetismus analog war und über die geladene Teilchen der dunklen Materie interagieren könnten. Zu dem Modell gehörte auch ein schweres Teilchen, das wie ein Proton positiv geladen war, und ein anderer Typ negativ geladener Teilchen, die den Elektronen entsprechen.

An einem neuen Gedanken zu arbeiten, der noch nicht zum Kanon der physikalischen Lehrmeinungen gehört, ist fast immer eine mühsame Aufgabe. Für manche Physiker und Astronomen strapaziert man die Phantasie mit der Doppelscheibe aus dunkler Materie ziemlich stark. Selbst in der Gemeinde der Teilchenphysiker sind viele Kollegen trotz ihrer recht gewagten Forschungsarbeiten, mit denen sie die Grundbausteine der Materie aufdecken wollen, im Großen und Ganzen sehr konservativ. Das Gleiche gilt auch für Wissenschaftler im Allgemeinen. Ganz unbegründet ist eine solche Haltung nicht: Wenn es für eine Beobachtung eine konventionelle Erklärung gibt, ist sie fast immer die richtige. Radikale Abweichungen sollte man nur dann anerkennen, wenn man mit ihnen Phänomene erklären kann, die sich in die alten Ideen nicht eingliedern lassen. Nur in seltenen Fällen sind neue Ideen zur Erklärung von Beobachtungen wirklich notwendig.

Selbst wenn man sich in der Wissenschaftlergemeinde einig ist, dass eine neue Erklärung gebraucht wird, trifft eine Abweichung von den wenigen »anerkannten« Vorschlägen, die durch viele Arbeiten bereits ein gewisses Gewicht haben, häufig auf Widerstand. So sind Supersymmetrie und WIMPs unter Teilchenphysikern schon nahezu vollständig anerkannt, obwohl es für sie bisher keinerlei experimentelle Belege gibt. Nur angesichts einer immer stärker einschränkenden Datenlage räumen viele Mitglieder der Wissenschaftlergemeinde nach und nach ein, dass ihnen Zweifel kommen, und dann ziehen sie auch neue Möglichkeiten jenseits des etablierten wissenschaftlichen Kanons in Betracht.

Nachdem ein neues Konzept Fuß gefasst hat, wird es auf Herz und Nieren geprüft; man erkundet und testet alle Winkel im Raum der möglichen Parameter, darunter sogar Hypothesen, deren Wahrheitsgehalt noch nicht bewiesen ist. Bevor aber eine Idee dieses Niveau erreicht, herrscht viel (oftmals berechtigte) Skepsis. Einige Teilchenphysiker – darunter auch meine Mitarbeiter und ich – bemühen sich einfach, angesichts der Unsicherheit weiterhin aufgeschlossen zu bleiben. Wir bevorzugen unter Umständen manche Theorien, die uns eleganter oder sparsamer erscheinen, aber wir entscheiden erst dann darüber, was richtig ist oder woran man weiterarbeiten sollte, wenn die Schiedsrichterwirkung der Daten einen Weg eröffnet oder verschlossen hat.

Wie meinen Mitarbeitern und mir schon bald klar wurde, sollte interagierende dunkle Materie, die sich anders verhält als dunkle Materie, die nicht interagiert, charakteristische Auswirkungen auf die Beobachtungsmöglichkeiten haben. Aber angesichts der Motivation, die anfangs hinter dem DDDM-Vorschlag stand, möchte ich auch kurz seine Auswirkungen auf konventionellere Suchmethoden beschreiben, so auf das indirekte Signal, das die erste Anregung für unsere Forschung gab. Außerdem möchte ich erläutern, wie DDDM zur Beantwortung einer Frage beitragen kann, die von Szenarien mit konventioneller dunkler Materie aufgeworfen wird. Zunächst betrachte ich indirekte Signale, darunter insbesondere das von Fermi aufgefangene Photonensignal, das den Anlass für unsere Forschungsarbeiten gab.

Eine dünne dunkle Scheibe ist dicht, das heißt, in ihr sind die Teilchen der dunklen Materie in hoher Konzentration vorhanden. Innerhalb einer derart dichten Scheibe begegnen die Teilchen der dunklen Materie sich häufiger, und deshalb sollten mehr Annihilationsereignisse stattfinden als in dem Halo aus stärker verdünnter konventioneller dunkler Materie. Das heißt nicht, dass man DDDM-Modelle auf diesem Weg beobachten könnte. Damit DDDM ein indirektes Photonensignal erzeugt – und ein solches war der ursprüngliche Anreiz für unsere Gedanken –, muss oberhalb oder unterhalb der gerade beschriebenen geladenen dunklen Materie ein weiterer Bestandteil vorhanden sein. Ein Fermi-ähnliches Signal setzt voraus, dass dunkle Materie sich in Photonen verwandelt, das heißt in eine Form der gewöhnlichen Materie; eine beobachtbare Interaktion ergibt sich nur dann, wenn ein Teilchen sowohl entsprechend der gewöhnlichen elektromagnetischen Kraft als auch nach ihrem dunklen Gegenstück geladen ist – erforderlich ist also die Entsprechung zu dem Menschen, der sowohl Fox News sieht als auch NPR hört oder sowohl bei Facebook als auch bei Google+ angemeldet ist. Falls es ein solches Teilchen gibt, das unter beiden Formen des Elektromagnetismus geladen ist, könnte dunkle Materie sich annihilieren und zu Photonen werden; dabei würde als Zwischenstufe dieses Teilchen entstehen, das sowohl mit dem dunklen als auch mit dem sichtbaren Sektor in Verbindung steht. Deshalb erlaubt das Fermi-Signal möglicherweise, aber nicht definitiv eine Vorhersage der DDDM.

Wenn es in der dichten Scheibe aber Interaktionen gibt, die sich beobachten lassen, laufen sie unerwartet schnell ab. Noch besser ist eine weitere Erkenntnis: Wenn die DDDM ein indirekt nachweisbares Signal in Form von Photonen, Positronen oder Antiprotonen erzeugt, lässt sich dieses von den Auswirkungen jedes anderen Modells für die dunkle Materie unterscheiden. Für Signale des gewöhnlichen Typs von dunkler Materie kann man nahe am Zentrum der Galaxis, wo ihre Dichte am höchsten ist, die größte Häufigkeit vorhersagen. Das Signal der DDDM wäre in Richtung des Zentrums der Galaxis ebenfalls stärker, aber jedes Signal, das aus diesem Zentrum stammt, sollte auch in der gesamten Ebene vorhanden sein, denn dort hat die dunkle Materie überall eine hohe Dichte. Eine solche sichtbare Annihilation entlang der gesamten Ebene der Galaxis wäre ein deutlicher Hinweis auf DDDM.

Interessant ist auch, welche Folgerungen sich aus der DDDM für Experimente zum unmittelbaren Nachweis ergeben, denn die sind schließlich das größte Ziel vieler Wissenschaftler, die nach dunkler Materie suchen. Wie gesagt: Der unmittelbare Nachweis stützt sich auf geringfügige Wechselwirkungen zwischen dunkler und gewöhnlicher Materie; dabei wird eine winzig kleine Rückstoßenergie frei, die ein Detektor möglicherweise aufzeichnen kann. Wie der indirekte Nachweis, so würde sich auch ein Signal zum direkten Nachweis von DDDM-Modellen auf die optimistische (und nicht bewiesene) Annahme stützen, dass dunkle Materie gewisse Wechselwirkungen mit der gewöhnlichen Materie eingeht – Wechselwirkungen, die so schwach sind, dass sie sich mit allen unseren Kenntnissen vereinbaren lassen, aber auch so stark, dass sie zu einem nachweisbaren Signal führen.

Ein solches unmittelbar nachweisbares Signal hängt auch von der lokalen Dichte der dunklen Materie ab – je größer sie ist, desto besser. Die dunkle Materie der Scheibe könnte in der Nachbarschaft der gewöhnlichen Materie liegen oder auch nicht – das hängt von der Dicke der dunklen Scheibe ab –, aber wenn es so ist, sollte sie eine viel größere Dichte haben als die dunkle Materie im Halo.

Wie man ebenfalls genau weiß, hängt die Nachweisrate der dunklen Materie von der Masse der dunklen Teilchen ab: Sie bestimmt mit darüber, ob die Rückstoßenergie so groß ist, dass man sie aufzeichnen kann, und wenn ja, wie groß der Energiebetrag ist. Ebenso ist die Nachweisbarkeit des Signals von einer häufig übersehenen Eigenschaft der dunklen Materie abhängig: von ihrer Geschwindigkeit; auch sie trägt entscheidend zur kinetischen Energie und damit zum Betrag der Rückstoßenergie bei. Schnellere dunkle Materie lässt sich leichter nachweisen als langsame, weil ein größerer Energiebetrag freigesetzt wird.

Die DDDM hat sich abgekühlt und bewegt sich deshalb mit viel geringerer Geschwindigkeit in die Ebene der Galaxis hinein und wieder hinaus als gewöhnliche dunkle Materie. Außerdem kreist die dunkle Materie genau wie das Sonnensystem in der Galaxis, das heißt, sie hat auch relativ zu uns eine sehr geringe Geschwindigkeit. Daraus kann man schließen, dass die DDDM in einem Experiment zum unmittelbaren Nachweis selbst dann, wenn sie interagiert, sehr wenig Energie abgibt, so dass sie unterhalb der Nachweisgrenze bleibt und nicht zu sehen ist. Ohne empfindlichere Detektoren oder eine zusätzliche Komponente in dem Modell würden konventionelle Wechselwirkungen der DDDM mit den gebräuchlichen Detektoren zum direkten Nachweis unbemerkt bleiben.

Derzeit laufen aber Experimente mit niedrigeren Nachweisschwellen, und noch bevor sie abgeschlossen sind, könnten Abwandlungen des Modells ein Signal zulassen. Hier ist auch etwas anderes interessant: Sollte man ein Signal beobachten, wäre es so charakteristisch, dass damit die Herkunft aus der DDDM nachgewiesen wäre. Die geringe Geschwindigkeit der dunklen Materie würde zu einem Signal führen, dessen Energie viel konzentrierter ist als bei jedem anderen früher vorgeschlagenen Kandidaten für die dunkle Materie.

Eine weitere interessante Überprüfung für unser Modell – und auch für jedes andere, in dem die dunkle Materie geladene Teilchen erhält, die sich zu Atomen zusammenfinden – bieten detaillierte Untersuchungen an der Mikrowellen-Hintergrundstrahlung. Mehrere Astronomen und Physiker haben mit Hilfe der Befunde über die Hintergrundstrahlung und die Verteilung der Galaxien auf einem interessanten neuen Weg nach Hinweisen auf dunkle Atome und DDDM gesucht.

Wie bereits erwähnt wurde, kann Strahlung in normaler, geladener Materie die Dichteabweichungen auslöschen, ganz ähnlich wie Wind, der am Strand die Spuren der Gezeiten beseitigt. Dunkle Materie dagegen sorgt einfach für ein weiteres Wachstum der Struktur. Anhand der charakteristischen

Einflüsse, die in der kosmischen Hintergrundstrahlung ihren Ausdruck finden, kann man zwischen dunkler und gewöhnlicher Materie unterscheiden. Gewöhnliche Materie hinterlässt auch dann ihre Spuren, wenn geladene und neutrale Materie sich zusammenfinden, ganz ähnlich wie die charakteristische Welle, die sich im Sand am höchsten Flutsaum des Strandes bildet.

Wenn dunkle Materie – oder zumindest ein Teil von ihr – auch mit dunkler Strahlung interagiert, werden sich Effekte, die denen der gewöhnlichen Materie ähneln, in der Hintergrundstrahlung ausprägen. Da die dunkle Materie in unserem Modell ein schweres und ein leichtes Teilchen mit entgegengesetzter Ladung enthält – beide ähneln stark einem Proton und einem Elektron –, würden diese Teilchen sich zu dunklen Atomen zusammenfinden, die sich auf ganz ähnliche Weise bemerkbar machen wie gewöhnliche Materie.

Wie sich in detaillierten Studien an der kosmischen Mikrowellen-Hintergrundstrahlung gezeigt hat, kann höchstens ein begrenzter Anteil der dunklen Materie den Interaktionen unterliegen, die wir postuliert haben. Wenn die beiden Sektoren einigermaßen ähnliche Temperaturen haben – was der Fall wäre, wenn der dunkle und der gewöhnliche Sektor in der Frühzeit ausreichend stark interagiert haben –, dürfte der Anteil der interagierenden dunklen Materie weniger als fünf Prozent der Gesamtmenge ausmachen, das entspricht ungefähr einem Viertel der Menge an sichtbarer Materie. Glücklicherweise ist aber auch das noch ein interessanter Wert, und man sollte ihn mit der im Folgenden beschriebenen Methode beobachten können. Außerdem liegt er in dem Spektrum, mit dem man die regelmäßig wiederkehrenden Meteoroideneinschläge erklären könnte, auf die ich im nächsten Kapitel zu sprechen kommen werde.

Die Form der Galaxis wird vermessen

Die gerade beschriebenen Forschungsarbeiten waren auch deshalb interessant, weil sie nicht nur die Aussagekraft der kosmischen Mikrowellen-Hintergrundstrahlung deutlich machten, sondern auch die Bedeutung großer Datenmengen in der modernen Kosmologie. Die Astronomen verfügen über alle Voraussetzungen, um sie auszuwerten. Aus dem Blickwinkel der Konstruktion von Modellen und mit den technischen und mathematischen Fortschritten, die man derzeit macht, haben wir viel bessere Aussichten, die Einflüsse unkonventioneller dunkler Materie zu finden; das gilt selbst dann, wenn es sich nur um geringfügige Auswirkungen auf die beobachtete Verteilung der Strukturen handelt. Wie meinen Mitarbeitern und mir klar wurde, sind die interessantesten, stichhaltigsten Signale vermutlich nicht die, auf die man mit den bereits beschriebenen, üblichen Methoden zur Suche nach dunkler Materie abzielt. Vielversprechende, beobachtbare Auswirkungen hat die dunkle Scheibe aufgrund ihrer Gravitationsanziehung. Im heutigen Zeitalter von »Big Data« könnten herkömmliche astronomische Datenbestände der beste Ort sein, wenn man nach charakteristischen Eigenschaften der dunklen Materie sucht.

Die naheliegendste, entscheidende Folgerung aus dem von uns postulierten DDDM-Modell besteht darin, dass es in der Mittelebene der Galaxis eine dünne dunkle Scheibe geben muss. Wenn die Teilchen der dunklen Materie schwerer sind als die Protonen, wird diese Scheibe schmaler sein als die andere, die Sterne und Gas enthält; dann würde die Milchstraße insgesamt – und auch alle anderen Galaxien – ein anderes Gravitationspotential ausüben, als man es ohne die neue Form der dunklen Materie erwartet. Wie die gezielte Werbung, so verleiht auch die dunkle Scheibe dem diffuseren Anteil der gewöhnlichen Materie einen zusätzlichen Schub. Außerdem verändert sich die Verteilung der Materie, und das beeinflusst das Gravitationspotential am stärksten in der Nähe der Mittelebene der Galaxis, wo die Scheibe aus dunkler Materie am dichtesten ist. Da der Gravitationseinfluss einer solchen Materieverteilung sich auf die Bewegung der Sterne auswirkt, braucht man nur die Positionen und Geschwindigkeiten der Sterne mit ausreichender Genauigkeit zu messen; dann wird ihre Verteilung die Existenz einer dunklen Scheibe (oder zumindest die Existenz einer Scheibe mit ausreichend hoher Dichte, die sich bemerkbar macht) bestätigen oder ausschließen.

Als JiJi, Andrey, Matt und ich im Sommer 2013 erstmals genauer über die Scheibe aus dunkler Materie nachdachten, erfuhren wir zu unserem Erstaunen, dass man genau solche Messungen an der Milchstraße in naher Zukunft vornehmen wollte. Im Herbst des gleichen Jahres (das heißt im Frühjahr am europäischen Weltraumbahnhof in Französisch-Guayana, wie mein nachdenklicher australischer Kollege anmerkte) sollte ein Satellit starten, um genau diesen charakteristischen Gravitationseinfluss zu vermessen.

Eigentlich vermisst der GAIA-Satellit die Form der Galaxis. Die Ergebnisse werden wir innerhalb der nächsten fünf Jahre kennen. Als wir an unserem ersten Fachartikel arbeiteten, waren die Vorbereitungen für den Satellitenstart bereits weit vorangeschritten, aber er wird an der dunklen Scheibe genau die Messungen vornehmen, die wir gefordert hätten, wenn man uns in der Planungsphase gefragt hätte. Die Astronomen hatten zwar weder genau unser Modell noch unsere Methodik im Kopf, aber sie hatten sich vor allem deshalb für die GAIA-Mission starkgemacht, weil man mit ihr die Massenverteilung in der Galaxis messen kann, und zwar unabhängig davon, um was für Materie es sich handelt oder wo sie in der Galaxis lokalisiert ist. Der Start musste zwar nach dem ursprünglich vorgesehenen Termin mehrmals verschoben werden, aber dass er im Dezember des gleichen Jahres – nur einige Monate nachdem wir unseren Artikel fertiggestellt hatten – stattfand, war für uns sicher ein bemerkenswert glückliches Zusammentreffen.

Sehr oft erleben Teilchenphysiker solche Überraschungen nicht. Wir wissen, welche Experimente möglich sind, und bemühen uns um die Klärung der Frage, ob man sie so abwandeln oder interpretieren kann, dass sie für die Überprüfung neuer Ideen nützlich sind. Die Experimentalphysiker am Großen Hadronen-Speicherring (LHC) bei CERN verfolgen beispielsweise einige Vorschläge weiter, die Raman Sundrum, ich und andere entwickelt hatten, um die Masse des Higgs-Bosons zu erklären. Die Experimente am LHC wurden zwar anfangs vor dem Hintergrund anderer Modelle geplant, aber Raman und ich kannten sie genau und waren uns ihres Potentials bewusst, als wir uns in unseren Forschungsarbeiten mit einer gekrümmten zusätzlichen Raumdimension beschäftigten.

Andererseits ist eine Idee manchmal so überzeugend und überprüfbar, dass die experimentellen Wissenschaftler mitmachen und ein relativ kleines Experiment planen, um die Vermutung auszuschließen oder zu verifizieren; so stellten Physiker beispielsweise mit gezielt angelegten Experimenten genaue Messungen der Gravitationskraft an, nachdem die Gedanken über eine große zusätzliche Dimension im Umlauf waren.

Dagegen kommt es nur selten vor, dass zufällig gerade ein Experiment beginnt, mit dem man eine Idee überprüfen kann, die ursprünglich unabhängig davon und mit ganz anderer Zielsetzung weiterverfolgt wurde. Genau das geschah hier. Der GAIA-Satellit beherbergt ein Weltraumobservatorium, das die Positionen und Geschwindigkeiten von einer Milliarde Sternen in der Milchstraße messen wird; das Ziel ist eine sehr genaue, umfassende dreidimensionale Vermessung der Galaxis. Die Messungen wird man einem bestimmten Potential der Galaxis zuordnen können, und daraus erfahren wir etwas über ihre Dichteverteilung. Zeigt diese Verteilung, dass eine dunkle Scheibe vorhanden ist, können wir aus deren Dicke und Dichte etwas über die Masse der neuartigen Teilchen aus der dunklen Materie ableiten und berechnen, wie viel interagierende dunkle Materie es gibt.

Grundlage der Methode ist eine Idee des Astronomen Jan Oort, der auch die Existenz der nach ihm benannten Wolke nachwies. Er erkannte, dass die Geschwindigkeit der Sterne auf ihrem Weg in die Ebene der Galaxis und wieder hinaus von der Form und Dichteverteilung der Scheibe abhängt, denn ihre Bewegung spricht auf die Gravitationsanziehung der Scheibe an. Wenn man also die Geschwindigkeit und Positionen der Sterne während ihres Auf und Ab durch die Ebene vermisst, gewinnt man Aufschlüsse über die Dichte und räumliche Verteilung der Materie in der Scheibe.

Um die Methode auszuprobieren und zu vorläufigen Ergebnissen zu gelangen, brauchen wir aber nicht auf die Daten von GAIA zu warten. Nützliche Befunde hat bereits der Satellit Hipparcos geliefert, der 1989 von der Europäischen Weltraumagentur gestartet wurde und bis 1993 funktionierte. Er war der erste Satellit, der detaillierte Positions- und Geschwindigkeitsmessungen vornahm, aber die waren weniger genau und betrafen weniger Sterne als die Vermessung durch GAIA. Aber auch wenn die Ergebnisse nicht so vollständig sind wie jene, die GAIA liefern wird, bedeuten sie bereits Einschränkungen für die Form, die eine Scheibe aus dunkler Materie annehmen könnte.

Diese Erkenntnis war für uns Teilchenphysiker neu, manche Astrophysiker wussten aber bereits gut darüber Bescheid. Einige Wissenschaftler waren mit der Methode sogar zu dem Schluss gelangt, eine dunkle Scheibe sei aufgrund der vorhandenen Daten ausgeschlossen. Dass sie die Scheibe so leichter Hand leugneten, war für viele Menschen verwirrend, unter anderem auch für einige Kollegen, die unseren Artikel begutachten sollten. Schon nach kurzem Nachdenken weiß man aber, dass ein solches Ergebnis zumindest in der

Form, in der es formuliert wurde, nicht möglich ist. Ganz gleich, wie genau man misst, die Dichte kann immer so niedrig sein, dass sie unterhalb aller derzeitigen Nachweisgrenzen liegt. In Wirklichkeit wollten die Astrophysiker sagen, dass kein Bedarf für die Existenz einer dunklen Scheibe besteht. Angesichts unserer unsicheren Kenntnisse über die Dichte aller bekannten Gaswolken und Sterne ließ sich das gemessene Potential auch ausschließlich mit der bekannten Materie erklären.

Häufig sollte man aber zunächst einmal fragen, welche andere Interpretation plausibel ist und mit den Daten im Einklang steht. Um herauszufinden, ob es eine solche Interpretation gibt oder ob sie sogar zu bevorzugen ist, gibt es nur einen Weg: Man muss die Folgerungen aus neuen Annahmen bewerten und feststellen, was sich aus ihnen für die experimentelle Arbeit ergibt. Meine Kollegen und ich stellten eine andere Frage als die Astronomen. Uns ging es nicht um einen Beweis, dass eine dunkle Scheibe existiert. Die eigentliche Frage lautet: Wie umfangreich kann eine solche Scheibe sein, wenn sie noch im Einklang mit allen Beobachtungen stehen soll? Und passt vielleicht die Annahme, dass es eine dunkle Scheibe gibt, sogar besser zu den Daten?

In dieser unterschiedlichen Denkweise spiegeln sich vor allem die soziologischen Unterschiede zwischen Teilchenphysikern − und hier insbesondere den Modellbauern − auf der einen Seite und vielen Astrophysikern auf der anderen wider. Aber Gerechtigkeit, wem Gerechtigkeit gebührt: Wir haben von den Astrophysikern eine Menge gelernt. Wir haben erfahren, wie sie an das Problem herangehen und welche Daten es derzeit gibt. Ihre Methoden sind äußerst nützlich. Aber wenn man ein Problem aus einem anderen Blickwinkel betrachtet, gelangt man häufig zu neuen Erkenntnissen, und es eröffnen sich neue Möglichkeiten. Ob eine dunkle Scheibe existiert, werden wir nur dann wissen, wenn wir zunächst einmal annehmen, dass es so ist, und dann herausfinden, ob die Annahme zulässig ist. Am Ende haben alle gewonnen.

Wir wollten wissen, ob eine dunkle Scheibe sich nicht nur mit den gemessenen Eigenschaften der Sterne in Einklang bringen lässt, sondern ob die Daten eine solche Scheibe generell zulassen oder sogar bevorzugt für sie sprechen. Über die einzelnen Bestandteile der gewöhnlichen Materie, auf deren Grundlage man das Gravitationspotential der Milchstraße berechnet, wissen wir nicht besonders viel. Wenn man die Unsicherheiten in den Messungen berücksichtigt, bleibt sicher Raum für etwas Neues. Mit dieser Aufgabe betraute ich unseren Studenten Eric Kramer: Er beschäftigte sich nicht nur mit den Daten von Hipparcos, sondern auch mit den Messungen der Gasdichte in der Ebene der Galaxis. Gemeinsam stellten wir fest, dass viele Annahmen, die in die Analysen der Astrophysiker eingeflossen waren, einer Neubewertung bedurften. Eine oberflächliche Betrachtung der Hipparcos-Befunde konnte zwar vorschnell zu der Schlussfolgerung verleiten, dass eine dunkle Scheibe unwahrscheinlich ist, eine sorgfältigere und aktuellere Analyse zeigte aber, dass die Daten für eine solche Behauptung nicht ausreichten.

Für einen Teil der Unsicherheiten sorgen die Hipparcos-Daten selbst. Eine wichtige Ursache der Unsicherheit sind aber auch die relativ schlechten Messungen an einem Teil der sichtbaren Materie in der Milchstraße. Je mehr Spielraum es dort gibt, desto mehr Platz ist auch für eine dunkle Scheibe. Und da außerdem alle Bestandteile der Materie der Gravitation ausgesetzt sind, die von den anderen Bestandteilen ausgeht, kann man nur dann Aufschluss über die wirklichen Einschränkungen gewinnen, wenn man sämtliche Materie einschließlich der dunklen Scheibe von Anfang an einbezieht. Das ist einer der Vorteile, wenn man über ein Modell verfügt. Es gibt ein gut definiertes Ziel und eine festgelegte Berechnungsstrategie vor, mit denen man die Ergebnisse einer Suche bewerten kann.

Mit sorgfältigen Analysen stellten wir fest, dass tatsächlich Raum für eine dunkle Scheibe vorhanden ist. Erste Anzeichen sind vielversprechend, aber bevor wir nicht über schlüssigere Daten verfügen, wissen wir nicht, ob sich DDDM-Modelle als richtig erweisen werden oder ob vielleicht einfachere, konventionellere Szenarien ausreichen, um sämtliche Materie in unserem Universum zu erklären.

Damit bin ich bei der Frage: Welche Dichte hat die dunkle Scheibe überhaupt, auf die wir mit unseren Arbeiten abzielen? Oder anders gefragt: Wie stark müsste eine Einschränkung sein, damit sie interessant wird? In vielerlei Hinsicht lohnt es sich, jedem Wert weiter nachzugehen. Der Nachweis einer dunklen Scheibe würde unabhängig davon, wie gering ihre Dichte ist, unsere Ansichten über das Universum grundlegend verändern. Wie wir aber in Kürze genauer erfahren werden, ergibt sich eine andere Zielsetzung aus dem Aspekt, dass eine dunkle Scheibe möglicherweise regelmäßig wiederkehrende Meteoroideneinschläge verursacht. Vorerst möchte ich nur sagen: Der

Wert, der nach unseren Feststellungen nötig war, um Meteoroidentreffer auszulösen, lässt sich mit den derzeit verfügbaren Daten vereinbaren.

Außerdem kann man mit Hilfe partiell interagierender dunkler Materie möglicherweise auch einige bekannte Rätsel im Zusammenhang mit konventionelleren Szenarien lösen, in denen kalte dunkle Materie vorkommt – auch wenn dies anfangs nicht unsere Absicht war. Nach einer Vermutung des Astronomen Matthew Walker, der heute als Professor an der Carnegie Mellon University arbeitet, könnte man mit Hilfe der DDDM das Problem mit den Zwerggalaxien rund um die Andromeda-Galaxie entschärfen, auf das ich in Kapitel 18 angespielt habe. Sollten sich diese Befunde bestätigen, bietet eine Welt mit ausschließlich gewöhnlicher oder auch mit konventioneller kalter dunkler Materie keine Erklärung. Der Postdoc Jakub Scholtz von der Harvard University und ich konnten zeigen, dass Selbst-Interaktionen eines Bestandteils der dunklen Materie die einzige Antwort auf die Frage darstellen dürften, wie die von dunkler Materie beherrschten, in einer einzigen Ebene angeordneten Zwerggalaxien entstehen konnten. Jakub, Matthew Reece und ich beschäftigen uns auch mit den möglichen Folgerungen der DDDM für die urtümlichen schwarzen Löcher, die größer sind, als sie nach den herkömmlichen Szenarien sein sollten.

Das von Fermi aufgefangene Gammastrahlensignal, das den Anlass zu unserem Projekt gab, war aus heutiger Sicht wohl falscher Alarm: Es hat im Laufe der Zeit nachgelassen. Aber aus dem Szenario mit der dunklen Scheibe, mit dem wir das Signal verstehen wollten, ergaben sich weitreichende Folgerungen, die zu anderen Beobachtungsmöglichkeiten für die DDDM führen könnten. Sogar für die Entstehung und Dynamik der Galaxien lassen sich aus dem Szenario möglicherweise interessante Schlussfolgerungen ableiten, mit deren Analyse wir noch ganz am Anfang stehen.

Nachdem wir nun den Kosmos und das Sonnensystem umfassend erkundet haben, wollen wir als krönenden Abschluss unserer Reise viele dieser Gedanken zusammenführen. Wir werden uns ansehen, wie dunkle Materie sich ganz in unserer Nähe auswirken könnte – indem sie die Bewegung der Sterne beeinflusst und möglicherweise Auswirkungen auf die Stabilität der Objekte an den äußeren Rändern des Sonnensystems hat.

21

Dunkle Materie und Kometeneinschläge

Der Begriff *boffins* dürfte den meisten Amerikanern nicht gerade geläufig sein. Deshalb wusste ich anfangs auch nicht, was ich davon halten sollte, als der Wissenschaftsautor Simon Sharwood meinen Kollegen Matthew Reece und mich in der britischen Zeitschrift *Register* mit dieser Bezeichnung belegte. Wollte er uns und unsere törichte Vorgehensweise kritisieren, oder war *boffins* ein Wort wie *pulchritude*, das ziemlich schrecklich klingt, in Wirklichkeit aber sehr schmeichelhaft ist?

Zu meiner Beruhigung erfuhr ich, dass mit *boffins* einfach Wissenschaftler oder technische Experten gemeint sind – allerdings vielleicht solche, die sich übermäßig auf ein Thema fixieren. Aber auch meine anfängliche Befürchtung, das Wort könne so etwas wie »Bekloppte« bedeuten, war nicht ganz unbegründet: Bei dem Thema, über das Sharwood berichtete, handelte es sich nämlich um unsere Arbeiten über dunkle Materie und Meteoroiden – einschließlich eines kurzen Ausflugs zum Aussterben. Dahinter stand der Gedanke, dunkle Materie könne Kometen aus der Oort-Wolke hinausschleudern, so dass sie in regelmäßigen Abständen auf die Erde katapultiert werden und hier vielleicht ein Massenaussterben in Gang setzen.

Selbst für Teilchenphysiker wie Matthew und mich, die sich um Aufgeschlossenheit bemühen, erscheinen verworrene Phänomene wie Meteoroideneinschläge, die mit der komplizierten Dynamik des Sonnensystems und obendrein noch mit dunkler Materie in Zusammenhang stehen, ein unsicheres Forschungsthema zu sein. Aber auf der anderen Seite ging es um dunkle Materie (!), Meteoroiden (!) und Dinosaurier (!). Die Fünfjährigen in uns waren fasziniert. Und auch unsere erwachsene Seite, die mehr über das Sonnensystem erfahren wollte, war begeistert. Ganz zu schweigen von den Wissenschaftlern in uns, die sich für die verschiedenen Puzzlesteine interessierten und wissen wollten, ob sie letztlich irgendwie zusammenpassen. Schließlich wurde zwar die Existenz der dunklen Scheibe noch nicht durch Messungen bestätigt, aber ein Satellit, der eine Milliarde Sterne in der Galaxis vermisst, könnte durchaus so empfindlich sein, dass die Frage im Laufe der nächsten fünf Jahre entschieden werden kann. Damit wäre dann auch überprüft, ob unsere Vermutung richtig ist.

Und als ob dieses Szenario mit seinen reichhaltigen Ideen oder die bevorstehenden Satellitenmessungen noch nicht Argument genug gewesen wären, die Forschungsrichtung weiterzuverfolgen, schlug ausgerechnet an dem Tag, an dem ich Matt fragte, ob er sich des Projekts annehmen wolle, der Meteoroid von Tscheljabinsk ein. Die meisten Meteoroiden, die unseren Planeten oder seine Atmosphäre treffen, sind so klein, dass wir sie nicht bemerken, aber das Objekt, das am 15. Februar 2013 explodierte, hatte einen Durchmesser von 15 bis 20 Metern. Damit war es groß genug, um hell zu leuchten und die gleiche Energie freizusetzen wie 500 Kilotonnen TNT. Der Meteoroid detonierte nur drei Tage nachdem eine Frage aus dem Publikum an der University of Arizona mich veranlasst hatte, genauer über regelmäßig wiederkehrende Meteoroideneinschläge nachzudenken, und noch am gleichen Tag hatte ich Matt den Vorschlag gemacht, wir sollten uns näher mit dem Thema beschäftigen. Das alles erschien uns bemerkenswert und ziemlich lustig. Gerade noch hatten wir überlegt, ob wir der Frage nachgehen sollen, warum außerirdische Objekte die Erde treffen, und genau an jenem Tag geschah es. Was blieb uns da anderes übrig, als weiterzumachen?

Ich möchte jetzt beschreiben, mit welchen Forschungsarbeiten wir Verbindungen zwischen vielen in diesem Buch erörterten Gedanken hergestellt haben. Außerdem möchte ich erklären, wie dunkle Materie sich in Abständen von ungefähr 30 bis 35 Millionen Jahren auf unseren Planeten auswirken könnte. Wenn wir recht haben, lag der Auslöser für den Einschlag eines 15 Kilometer großen Asteroiden vor 66 Millionen Jahren in dem Gravitationseinfluss einer Scheibe aus dunkler Materie, die sich in der Mittelebene der Milchstraße befindet.

Das Szenario

In dem Bild, das wir heute zeichnen können, ist unsere Galaxis, die Milchstraße, eine helle Scheibe aus Gas und Sternen, in deren Innerem sich vielleicht eine zweite, dunkle Scheibe aus interagierender dunkler Materie verbirgt. Die Milchstraße trat vor mehr als 13 Milliarden Jahren ins Dasein, als dunkle und gewöhnliche Materie zusammenbrachen und eine durch Gravitation gebundene Struktur bildeten. Vielleicht eine Milliarde Jahre nachdem sich der Halo der Galaxis gebildet hatte, begann gewöhnliche Materie mit der Abstrahlung von Energie und bildete die hell leuchtende Scheibe, die wir heute sehen. Wenn ein Teil der dunklen Materie interagierte und ausreichend schnell dunkle Photonen abgab, stürzte auch sie in eine dünne, ebene Region, die wir Scheibe nennen. Bis alle diese Vorgänge abgeschlossen waren, dürfte es eine Weile gedauert haben, aber die schmale dunkle Scheibe bildete sich demnach schon vor langer Zeit.

Später, ungefähr vor viereinhalb Milliarden Jahren, entstanden die Sonne und das Sonnensystem. Aus der Materiescheibe, die um die Sonne kreiste, gingen die Planeten hervor. Nachdem sie entstanden waren, wanderte der Jupiter weiter nach innen und die anderen Riesenplaneten weiter nach außen; dabei verteilte sich das Material in der Scheibe. Ein Teil dieses Materials wanderte in die weit entfernte Region der Oort-Wolke, wo kleine, vereiste Objekte nur durch eine sehr schwache Gravitationskraft an die Sonne gebunden sind.

In der Folgezeit kreiste das Sonnensystem alle 240 Millionen Jahre einmal durch die Galaxis. In Abständen von vielleicht 32 Millionen Jahren bewegte sich das Sonnensystem auf seiner beherrschenden Kreisbahn aber auch quer durch die Ebene der Galaxis auf und ab. Während dieser Wanderung wirkte die Gravitationsanziehung der Scheibe auf die Sonne und zog das Sonnensystem jedes Mal als Rückholkraft wieder in die Ebene, wenn es sich weit genug von ihr entfernt hatte. Da es in der Galaxis nur sehr wenig Reibung gibt, wiederholte sich die vertikale Bewegung des Sonnensystems durch die Ebene der Galaxis in regelmäßigen Abständen, und jedes Mal, wenn es die Ebene durchquerte, entfaltete die Rückholkraft wieder ihre Wirkung.

Wenn das Sonnensystem sich in der Ebene der Galaxis oder in ihrer Nähe befand, war es außerdem dem verformenden Gravitations-Gezeiteneffekt der Scheibe am stärksten ausgesetzt. Während dieser besonders belastenden Phasen könnte der Gezeiteneinfluss einer dünnen, dichten Scheibe aus dunkler Materie den ruhigen Umlauf einiger schwach gebundener Objekte in der Oort-Wolke gestört haben, die ansonsten mehr oder weniger ungestört ihre weit entfernten Bahnen zogen. Wenn die vereisten Objekte aus der Oort-Wolke sich im Einflussbereich der dunklen Scheibe befanden, blieben angesichts einer derartigen Unruhe wahrscheinlich nicht alle von ihnen an ihrem Ort.

Während alle diese unbelebten Objekte ihre Bahnen zogen, entstand vor etwa dreieinhalb Milliarden Jahren auf der Erde das Leben, und 3 Milliarden Jahre später – vor rund 540 Millionen Jahren – erlebten die komplexen Lebensformen ihren Aufschwung. Seit jeder Zeit ging es mit dem Lebendigen bergauf und bergab, und die Auseinanderentwicklung trat in Konkurrenz zum Aussterben. Der genannte Zeitraum, das Phanerozoikum, wurde durch fünf große Aussterbeereignisse unterbrochen. Das letzte davon fand vor 66 Millionen Jahren statt, als ein Meteoroideneinschlag auf der Erde verheerende Wirkungen hatte.

Bis zu der Zeit unmittelbar vor dem Einschlag wussten die Dinosaurier nichts von dem Chaos in den entfernten Regionen des Sonnensystems. Vereiste Körper kreisten durch die Oort-Wolke, und hin und wieder veränderten sich ihre Umlaufbahnen durch die entfernte Anziehungskraft der Scheibe in der Milchstraße, die je nachdem, wie weit die Sonne von der Mittelebene entfernt war, unterschiedlich stark auf sie einwirkte. Die Umlaufbahnen einiger derartiger Objekte verformten sich so stark, dass ihr Weg sie nun in den inneren Teil des Sonnensystems führte, wo manche von ihnen unter dem Einfluss der Gravitation von ihrer ursprünglichen Bahn abwichen. Mindestens ein solches vereistes Objekt dürfte sich in einen Kometen verwandelt haben, der auf Kollisionskurs zur Erde ging.

Aus Sicht der Oort-Wolke war es eine relativ geringfügige Störung. Nur ein vereister Körper oder höchstens einige wenige wurden aus der Bahn geworfen. Aber aus Sicht von 75 Prozent der Lebensformen auf der Erde einschließlich der altehrwürdigen Dinosaurier leitete der Meteoroid mit seinem Einschlag die Apokalypse ein. Selbst wenn die Dinosaurier empfindungsfähige, bewusstseinsbegabte Wesen gewesen wären, hätten sie beim ersten Auftauchen des Kometen nicht bemerkt, dass etwas Ungewöhnliches geschehen würde. Der Kometenkern war zwar so hell, dass man ihn auch tagsüber erkennen konnte, und sein langer Schwanz war während der ganzen Nacht zu sehen, er hätte aber mit keinem Anzeichen verraten, welche verheerenden Schäden er kurz darauf anrichten würde. Dieser Eindruck veränderte sich wahrscheinlich erst, als der Komet herabstürzte, wobei Feuer und Gesteinstrümmer den Himmel erhellten. Aber was die zum Untergang verdammten Lebewesen auch sahen oder sich vorstellten, nachdem der Einfluss der Gravitation den Weg des Kometen verändert hatte, war ihr Schicksal unwiderruflich besiegelt.

Kurz darauf schlug der Komet auf der Halbinsel Yucatán ein, pulverisiertes seine Zielregion und beendete damit eine Reise, die eine umfangreiche, weltweite Zerstörung nach sich zog. Der Meteoroid, der mit seinem Einschlag den Chicxulub-Krater entstehen ließ, verdampfte ebenso wie der Erdboden in seiner Umgebung – und die Staubwolken, die er aufwirbelte, verteilten sich um den gesamten Globus. Auf den Landflächen wüteten Brände, die Küstenlinien in der Nähe der Einschlagstelle und auf der anderen Seite der Erdkugel wurden von Tsunamis überflutet, und herabregnende Gifte brachten weitere Gefahren mit sich. Die Nahrungsversorgung verminderte sich, so dass alle landlebenden Tiere, die die unmittelbaren Folgen des Einschlages überlebt hatten, vermutlich in den Wochen und Monaten danach verhungerten. Angesichts der plötzlichen, drastischen Veränderungen des Weltklimas und der verschiedenen Lebensräume hatten die meisten Lebewesen keine Chance. Nur Säugetiere, die sich im Boden eingraben konnten, und Vögel, die sich in die Luft erhoben, waren noch übrig, als sich die Bedingungen irgendwann wieder so weit verbesserten, dass das Lebendige in die unsichere Zukunft eines ganz anderen Zeitalters aufbrechen konnte.

Es ist ein dramatisches Bild, und die Grundtatsachen im Zusammenhang mit dem Meteoroideneinschlag sind mittlerweile gut bekannt. Durch viele Beobachtungen von Geologen und Paläontologen hat sich bestätigt, dass vor 66 Millionen Jahren ein großes Objekt einschlug und dass zu jener Zeit mindestens 75 Prozent der Lebensformen auf der Erde ausstarben. Im Folgenden werde ich beschreiben, warum eine dunkle Scheibe der Auslöser gewesen sein könnte, der den Kometen aus seiner Bahn warf und damit der Ausgangspunkt der ganzen Zerstörung war. Zunächst aber möchte ich berichten, wie die Idee entstand.

Eine Idee wird geboren

Der Öffentlichkeit durch Bücher und Vorträge etwas über Physik mitzuteilen hat vielerlei Vorteile. Die Zeit, die man in solche Tätigkeiten investiert, fehlt zwar vielleicht für die laufende Forschung, ich muss aber häufig Prioritäten setzen und entscheiden, welche Vortragseinladungen ich annehme. In manchen Glücksfällen profitiere ich mit meiner Forschung aber auch von Veranstaltungen, von denen ich anfangs fälschlich geglaubt hatte, sie würden mich ablenken; in Wirklichkeit komme ich dort mit Menschen in Kontakt, denen ich ansonsten nicht begegnet wäre, oder ich lerne eine Idee kennen, die ich ansonsten nicht in Erwägung gezogen hätte.

Ein solcher Lohn wurde mir im Februar 2013 zuteil, als ich eine Einladung des Astrophysikers Paul Davies annahm; ich sollte einen Jahresvortrag halten, den er am BEYOND Center der Arizona State University organisierte. Anfangs ließ mich die Aussicht auf eine lange Reise zwar zögern, aber an der ASU gibt es eine ausgezeichnete Arbeitsgruppe für kosmologische Forschung, und deshalb erklärte ich mich gern einverstanden, nicht nur den öffentlichen Vortrag zu halten, sondern auch am nächsten Tag für die Experten im dortigen Institut ein Seminar zu geben. Darin wollte ich mich stärker auf meine aktuelle Forschung konzentrieren, das heißt auf die Idee einer Doppelscheibe aus dunkler Materie, die ich bereits beschrieben habe.

Die teilnehmenden Physiker stellten im Zusammenhang mit dem Modell mehrere ausgezeichnete Fragen, beispielsweise nach der Nachweisbarkeit einer solchen Scheibe und den Folgerungen für die kosmische Mikrowellen-Hintergrundstrahlung. Völlig aus dem Konzept wurde ich aber gebracht, als Paul mich fragte, ob die Scheibe aus dunkler Materie für das Aussterben der Dinosaurier verantwortlich sei. Ich muss zugeben, dass ich bis dahin im Zusammenhang mit meiner wissenschaftlichen Forschung noch kaum – oder eigentlich gar nicht – über Dinosaurier nachgedacht hatte; stattdessen hatte ich mich auf Elementarteilchen und die Bestandteile des Kosmos konzentriert. Paul klärte mich aber über potentielle Anhaltspunkte für periodisch wiederkehrende Meteoriteneinschläge auf, für die es keine plausible Erklärung gab. Er wollte wissen, ob eine Scheibe aus dunkler Materie hier ins Bild passen könnte – und dabei erinnerte er mich auch an den Meteoroiden, der die landlebenden Dinosaurier ausgelöscht hatte.

Pauls Frage war so gut, dass ich sie nicht übergehen konnte. Ich hatte darauf keine einfache Antwort, sondern musste mir erst viele neue Kenntnisse aneignen, bevor ich darauf etwas Handfestes erwidern konnte. Aber es sah sicher so aus, als könne zwischen dunkler Materie und Dinosauriern ein Zusammenhang bestehen, aus dem ich – und potentiell die Wissenschaft im Allgemeinen – viel lernen konnte. Ich fragte Matthew Reece, ob er sich näher mit der Möglichkeit beschäftigen wolle, dass unsere mutmaßliche dunkle Scheibe Meteoroideneinschläge auslösen kann, denn das Thema schien mir mit der Physik in einem engeren Zusammenhang zu stehen als mit den Dinosauriern.

Dass Matt der geeignete Mitarbeiter war, lag auf der Hand. Er hatte in der anfänglichen Erforschung der DDDM eine Schlüsselrolle gespielt, verfügt über einen leidenschaftslosen technischen Sachverstand und ist wissenschaftlich aufgeschlossen, wenn es um neue Ideen geht – und das mehr, als man aufgrund seines entschieden konservativen Äußeren erwarten würde. Er begeht nicht den verbreiteten Fehler anzunehmen, dass irgendjemand – und das schließt auch übermäßig selbstbewusste ältere Kollegen ein – mit allen Vermutungen recht hat.

Vor allem aber ist Matt ein hervorragender Physiker mit hohem wissenschaftlichem Anspruch. Wenn er etwas in Angriff nimmt, kann man sicher sein, dass es auf einer soliden Grundlage steht. Dennoch war ich nicht sicher, wie er auf einen solchen scheinbar abwegigen Vorschlag reagieren würde. Aber zu meiner großen Freunde fand Matt die Idee faszinierend, und er erkannte sofort ihren potentiellen wissenschaftlichen Nutzen. Paul Davies zeigte sich ebenfalls interessiert, aber er war bereits mit vielen anderen Forschungsprojekten beschäftigt und fasste liebenswürdigerweise den Entschluss, mit uns in Kontakt zu bleiben, aber nicht selbst mitzuarbeiten.

Noch an demselben Tag, an dem wir erstmals über den Gedanken gesprochen hatten, hörten Matt und ich voller Verblüffung die Nachrichten aus Tscheljabinsk. Anschließend gingen wir mit Hochdruck der Frage nach, was wir daraus lernen konnten. Wir hatten das Ziel, die verschrobene Vorstellung von einer dunklen Scheibe, die Meteoroideneinschläge verursacht, zu einer nachprüfbaren wissenschaftlichen These zu machen. Als Modellbauer und Teilchenphysiker bemühten wir uns, neue Ideen und Interpretationen einzubeziehen. Wir waren uns aber auch vollständig bewusst, wie wichtig es war, vorurteilsfrei und sorgfältig vorzugehen. Diese Eigenschaften waren für die Forschungsarbeiten, die ich jetzt beschreiben möchte, von entscheidender Bedeutung.

Die dunkle Scheibe und das Sonnensystem

Wie ich in Kapitel 14 erläutert habe, wollten Matt und ich mit unseren Zielen realistisch bleiben und entschlossen uns deshalb, unsere Untersuchungen stärker einzugrenzen. Trotz aller Neugier auf Dinosaurier ließen wir die zusätzlichen Schwierigkeiten, die sich bei der Erforschung des Aussterbens ergeben, zunächst außen vor und konzentrierten uns ausschließlich auf Meteoroiden sowie auf die Dynamik des Sonnensystems und eine mögliche Periodizität bei der Entstehung der vorhandenen Krater. Nachdem wir das Thema des Aussterbens auf Sparflamme gesetzt hatten, konnten wir uns unmittelbar mit dem potentiellen Einfluss der dunklen Scheibe auf Kometen konzentrieren und der Frage nachgehen, ob sie möglicherweise für die regelmäßig wiederkehrenden Meteoroideneinschläge verantwortlich war. Später konnten wir dann entscheiden, ob unsere Vorhersagen über die Meteoroiden eine Erklärung für die bekannten Einschläge boten, unter anderem auch für den, der für das Aussterben an der K-Pg-Grenze verantwortlich war.

Als Nächstes vergewisserten wir uns, dass keiner der früher vorgeschlagenen, regelmäßig wiederkehrenden Auslöser, die Objekte in der Oort-Wolke aus der Bahn werfen könnten, eine Erklärung für ein periodisch wiederkehrendes Signal bot. Wenn ein konventioneller Mechanismus ausreichte, würde niemand einschließlich unserer selbst sich die Mühe machen, die Auswirkungen eines exotischeren Szenarios auf die vorhandenen Krater weiter zu bewerten, ganz gleich, wie attraktiv und verführerisch es auch gewesen wäre.

Aber wie ich in Kapitel 15 erläutert habe, kommen konventionelle Auslöser nicht in Frage. Wenn die konventionelle Scheibe der Milchstraße das Einzige ist, sind die Gezeiteneffekte zu gleichmäßig und Störungen durch Sterne zu selten. Weder die konventionellen Gezeiteneffekte noch Nemesis, Planet X oder die Spiralarme der Milchstraße reichen aus, um häufige oder ausreichend große Kometenschauer auszulösen. Diese früheren Vorschläge lieferten weder die richtigen zeitlichen Abstände zwischen den Durchgängen durch die Ebene der Galaxis, noch ermöglichten sie ausreichend plötzliche Einschläge, die zu den gefundenen Kratern passen würden. Wenn ausschließlich normale Materie in der Scheibe die Bewegungen beeinflusst, läge beispielsweise die Periode für die vertikalen Schwankungen der Sonne eher bei 50 bis 60 Millionen Jahren – und damit wäre sie angesichts der vorhandenen Daten zu lang.

Damit bleiben zwei mögliche Schlussfolgerungen: Entweder ist die Periodizität nicht echt – was sich durchaus noch herausstellen könnte –, oder die interessantere logische Alternative stimmt, und es handelt sich um einen unkonventionellen Auslöser. Nachdem die früheren Vermutungen ausgeschlossen waren, erschien es uns eine plausible Frage zu sein, ob unsere postulierte dunkle Scheibe da Erfolg haben konnte, wo die gewöhnliche Materie allein versagte. Ermöglichte sie die Vorhersage der erforderlichen Periodizität und Häufigkeitsveränderung? Tatsächlich hat die dunkle Materie genau die Eigenschaften, mit denen sich die Unvollkommenheiten einer Scheibe aus normaler Materie beseitigen lassen. Wenn es eine dünne Scheibe aus dichter dunkler Materie gibt, lässt sich mit deren Gezeitenkraft sowohl die Periodizität als auch die Zeitabhängigkeit der Störungen in der Oort-Wolke erklären.

Wie bereits erwähnt wurde, unterliegen Objekte in der Oort-Wolke während ihrer gesamten Existenz der Gezeitenkraft, die von der Scheibe aus gewöhnlicher Materie ausgeht, und gelegentlich kommt der vorübergehende, aber ebenfalls wichtige Einfluss vorbeikommender Sterne hinzu. Durch diese Effekte bewegen sich die weit entfernten, relativ schwach durch Gravitation gebundenen Objekte in der Oort-Wolke hin und her, wobei sie in Richtung der Sonne gestoßen werden. Durch einen letzten Schub, der von den Gezeiteneffekten der Milchstraßenebene ausgeht, können die vereisten Körper dann auf eine heikle, stark exzentrische Umlaufbahn geraten, die bis zum Zehnfachen der Entfernung zwischen Erde und Sonne ins Innere des Sonnensystems reicht; dort werden sie dann durch die Gravitationsanziehung der großen Planeten aus der Oort-Wolke herausgerissen. Eine solche Anziehung schleudert die Kometen entweder völlig aus dem Sonnensystem hinaus, oder sie werden so weit in sein Inneres gezogen, dass sie dort in eine sehr enge Umlaufbahn eintreten. Mit solchen Störungen kann man die Entstehung langperiodischer Kometen erklären, von denen jedes Jahr mehrere neu ins Sonnensystem eintreten. Hin und wieder werden die gestörten Objekte aber auch völlig aus ihren Umlaufbahnen abgelenkt, und solche verirrten Kometen schlagen manchmal ein.

Allein reichen solche Störungen aber nicht aus, um die regelmäßig wiederkehrenden Einschläge zu erklären. Damit sie stattfinden, muss sich die Häufigkeit der Störungen in der Oort-Wolke in regelmäßigen Abständen rapide verändern. Und damit diese Abstände zu den vorhandenen Befunden passen, müssen sie in einem Bereich zwischen 30 und 35 Millionen Jahren liegen. Trifft eines der genannten Kriterien nicht zu, kann die postulierte Erklärung für die periodisch wiederkehrenden Meteoroideneinschläge nicht stimmen. Und alle konventionellen Überlegungen erfüllen weder das eine noch das andere Kriterium.

Nimmt man dagegen die dichtere, schmalere Scheibe aus dunkler Materie hinzu, sind beide Kriterien hervorragend erfüllt. Wenn man davon ausgeht, dass die Meteoroideneinschläge wirklich in regelmäßigen Abständen erfolgen, ist die dunkle Scheibe sogar eine sehr vielversprechende Idee. Ein solches Gebilde übt einen stärkeren und viel schneller schwankenden Einfluss aus als die herkömmliche Ebene der Galaxis – was den beiden wesentlichen Voraussetzungen für die Entstehung von Spitzenwerten bei der Kometenhäufigkeit entspricht.

Geht man von einer dunklen Scheibe in der Ebene der Milchstraße aus, ist die Periode der vertikalen Schwankungen unserer Sonne wesentlich kürzer als jene, die von der konventionellen Milchstraßenscheibe allein verursacht würde. Der Grund ist die zusätzliche Gravitationsanziehung der dunklen Materie. Außerdem schwingt das Sonnensystem nach den aktuellen Messungen der Materiedichte nur um ungefähr 70 Parsec oberhalb und unterhalb der Ebene unserer Galaxis auf und ab – dieser Spielraum ist viel kleiner, als es der Dicke der Scheibe aus gewöhnlicher Materie entspricht. Die schmale Scheibe aus dunkler Materie dagegen, die das Sonnensystem auf einem beträchtlichen Teil seines Weges umgibt, kann dann einen unverhältnismäßig großen Einfluss auf seine Bewegung haben, während es sich durch die Ebene auf und ab bewegt.

Darüber hinaus hat eine dünne dunkle Scheibe den Vorteil, dass das Sonnensystem sie schnell genug durchqueren kann, damit sich in der Kometenhäufigkeit ein Spitzenwert ergibt, der ungefähr eine Million Jahre lang bestehen bleibt. Wegen ihres großen, zeitabhängigen Einflusses löst die dunkle Scheibe jedes Mal, wenn das Sonnensystem die Ebene der Galaxis durchquert, weitere Störungen aus; so entstehen in regelmäßigen Abständen – bei jeder Durchquerung der Ebene – Kometenschauer, die ansonsten nur sehr selten durch nahe vorüberkommende Sterne verursacht werden könnten. Der stärkere Gezeiteneffekt setzt ein, wenn das Sonnensystem die schmale Region durchquert, die von der dunklen Scheibe besetzt wird. Nur während dieses Durchganges und vielleicht noch ein bis zwei Millionen Jahre danach kommt es zu verstärkten Kometeneinschlägen.

Wenn das Sonnensystem die Scheibe in solchen zeitlichen Abständen durchquert und dabei einer verstärkten Gezeitenkraft ausgesetzt ist – und wenn deren Spitzenwert sich ausreichend schnell einstellt –, könnten vereiste Objekte in der Oort-Wolke aus ihrer Position geworfen werden, und einige von ihnen machen sich unter Umständen mit einer Geschwindigkeit von rund 50 Kilometern in der Sekunde auf den Weg zu unserem Planeten. Wenn sie auf diese Weise aus dem Gleis geworfen wurden, geht die Reise schnell: Sie dauert vielleicht nur einige tausend Jahre. Die Störung, durch die sie überhaupt erst in Gang gesetzt wurden, entfaltet sich dagegen langsamer – dies dauert in der Regel einige Umlaufperioden. In einem Zeitraum zwischen ungefähr 100 000 und einer Million Jahren entscheidet sich also das Schicksal von Kometen, die der Sonne zu nahe gekommen sind; einige davon könnten für die Kometenschauer verantwortlich sein, die in die Erdatmosphäre oder sogar bis zum Erdboden vordringen.

Matt und ich berechneten die voraussichtliche Flugbahn; das Szenario war ein Erfolg – zumindest in den Grenzen, die uns die eingeschränkten und ein wenig unsicheren Daten auferlegten. Allerdings hatten wir eine letzte Prüfung noch nicht vorgenommen – darauf wies uns der Gutachter hin, der unseren Artikel im Auftrag der angesehenen physikalischen Fachzeitschrift *Physical Review Letters* bewerten sollte. Wir hatten nicht nur die Bewegung des Sonnensystems in Gegenwart der dunklen Scheibe berechnet, sondern auch den Anstieg und Abfall der Dichte in der Umgebung des Sonnensystems während seiner Durchgänge. Diese mussten wir kennen, denn wir waren davon ausgegangen, dass jede Störung der Oort-Wolke proportional zu der Materiekonzentration sein würde. Schließlich ist mehr Masse auch gleichbedeutend mit einem größeren Gezeiteneinfluss, das heißt mit mehr Störungen. Deshalb nahmen wir an, dass die Dichte als nützlicher Stellvertreter für die Häufigkeit der Meteoroideneinschläge dienen konnte, und tatsächlich stellte sich heraus, dass es so war.

Wir hatten aber nicht ausdrücklich bestätigt, dass die gezeitenbedingte Verzerrung der Oort-Wolke, mit der die dunkle Scheibe sich auf die vereisten Körper in der Wolke auswirkt, ausreichend groß war und Kometen mit der richtigen Häufigkeit herabregnen lassen konnte. Zu unserem Glück hatten Scott Tremaine und Julia Heisler einen großen Teil der dazu notwendigen Arbeiten bereits zehn Jahre zuvor erledigt, so dass wir einfach auf ihre Ergebnisse zurückgreifen konnten. Tatsächlich war unsere Annahme richtig. Die erhöhte Dichte schafft genau die Anziehung, die notwendig ist, um Kometen in den richtigen zeitlichen Abständen aus ihrer Bahn zu werfen.

Ich war von dem nützlichen Vorschlag des Gutachters ehrlich beeindruckt. Heutzutage sind solche Gutachten, in denen Kollegen, die eigentlich Experten sein sollten, Artikel vor der Abdruckgenehmigung bewerten, häufig entweder nur kritikloses Abnicken oder ein Mittel für gekränkte Autoren, die zitiert werden wollen. Der Vorschlag dieses Gutachters jedoch lehrte uns etwas über Physik. Er hatte ihn zwar in einem abfälligen Ton geäußert, aber als wir der Sache nachgingen, lernten wir etwas. Wir mussten uns auch mit ein wenig fehlgeleiteter Kritik herumschlagen, aber da wir die Artikel und Experten im Vorfeld sorgfältig überprüft hatten, konnten wir leicht die Schwachpunkte in dieser Kritik deutlich machen.

Am Ende berechneten Matt und ich die bevorzugte Dichte und Dicke einer dunklen Scheibe, die zu den vorhandenen Kratern passten; wie sich dabei herausstellte, standen die Ergebnisse im Einklang mit unserem vorhandenen DDDM-Modell, von dem wir zu jener Zeit bereits wussten, dass es sich auch mit den vorhandenen Messungen an der Galaxis vertrug. Dabei fanden Matt und ich aber einen noch besseren Dreh: Die dunkle Scheibe war nicht nur zulässig, sondern sogar besonders wahrscheinlich, wenn man sie ernsthaft als Auslöser der Kometeneinschläge betrachtete.

Die Materie an der Oberfläche der dunklen Scheibe sollte ungefähr ein Sechstel der Dichte der Materie in der gewöhnlichen Scheibe haben. Schon das ist interessant, aber nicht so sensationell, dass man damit die bisherigen Erkenntnisse ins Wanken bringen könnte. Es ist eine beträchtliche Menge an dunkler Materie – nicht nur ein Millionstel, sondern mindestens einige Prozent. Sollte diese dunkle Komponente tatsächlich existieren, wäre sie so groß, dass sie einen messbaren Einfluss hätte und demnach der Aufmerksamkeit wert wäre. Außerdem hat die Scheibe möglicherweise nur ein Zehntel der Dicke der Scheibe aus gewöhnlicher Materie – höchstens einige hundert Lichtjahre im Vergleich zu den rund 2000 Lichtjahren der gewöhnlichen Materie. Und gerade weil die dunkle Scheibe so schmal ist, lässt sich erklären, warum sie in regelmäßigen Abständen dramatische Effekte erzeugt.

Nach unseren Berechnungen war die dunkle Scheibe mit der richtigen Dicke um den Faktor 3 wahrscheinlicher. Zu dieser neuen, statistisch besser abgesicherten Schlussfolgerung leistete der in Kapitel 15 erwähnte Sieh-anderswo-nach-Effekt einen entscheidenden Beitrag. Mit einem eindeutigen Modell für den Auslöser der periodisch wiederkehrenden Einschläge konnten wir die zeitlichen Abstände nicht nur genauer, sondern auch zuverlässiger vorhersagen. Tatsächlich wollten wir mit unserem Artikel nicht nur zeigen, dass man die regelmäßig wiederkehrenden Kometenschauer mit einer dunklen Scheibe auf eine Weise erklären kann, wie es mit den gewöhnlichen Bestandteilen der Galaxis nicht möglich ist. Vielmehr wollten wir noch eine zweite Aussage treffen, die mit Statistik und der Bedeutung dieser oder weiterer Ergebnisse zu tun hatte.

Wie ich in Kapitel 14 erläutert habe, wurde bei der Suche nach einer Periodizität meist versucht, eine periodische Funktion für die Auf-und-ab-Bewegung des Sonnensystems – beispielsweise eine Sinuskurve – mit den Daten in Übereinstimmung zu bringen. Das kann interessant sein, aber es bildet die Fragestellung nicht vollständig ab. Was die Bewegung des Sonnensystems angeht, müssen wir nicht raten. Wüssten wir alles über die Galaxis sowie über die Ausgangsposition, Geschwindigkeit und Beschleunigung der Sonne, so könnten wir ihre Bewegung mit Hilfe von Newtons Gravitationsgesetzen berechnen und die voraussichtliche Periode vorhersagen. Schließlich ist die Bewegung des Sonnensystems kein Zufall, sondern sie muss im Einklang mit einer grundlegenden Dynamik stehen. Trotz unvollständiger Kenntnisse über die Dichteverteilung und die Parameter der Sonne ist das Spektrum möglicher Flugbahnen – und damit möglicher zeitlicher Abstände – begrenzt.

Matt und ich bezogen in unsere Berechnungen alles ein, was wir über die Dichte der bekannten Materie in der Scheibe der Galaxis wussten – wir ließen alle Werte zu, die derzeit durch Messungen gestützt werden, und nahmen dann die Materieverteilung einer dunklen Scheibe hinzu. Damit wollten wir überprüfen, ob es Indizien für eine periodisch ansteigende Häufigkeit der Kraterentstehung gibt, die mit der Bewegung des Sonnensystems übereinstimmt, wenn wir in die Berechnungen alles einbeziehen, was wir über die gemessenen Bestandteile der Scheibe – Sterne, Gas und so weiter – wissen und außerdem die dunkle Scheibe als weiteren Bestandteil hinzunehmen.

Die gemessenen Beiträge der gewöhnlichen Materie schränken das Spektrum möglicher Flugbahnen des Sonnensystems ein, denn die Gravitation der Materie in den Scheiben – der gewöhnlichen und der dunklen – wirkt auf die Sonne und beeinflusst ihre Bewegung, wobei sich die Auswirkungen des Sieh-anderswo-nach-Effekts vermindern. Mit Hilfe der gemessenen Dichte sagten Matt und ich die periodische Bewegung des Sonnensystems vorher und verglichen die Zeitpunkte der Durchgänge durch die Ebene der Galaxis mit den bekannten Zeiten der Kraterentstehung. Würden sie übereinstimmen? Ohne ein Modell im Hintergrund kann man zwar mit solchen Vorhersagen nicht ausreichend stark unterscheiden, aber auf der Grundlage der vorhandenen Messungen stellten wir fest, dass die Statistik für eine regelmäßig wiederkehrende höhere Meteoroidenhäufigkeit in Abständen von 35 Millionen Jahren sprach. Neuere, verbesserte Daten deuten mittlerweile darauf hin, dass die zeitlichen Abstände etwas kürzer sein könnten und vielleicht bei 32 Millionen Jahren liegen.

Das ganze Szenario konnte nur unter Einbeziehung der dunklen Scheibe funktionieren und die beobachtete Einschlaghäufigkeit hervorbringen. Dreht man die Sache herum, so dass die Erkenntnisse über die Krater besser mit der Bewegung des Sonnensystems übereinstimmen, ist eine dunkle Scheibe sogar die bevorzugte Lösung. In Zukunft sollte man Daten vor dem Hintergrund dieses Modells analysieren, um so zu der bestmöglichen statistischen Signifikanz zu gelangen. Die Ergebnisse werden dann unseren Befund entweder unterstützen oder ausschließen.

Und die Dinosaurier ...

Nachdem Matt und ich alle offenen Fragen geklärt hatten und unser Artikel bei *Physical Review Letters* angenommen war, veröffentlichten wir unsere Befunde auf der Online-Plattform der Zeitschrift, die im Internet den sofortigen Zugang zu noch nicht erschienenen Forschungsberichten ermöglicht. Um die eigentliche Einreichung kümmerte sich Matt. Wir hatten unseren Artikel vorsichtig mit »Dunkle Materie als Auslöser für periodisch wiederkehrende Kometeneinschläge« überschrieben. Aber zu meiner Verwunderung hatte Matt den Kommentarteil – in dem man in der Regel Veränderungen gegenüber der eingereichten Version beschreibt – überarbeitet; dort stand nun »vier Abbildungen, keine Dinosaurier«. Mir kam das recht merkwürdig vor, denn wir hatten in unserem Artikel jede ausdrückliche Erwähnung von Dinosauriern geflissentlich vermieden und uns ausschließlich auf die Kraterbildung und ihren unmittelbaren Zusammenhang mit der Physik konzentriert. Aber natürlich hatten wir genau diesen Zusammenhang die ganze Zeit im Kopf gehabt und unsere Arbeit sogar scherzhaft als »Dinosaurierartikel« bezeichnet. Hätte ich genauer aufgepasst, ich wäre am nächsten Tag wahrscheinlich nicht überrascht gewesen, welches Interesse unsere Arbeit im Internet erregte; sie wurde in vielen Blogs und auf den Websites von Fachzeitschriften erwähnt, unter anderem auch in dem »Boffins«-Artikel; und fast immer waren die Beschreibungen von unterhaltsamen Abbildungen begleitet.

Womit ich wieder bei den Dinosauriern wäre. Wir hatten zumindest einen ersten Versuch unternommen, Daten mit Modellen in Übereinstimmung zu bringen und damit Kometeneinschläge vorherzusagen, aber wir wussten auch, dass dies nicht das letzte Wort war, sondern dass zukünftige Messungen weitere Verbesserungen bringen werden; als Nächstes gingen wir der Frage nach, wie gut unser Modell mit dem Zeitpunkt des Chicxulub-Ereignisses zusammenpasste. Wie unsere Berechnungen zeigten, sollten Meteoroideneinschläge ungefähr alle 30 bis 35 Millionen Jahre stattfinden, wenn wir die verbesserte Messung der gewöhnlichen Materie in der Scheibe der Milchstraße zugrunde legten. Da wir die Ebene der Galaxis innerhalb der letzten 2 Millionen Jahre durchquert haben, könnte ein aus der Oort-Wolke herausgerissener Komet vor einer Zeit, die zwei vollständigen Durchgängen durch die Ebene entsprach, das heißt vor 66 Millionen Jahren auf den Weg zur Erde geraten sein, um dann seine ungeheure Zerstörungswirkung in Form des K-Pg-Ereignisses zu entfalten. Und wenn wir übrigens die Scheibe vor weniger als 2 Millionen Jahren durchquert haben, könnten wir uns heute noch in der Endphase eines verstärkten Kometenstromes befinden, so dass wir es möglicherweise auch heute mit einer verstärkten Einschlagtätigkeit zu tun haben. Sieht man aber einmal von einem wirklich zufälligen, äußerst unwahrscheinlichen Ereignis ab, besteht eine viel größere Wahrscheinlichkeit, dass die Erde die Ebene vor etwas längerer Zeit durchquert hat und dass wir demnach in den nächsten 30 Millionen Jahren nicht Zeugen eines weiteren Chicxulub-Kometen werden.

Da wir die Position der Sonne in der Milchstraße nur ungefähr kennen und nichts über die genauen zeitlichen Abstände wissen, können wir die Zeitpunkte des Durchganges durch die Scheibe nur näherungsweise angeben. Wenn unser Planet die Mittelebene der Galaxis vor rund 2 Millionen Jahren durchquerte, wäre eine Schwankungsperiode von ungefähr 32 Millionen Jahren die ideale Grundlage für ein Ereignis, das sich vor 66 Millionen Jahren ereignete. Mit unserer ursprünglichen, groben Analyse gelangten wir zu einer Periode von 35 Millionen Jahren, was nicht ganz zum Zeitpunkt des Chicxulub-Ereignisses passt, aber angesichts der Unsicherheiten in dem Modell und in der Länge der Phase mit verstärkten Kometeneinschlägen besteht auch hier eine einigermaßen gute Übereinstimmung. Unser neues Modell für die Scheibe der Milchstraße, in dem wir aktuelle Messungen der Bestandteile unserer Galaxis berücksichtigten, führt zu einer etwas kürzeren Periode und damit zu einer besseren Übereinstimmung mit dem Zeitpunkt des K-Pg-Aussterbens. Aber selbst mit dem groben Modell, das unserer anfänglichen Vorhersage zugrunde lag, besteht eine plausible Wahrscheinlichkeit, dass die Voraussagen über die dunkle Scheibe zu dem Chicxulub-Ereignis passen.

Dass unsere Ergebnisse noch nicht genau genug waren, lag vor allem daran, dass die Vermessung der Materie in der Milchstraße seit unserer ersten Analyse zu neuen Ergebnissen gelangt ist. Außerdem haben wir die zeitabhängige galaktische Umwelt einschließlich der Galaxienarme, über die wir ebenfalls nur wenig wissen, nicht vollständig in unsere Modelle einbezogen. Die Dichteschwankungen, die auf solche Ursachen zurückgehen, reichen als

Auslöser für Meteoroideneinschläge nicht aus. Sie könnten aber so stark sein, dass sich die Vorhersage des Modells für die Zeitpunkte der Einschläge um einige Millionen Jahre verändert.

Auch andere Faktoren tragen dazu bei, dass die Voraussagen für die Zeitpunkte der verstärkten Kometenschauer unsicher bleiben. Das Sonnensystem braucht ungefähr eine Million Jahre, um die Ebene der Galaxis zu durchqueren – wenn die Scheibe dicker ist, dauert es sogar noch länger. Außerdem dürfte zwischen dem ursprünglichen, auslösenden Ereignis und dem Meteoroideneinschlag auf der Erde ein Zeitraum von bis zu einigen Millionen Jahren liegen. Drittens kennt man nur wenige Krater, und die sind ungenau datiert. Hilfreich wäre es, wenn man mehr Krater finden oder genauer datieren würde, aber neue Krater werden nur selten entdeckt. Neben den Kratern könnte jedoch auch der im Gestein eingeschlossene Staub helfen, die Zeitpunkte von Kometeneinschlägen genauer einzugrenzen.

Auch aus unerwarteten Richtungen kommen Indizien, wonach die senkrechte Bewegung der Sonne in Richtung der Ebene der Galaxis und von ihr weg eine Periodizität von 30 bis 35 Millionen Jahren aufweist. Nachdem Matt und ich unseren Artikel geschrieben hatten, erzählte mir ein Teilchenphysikerkollege, der meine Begeisterung für Astronomie, Geologie und Klima kannte, zu diesem Zeitpunkt aber noch nichts über den »Dinosaurierartikel« wusste, ganz nebenbei von den Arbeiten von Nir Shaviv und seinen Kollegen an der Hebrew University of Jerusalem: Diese Arbeitsgruppe hatte das Klima während der gesamten, 540 Millionen Jahre langen Ära des Phanerozoikums studiert. Interessanterweise hatten auch sie Klimaschwankungen in Abständen von 32 Millionen Jahren gefunden – eine verblüffende Ähnlichkeit mit der von uns nachgewiesenen Periodizität. Wenn Shavivs Befunde sich bestätigen und wenn die von ihm entdeckte Periodizität im Klimaverlauf tatsächlich mit der Bewegung der Sonne durch die Ebene der Galaxis zusammenhängt, könnten auch sie ein Hinweis auf eine dunkle Scheibe sein, denn derart kurze Zeiträume zwischen den Durchquerungen der Scheibe lassen sich mit gewöhnlicher Materie allein nicht erklären.

Natürlich müssen wir nicht weit in die Vergangenheit vordringen, um den Einfluss der dunklen Materie zu erkennen. Wenn sie tatsächlich einen interagierenden Bestandteil hat, der sich auf die Materieverteilung im Universum auswirkt, werden wir es bald erfahren – vielleicht sogar schon bevor einer der anderen Ansätze zur Suche nach dunkler Materie erste Früchte trägt. Die Erkenntnisse über die Krater lassen sich nur mit einem begrenzten Dichtespektrum für die dunkle Scheibe erklären. Dieses Spektrum möglicher Vorhersagen wird sich mit ziemlicher Sicherheit in Zukunft durch neue Messungen weiter verengen, und damit wird man unsere Vermutung bestätigen oder ausschließen können.

Schon heute zeigen die Analysen, die mein Student Eric und ich vorgenommen haben, dass die dunkle Scheibe mit der erforderlichen Dichte und Dicke sich mit den derzeitigen Beobachtungen vereinbaren lässt. Und die besseren Daten, die wir von GAIA erwarten, werden die Existenz, Dichte und Dicke der Scheibe weiter bestätigen. Wenn der Satellit seine dreidimensionale Karte der Sterne in den nächstgelegenen Regionen der Milchstraße vollendet hat, wird man auch über die dunkle Scheibe – oder ihr Fehlen – Genaueres sagen können. Auf diesem indirekten Weg könnten wir noch viel mehr erfahren – nicht nur über die Galaxis und dunkle Materie, sondern auch über die Vergangenheit des Sonnensystems. Wenn die Daten von GAIA die Existenz einer Scheibe mit der richtigen Dicke und Dichte bestätigen, wäre das ein stichhaltiges Indiz, dass auch unsere Vermutungen über die Krater stimmen.

Natürlich wäre es eine bessere Pointe, wenn wir den Zeitpunkt, zu dem die Dinosaurier ausstarben, mit einer so geringen Fehlerwahrscheinlichkeit berechnet hätten, dass wir Zutrauen in das Ergebnis haben könnten. Aber das ist eine komplizierte Frage, zu deren Beantwortung man viele schwierige Messungen durchführen muss. Dennoch ist der Fortschritt, den die Wissenschaft in den letzten 50 Jahren gemacht hat, einfach verblüffend. Die dunkle Materie war in vielerlei Hinsicht viel weniger fassbar als die leichter zu erkennende Erde, das Sonnensystem und die vielen anderen sichtbaren Elemente des Universums. Aber mit den Forschungsarbeiten, die ich hier beschrieben habe, finden Physiker neue Wege, sie dingfest zu machen. Wie das Ergebnis auch aussehen wird, in einem können wir sicher sein: Die Galaxis, das Universum und die innere Funktionsweise der Materie selbst haben noch einige faszinierende Überraschungen in petto.

Zum Schluss: ein Blick nach oben

Ich hatte das Glück, dass ich zu Tagungen mit führenden Köpfen der verschiedensten Fachgebiete eingeladen wurde – von Wirtschaft, Jura und Außenpolitik bis hin zu Künsten, Medien und natürlich Naturwissenschaften. Selbst wenn ich eine andere Perspektive einnehme als die übrigen Teilnehmer oder Vortragenden, sind die Gespräche stets eine Anregung zu neuen Gedanken über ein breites Spektrum wichtiger Themen. Die besten Fragen jedoch – insbesondere über meine Forschung – kommen nicht immer von Tagungsteilnehmern. Eine besonders erfreuliche Unterhaltung über Physik fand kürzlich kurz nach dem Ende einer Konferenz statt: Jake, der junge Fahrer, der mich zu dem örtlichen Flughafen in Montana brachte, überraschte mich mit seinem nachdenklichen Interesse.

Wenn Leute hören, dass ich Physikerin bin, fühlen sie sich häufig veranlasst, mir ihre Einstellung zu dem Fachgebiet mitzuteilen, ob es nun Liebe oder Hass, Faszination oder Verwirrung ist. Ich finde das ein wenig seltsam. Schließlich empfinden die meisten von uns auch nicht das Bedürfnis, einem Anwalt ihre Gedanken über das Fachgebiet der Jurisprudenz mitzuteilen. Aber manchmal zahlen sich solche von seltsamem Eingeständnis geprägte Unterhaltungen über Physik auch aus. Jake erzählte mir, wie er vor einigen Jahren an seiner Highschool in Oregon den Physikunterricht auf Collegeniveau genossen hatte und dass er nun erpicht darauf sei, noch mehr zu lernen. Er nahm zwar keinen Unterricht mehr, wollte aber Neues darüber erfahren, welche Fortschritte wir in der Physik mit unseren Erkenntnissen über das Universum gemacht hatten.

Aber Jake erkundigte sich nicht nur nach aktuellen Entwicklungen. Er wollte auch wissen, wie die Physik, die er gelernt hatte, vor dem Hintergrund späterer Fortschritte einzuordnen sei. Wie ich ihm daraufhin erklärte, hat uns das 20. Jahrhundert beispielsweise gelehrt, dass Newtons Gesetze – die in unserer vertrauten Umgebung nach wie vor eine äußerst genaue Näherung darstellen – nicht mehr gelten, wenn man sie auf sehr hohe Geschwindigkeiten, sehr geringe Entfernungen oder ein Umfeld mit sehr hoher Dichte anwendet: In diesem Fall haben die Spezielle und Allgemeine Relativitätstheorie sowie die Quantenmechanik das Sagen.

Nachdem Jake darüber eine Weile nachgegrübelt hatte, stellte er eine unkonventionelle, aber tiefgreifende Frage. Was ich mit meinem Wissen anfangen würde, wenn ich in die Vergangenheit reisen könnte? Würde ich den Menschen, die ich dort traf, etwas über die neueren Entwicklungen erzählen, die wir erst heute kennen?

Jake erkannte, dass dieses Dilemma zwei wichtige Aspekte hat. Erstens stellte sich die Frage, ob mir irgendjemand glauben würde – oder würden die Menschen mich einfach für verrückt erklären? Ohne die experimentellen Belege, die man erst mit einer weiter fortgeschrittenen Technik erbringen konnte, würden die bemerkenswerten Phänomene und Zusammenhänge, die Wissenschaftler in den letzten 100 Jahren entdeckt und abgeleitet haben, einfach närrisch erscheinen. Sie widersprechen der Intuition, die sich in einer eher gewöhnlichen Umgebung herausgebildet hat.

Noch überzeugender war aber wahrscheinlich die zweite Facette seines Dilemmas. Selbst wenn die Menschen zuhören und die neuen Erkenntnisse glauben würden, so erklärte Jake, würden sie doch wahrscheinlich davon verängstigt sein und sie ignorieren, oder – das andere Extrem – sie wären erpicht darauf, sie allzu eilig anzuwenden. Sein erster Impuls sagte ihm, ich solle die Informationen auf meiner imaginären Zeitreise lieber für mich behalten, denn es werde der Welt besser ergehen, wenn sie sich so entwickelte, wie es tatsächlich geschehen ist – das heißt ohne Abkürzungen auf dem Weg zu wissenschaftlichen Kenntnissen.

Angesichts der üblichen gesellschaftlichen Widerstände gegen langfristiges Denken machte Jake sich Sorgen, eine plötzliche Welle neuer Informationen könne gefährlich sein. Eigentlich hielt er den Wandel nicht für etwas Schlechtes. Er fand es aber bedenklich, wie seine jüngeren Geschwister sich von Videospielen und Smartphones fesseln ließen – sie verzichteten auf körperliche Betätigung, gingen nicht mehr ins Freie und erlebten nicht das Entdeckergefühl, das er in ihrem Alter so genossen hatte. Sorgen bereitete ihm auch das Beispiel seiner Heimatstadt, wo ganze Branchen sich nach Einführung neuer Technologien eifrig die Mittel sicherten, ohne Rücksicht auf die lokalen oder globalen Folgen zu nehmen. Nachdem Jake darüber nachgedacht hatte, welche unwiderruflichen Auswirkungen auf die Landschaft und die Lebensweise seiner Familie er schon während seines kurzen Lebens miterleben musste, war er zu dem Schluss gelangt, die Gesellschaft sei vermutlich besser dran, wenn sie ausreichend Zeit hatte, sich auf größere wissenschaftliche Entdeckungen oder technologische Veränderungen einzustellen und besser begründete, umfassende Langzeitstrategien zu entwickeln.

In diesem Buch sind wir der Frage nachgegangen, wie mehrere große, unkontrollierbare Störungen in der Vergangenheit der Erde zu tiefgreifenden Veränderungen der Stabilität geführt haben. Eine solche Störung mit außerirdischem Ursprung ereignete sich vor 66 Millionen Jahren, als ein heranrasender Komet – der vielleicht von dunkler Materie auf seine Bahn gelenkt wurde – ein Massenaussterben verursachte. Vielleicht wird etwas Ähnliches in 30 Millionen Jahren noch einmal geschehen. Solche Ereignisse zu erforschen ist faszinierend – deshalb habe ich mich in diesem Buch darauf konzentriert, und im Rahmen meiner derzeitigen Arbeiten werde ich mich weiter damit befassen.

Aber wenn man versteht, welche Auswirkungen solche Ereignisse auf unseren Planeten und die Welt des Lebendigen haben, könnten sich daraus auch andere Nutzeffekte ergeben. Unter Umständen können wir besser die Folgen mancher Störungen vorhersehen, die wir heute in unserer Umwelt verursachen. In den Zeiträumen, die für die Zivilisation und die Vielfalt der heutigen Lebewesen auf der Erde relevant sind, ist ein aus der Bahn geratener Komet nicht unsere dringendste Sorge. Aber die Veränderungen, die eine explodierende Bevölkerung auf der Erde hervorruft, wenn sie die Ressourcen allzu hastig ausbeutet, können durchaus besorgniserregend sein. Die Folgen ähneln möglicherweise denen eines langsam fliegenden Kometen – nur ist der Einschlag dieses Mal hausgemacht. Im Gegensatz zu einem Ereignis, das in den fernsten Winkeln des Sonnensystems ausgelöst wird, können wir den Wandel, der sich derzeit vollzieht, zumindest bis zu einem gewissen Grad steuern.

Die Erforschung der dunklen Materie ist dabei kaum der naheliegendste Weg zu solchen Überlegungen. *Dunkle Materie und Dinosaurier* handelt von unserer Umgebung im weitesten Sinne – von unserer kosmischen Umwelt und den bemerkenswerten Erkenntnissen, die wissenschaftliche Fortschritte bereits ermöglicht haben und in Zukunft ermöglichen werden. Aber als ich über die dunkle Materie nachdachte, kamen mir auch Gedanken über unsere

Galaxis; das wiederum veranlasste mich, mehr über das Sonnensystem in Erfahrung zu bringen; dabei gerieten die Kometen in mein Blickfeld, die mich ihrerseits zu neuen Gedanken über das Aussterben der Dinosaurier veranlassten, was mich zum Nachdenken über das heikle Gleichgewicht bewegte, das Leben erst möglich macht – jedenfalls Leben, wie es heute auf der Erde existiert. Wenn wir dieses Gleichgewicht durcheinanderbringen, überleben wir vielleicht, und unser Planet überlebt mit Sicherheit. Weniger klar ist aber, ob die Arten, mit denen wir leben und auf die wir angewiesen sind, die nachfolgenden radikalen Veränderungen überstehen werden.

Das Universum existiert seit ungefähr 13,8 Milliarden Jahren, und seit etwa viereinhalb Milliarden Jahren kreist die Erde um die Sonne. Menschen bewohnen unseren Planeten erst seit 2 Millionen Jahren, und die Zivilisation ist noch nicht einmal 20 000 Jahre alt. Und doch hat sich die Bevölkerung während meines Lebens mehr als verdoppelt – über 4 Milliarden Menschen sind auf unserem Planeten hinzugekommen. Wenn wir die Ressourcen der Erde allzu hastig ausbeuten – was für den Planeten und seine Lebenswelt beträchtliche Auswirkungen hat –, machen wir sehr schnell die kosmische Arbeit von Jahrmillionen oder sogar Jahrmilliarden zunichte. In der kurzen Spanne eines Menschenlebens entgehen die Gefahren unter Umständen der Aufmerksamkeit. Aber wenn wir in Zukunft Vorsicht walten lassen, finden wir vielleicht bessere Wege, um neue Informationen und Fortschritte zu nutzen.

Wir halten uns selbst gern für widerstandsfähig, aber höchstwahrscheinlich ist der derzeitige Zustand der Welt weniger stabil, als wir glauben. Wenn wir Lebensräume und die Atmosphäre mit der derzeitigen Geschwindigkeit verändern und zerstören, nehmen wir Einfluss auf die biologische Vielfalt, und möglicherweise lösen wir sogar ein sechstes Massensterben aus. Die Menschen werden zwar sicher in absehbarer Zukunft nicht verschwinden, aber wichtige Aspekte unseres Lebens könnten verlorengehen. Die von uns vorgenommenen Veränderungen – und sogar unsere Lösungsversuche – bedrohen unsere Umwelt, von der gesellschaftlichen und wirtschaftlichen Stabilität ganz zu schweigen. Die Folgen könnten zwar in einem gewissen globalen Sinn am Ende nützlich sein, aber das gilt nicht zwangsläufig für die biologischen Arten, die heute auf der Erde existieren.

Wir können uns darum bemühen, manche Aspekte unserer Umwelt mit technischen Mitteln zu verändern, aber die Welt ist ein ungeheuer kompliziertes System mit vielen scheinbar wundersamen Merkmalen – von denen wir derzeit nur einen Teil verstehen. Selbst wenn wir mit Technologie das eine oder andere Problem lösen können, wird es schwierig werden, mit dem immer schnelleren Wandel Schritt zu halten. Wenn wir die Gleichung nicht immer wieder mit Neuerungen nennenswert verändern können, wird es zwangsläufig zu einer nicht nachhaltigen Expansion kommen, bei der irgendein Faktor schließlich nachgeben muss. Um optimale Ergebnisse zu erzielen, brauchen wir ein politisches, gesellschaftliches und wirtschaftliches Klima, in dem die Technologie unterstützt wird und in eine umfassendere Strategie eingebettet werden kann. Wir stehen eindeutig vor beängstigenden Herausforderungen, aber das sollte uns nicht daran hindern, auf dem Weg zu diesem sehr lohnenden Ziel ein Stück voranzukommen.

Exponentielles Wachstum beginnt relativ langsam, schießt dann aber dramatisch in die Höhe. Die notwendigen Ressourcen zur Aufrechterhaltung des neuen Status quo stellen alles in den Schatten, was uns in der Vergangenheit begegnet ist. In unserem fein ausbalancierten Ökosystem und unserer komplexen, empfindlichen Infrastruktur können schon relativ kleine Störungen gewaltige Wirkungen nach sich ziehen. Wir müssen uns unbedingt fragen, ob wir unser Wachstum anders planen oder zumindest die denkbaren Veränderungen gezielter herbeiführen wollen. Sogar Papst Franziskus warnte 2015 in seiner Enzyklika vor jener schnelleren, intensiveren Tätigkeit der Menschen, die er als *rapidación* bezeichnet. Obwohl die bevorstehenden Veränderungen in mancherlei Hinsicht nützlich sein werden, lohnt es sich, auch die potentiell schädlichen Folgen zu bedenken. Von außen – oder innen – betrachtet, sind wir manchmal ganz schön kurzsichtig.

Damit ich nicht falsch verstanden werde: Ich glaube an den Fortschritt. Wissen ist etwas Großartiges. Ich bin aber auch davon überzeugt, dass es in unserer Verantwortung steht, Fortschritte klug anzuwenden – und das kann manchmal bedeuten, dass man sich eine langfristige Sichtweise zu eigen machen muss. Eine intelligente Spezies sollte es nicht zur Grundlage ihres Daseins machen, um knappe Ressourcen zu konkurrieren, deren Entstehung Millionen und Abermillionen von Jahren gedauert hat, und sie am Ende zu zerstören. Die Anwendung der Technologie kann immer nützlich oder – manchmal auch unabsichtlich – schädlich sein, aber wachsende Kenntnisse versetzen uns in die Lage, wünschenswerte Apparaturen zu bauen, bessere Vorhersagen zu machen, funktionierende Lösungen für potentielle Probleme zu finden und die Grenzen unseres derzeitigen Wissens richtig einzuschätzen. Es liegt an uns, ob wir unsere Kenntnisse gut nutzen.

Man sollte daran denken, dass sich das Spektrum der Anwendungsmöglichkeiten für wissenschaftliche Entdeckungen nur in den seltensten Fällen schon von Anfang an vollständig überblicken lässt. Und doch können wissenschaftliche Fortschritte unsere Welt wie auch unsere Weltanschauung unterschwellig verändern. Richtig angewandt, können sie ungeheuren Nutzen bringen. Selbst viele Kenntnisse, die ihre Wurzeln in abstrakten Theorien haben – in einer Grundlagenforschung, von der anfangs niemand geglaubt hatte, sie werde zu praktischen Anwendungsmöglichkeiten führen –, hatten schon weitreichende Auswirkungen auf unsere Welt.

Genetische Forschung, mit der man heute den Krebs besser behandeln will, hat ihren Ursprung in der DNA-Forschung, die sich anfangs auf rein theoretische Fragen richtete. Medizinische Hilfsmittel wie die Magnetresonanzbildgebung erwuchsen aus unseren Erkenntnissen über den Atomkern. Die Kernenergie, die zum Guten wie auch zum Schlechten eingesetzt wird, entwickelte sich aus Erkenntnissen über den Aufbau der Atome. Die elektronische Revolution ging aus der Entwicklung von Transistoren hervor, die sich ihrerseits aus der Quantenphysik entwickelten. Das Internet war ein Nebenprodukt der Tätigkeit des Informatikers Tim Berners-Lee bei CERN, dem Zentrum für Teilchenbeschleuniger, in dem heute der Große Hadronen-Speicherring untergebracht ist. Ursprünglich wollte er damit die Kommunikation und Koordination unter Wissenschaftlern in verschiedenen Ländern verbessern. Die heute allgegenwärtigen GPS-Systeme nutzen Einsteins Relativitätstheorie. Und als die Elektrizität erstmals entdeckt wurde, ahnte niemand, dass sie einmal wichtig werden würde – heute ist sie aus unserer Lebensweise nicht mehr wegzudenken.

Als der Geologe Walter Alvarez, der Sohn des Physik-Nobelpreisträgers, mit seinen Forschungen begann, hielt er die Geologie im Vergleich zur Physik für eine Routinetätigkeit. Geologen rekonstruierten relativ prosaische Verteilungsmuster von Flüssen und Landflächen, die Physiker des 20. Jahrhunderts dagegen sorgten für einen radikalen Wandel unserer Gedanken über die Welt und ihre Funktionsweise. Aber als man immer neue Kenntnisse über Plattentektonik, Stratigraphie und geologische Evolution gewann, konnte man Ölvorkommen und Bodenschätze entdecken und ausbeuten. Was als müßige Kuriosität begonnen hatte, entwickelte sich zu Hilfsmitteln für die Suche nach Öl und Mineralien. Der Übergang begann im 18. Jahrhundert, aber im zwanzigsten nahm die Bedeutung der Geologie rapide zu. Sie brachte unserer Welt großen Lohn. Ganz buchstäblich befeuert sie die moderne Industrie und mit ihr auch unsere Wirtschaft und unseren Lebensstil – und gleichzeitig war sie die Ursache vieler Umweltprobleme.

Aber wie das Vermächtnis von Alvarez und anderen zeigt, wurden nicht nur industrielle Anwendungen, sondern auch Ergebnisse der Grundlagenforschung zur Triebkraft wichtiger Fortschritte in unseren geologischen Kenntnissen. Zusammenhänge zwischen Meteoroiden, dem Sonnensystem und einem größeren Zusammenhang – der Struktur der Galaxis – herzustellen erscheint nur als der folgerichtige nächste Schritt in diesem wachsenden intellektuellen Abenteuer, das darin besteht, die Verbindungen zwischen unserer Welt und dem sie umgebenden Universum besser zu begreifen.

In den Forschungsarbeiten, die ich in diesem Buch beschrieben habe, sehe ich eine Fortsetzung der Wertschätzung, die Alvarez mit seiner Verflechtung von Geologie, Chemie und Physik in anderen Fachgebieten ausgelöst hat. Diese Kontinuität wird durch die dunkle Materie, die möglicherweise die Reihe der bekannten Zusammenhänge vervollständigt, verstärkt. Wir können nicht nur mit Hilfe der Geologie ein kosmisches Ereignis verstehen, sondern mit detaillierten Erkenntnissen über die dunkle Materie vielleicht auch eines Tages besser begreifen, welche Dynamik den Kometen überhaupt erst auf seinem Weg zu uns gebracht hat.

Von Astronomen und Investoren im Asteroiden-Bergbau einmal abgesehen, interessieren sich die meisten Menschen für Meteoroiden, weil sie potentiell so große Folgen für das Lebendige haben können; in Wirklichkeit droht aber von diesen fliegenden Objekten nur eine recht geringe unmittelbare Gefahr. Meist befinden sich Asteroiden und Kometen in stabilen Umlaufbahnen, und diejenigen, die davon abweichen und die Erde treffen, sind in ihrer Mehrzahl recht klein. Nur selten werden große Objekte so weit aus der Bahn geworfen, dass sie das Sonnensystem verlassen oder auf der Erde einschlagen. Mit den hier präsentierten Informationen habe ich hoffentlich ein besseres Gespür dafür vermittelt, welche extraterrestrischen Objekte in Zukunft einschlagen könnten und welche Gefahren von solchen Ereignissen ausgehen.

In diesem Buch habe ich erläutert, mit welchen Indizienketten ein solcher Zusammenhang stichhaltig nachgewiesen wurde, nämlich das Aussterben an der K-Pg-Grenze vor 66 Millionen Jahren. In einem globalen Sinn sind wir alle die Nachkommen von Chicxulub. Das Ereignis ist Teil unserer Vergangenheit, und wir sollten uns darum bemühen, es zu verstehen. Wenn es tatsächlich stattgefunden hat, müsste man aus dem in diesem Buch präsentierten zusätzlichen Dreh ableiten, dass dunkle Materie nicht nur für eine unwiderrufliche Veränderung in unserer Welt gesorgt hat, sondern dass ein Teil von ihr auch entscheidend mit dafür verantwortlich war, dass wir überhaupt existieren. In diesem Szenario war dunkle Materie aus Sicht der Dinosaurier letztlich etwas Schlechtes, und der Name, den die Wissenschaftler ihr gegeben haben, trifft zu. Aus Sicht der Menschen dagegen war dieser neu postulierte Typ der dunklen Materie die Triebkraft für ein entscheidendes Ereignis, das den Entwicklungsverlauf auf der Erde so weit veränderte, dass wir heute hier sitzen und dieses Buch lesen können.

Ich habe mich bemüht, in *Dunkle Materie und Dinosaurier* einen Eindruck vom Wesen naturwissenschaftlicher Forschung zu vermitteln und deutlich zu machen, wie wir unsere Kenntnisse festklopfen und darüber hinaus auf unbekanntes Terrain vorstoßen. Andererseits führt uns die Geschichte des Universums und der Erde auch auf eine spannende, anspruchsvolle Reise in unsere Vergangenheit. Wer schon Familiengeschichte für schwierig hält, obwohl die Menschen noch da sind und Geschichten erzählen können, der sollte sich klarmachen, welche Hindernisse zu überwinden sind, wenn wir eine Vergangenheit aufklären wollen, die nur in unbelebtem Gestein ihre Spuren hinterlassen hat – zumal wenn große Teile dieses Gesteins im Laufe der Zeit erodiert oder durch Subduktion in den Erdmantel hinabgesunken sind. Ebenso schwierig ist zu verstehen, wie dunkle Substanzen, die wir nicht sehen können, Strukturen geschaffen haben.

Und doch hat der wissenschaftliche Fortschritt zur Aufklärung einiger bemerkenswert komplizierter Zusammenhänge zwischen den grundlegenden physikalischen Eigenschaften der Materie und den Merkmalen der Welt um uns herum geführt. Teilchen der dunklen Materie sind zusammengebrochen ·

und haben Galaxien gebildet, schwere Elemente entstanden im Inneren von Sternen und wurden in Lebewesen aufgenommen, die Energie, die tief im Erdmantel durch den Zerfall radioaktiver Atomkerne frei wurde, trieb die Bewegungen der Erdkruste an und trug damit zur Entstehung von Gebirgen bei. Für mich ist es eine wahre Inspiration, dass wir immer genauere Erkenntnisse über diese tiefer liegenden Zusammenhänge im Universum gewinnen. Jedes Mal, wenn Wissenschaftler die Grenzen der bekannten Welt erkundeten, ergaben sich unvorhergesehene Entdeckungen.

Unsere Welt ist reichhaltig – so reichhaltig, dass Teilchenphysiker zwei wichtige Fragen stellen: »Warum dieser Reichtum?« und »Wie hängt alle Materie, die wir sehen, zusammen?« In meiner Forschung bin ich mir bewusst, dass meine Untersuchungsgegenstände letztlich in einem unmittelbaren Zusammenhang mit unserem Erleben der Welt um uns herum stehen könnten oder auch nicht, aber ich hoffe, dass die Ergebnisse unabhängig davon zum weiteren Fortschritt beitragen werden. Ich konzentriere mich auf die vor mir liegende Aufgabe und weiß, dass alles, was nicht zu unserem üblichen Bild oder unseren Standardberechnungen passt, entweder auf unzureichende Kenntnisse über die konventionellen Modelle oder auf etwas völlig Neues hindeuten könnte.

Die dunkle Materie und ihre Mitwirkung an der Evolution des Universums gehören heute zu den spannendsten Themen der Wissenschaft. Wir werden alle Formen der Materie ebenso wie eine kulturell vielschichtige Gesellschaft nur dann vollständig verstehen, wenn wir anerkennen und zu schätzen wissen, dass die vielfältigen Bevölkerungsgruppen auf unterschiedliche Weise zum Reichtum unserer Umwelt beitragen. Unsere Kenntnisse bringen wir am besten dadurch voran, dass wir den elegantesten und am zuverlässigsten gedeckten Tisch finden, der mit den Beobachtungen übereinstimmt. Die von mir hier postulierte dunkle Materie ist derzeit vielleicht nur ein Gedankenexperiment, aber dieses Experiment wird in Zukunft durch echte Messungen bestätigt oder widerlegt werden. Daten und theoretische Widerspruchsfreiheit sind gemeinsam die kompromisslosen Schiedsrichter über richtig und falsch.

Der spekulative Einfluss auf einen Kometen, dem dieses Buch seinen Titel verdankt, ist nicht die einzige denkbare Folgerung, die sich aus unseren Vermutungen über einen neuen Typ dunkler Materie ergibt. Eine Scheibe aus dunkler Materie könnte sich auch auf die Bewegungen von Sternen, die Zusammensetzung von Zwerggalaxien sowie auf die Ergebnisse von Experimenten und Beobachtungen im Labor und im Weltraum auswirken. Die Erforschung der dunklen Materie war zwar in vielerlei Hinsicht noch schwieriger als die Erkundung der Erde und des Sonnensystems, Wissenschaftler finden aber immer neue Wege, sie dingfest zu machen. Die Ergebnisse werden neue Aufschlüsse über die Zusammensetzung unserer Galaxis und des Universums liefern.

Vermutlich ist unser Planet nicht der einzige im Kosmos, der Leben beherbergt. Aber unser Dasein erforderte und erfordert bis heute ein Universum und einen Planeten mit einer ganzen Reihe besonderer Eigenschaften. Kräfte, die wir gerade erst ansatzweise verstehen, waren für unser Dasein unentbehrlich. Wenn wir die Galaxis und unsere Ursprünge in ihr verstehen, gewinnen wir eine weiter gefasste Sichtweise für die glücklichen Zufälle wie auch für die stärker vorhersehbaren Evolutionsprozesse, die uns so weit gebracht haben. Wir verstehen bereits bemerkenswert viel, und um die Aufklärung zahlreicher weiterer Zusammenhänge bemühen wir uns. Der Fortschritt der letzten 50 Jahre ist schlicht und einfach verblüffend.

Auch wenn wir es häufig mit entmutigenden Schlagzeilen und enttäuschenden Kreisläufen der Weltereignisse zu tun haben, haben wissenschaftliche Kenntnisse und ihre Erweiterung das Potential, unser Leben zu bereichern und uns in unserem Handeln so zu leiten, dass wir das, was wir am meisten schätzen, bewahren und gleichzeitig weiter vorankommen. Wenn die Wissenschaft immer mehr Brücken offenbart, die unser Leben mit unserer Umgebung und unsere Gegenwart mit unserer Vergangenheit verbinden, sollten wir die vielen Aspekte unserer Welt, die über so lange Zeit entstanden sind, besser zu schätzen wissen und unsere gesammelte Weisheit wie auch den technischen Fortschritt sorgfältig nutzen.

Ich fühle mich immer wieder ermutigt, wenn ich an unseren atemberaubenden kosmologischen Zusammenhang denke. Das kleinliche Gezänk der Welt und kurzfristige Besorgnisse sollten uns nicht von der ungeheuren Breite der Kenntnisse ablenken, die wir mit der Wissenschaft gewinnen können. Meine Worte klingen vielleicht nicht immer nach praktischen Ratschlägen. Aber blicken wir einmal nach oben. Und blicken wir uns um. Dort ist ein faszinierendes Universum, das wir pflegen, schätzen und verstehen können.

Danksagungen

Die Anregung zu diesem Buch bezog ich aus meiner physikalischen Forschung und den vielen Gedanken über Astronomie, Geologie und Biologie, die mir bei den hier beschriebenen wissenschaftlichen Arbeiten kamen. Viele Wissenschaftler haben dazu beigetragen, dass ich mich so eingehend mit diesen Themen beschäftigen konnte; deshalb danke ich allen Physikern und Astronomen, die während dieser und anderer Forschungsarbeiten ihr Wissen mit mir geteilt haben. In *Dunkle Materie und Dinosaurier* spiegeln sich meine Faszination und meine Begeisterung über unsere Welt wider, aber auch meine Sorgen über manche Richtungen, die sie derzeit einschlägt. Dass meine Gedanken an Gestalt gewannen, habe ich zum großen Teil den vielen Freunden zu verdanken, mit denen ich im Laufe der Jahre anregende Gespräche führte. Ihnen allen, die mir auf meinem Weg geholfen haben, bin ich zu Dank verpflichtet.

Insbesondere danke ich den vielen Kolleginnen und Kollegen, die meine wissenschaftlichen Interessen teilen, darunter vor allem diejenigen, die verschiedene Aspekte der Scheibe aus dunkler Materie mit mir erforscht haben: JiJi Fan, Andrey Katz, Eric Kramer, Matthew McCullough, Matthew Reece und Jakub Scholtz. Ebenso danke ich Paul Davies: Er stellte den Zusammenhang her, der zum Leitfaden für die Gedanken in diesem Buch wurde, und Matthew Reece verfolgte sie mit mir zusammen weiter. Ich hatte das Glück, dass Matthew und Lubos Motl einen frühen Entwurf des Textes lasen, und danke ihnen für ihre Überlegungen und aufmunternden Worte (obwohl Lubos' Gedanken zu manchen umstrittenen Themen dazu führten, dass seine Aufmunterung manchmal ein wenig selektiv war ...).

Ebenso danke ich den vielen Kolleginnen und Kollegen aus Physik und Astronomie, die einzelne Kapitel durchgesehen haben: Laura Baudis, James Bullock, Bogdan Dobrescu, Doug Finkbeiner, Richard Gaitskell, Jakub Scholtz und Tim Tait. Adam Brown überprüfte eine nahezu endgültige Version, was ebenfalls sehr nützlich war. Im Inhalt des Buches spiegeln sich die Kommentare zu verschiedenen wissenschaftlichen Themen wider; sie stammten von Jo Bovi, Matthew Buckley, Sean Carroll, Chris Flynn, Lars Bergstrum, Ken Farley, Lars Hernquist, Johan Holmberg, Avi Loeb, Jonathan McDowell, Scott Tremaine und Matt Walker. Wertvolle Beiträge leisteten auch die Astronomen, die Fakten überprüfen und mir neue Erkenntnisse vermittelten, insbesondere Francesca DeMeo, Dmitar Sasselov und Maria Zuber. Mein besonderer Dank gilt Martin Elvis und Chris Flynn, die mir großzügig ihre Zeit und ihre Gedanken zur Verfügung stellten. Jerry Coyne, Nathan Mhyrvhold sowie insbesondere Walter Alvarez, Andy Knoll und David Kring lieferten wertvolle Erkenntnisse über das Aussterben insbesondere an der K-Pg-Grenze; ihre Vorschläge und Korrekturen waren von unschätzbarem Wert. Dankbar bin ich auch Jose Juan Blanco, Asier Hilario, Miren Mendea und Jon Urrestilla, die meine Besichtigung der K-Pg-Grenze in Spanien organisierten.

Aber die wissenschaftlichen Kenntnisse sind das eine, ein Buch zu schreiben ist ganz etwas anderes. Neben den kenntnisreichen Kommentaren und Korrekturen meiner Kollegen aus der eigentlichen Wissenschaft profitierte ich zu meinem Glück auch von der Unterstützung und Klugheit vieler Freunde mit anderen Interessen. Andi Machl danke ich für seine Zeit, Unterstützung und Zuverlässigkeit sowie für seine freimütigen Urteile, wenn ich zu viel oder zu wenig gesagt hatte. Auch die strengen Maßstäbe, die Cormac McCarthy nach sorgfältiger Lektüre anlegte (und seine Art, Missbilligung ganz leise auszudrücken), brachten das Projekt weiter voran. Die Klugheit, Ratschläge und Ermutigung meiner Bekannten Judith Donaugh, Maya Jasanoff und Jen Sacks trugen hervorragend dazu bei, die Ideen und Worte in diesem Buch Gestalt annehmen zu lassen, und Jens Kenntnisse halfen mir auch bei vielen Artikeln. Die Sprachbeherrschung von Devid Lewis und die redaktionelle Klugheit von Anna Christina Buchmann trugen viel zum fertigen Produkt bei. Darüber hinaus danke ich Jim Brooks, Richard Engel, Timothy Ferris, Milo Goodell, Tom Levenson, Howard Lutnick, Dana Randall und Michael Snediker. Auch sie leisteten wertvolle Beiträge.

Sehr dankbar bin ich meiner Lektorin Hilary Redmon für ihre Ratschläge, Ermutigung und Geduld während der Fertigstellung dieses Buches sowie ihrer Assistentin Emma Jaskie, die die Einzelteile zusammenfügte. Auch Stuart Williams von Random House UK steuerte wichtige redaktionelle Erkenntnisse bei. Darüber hinaus danke ich Dan Halpern und dem Personal bei Ecco für ihre Hilfe und Alison Saltzberg für ihre elegante Arbeit am Buchumschlag. Die begabte, nachdenkliche Rose Lincoln half mit einem Porträtfoto, Gary Pitovsky lieferte neue Abbildungen, Elisabeth Cheries, Robin Green, Emma Janaskie, Eric Kaplan, David Kring, Emily Lakdawalla, Tommy McCall und Bill Prady steuerten ebenfalls einige Abbildungen bei, Kathleen Rochelau arbeitete am Literaturverzeichnis, und Elisabeth Cheries half beim Korrekturlesen. Yaddo und meinen Mitbewohnern danke ich für einen angenehmen, produktiven Aufenthalt, Marty und Sarah Flug für ihre Gastfreundschaft an einigen wichtigen Zwischenstationen und der Harvard University für die Zeit, in der ich an diesem Buch arbeiten konnte, sowie für ein produktives physikalisches Umfeld. Großer Dank gebührt meinem Agenten Andrew Wylie, der dieses Projekt auf die Schiene setzte, sowie Andrew und Sarah Chalfant, die mich nach Lektüre eines Entwurfs ermutigten. Ebenso danke ich dem übrigen Team der Agentur Wylie, darunter insbesondere James Pullen und Kristina Moore, die einige Hindernisse aus dem Weg räumten.

Besonderen Dank schulde ich Jeff Goodell, der mir immer wieder das Know-how eines qualifizierten Schriftstellers vermittelte: Er kennt den Impuls einer guten Geschichte und weiß, wie man sie vermittelt; ich hatte das Glück, von seiner Neugier zu profitieren. Darüber hinaus danke ich seiner und meiner Familie sowie unseren Freunden für ihre Neugier, ihr Interesse und ihren Ansporn.

Und schließlich möchte ich meinen Eltern danken. Sie können leider an diesem Buch nicht mehr teilhaben, aber ich bin sicher, dass ihr Einfluss in der Sichtweise, die mir als Leitfaden gedient hat, zu spüren ist. Sie haben mich dazu angeregt, daran zu glauben, dass man Ziele erreichen kann, selbst wenn sie so ehrgeizig sind wie dieses Projekt.

Verzeichnis der Abbildungen

Weiterführende Lektüre

Hier folgt eine Zusammenstellung einiger der Aufsätze und Bücher, die ich interessant und nützlich gefunden habe. Sie ist nicht als Gesamtüberblick beabsichtigt. Eine Menge Nennungen sind den kontroverseren Themen gewidmet, ich habe aber auch einige Übersichts-Artikel und ein paar zentrale Aufsätze aufgenommen. Grundlegende Themen finden sich auch in Lehrbüchern und in der Wikipedia, die sachkundige Enthusiasten ziemlich aktuell halten.

Kapitel 1 und 2

Bergstrom, Lars. »Non-Baryonic Dark Matter: Observational Evidence and Detection Methods.« *Reports on Progress in Physics* 63.5 (2000): 793–841.

Bertone, Gianfranco, Dan Hooper und Joseph Silk. »Particle Dark Matter: Evidence, Candidates and Constraints.« *Physics Reports* 405.5–6 (2005): 279–390.

Copi, C. J., D. N. Schramm und M. S. Turner. »Big-Bang Nucleosynthesis and the Baryon Density of the Universe.« *Science* 267 5195 (1995): 192–9.

Freese, Katherine. *The Cosmic Cocktail: Three Parts Dark Matter.* Princeton University Press, 2014.

Garrett, Katherine, und Gintaras Duda. »Dark Matter: A Primer.« *Advances in Astronomy* 2011 (2011): 1–22.

Gelmini, Graciela B. *TASI 2014 Lectures: The Hunt for Dark Matter.* (2015). http://arxiv.org/abs/1502.01320.

Lundmark, Knut. Lund Medd. 1 No125 = VJS 65, S. 275 (1930).

Olive, Keith A. »TASI lectures on dark matter.« *arXiv preprint astro-ph/0301505* (2003).

Panek, Richard. *The 4 Percent Universe: Dark Matter, Dark Energy, and the Race to Discover the Rest of Reality.* Mariner Books, 2011.

Peter, Annika H. G. »Dark Matter: A Brief Review.« *Frank N. Bash Symposium 2011: New Horizons in Astronomy.* Hg. Sarah Salviander, Joel Green und Andreas Pawlik. University of Texas at Austin, 2012.

Profumo, Stefano. »TASI 2012 Lectures on Astrophysical Probes of Dark Matter.« (2013): 41.

Rubin, V. C., N. Thonnard und Jr. Ford, W. K. »Rotational Properties of 21 SC Galaxies with a Large Range of Luminosities and Radii, from NGC 4605/R = 4kpc/to UGC 2885/R = 122 Kpc/.« *The Astrophysical Journal* 238 (1980): 471–487.

Rubin, Vera C., und Jr. Ford, W. Kent. »Rotation of the Andromeda Nebula from a Spectroscopic Survey of Emission Regions.« *The Astrophysical Journal* 159 (1970): 379–403.

Sahni, Varun. »Dark Matter and Dark Energy.« *Physics of the Early Universe*. Springer Berlin Heidelberg, 2005. 141–179.

Strigari, Louis E. »Galactic Searches for Dark Matter.« *Physics Reports* 531.1 (2013): 1–88.

Trimble, V. »Existence and Nature of Dark Matter in the Universe.« *Annual Review of Astronomy and Astrophysics* 25 (1987): 425–472.

Zwicky, F. »Die Rotverschiebung von Extragalaktischen Nebeln.« *Helvetica Physica Acta* 6 (1933): 110–127.

Zwicky, F. »On the Masses of Nebulae and of Clusters of Nebulae.« *The Astrophysical Journal* 86 (1937): 217.

Kapitel 3

Humboldt, Alexander von. *Kosmos: Entwurf einer physischen Weltbeschreibung*. Frankfurt am Main: Eichborn 2004.

Kapitel 4

Baumann, Daniel. »TASI Lectures on Inflation.« (2009). http://arxiv.org/abs/0907.5424.

Boggess, N. W., et al. »The COBE Mission – Its Design and Performance Two Years after Launch.« *The Astrophysical Journal* 397 (1992): 420–429.

Freeman, Ken, und Geoff McNamara. *In Search of Dark Matter*. Springer, 2006.

Guth, Alan H. The *Inflationary Universe: The Quest for a New Theory of Cosmic Origins*. Perseus Books, 1997.

Hinshaw, G., et al. »Five-Year Wilkinson Microwave Anisotropy Probe Observations: Data Processing, Sky Maps, and Basic Results.« *The Astrophysical Journal Supplement Series* 180.2 (2009): 225–245.

Kamionkowski, Marc, Arthur Kosowsky und Albert Stebbins. »A Probe of Primordial Gravity Waves and Vorticity.« *Physical Review Letters* 78 (1997): 2058–2061.

Komatsu, E., et al. »Five-Year Wilkinson Microwave Anisotropy Probe Observations: Cosmological Interpretation.« *The Astrophysical Journal Supplement Series* 180.2 (2009): 330–376.

Kowalski, M., et al. »Improved Cosmological Constraints from New, Old, and Combined Supernova Data Sets.« *The Astrophysical Journal* 686.2 (2008): 749–778.

Leitch, E. M., et al. »Degree Angular Scale Interferometer 3 Year Cosmic Microwave Background Polarization Results.« *The Astrophysical Journal* 624.1 (2005): 10–20.

Penzias, A. A. und R. W. Wilson. »A Measurement of Excess Antenna Temperature at 4080 Mc/s.« *The Astrophysical Journal* 142 (1965): 419–421.

Seljak, Uroš und Matias Zaldarriaga. »Signature of Gravity Waves in the Polarization of the Microwave Background.« *Physical Review Letters* 78.11 (1997): 2054–2057.

Weinberg, Steven. *The First Three Minutes: A Modern View of the Origin of the Universe.* Basic Books, 1993.

Kapitel 5

Binney, J. und S. Tremaine. *Galactic Dynamics.* Princeton University Press, 2008.

Davis, M., et al. »The Evolution of Large-Scale Structure in a Universe Dominated by Cold Dark Matter.« *The Astrophysical Journal* 292 (1985): 371–394.

»Hubble Maps the Cosmic Web of ›Clumpy‹ Dark Matter in 3-D.« (7 January 2007). http://hubblesite.org/newscenter/archive/releases/2007/01/image/a/grav/.

Kaehler, R., O. Hahn und T. Abel. »A Novel Approach to Visualizing Dark Matter Simulations.« *IEEE Transactions on Visualization and Computer Graphics* 18.12 (2012): 2078–2087.

Loeb, Abraham. *How Did the First Stars and Galaxies Form?* Princeton University Press, 2010.

Loeb, Abraham und Steven R. Furlanetto. *The First Galaxies in the Universe.* Princeton University Press, 2013.

Massey, Richard, et al. »Dark Matter Maps Reveal Cosmic Scaffolding.« *Nature* 445.7125 (2007): 286–90.

Mo, Houjun, Frank van den Bosch und Simon White. *Galaxy Formation and Evolution.* Cambridge University Press, 2010.

Papastergis, Emmanouil, et al. »A Direct Measurement of the Baryonic Mass Function of Galaxies & Implications for the Galactic Baryon Fraction.« *Astrophysical Journal* 259.2 (2012): 138.

Springel, Volker, et al. »Simulations of the Formation, Evolution and Clustering of Galaxies and Quasars.« *Nature* 435.7042 (2005): 529–36.

Kapitel 6

Blitzer, Jonathan. »The Age of Asteroids.« *New Yorker.* (2014). http://www.newyorker.com/tech/elements/age-asteroids.

DeMeo, F. E. und B. Carry. »Solar System Evolution from Compositional Mapping of the Asteroid Belt.« *Nature* 505 (2014): 629–34.

Kleine, Thorsten, et al. »Hf–W Chronology of the Accretion and Early Evolution of Asteroids and Terrestrial Planets.« *Geochimica et Cosmochimica Acta* 73.17 (2009): 5150–5188.

Lissauer, Jack J. und Imke de Pater. *Fundamental Planetary Science: Physics, Chemistry and Habitability.* Cambridge University Press, 2013.

Rubin, Alan E. und Jeffrey N. Grossman. »Meteorite and Meteoroid: New Comprehensive Definitions.« *Meteoritics and Planetary Science* (2010): 114–122.

Kapitel 7

Bailey, M. E., und C. R. Stagg. »Cratering Constraints on the Inner Oort Cloud: Steady-State Models.« *Monthly Notices of the Royal Astronomical Society* 235.1 (1988): 1–32.

»Europe's Comet Chaser.« *European Space Agency.* (2014). http://www.esa.int/Our_Activities/Space_Science/Rosetta/Europe_s_comet_chaser.

Gladman, B. »The Kuiper Belt and the Solar System's Comet Disk.« *Science* 307.5706 (2005): 71–75.

Gladman, B., B. G. Marsden und C. Vanlaerhoven. »Nomenclature in the Outer Solar System.« *The Solar System Beyond Neptune.* Hg. M. A. Barucci et al. University of Arizona Press, 2008. 43–57.

Gomes, Rodney. »Planetary Science: Conveyed to the Kuiper Belt.« *Nature* 426.6965 (2003): 393–5.

Iorio, L. »Perspectives on Effectively Constraining the Location of a Massive Trans-Plutonian Object with the New Horizons Spacecraft: A Sensitivity Analysis.« *Celestial Mechanics and Dynamical Astronomy* 116.4 (2013): 357–366.

Morbidelli, A. und H. F. Levison. »Planetary Science: Kuiper-Belt Interlopers.« *Nature* 422.6927 (2003): 30–1.

Olson, R. J. M. »Much Ado about Giotto's Comet.« *Quarterly Journal of the Royal Astronomical Society* 35.1 (1994): 145.

Robinson, Howard. *The Great Comet of 1680: A Study in the History of Rationalism.* Press of the Northfield News, 1916.

Walsh, Colleen. »The Building Blocks of Planets.« *Harvard Gazette*, 12. Sept. 2013.

Kapitel 8

Francis, Matthew. »The Solar System Boundary and the Week in Review (8.–14. September).« *Bowler Hat Science.* (2013). http://bowlerhatscience.org/2013/09/14/the-solar-system-boundary-and-the-week-in-review-september-8–14/.

McComas, David. »What Is the Edge of the Solar System Like? – NOVA Next | PBS.« (2013). http://www.pbs.org/wgbh/nova/next/space/voyager-ibex-and-the-edge-of-the-solar-system/.

Kapitel 9

Gehrels, T., Hg. *Hazards Due to Comets and Asteroids*. University of Arizona Press, 1995.

The Earth Institute, »The Growing Urbanization of the World,« Columbia University, New York, 2005.

»IAU Minor Planet Center.« (2015). http://www.minorplanetcenter.net/.

Kring, David A. und Mark Boslough. »Chelyabinsk: Portrait of an Asteroid Airburst.« *Physics Today* 67.9 (2014): 32–37.

Levison, Harold F., et al. »The Mass Disruption of Oort Cloud Comets.« *Science* 296.5576 (2002): 2212–5.

Marvin, U. B. »Siena, 1794: History's Most Consequential Meteorite Fall.« *Meteoritics* 30.5 (1995): 540.

Marvin, Ursula B. »Ernst Florens Friedrich Chladni (1756–1827) and the Origins of Modern Meteorite Research.« *Meteoritics & Planetary Science* 31.5 (1996): 545–588.

Marvin, Ursula B. »Meteorites in History: An Overview from the Renaissance to the 20th Century.« *Geological Society, London, Special Publications* 256.1 (2006): 15–71.

Marvin, Ursula B. und Mario L. Cosmo. »Domenico Troili (1766): ›The True Cause of the Fall of a Stone in Albereto Is a Subterranean Explosion That Hurled the Stone Skyward.‹« *Meteoritics & Planetary Science* 37.12 (2002): 1857–1864.

»Meteorites, Impacts, & Mass Extinction.« (2014). http://www.tulane.edu/~sanelson/Natural_Disasters/impacts.htm.

National Research Council. *Defending Planet Earth: Near-Earth Object Surveys and Hazard Mitigation Strategies*. National Academies Press, 2010.

Nield, Ted. *Incoming! Or, Why We Should Stop Worrying and Learn to Love the Meteorite*. Granta Books, 2012.

Shapiro, Irwin I., et al. mit dem National Research Council. »Defending Planet Earth: Near-Earth Object Surveys and Hazard Mitigation Strategies.« 2010: 149.

Tagliaferri, E., et al. »Analysis of the Marshall Islands Fireball of February 1, 1994.« *Earth, Moon, and Planets* 68.1–3 (1995): 563–572.

Kapitel 10

»Astronomy: Collision History Written in Rock.« *Nature* 512.7515 (2014): 350.

Barringer, D. M. »Coon Mountain and Its Crater.« Proceedings of the Academy of Natural Sciences of Philadelphia, Bd. 57 (1905). 861–886.

»Earth Impact Database.« http://www.passc.net/EarthImpactDatabase/.

Grieve, R. A. F. »Terrestrial Impact Structures.« *Annual Review of Earth and Planetary Sciences* 15 (1987): 245–270.

Kring, David A. *Guidebook to the Geology of Barringer Meteorite Crater, Arizona.* Lunar and Planetary Institute, 2007.

Tilghman, B. C. »Coon Butte, Arizona.« Proceedings of the Academy of Natural Sciences of Philadelphia, Bd. 57 (1905). 887–914.

Kapitel 11

Bambach, Richard K. »Phanerozoic Biodiversity Mass Extinctions.« *Annual Review of Earth and Planetary Sciences* 34.1 (2006): 127–155.

Bambach, Richard K., Andrew H. Knoll und Steve C. Wang. »Origination, Extinction, and Mass Depletions of Marine Diversity.« *Paleobiology* 30.4 (2004): 522–542.

Barnosky, Anthony D. *Dodging Extinction: Power, Food, Money, and the Future of Life on Earth.* University of California Press, 2014.

Barnosky, Anthony D., et al. »Has the Earth's Sixth Mass Extinction Already Arrived?« *Nature* 471 (2011): 51–57.

Carpenter, Kenneth. *Eggs, Nests, and Baby Dinosaurs: A Look at Dinosaur Reproduction.* Indiana University Press, 1999.

Eldredge, Niles. *Reinventing Darwin: The Great Debate at the High Table of Evolutionary Theory.* Wiley, 1995.

Jablonski, David. »Mass Extinctions and Macroevolution.« *Paleobiology* 31.sp5 (2005): 192–210.

Kelley, S. »The Geochronology of Large Igneous Provinces, Terrestrial Impact Craters, and Their Relationship to Mass Extinctions on Earth.« *Journal of the Geological Society* 164.5 (2007): 923–936.

Kidwell, Susan M. »Shell Composition Has No Net Impact on Large-Scale Evolutionary Patterns in Mollusks.« *Science* 307 (2005): 914–917.

Kolbert, Elizabeth. *The Sixth Extinction: An Unnatural History.* Henry Holt & Co., 2014.

Kurten, Bjorn. *Age Groups in Fossil Mammals.* Helsinki: Societas scientiarum Fennica, 1953.

Lawton, John H. und Robert May, Hg. *Extinction Rates.* Oxford University Press, 1995.

MacLeod, Norman. *The Great Extinctions: What Causes Them and How They Shape Life.* Firefly Books, 2013.

»Modern Extinction Estimates.« (2015). http://rainforests.mongabay.com/09x_table.htm.

Newell, Norman D. »Revolutions in the History of Life.« *Geological Society of America Special Papers 89.* Geological Society of America, 1967. 63–92.

Pimm, S. L., et al. »The Biodiversity of Species and Their Rates of Extinction, Distribution, and Protection.« *Science* 344 (2014): 1246752.

Rothman, Daniel H., et al. »Methanogenic Burst in the End-Permian Carbon Cycle.« *Proceedings of the National Academy of Sciences of the United States of America* 111.15 (2014): 5462–7.

Sanders, Robert. »Has the Earth's Sixth Mass Extinction Already Arrived?« *UC Berkeley News Center*, 2. März 2011.

Schindel, David E. »Microstratigraphic Sampling and the Limits of Paleontologic Resolution.« *Paleobiology* 6.4 (1980): 408–426.

Sepkoski, J. J. »Phanerozoic Overview of Mass Extinction.« *Patterns and Processes in the History of Life.* Hg. D. M. Raup und D. Jablonski. Springer Berlin Heidelberg, 1986. 277–295.

Valentine, James W. »How Good Was the Fossil Record? Clues from the California Pleistocene.« *Paleobiology* 15.2 (1989): 83–94.

Wilson, Edward O. *The Future of Life.* Vintage Books, 2003.

Kapitel 12

Alvarez, Walter. *T. Rex and the Crater of Doom.* Princeton University Press, 2008.

Alvarez, L. W., et al. »Extraterrestrial Cause for the Cretaceous-Tertiary Extinction.« *Science* 208.4448 (1980): 1095–108.

Caldwell, Brady. »The K-T Event: A Terrestrial or Extraterrestrial Cause for Dinosaur Extinction?« *Essay in Palaeontology 5p* (2007).

Choi, Charles Q. »Asteroid Impact That Killed the Dinosaurs: New Evidence.« (2013). http://www.livescience.com/26933-chicxulub-cosmic-impact-dinosaurs.html.

Frankel, Charles. *The End of the Dinosaurs: Chicxulub Crater and Mass Extinctions.* Cambridge University Press, 1999.

Kring, David A., et al. »Impact Lithologies and Their Emplacement in the Chicxulub Impact Crater: Initial Results from the Chicxulub Scientific Drilling Project, Yaxcopoil, Mexico.« *Meteoritics & Planetary Science* 39.6 (2004): 879–897.

Kring, David A., et al. »The Chicxulub Impact Event and Its Environmental Consequences at the Cretaceous–Tertiary Boundary.« *Palaeogeography, Palaeoclimatology, Palaeoecology* 255.1–2 (2007): 4–21.

Moore, J. R. und M. Sharma. »The K-Pg Impactor Was Likely a High Velocity Comet.« *44th Lunar and Planetary Conference; Paper #2431.* 2013.

Ravizza, G. und B. Peucker-Ehrenbrink. »Chemostratigraphic Evidence of Deccan Volcanism from the Marine Osmium Isotope Record.« *Science* 302.5649 (2003): 1392–5.

Sanders, Robert. »New Evidence Comet or Asteroid Impact Was Last Straw for Dinosaurs.« *UC Berkeley News Center*, 7. Feb. 2013.

Schulte, Peter, et al. »The Chicxulub Asteroid Impact and Mass Extinction at the Cretaceous-Paleogene Boundary.« *Science* 327.5970 (2010): 1214–8.

»What Killed the Dinosaurs? The Great Mystery-Background.« http://www.ucmp.berkeley.edu/diapsids/extinction.html.

»What Killed the Dinosaurs? The Great Mystery – Invalid Hypotheses. http://www.ucmp.berkeley.edu/diapsids/extincthypo.html.

Zahnle, K. und D. Grinspoon. »Comet Dust as a Source of Amino Acids at the Cretaceous/Tertiary Boundary.« *Nature* 348.6297 (1990): 157–60.

Kapitel 13

American Chemical Society. »New Evidence That Comets Deposited Building Blocks of Life on Primordial Earth.« *Science Daily* (2012): 27 März. www.sciencedaily.com/releases/2012/03/120327215607.htm.

»Astronomy: Comets Forge Organic Molecules.« *Nature* 512.7514 (2014): 234–235.

Durand-Manterola, Hector Javier und Guadalupe Cordero-Tercero. »Assessments of the Energy, Mass and Size of the Chicxulub Impactor.« (2014). arXiv:1403:6391.

Elvis, Martin. »Astronomy: Cosmic Triangles and Black-Hole Masses.« *Nature* 515.7528 (2014): 498–499.

Elvis, Martin. »How Many Ore-Bearing Asteroids?« *Planetary and Space Science* 91 (2014): 20–26.

Elvis, Martin und Thomas Esty. »How Many Assay Probes to Find One Ore-Bearing Asteroid?« *Acta Astronautica* 96 (2014): 227–231.

Knoll, Andrew H. *Life on a Young Planet: The First Three Billion Years of Evolution on Earth.* Princeton University Press, 2003.

Livio, Mario, Neill Reid und William Sparks, Hg. »Astrophysics of Life: Proceedings of the Space Telescope Science Institute Symposium, Held in Baltimore, Maryland 6.–9. Mai 2002.« Cambridge University Press, 2005.

Melott, Adrian L. und Brian C. Thomas. »Astrophysical Ionizing Radiation and Earth: A Brief Review and Census of Intermittent Intense Sources.« *Astrobiology* 11.4 (2011): 343–361.

Poladian, Charles. »Comets Or Meteorites Crashing Into A Planet Could Produce Amino Acids, ›Building Blocks Of Life.‹« *International Business Times*, 15. Sept. 2013.

Rothery, David A., Mark A. Sephton und Iain Gilmour, Hg. *An Introduction to Astrobiology.* Cambridge University Press, 2011.

Steigerwald, Bill. »Amino Acids in Meteorites Provide a Clue to How Life Turned Left.« 2012. http://scitechdaily.com/amino-acids-in-meteorites-provide-a-clue-to-how-life-turned-left/.

Kapitel 14

Alvarez, Walter und Richard A. Muller. »Evidence from Crater Ages for Periodic Impacts on the Earth.« *Nature* 308 (1984): 718–720.

Bailer-Jones, C. A. L. »Bayesian Time Series Analysis of Terrestrial Impact Cratering.« *Monthly Notices of the Royal Astronomical Society* 416.2 (2011): 1163–1180.

Bailer-Jones, C. A. L. »Evidence for a Variation -but No Periodicity -in the Terrestrial Impact Cratering Rate.« *EPSC-DPS Joint Meeting 2011* (2011): 153.

Bailer-Jones, C. A. L. »The Evidence for and against Astronomical Impacts on Climate Change and Mass Extinctions: A Review.« *International Journal of Astrobiology* 8.3 (2009): 213.

Chang, Heon-Young und Hong-Kyu Moon. »Time-Series Analysis of Terrestrial Impact Crater Records.« *Publications of the Astronomical Society of Japan* 57.3 (2005): 487–495.

Connor, E. F. »Time Series Analysis of the Fossil Record.« *Patterns and Processes in the History of Life*. Springer Berlin Heidelberg, 1986. 119–147.

Feulner, Georg. »Limits to Biodiversity Cycles from a Unified Model of Mass-Extinction Events.« *International Journal of Astrobiology* 10.02 (2011): 123–129.

Fox, William T. »Harmonic Analysis of Periodic Extinctions.« *Paleobiology* 13.3 (1987): 257–271.

Grieve, R. A. F., et al. »Detecting a Periodic Signal in the Terrestrial Cratering Record.« *Lunar and Planetary Science Conference* (1988): 375–382.

Grieve, R. A. F. und D. A. Kring. »Geologic Record of Destructive Impact Events on Earth.« *Comet/Asteroid Impacts and Human Society: An Interdisciplinary Approach.* Ed. Peter T. Bobrowsky und Hans Rickman. Springer Berlin Heidelberg, 2007. 3–24.

Grieve, Richard A. F. »Terrestrial Impact: The Record in the Rocks*.« *Meteoritics* 26.3 (1991): 175–194.

Grieve, Richard A. F. und Eugene M. Shoemaker. »The Record of Past Impacts on Earth.« *Hazards Due to Comets and Asteroids.* Ed. T. Gehrels. University of Arizona Press, 1994. 417–462.

Heisler, Julia und Scott Tremaine. »How Dating Uncertainties Affect the Detection of Periodicity in Extinctions and Craters.« *Icarus* 77.1 (1989): 213–219.

Heisler, Julia, Scott Tremaine und Charles Alcock. »The Frequency and Intensity of Comet Showers from the Oort Cloud.« *Icarus* 70.2 (1987): 269–288.

Jetsu, L., und J. Pelt. »Spurious Periods in the Terrestrial Impact Crater Record.« *Astronomy and Astrophysics* 353 (2000): 409–418.

Lieberman, Bruce S. »Whilst This Planet Has Gone Cycling On: What Role for Periodic Astronomical Phenomena in Large-Scale Patterns in the History of Life?« *Earth and Life: Global Biodiversity, Extinction Intervals and Biogeographic Perturbations Through Time*. Springer Netherlands, 2012. 37–50.

Lyytinen, J., et al. »Detection of Real Periodicity in the Terrestrial Impact Crater Record: Quantity and Quality Requirements.« *Astronomy and Astrophysics* 499.2 (2009): 601–613.

Melott, Adrian L., et al. »A ~60 Myr Periodicity Is Common to Marine-87Sr/86Sr, Fossil Biodiversity, and Large-Scale Sedimentation: What Does the Periodicity Reflect?« *Journal of Geology* 120 (2012): 217–226.

Melott, Adrian L. und Richard K. Bambach. »A Ubiquitous ~62-Myr Periodic Fluctuation Superimposed on General Trends in Fossil Biodiversity. I. Documentation.« *Paleobiology* 37.1 (2011): 92–112.

Melott, Adrian L. und Richard K. Bambach. »Analysis of Periodicity of Extinction Using the 2012 Geological Timescale.« *Paleobiology* 40.2 (2014): 177–196.

Melott, Adrian L. und Richard K. Bambach. »Do Periodicities in Extinction -with Possible Astronomical Connections -Survive a Revision of the Geological Timescale?« *The Astrophysical Journal* 773.1 (2013): 1–5.

Noma, Elliot und Arnold L. Glass. »Mass Extinction Pattern: Result of Chance.« *Geological Magazine* 124.4 (1987): 319–322.

Quinn, James F. »On the Statistical Detection of Cycles in Extinctions in the Marine Fossil Record.« *Paleobiology* 13.4 (1987): 465–478.

Raup, D. M. und J. J. Sepkoski. »Mass Extinctions in the Marine Fossil Record.« *Science* 215.4539 (1982): 1501–3.

Raup, D. M. und J. J. Sepkoski. »Periodicity of Extinctions in the Geologic Past.« *Proceedings of the National Academy of Sciences* 81.3 (1984): 801–805.

Raup, D. M. und J. J. Sepkoski. »Periodic Extinction of Families and Genera.« *Science* 231.4740 (1986): 833–836.

Stigler, S. M. und M. J. Wagner. »A Substantial Bias in Nonparametric Tests for Periodicity in Geophysical Data.« *Science* 238.4829 (1987): 940–5.

Stothers, Richard B. »Structure and Dating Errors in the Geologic Time Scale and Periodicity in Mass Extinctions.« *Geophysical Research Letters* 16.2 (1989): 119–122.

Stothers, Richard B. »The Period Dichotomy in Terrestrial Impact Crater Ages.« *Monthly Notices of the Royal Astronomical Society* 365.1 (2006): 178–180.

Trefil, J. S. und D. M. Raup. »Numerical Simulations and the Problem of Periodicity in the Cratering Record.« *Earth and Planetary Science Letters* 82.1–2 (1987): 159–164.

Yabushita, S. »A Statistical Test of Correlations and Periodicities in the Geological Records.« *Celestial Mechanics and Dynamical Astronomy* 69.1–2 31–48.

Yabushita, S. »Are Cratering and Probably Related Geological Records Periodic?« *Earth, Moon and Planets* 72.1–3 (1996): 343–356.

Yabushita, S. »On the Periodicity Hypothesis of the Ages of Large Impact Craters.« *Monthly Notices of the Royal Astronomical Society* 334.2 (2002): 369–373.

Yabushita, S. »Periodicity and Decay of Craters over the Past 600 Myr.« *Earth, Moon and Planets* 58.1 (1992): 57–63.

Yabushita, S. »Statistical Tests of a Periodicity Hypothesis for Crater Formation Rate-II.« *Monthly Notices of the Royal Astronomical Society* 279.3 (1996): 727–732.

Kapitel 15

Davis, Marc, Piet Hut und Richard A. Muller. »Extinction of Species by Periodic Comet Showers.« *Nature* 308.5961 (1984): 715–717.

Filipovic, M. D., et al. »Mass Extinction and the Structure of the Milky Way.« *Serbian Astronomical Journal* 87 (2013): 43–52.

Grieve, Richard A. F. und Lauri J. Pesonen. »Terrestrial Impact Craters: Their Spatial and Temporal Distribution and Impacting Bodies.« *Earth, Moon and Planets* 72.1–3 (1996): 357–376.

Heisler, Julia, Scott Tremaine und Charles Alcock. »The Frequency and Intensity of Comet Showers from the Oort Cloud.« *Icarus* 70.2 (1987): 269–288.

Matese, J. »Periodic Modulation of the Oort Cloud Comet Flux by the Adiabatically Changing Galactic Tide.« *Icarus* 116.2 (1995): 255–268.

Matese, J. J., K. A. Innanen und M. J. Valtonen. »Variable Oort Cloud Flux due to the Galactic Tide.« *Collisional Processes in the Solar System.* Hg. Mikhail Marov und Hans Rickman. Kluwer Academic Publishers, 2001. 91–102.

Melott, Adrian L. und Richard K. Bambach. »Nemesis Reconsidered.« *Monthly Notices of the Royal Astronomical Society: Letters* 407.1 (2010): L99–L102.

Napier, W. M. »Evidence for Cometary Bombardment Episodes.« *Monthly Notices of the Royal Astronomical Society* 366.3 (2006): 977–982.

Nurmi, P., M. J. Valtonen und J. Q. Zheng. »Periodic Variation of Oort Cloud Flux and Cometary Impacts on the Earth and Jupiter.« *Monthly Notices of the Royal Astronomical Society* 327.4 (2001): 1367–1376.

Rampino, M. R. »Disc Dark Matter in the Galaxy and Potential Cycles of Extraterrestrial Impacts, Mass Extinctions and Geological Events.« *Monthly Notices of the Royal Astronomical Society* 448.2 (2015): 1816–1820.

Rampino, M. R. »Galactic Triggering of Periodic Comet Showers.« *Collisional Processes in the Solar System.* Hg. Mikhail Ya Marov und Hans Rickman. Kluwer Academic Publishers, 2001. 103–120.

Rampino, Michael, Bruce M. Haggerty und Thomas C. Pagano. »A Unified Theory of Impact Crises and Mass Extinctions: Quantitative Tests.« *Annals of the New York Academy of Sciences* 822.1 (1997): 403–431.

Rampino, Michael R. und Richard B. Stothers. »Terrestrial Mass Extinctions, Cometary Impacts and the Sun's Motion Perpendicular to the Galactic Plane.« *Nature* 308 (1984): 709–712.

Schwartz, Richard D., und Philip B. James. »Periodic Mass Extinctions and the Sun's Oscillation about the Galactic Plane.« *Nature* 308.5961 (1984): 712–713.

Shoemaker, Eugene M. »Impact Cratering Through Geologic Time.« *Journal of the Royal Astronomical Society of Canada* 92 (1998): 297–309.

Smoluchowski, R., J. M. Bahcall und M. S. Matthews. *Galaxy and the Solar System.* University of Arizona Press, 1986.

Stothers, R. B. »Galactic Disc Dark Matter, Terrestrial Impact Cratering and the Law of Large Numbers.« *Monthly Notices of the Royal Astronomical Society* 300.4 (1998): 1098–1104.

Swindle, T. D., D. A. Kring und J. R. Weirich. »40Ar/39Ar Ages of Impacts Involving Ordinary Chondrite Meteorites.« *Geological Society, London, Special Publications* 378.1 (2013): 333–347.

Torbett, Michael V. »Injection of Oort Cloud Comets to the Inner Solar System by Galactic Tidal Fields.« *Monthly Notices of the Royal Astronomical Society* 223 (1986): 885–895.

Whitmire, Daniel P. und Albert A. Jackson. »Are Periodic Mass Extinctions Driven by a Distant Solar Companion?« *Nature* 308.5961 (1984): 713–715.

Whitmire, Daniel P. und John J. Matese. »Periodic Comet Showers and Planet X.« *Nature* 313.5997 (1985): 36–38.

Wickramasinghe, J. T. und W. M. Napier. »Impact Cratering and the Oort Cloud.« *Monthly Notices of the Royal Astronomical Society* 387.1 (2008): 153–157.

Wickramasinghe, J. T. und W. M. Napier. »Impact Cratering and the Oort Cloud.« *Monthly Notices of the Royal Astronomical Society* 387.1 (2008): 153–157.

Kapitel 16 und 17

Ahmed, Z., et al. »Dark Matter Search Results from the CDMS II Experiment.« *Science* 327.5973 (2010): 1619–21.

Akerib, D. S., et al. »First Results from the LUX Dark Matter Experiment at the Sanford Underground Research Facility.« *Physical Review Letters* 112.9 (2014): 091303.

Aprile, E., et al. »First Dark Matter Results from the XENON100 Experiment.« *Physical Review Letters* 105.13 (2010).

Bergstrom, Lars. »Saas-Fee Lecture Notes: Multi-Messenger Astronomy and Dark Matter.« (2012): 105.

Bertone, Gianfranco. »The Moment of Truth for WIMP Dark Matter.« *Nature* 468.7322 (2010): 389–393.

Bertone, Gianfranco. *Particle Dark Matter: Observations, Models and Searches.* Cambridge University Press, 2010.

Bertone, Gianfranco und David Merritt. »Dark Matter Dynamics and Indirect Detection.« *Modern Physics Letters A* 20.14 (2005): 1021–1036.

Buckley, Matthew R. und Lisa Randall. ›Xogenesis.‹ *Journal of High Energy Physics* 9 (2011).

Cline, David B. »The Search for Dark Matter.« *Scientific American* 288.3 (2003): 50–59.

Cohen, Timothy et al. »Asymmetric Dark Matter from a GeV Hidden Sector.« *Physical Review D* 82.5 (2010).

Cohen, Timothy und Kathryn M. Zurek. »Leptophilic Dark Matter from the Lepton Asymmetry.« *Physical Review Letters* 104.10 (2010).

Cui, Yanou, Lisa Randall und Brian Shuve. »A WIMPy Baryogenesis Miracle.« *Journal of High Energy Physics* 4 (2012): 75.

Cui, Yanou, Lisa Randall und Brian Shuve. »Emergent Dark Matter, Baryon, and Lepton Numbers.« *Journal of High Energy Physics* 2011.8 (2011): 73.

Davoudiasl, Hooman, et al. »Unified Origin for Baryonic Visible Matter and Antibaryonic Dark Matter.« *Physical Review Letters* 105.21 (2010).

Drukier, Andrzej K., Katherine Freese und David N. Spergel. »Detecting cold darkmatter candidates.« *Physical Review D* 33.12 (1986): 3495.

Freeman, Ken, und Geoff McNamara. *In Search of Dark Matter*. Springer, 2006.

Gaitskell, Richard J. »Direct Detection of Dark Matter.« *Annual Review of Nuclear and Particle Science* 54.1 (2004): 315–359.

Hooper, Dan, John March-Russell und Stephen M. West. »Asymmetric Sneutrino Dark Matter and the Omega(b) / Omega(DM) Puzzle.« *Physics Letters B* 605.3–4 (2005): 228–236.

Jungman, Gerard, Marc Kamionkowski und Kim Griest. »Supersymmetric Dark Matter.« *Physics Reports* 267.5–6 (1996): 195–373.

Kaplan, David B. »Single Explanation for Both Baryon and Dark Matter Densities.« *Physical Review Letters* 68.6 (1992): 741–743.

Kaplan, David E., Markus A. Luty und Kathryn M. Zurek. »Asymmetric Dark Matter.« *Physical Review D* 79.11 (2009).

Napier, W. M. »Evidence for Cometary Bombardment Episodes.« *Monthly Notices of the Royal Astronomical Society* 366.3 (2006): 977–982.

»Neutralino Dark Matter.« http://www.picassoexperiment.ca/dm_neutralino.php.

Preskill, John, Mark B. Wise und Frank Wilczek. »Cosmology of the Invisible Axion.« *Physics Letters B* 120.1–3 (1983): 127–132.

Profumo, Stefano. »TASI 2012 Lectures on Astrophysical Probes of Dark Matter.« (2013): 41.

Shelton, Jessie und Kathryn M. Zurek. »Darkogenesis: A Baryon Asymmetry from the Dark Matter Sector.« *Physical Review D* 82.12 (2010): 123512.

Thomas, Scott. »Baryons and Dark Matter from the Late Decay of a Supersymmetric Condensate.« *Physics Letters B* 356.2–3 (1995): 256–263.

Turner, Michael S. und Frank Wilczek. »Inflationary Axion Cosmology.« *Physical Review Letters* 66.1 (1991): 5–8.

Weinberg, Steven. »A New Light Boson?« *Physical Review Letters* 40.4 (1978): 223–226.

Wilczek, F. »Problem of Strong P and T Invariance in the Presence of Instantons.« *Physical Review Letters* 40.5 (1978): 279–282.

Kapitel 18

Ackerman, Lotty, et al. »Dark Matter and Dark Radiation.« *Physical Review D* 79.2 (2009): 023519.

Bovy, Jo, Hans-Walter Rix und David W. Hogg. »The Milky Way Has No Distinct Thick Disk.« *The Astrophysical Journal* 751.2 (2012): 131.

Buckley, Matthew R. und Patrick J. Fox. »Dark Matter Self-Interactions and Light Force Carriers.« *Physical Review D* 81.8 (2010).

De Blok, W. J G. »The Core-Cusp Problem.« *Advances in Astronomy* (2010).

Faber, S. M. und R. E. Jackson. »Velocity Dispersions and Mass-to-Light Ratios for Elliptical Galaxies.« *The Astrophysical Journal* 204 (1976): 668–683.

»First Signs of Self-Interacting Dark Matter?« *ESO Press Release,* European Southern Observatory. http://www.eso.org/public/news/eso1514/

Goldberg, Haim und Lawrence J. Hall. »A New Candidate for Dark Matter.« *Physics Letters B* 174.2 (1986): 151–155.

Governato, F., et al. »Bulgeless Dwarf Galaxies and Dark Matter Cores from Supernova-Driven Outflows.« *Nature* 463.7278 (2010): 203–6.

Holmberg, Johan und Chris Flynn. »The Local Surface Density of Disc Matter Mapped by Hipparcos.« *Monthly Notices of the Royal Astronomical Society* 352.2 (2004): 440–446.

Kuijken, Konrad und Gerard Gilmore. »The Galactic Disk Surface Mass Density and the Galactic Force $K(z)$ at $Z = 1.1$ Kiloparsecs.« *The Astrophysical Journal* 367 (1991): L9-L13.

Langdale, Jonathan. »Could There Be a Larger Dark World with Dark Interactions? There Is More Dark Matter than Visible.« (2013). https://plus.google.com/+Jona thanLangdale/posts/Es7M9VhiFNp.

Markevitch, M., et al. »Direct Constraints on the Dark Matter Self-Interaction Cross Section from the Merging Galaxy Cluster 1E 0657–56.« *The Astrophysical Journal* 606.2 (2004): 819–824.

Moore, Ben, et al. »Dark Matter Substructure within Galactic Halos.« *The Astrophysical Journal* 524.1 (1999): L19–L22.

Oort, J. H. »The Force Exerted by the Stellar System in the Direction Perpendicular to the Galactic Plane and Some Related Problems.« *Bulletin of the Astronomical Institutes of the Netherlands* 6 (1932): 249–287.

Oort, J. H. »Note on the determination of Kz and on the mass density near the Sun.« *Bulletin of the Astronomical Institutes of the Netherlands* 15 (1960): 45.

Read, J. I. »The Local Dark Matter Density.« *Journal of Physics G: Nuclear and Particle Physics* 41.6 (2014): 063101.

Salucci, Paolo und Annamaria Borriello. »The Intriguing Distribution of Dark Matter in Galaxies.« *Particle Physics in the New Millennium* 616 (2003): 66–77.

Spergel, David N. und Paul J. Steinhardt. »Observational Evidence for Self-Interacting Cold Dark Matter.« *Physical Review Letters* 84.17 (2000): 3760–3763.

Weinberg, David H., et al. »Cold Dark Matter: Controversies on Small Scales.« *Proceedings of the National Academy of Sciences* (2015): http://arxiv.org/abs/1306.0913.

Weniger, Christoph. »A Tentative Gamma-Ray Line from Dark Matter Annihilation at the Fermi Large Area Telescope.« *Journal of Cosmology and Astroparticle Physics* 2012.08 (2012).

Zhang, Lan, et al. »The gravitational potential near the sun from SEGUE K-dwarf kinematics.« *The Astrophysical Journal* 772.2 (2013): 108.

Kapitel 19

Cline, James M., Zuowei Liu und Wei Xue. »Millicharged Atomic Dark Matter.« *Physical Review D* 85.10 (2012): 101302

Cooper, A. P., et al. »Galactic Stellar Haloes in the CDM Model.« *Monthly Notices of the Royal Astronomical Society* 406.2 (2010): 744–766.

Dienes, Keith R., und Brooks Thomas. »Dynamical Dark Matter: A New Framework for Dark-Matter Physics.« *Workshop on Dark Matter, Unification and Neutrino Physics: CETUP*2012. Vol. 1534. AIP Publishing, 2013. 57–77.

Fan, JiJi, et al. »Dark-Disk Universe.« *Physical Review Letters* 110.21 (2013): 211302.

Fan, JiJi, et al. »Double-Disk Dark Matter.« *Physics of the Dark Universe* 2.3 (2013): 139–156.

Foot, R. »Mirror Dark Matter: Cosmology, Galaxy Structure and Direct Detection.« *International Journal of Modern Physics A* 29.11 n 12 (2014): 1430013.

Foot, R., H. Lew und R. R. Volkas. »A Model with Fundamental Improper Spacetime Symmetries.« *Physics Letters B* 272.1–2 (1991): 67–70.

Kaplan, David E., et al. »Atomic Dark Matter.« *Journal of Cosmology and Astroparticle Physics* 05 (2010). 21.

Kaplan, David E., et al. »Dark Atoms: Asymmetry and Direct Detection.« *Journal of Cosmology and Astroparticle Physics* 10 (2011): 19.

Pillepich, Annalisa, et al. »The Distribution of Dark Matter in the Milky Way's Disk.« *eprint arXiv:1308.1703* (2013).

Powell, Corey S. »Inside the Hunt for Dark Matter.« *Popular Science*. (2013). http://www.popsci.com/article/science/inside-hunt-dark-matter.

Powell, Corey S. »The Possible Parallel Universe of Dark Matter.« *Discover Magazine. com.* (2013). http://discovermagazine.com/2013/julyaug/21-the-possible-parallel-universe-of-dark-matter.

Purcell, Chris W., James S. Bullock und Manoj Kaplinghat. »The Dark Disk of the Milky Way.« *The Astrophysical Journal* 703.2 (2009): 2275–2284.

Read, J. I., et al. »Thin, Thick and Dark Discs in ECDM.« *Monthly Notices of the Royal Astronomical Society* 389.3 (2008): 1041–1057.

Rosen, Len. »Is There Only One Type of Dark Matter?« (2013). http://www.21st centech.com/type-dark-matter/.

Kapitel 20

Bovy, Jo und Hans-Walter Rix. »A Direct Dynamical Measurement of the Milky Way's Disk Surface Density Profile, Disk Scale Length, and Dark Matter Profile at 4 Kpc $< \sim$ R $< \sim$ 9 Kpc.« *The Astrophysical Journal* 779.2 (2013): 1–30.

Bovy, Jo und Scott Tremaine. »On the Local Dark Matter Density.« *The Astrophysical Journal* 756.1 (2012): 89.

Bruch, Tobias, et al. »Dark Matter Disc Enhanced Neutrino Fluxes from the Sun and Earth.« *Physics Letters B* 674.4–5 (2009): 250–256.

Bruch, Tobias, et al. »Detecting the Milky Way's Dark Disk.« *The Astrophysical Journal* 696.1 (2009): 920–923.

Buckley, Matthew R., et al. »Scattering, Damping, and Acoustic Oscillations: Simulating the Structure of Dark Matter Halos with Relativistic Force Carriers.« *Physical Review D* 90.4 (2014): 043524.

Cartlidge, Edwin. »Do Dark-Matter Discs Envelop Galaxies?« *PhysicsWorld.com.* (2013). http://physicsworld.com/cws/article/news/2013/jun/03/do-dark-matter-discs-envelop-galaxies.

Cyr-Racine, Francis-Yan, et al. »Constraints on Large-Scale Dark Acoustic Oscillations from Cosmology.« *Physical Review D* 89.6 (2014).

Cyr-Racine, Francis-Yan und Kris Sigurdson. »Cosmology of Atomic Dark Matter.« *Physical Review D* 87.10 (2013).

Holmberg, J. und C. Flynn. »The Local Density of Matter Mapped by Hipparcos.« *Monthly Notices of the Royal Astronomical Society* 313.2 (2000): 209–216.

Kuijken, K. und G. Gilmore. »The Mass Distribution in the Galactic Disc -II -Determination of the Surface Mass Density of the Galactic Disc Near the Sun.« *Monthly Notices of the Royal Astronomical Society* 239 (1989): 605–649.

Kuijken, Konrad und Gerard Gilmore. »The Mass Distribution in the Galactic Disc. I -A Technique to Determine the Integral Surface Mass Density of the Disc near the Sun.« *Monthly Notices of the Royal Astronomical Society* 239 (1989): 571–603.

March-Russell, John, Christopher McCabe und Matthew McCullough. »Inelastic Dark Matter, Non-Standard Halos and the DAMA/LIBRA Results.« *Journal of High Energy Physics* 2009.05 (2009).

McCullough, Matthew und Lisa Randall. »Exothermic Double-Disk Dark Matter.« *Journal of Cosmology and Astroparticle Physics* 2013.10 (2013): 58.

Motl, Luboš. »Exothermic Double-Disk Dark Matter.« (2013). http://motls.blogspot.com/2013/07/exothermic-double-disk-dark-matter.html.

Nesti, Fabrizio und Paolo Salucci. »The Dark Matter Halo of the Milky Way, AD 2013.« *Journal of Cosmology and Astroparticle Physics* 2013.07 (2013): 16.

Randall, Lisa und Jakub Scholtz. »Dissipative Dark Matter and the Andromeda Plane of Satellites.« (2014). http://arxiv.org/abs/1412.1839.

Rix, Hans-Walter und Jo Bovy. »The Milky Way's Stellar Disk.« *The Astronomy and Astrophysics Review* 21.1 (2013): 61.

Kapitel 21

Aron, Jacob. »Did Dark Matter Kill the Dinosaurs? Maybe ...« *New Scientist.* (2014). http://www.newscientist.com/article/dn25177-did-dark-matter-kill-the-dinosaurs-maybe.html#.VVYlfvlVhBc.

Choi, Charles Q. »Dark Matter Could Send Asteroids Crashing Into Earth: New Theory.« (2014). http://www.space.com/25657-dark-matter-asteroid-impacts-earth-theory.html.

Gibney, Elizabeth. »Did Dark Matter Kill the Dinosaurs?« *Nature.* (2014). http://www.nature.com/news/did-dark-matter-kill-the-dinosaurs-1.14839.

Nagai, Daisuke. »Viewpoint: Dark Matter May Play Role in Extinctions.« *Physical Review Letters Physics* 7 (2014): 41.

Nair, Unni K. »Dinosaurs Extinction from Dark Matter?« (2014). http://guardianlv.com/2014/03/dinosaurs-extinction-from-dark-matter/.

Piggott, Mark. »Were Dinosaurs Killed by Disc of Dark Matter?« (2014). http://www.ibtimes.co.uk/were-dinosaurs-killed-by-disc-dark-matter-1439500.

Randall, Lisa und Matthew Reece. »Dark Matter as a Trigger for Periodic Comet Impacts.« *Physical Review Letters* 112.16 (2014): 161301.

Sharwood, Simon. »Dark Matter Killed the Dinosaurs, Boffins Suggest« *The Register.* 5 März 2014. http://www.theregister.co.uk/2014/03/05/dark_matter_killed_the_dinosaurs_boffins_suggest/.

Zum Schluss

Bettencourt, Luis M. A., et al. »Growth, Innovation, Scaling, and the Pace of Life in Cities.« *Proceedings of the National Academy of Sciences of the United States of America* 104.17 (2007): 7301–6.

Brynjolfsson, Erik und Andrew McAfee. *The Second Machine Age: Work, Progress, and Prosperity in a Time of Brilliant Technologies.* W. W. Norton, 2014.

»Geoffrey West.« (2015). http://www.santafe.edu/about/people/profile/Geoffrey%20West.

»On Care for Our Common Home.« Encyclical Letter Laudato Si' of the Holy Father Francis (2015). http://w2.vatican.va/content/francesco/en/encyclicals/documents/papa-francesco_20150524_enciclica-laudato-si.html.

Weisman, Alan. *The World Without Us.* Picador, 2008.

West, Geoffrey. »Why Cities Keep Growing, Corporations and People Always Die, and Life Gets Faster.« The Edge. (2011). http://edge.org/conversation/geoffrey-west.

Register